普通高等学校岩土工程(本科)规划教材

城市地下工程概论

主编　郭院成

黄河水利出版社
·郑州·

内 容 提 要

本书为普通高等学校岩土工程(本科)规划教材。本书根据最新的技术规范编写,结合岩土工程与城市地下工程理论和技术研究发展现状,同时吸收了郑州大学岩土与地下工程研究所多年来的最新研究成果,系统介绍了城市地下空间开发利用过程中所涉及的理论和技术内容,具体包括城市化进程中的地下空间工程、桩基工程概论、复合地基技术概论、基坑支护工程概论、暗挖技术、地下建筑结构设计概论、岩土与地下工程监测技术、地下工程施工对环境的影响与控制、城市地下空间规划导论等。

本书内容丰富,可作为普通高等院校城市地下空间工程专业、土木工程专业地下建筑工程方向本科生、研究生教材,也可供地下工程、岩土工程等相关高校师生及广大工程技术人员使用或参考。

图书在版编目(CIP)数据

城市地下工程概论/郭院成主编.—郑州:黄河水利出版社,2014.3 (2019.7 重印)

普通高等学校岩土工程(本科)规划教材

ISBN 978-7-5509-0742-3

Ⅰ.①城… Ⅱ.①郭… Ⅲ.①城市建设-地下工程-高等学校-教材 Ⅳ.①TU94

中国版本图书馆 CIP 数据核字(2014)第 045104 号

策划编辑:王志宽 电话:0371-66024331 E-mail:wangzhikuan83@ 126.com

出 版 社:黄河水利出版社

地址:河南省郑州市顺河路黄委会综合楼 14 层 邮政编码:450003

发行单位:黄河水利出版社

发行部电话:0371-66026940、66020550、66028024、66022620(传真)

E-mail:hhslcbs@ 126.com

承印单位:河南承创印务有限公司

开本:787 mm×1 092 mm 1/16

印张:19.5

字数:450 千字

版次:2014 年 3 月第 1 版 印次:2019 年 7 月第 2 次印刷

定价:39.00 元

前　言

为贯彻落实教育部关于进一步加强高等学校本科教学工作的若干意见和教育部关于以就业为导向深化高等职业教育改革的若干意见的精神,加强教材建设,确保教材质量,组织制订了教材规划。本教材为城市地下空间工程专业、土木工程专业地下工程方向系列教材。

本书依据城市地下空间工程专业本科教育培养目标和方案以及最新相关规范(规程)编写。本书在内容编写上,既注意先进性与实用性的协调,又注意新规范和新成果的引用。在满足培养要求和符合学生认知特点的基础上,力求遵循如下原则:

(1)强调基本概念、基本原理和基本方法与要求。

力求准确阐述本课程的基本概念和基本原理,使学生在了解城市地下空间开发利用所涉及的基本概念和基本理论方法基础上,能认识城市地下空间工程的基本特点,同时在涉及规范时,力求反映规范的基本原则和基本规定,以及与城市地下空间工程的基本理论和基本概念的内在关系,有利于学生对基本原理的应用。

(2)适当扩展学生的知识面。

结合城市地下空间开发利用技术近年来的发展,介绍了先进的基础理论、设计施工方法、监测技术等新知识。

(3)内容层次分明,适应多层次教学要求。

在章节安排上,力求层次分明,使全书各部分内容既相互关联、具有系统性,又具有相对独立性,以适应不同学时、地区、类别教学的需要。

城市地下空间工程涉及固体力学、结构力学、岩土力学、流体力学、计算力学以及结构工程、基础工程、地下工程、水利工程、海洋工程、隧道工程、环境工程等多门学科,多学科交叉、系统性强。我国城市地下空间的开发利用起步较晚,但发展迅速。在开发利用理论研究和实践应用方面已取得了巨大的进步,形成了更加完善的理论体系和越来越丰富的实践经验。

全书共9章,以第1章“城市化进程中的地下空间工程”为主线,介绍了国内外城市地下空间开发利用现状和城市地下空间工程开发利用技术,以及地下空间开发与环境保护等。第2章“桩基工程概论”介绍了桩基工程的设计、施工要求和桩基试验新技术以及桩基工程的新进展。第3章“复合地基技术概论”介绍了复合地基设计、施工要求和试验技术以及复合地基新技术进展概况。第4章“基坑支护工程概论”介绍了基坑支护形式及适用范围,基坑工程设计、施工及监测与信息法施工基本要求以及基坑工程变形控制技术及应急措施等。第5章“暗挖技术”介绍了钻爆法、浅埋暗挖法、TBM全断面掘进、盾构法、沉管法、免开挖顶管以及地铁车站的盖挖施工技术等。第6章“地下建筑结构设计概论”介绍了地下主体建筑结构形式与选型、设计与施工技术要求等。第7章“岩土与地下工程监测技术”介绍了岩土工程监测的技术要求和方法。第8章“地下工程施工对环境的影响与控制”介绍了地下工程施工中产生的环境问题及环境保护技术等。第9章“城市地下空间规划导论”介绍了城市地下空间开发利用过程中的规划方法和技术要求等。

本书的编写及编写分工如下：第1、3、4章由郑州大学郭院成、郑州大学李明宇编写，第2、6、8章由郑州大学部新军编写，第5章由河南理工大学王立平编写，第7章由李明宇编写，第9章由河南大学张建伟编写。郭院成担任本书的主编，并负责统稿。

本书所涉及的岩土工程理论与技术方面的最新研究成果部分受到了国家自然科学基金项目长短桩复合地基协同工作机制及变形刚度计算理论研究(50978235)，河南省重大科技攻关项目小康型城乡住宅关键技术研究(981150121)，河南省科技攻关项目静压预制砼小桩复合地基新技术的试验研究与应用(001150222)，河南省科技攻关计划项目水泥土桩墙复合土钉支护技术研究(0224620011)，河南省自然科学基金项目桩锚支护结构施工力学及变形控制理论研究(0211063200)，桩锚与土钉联合支护结构协同工作机理及其优化设计理论(0611010300)，河南省高校青年骨干教师基金项目水泥土桩复合土钉基于增量法的变形过程分析，郑州市科技局重大科技专项城市快速路工程施工工艺工法研究与应用——桩基后注浆技术试验与应用研究(113PSHKS439)等项目的大力支持。编写过程中得到了郑州大学综合设计研究院有限公司周同和教授级高级工程师以及郑州大学岩土与地下工程研究所各位同事的帮助和大力支持，书中最新研究成果涵盖了童怀峰、李峰、张景伟等研究生的博士学位论文研究成果，以及王立明、秦会来、李明宇、宋卫康、李红霞、杨文、商继伟、方高奎、薛强、袁志波、王坤、吴鹏、靳军伟、陆俊虎、夏锦红、许红、王伟玲等研究生的硕士学位论文的核心研究成果，在此向他们卓有成效的科研工作表示衷心感谢！

本书编写过程中参考并引用了有关院校编写的教材，以及许多专家、学者的相关论著，在此一并表示感谢。

限于编者的水平和时间，对书中谬误和不当之处，敬请读者批评指正。

编　者

2013年11月

目　录

第 1 章　城市化进程中的地下空间工程

随着城市化进程的不断加快和区域经济的不平衡发展，进入 21 世纪的中国大中型城市，尤其是沿海城市，人口暴增、建筑过密、交通拥挤，使原已满负荷运转的城市，全面进入超负荷状态。为了改变目前中国城市的这种病态发展模式，缓解由于人口、建筑、车辆过快增幅给城市有限地面空间和生态环境带来的恶劣影响，对城市地下空间进行系统、适度、有序地开发利用，已然成为提升现代化城市综合竞争力的有效手段。

1.1　城市地下空间开发利用的意义

我国改革开放以来，社会经济各项事业迅猛发展，截至 2012 年年底全国城镇人口比例已超过 50%，大、中、小型城市数量不断增加，城市规模也在迅速扩大。城市中尤其是大城市中人口数量的迅速增长，使城市地面越来越拥挤，传统的道路交通设施已经不能适应快速发展的现代社会的需要，成为制约城市经济发展和可持续发展的主要瓶颈。为了缓解目前中国各地区城市地上空间的发展压力，地下空间的开发利用为城市的可持续发展提供了新的方向。

1.1.1　中国城市面临的问题

高度的社会化分工与协作、高效能的配套和基础设施、高质量的生活环境、高效率的管理工作成为中国城市化发展的奋斗目标。然而，经济增长过快、人口增长过快、区域经济发展不均衡也使现代城市空间与城市功能之间的各种矛盾日益尖锐，出现了各种城市问题。用地紧张、住房短缺、设施滞后、交通阻塞、供水不足、环境污染以及失业、生活贫困、社会不安定等不利于城市自然环境和社会稳定的非正常状况日趋增多。

21 世纪初期开始，我国政府不断采取措施治理城市的发展问题，但城市问题继续恶化的趋势并没有得到有效遏制，我国大中型城市正面临着日益严重的发展危机。

（1）人口增长过快。人口的快速膨胀导致城市空间的过度拥挤、住房紧张、就业岗位竞争激烈、教育与医疗保障压力过大，严重影响了城市人口的生活质量。区域经济发展失衡和城市化进程过快导致大量人口涌入经济发达的沿海地区，造成沿海城市人口爆棚。当城市人口远远超出了城市本来所能容纳的人口数量时，便会出现拥挤不堪的现象，城市各种设施超负荷运转，人工环境不堪重负。人口数量庞大、人口密度过高，是引发各类城市问题的导火索。

（2）城市交通拥挤。城市交通拥挤、停车设施不足、交通事故频繁发生等一系列交通问题普遍存在。城市交通的阻塞问题使人们消耗在路上的时间不断增加，造成整个城市效率的降低，严重地影响了城市的经济发展。交通问题已经成为城市发展中最突出、最紧迫的问题，同时也是最棘手的问题。

(3)环境污染严重。环境污染包括大气污染、水污染、固体废弃物污染和噪声污染。汽车是城市空气污染、噪声污染的来源,尽管各国采取了严格控制汽车尾气排放及噪声等的一系列措施,但汽车的普及仍是造成空气污染严重的重要原因之一。中心区内高层建筑林立,呈现出高强度的空间利用形态,导致阳光和绿地大面积减少。同时,人口密集、工业集中、交通拥挤、各种废弃物大量排放,造成空气和水体污浊、垃圾遍地、环境恶化,许多城市出现了严重的环境公害,对人类的生存环境构成了危害。

(4)资源短缺和能源紧张成为制约城市发展的普遍问题。由于城市人口过于密集以及对资源的不合理使用,造成城市的资源短缺,直接影响了生产和生活,如用地紧张、地价飞涨、住房困难、供电紧张、清洁空气稀少等。同时,工业的发展、汽车数量的持续增长以及大量高能耗高层建筑的不断建造进一步恶化了城市能源供应的紧张局面。

(5)城市基础设施落后,城市建筑空间和基础设施建设不平衡。城市人口的增长和空间规模的扩大,对城市基础设施的供应能力提出了更高的要求,而城市基础设施的更新换代,需要较大的建设投资和较长的建设周期。城市基础设施能力不足已成为严重影响城市功能的显著问题。

(6)城市功能布局混乱、运行效率低下。现代社会的发展,使城市功能日益多样化、复杂化,导致原有的传统城市空间布局和现代城市功能不能相互适应,使城市各种功能在用地和空间紊乱的情况下不能协调运转,且造成了城市土地和空间资源的浪费,严重影响了人居环境以及城市正常功能的实现,极大地阻碍了城市发展。

1.1.2 地下空间开发与利用的意义

1.1.2.1 集约使用城市土地资源

中国城市发展沿用了"摊煎饼"式的粗放经营模式,表现在城市范围无限制地外延扩展。我国城市土地利用集约化程度处于国际较低水平,单位城市用地国民经济产值远远低于发达国家的水平;而且城市占地规模又处在快速增长中,占用了大量的耕地资源,每年有相当于三个中等县的耕地面积因被城市用地占用而流失。

耕地资源是一个国家最重要的战略资源之一,土地资源的可持续利用是中国实施可持续发展战略的基础。正视耕地资源稀缺并将继续减少的严峻现实,是中国政府和人民关注的最重大和最迫切的问题之一。1997 年 5 月 18 日,中共中央国务院《关于进一步加强土地管理切实保护耕地的通知》要求,实行耕地总量预警制度,对人均耕地面积降低到临界点的地区,原则上不准再占用耕地。但是,目前城市人口的急剧发展与地域规模限制的矛盾仍然未能有效解决,致使中国城市发展只能走土地资源集约化使用的发展模式。

20 世纪中叶以来,世界上许多发达国家和发展中国家已把对地下空间开发利用作为解决城市资源与环境危机的重要措施,实施城市土地资源集约化是城市可持续发展的重要途径。

1977 年在瑞典召开了第一次地下空间国际学术会议,首次通过了呼吁开发利用地下空间的决议和文件。1980 年在瑞典召开的"Rock Store"国际学术会议产生了《致世界各国政府开发利用地下空间资源为人类造福的建议书》。1983 年联合国经济和社会理事会下属的自然资源委员会通过了确定地下空间为重要自然资源的文本,并把它列在其他工作计划之中。1991 年在东京召开的城市地下空间国际学术会议通过了《东京宣言》,提出了“二十一世纪是人类开发利用地下空间的世纪”。国际隧道协会为联合国准备了题为“开发地下空间,实现城市的可持续发展”的文件,其 1996 年年会的主题就是“隧道工程和城市地下空间在城市可持续发展中的地位”。1997 年在蒙特利尔召开的第七届地下空间国际学术会议的主题是“明天—室内的城市”。1998 年在莫斯科召开了以“地下城市”为主题的国际学术会议。在实践方面,瑞典、挪威、芬兰、加拿大、美国、日本和俄罗斯等国家在城市地下空间利用领域已达到相当的水平和规模。发展中国家,如埃及、印度、墨西哥等也于 20 世纪 80 年代先后开始了城市地下空间的开发利用。向地下要空间、要资源已成为城市可持续发展的历史必然和世界性的发展趋势,并以此作为衡量城市现代化的重要标志。

城市地下空间是一个巨大而丰富的自然资源,若得到合理开发,那么将对扩大城市空间、实现城市集约化发展具有重要的意义。城市地下空间可开发的资源量为可供开发的面积、合理开发深度与适当的可利用系数的乘积,这是一笔很可观而又丰富的资源。《大连市城市地下空间利用规划纲要》(讨论稿)中提出,开发浅层地下空间(深度 30 m),开发面积为城市建设用地的 30%(道路绿地建设用地),乘以 0.4 的可利用系数,地下空间开发资源量为 5.8 亿 m^3,可提供的建筑面积为 1.94 亿 m^2,超过现有大连市房屋建筑面积 5 921 万 m^2。

国外城市地下空间开发利用的经验是把一切可转入地下的设施转入地下,城市发展的成功与否取决于地下空间是否得到了合理的开发利用。世界各国开发利用地下空间的实践经验表明,可转入地下的设施领域非常广泛,涵盖了交通设施、市政基础设施、商业及文化娱乐设施、防灾设施、贮存及生产设施等。这种做法极大地改善了城市的人居环境,完善了集约化的城市效能。

1.1.2.2　能源及各种资源的节约与继续利用

在资源方面,按人口平均,中国是一个资源小国。我国人均能源占有量不到世界平均水平的 1/2,人均水资源占有量为世界平均水平的 1/4。实现资源的可持续利用有着重要意义。地下空间在这一方面具有得天独厚的优势。

地下空间由于岩土具有良好的隔热性,可防止造成地面温度变化的诸多因素如日晒雨淋等的影响,温度近乎恒定。因此,地下建筑物的能耗,远比地面建筑要少。建筑能耗占据了一个国家总能耗的很大比例,地下空间建筑在减小能耗、节约资源方面大有可为。

岩土的热稳定性与密闭性,使热量或冷量损失较小,基本不需要保温材料。利用岩石的自承能力,构造简单,使维护保养费用大大降低。地下空间为大规模的热能贮存提供了有利条件,如太阳能有季节性、昼夜性差异的特点,需要进行季节性贮存和利用,可以利用地下空间的特点,在地下水、岩石和土壤中贮存热量,这往往是最佳的甚至是唯一的一个选择。利用地下空间贮水,将冬季天然冰块贮存于地下,能用于夏季环境控制的空调系统。此外,也可将工业大量余热和用电负荷时多余电能加以贮存以供城市使用,这些都是可再生能源利用的有效形式,在国外得到了一定程度上的应用。

我国水资源短缺问题日益严重。一方面,全国 476 个城市中有 300 个城市缺水;另一方面,我国水资源在时空分布上又很不均匀,缺水的同时又有大量的淡水因为没有足够的储存设施而白白流向大海。若能像芬兰、挪威等国那样，利用松散岩层、断层裂隙和岩洞等，或像日本那样建造人工地下河川、蓄水池或地下融雪槽，贮存丰水季节多余的大气降水供缺水季节使用，就能在很大程度上改观或克服因水资源在时空上分布不均的缺陷。

地下空间还可为物资贮存和产品生产提供更为适宜的环境，其独具的热稳定性和封闭性对贮存某些物资极为有利。在地下建造冷藏库，可以少用或不用隔热材料，温度调节系统也较地面冷库简单，运行和维护费用比地面冷库低的多；在地下建造油库，不仅有利于减少火灾和爆炸危险，而且由于地下温度稳定，受大气影响较小，油料不易挥发或变质，管理费用较地面油库节省20.30%；在处理防潮防虫基础上，利用地下温度稳定建造地下粮库也具有明显的经济效益。

某些产品的生产对环境温度、湿度、清洁度、防微振等提出了很高的要求。在地面建筑中创造此类环境需要苛刻的条件和巨大的投资，但在地下空间则能利用岩、土良好的热稳定性和密闭性，创造良好的适宜生产的条件。

1.1.2.3 缓解城市交通矛盾

交通是城市功能中最活跃的因素，是城市可持续发展的最关键问题。交通阻塞、行车速度缓慢是中国大中城市普遍存在的突出问题，其问题的关键在于城市道路面积在城市面积中的比例及人均道路面积太低，每千米汽车拥有量太大，道路的扩展远远赶不上车辆的增长速度，这些是世界上任何城市都无法逃脱的问题，因此向城市地下要空间成为解决交通问题的关键。修建地下停车库是解决“停车难”问题的突破口，其具有容量大、用地少、布局容易接近服务对象等优点。在地下街、地下综合体建设中使地下停车场比例适当，解决停车难问题。结合地铁车站修建地下车库，便于换乘地铁到达城市中心区，减轻城市中心区交通压力，提高地铁的利用率和减轻由汽车造成的城市公害。建设地铁交通网与地下通道、地下停车库、郊区火车相结合的体系是减少大城市中心区汽车数量、缓解城市交通压力、根治城市大气污染的有力措施。

1.1.2.4 改善城市生态环境

当前城市环境形势相当严峻。大气污染日趋加剧，全国500多座城市中，大气质量达到一级标准的不到1%，我国城市占据了世界二十大污染城市中的十个，一些城市出现了不同程度的光化学烟雾事件，而且我国的酸雨区是世界上唯一的酸雨面积仍在扩大、降水酸度仍在升高的酸雨区。水污染现象严重，全国50%以上的城市地下水受到污染，有7亿~8亿人饮用污染超标水，水污染加重了缺水矛盾，由污染造成的缺水量占了总缺水量的10%。垃圾围城现象普遍，我国的生产生活垃圾处理的仅占2.3%左右，其余只能堆积，占用了城市周边大量土地。噪声污染普遍超标，全国有1/3的城市居民生活在噪声超标的环境中。建筑空间拥挤、城市绿化减少也是城市生态恶化的重要原因。

随着城市经济的发展和房地产开发，城市建筑和道路的大规模建设使可用于园林绿化的绿地和开敞空间日益减少。改善城市生态环境，减少城市大气污染，除发展地铁、轻轨等使用电能的公共交通网，减少尾气污染外，还要改变燃料能源结构，推广使用天然气等清洁能源。城市绿化是改善空气质量、消除空气有害物质的有效措施。利用地下空间建立污水收集、输送及处理的统一系统和垃圾、废弃物的分类、收集、输送及处理的统一设施，既节约了大量的城市用地，又可以有效地把污水和垃圾等的污染降低到最低限度。

1.1.2.5 提高城市综合防灾能力

城市的总体抗灾抗毁能力是城市可持续发展的重要内容。对于人口和经济高度集中的城市,不论是战争或是平时,自然灾害或各种突发情况都会给城市造成人员伤亡、道路和建筑破坏、城市功能瘫痪等重大灾难,构成城市可持续发展的严重威胁。实践证明,灾害对城市的破坏程度与城市对灾害的防御能力成反比。在城市总体规划中,除防洪、防空外,尚缺少综合防灾的内容,我国城市基础设施的防灾措施基本上处于空白状态,城市规划设计中缺少对防灾空间或避难空间的规划,各项城市防灾系统达不到现代城市的标准,在城市中缺少统一的防灾组织和指挥机构。

随着现代城市的高密度化和生活水平的高标准化,各种供给设施的建设将会急剧增加,需要改造和增设的管线也越来越多。由于历史的原因,中国城市公用事业地下管线比较混乱,每年管线破坏事故上万起,造成了严重的经济损失。为此,建设便于维修管理的多功能公用隧道——共同沟,可以减少马路的反复开挖以及施工对交通和城市居民生活的影响,便于维护检查和拆换,减少事故,提高城市基础设施的抗灾能力。

地下空间具有较强的抗灾特性,对地面上难以抗御的外部灾害如战争空袭、地震、风暴等有较强的防御能力,提供灾难时的避难空间、防灾物资储藏的防灾仓库、紧急饮用水仓库以及救灾安全通道等。

1.1.2.6 解决"城市综合症"的有效途径

很多发达国家在医治"城市综合症"的过程中,相继对其城市中心区进行改造和再开发。城市实施立体化开发,即向四维空间发展的模式,是城市中心区改造的唯一现实可行的途径。发达国家的大城市中心区曾经出现过向上部畸形发展而后呈现"逆城市化"或"城市郊区化"的教训,又称为内城分散化和城市中心区空心化。这是由于城市中心区经济效益高,所以各种资金纷纷涌向城市中心区投资,造成城市中心区高层建筑大量兴建,而为缓解车流、人流兴建了大量的高架道路,这些使城市环境迅速恶化,城市中心区逐渐失去吸引力,出现居民迁出、商业衰退的"逆城市化"现象。很明显,这不符合城市的集聚效应和原则。

城市发展历史表明,以高层建筑和高架道路为标志的城市向上部发展的模式不是扩展城市空间的最合理模式。在实践中逐渐形成地面空间、上部空间和地下空间协调发展的城市空间构成,即城市的立体化开发空间,才是未来城市空间的最合理模式。

充分利用地下空间是城市立体化开发的重要组成部分。地下空间开发的结果是扩大了城市空间容量,提高了集约度,消除了步车混杂现象,使交通顺畅,商业更加繁荣,增加了地面绿地,地面环境更加优美开阔,各种活动互相交融。这种开发模式有利于实现城市园林化和钱学森先生提出的"山水城市"的理想形态。

未来相当长一段时间内,缓解中国城市化进程过快和区域经济发展不平衡所造成的城市发展问题,唯一的途径是开发和利用城市地下空间。

1.2 国外城市地下空间开发利用概况

在世界建筑史上,人类最早对地下空间的开发和利用可以追溯到公元前20多世纪,典型的代表作如古埃及的金字塔、古罗马城市中的排水系统。

埃及金字塔是著名的古代建筑，为世界七大奇迹之首。其工程浩大，结构之精细，至今还是未被揭开的人类之谜。埃及金字塔位于尼罗河西岸、开罗西南约 13 km 的吉萨地区，大约建于公元前 27 世纪。类似于我国古代的帝王陵墓，埃及金字塔是古埃及法老的墓穴。金字塔底座呈方形，愈上愈窄，聚于塔顶形成方锥形的建筑，其四面都形似汉文的“金”字，因此中文称为金字塔。埃及金字塔不仅反映出古埃及人高超的施工技术，同时也是古埃及人对地下空间利用的体现。

公元前 312 年，古罗马建筑了埋在地下的第一条水道，并辟建了第一条连接意大利中部和南部的阿比亚古道，逐渐形成城市的雏形。公元前 101～公元前 144 年，凯撒大帝将台伯河改道，扩大了台伯河边的用地，重新进行了罗马都市的规划，建设了新的罗马市集。为配合城市需求，又辟建新的地下水道，形成引水系统，公元前 144 年，便通过引水系统引进外地水源，供应罗马城内的用水。

目前，国外城市地下空间大规模开发和利用已历时 150 多年，无论是发展速度还是规模化、制度化、多样化，都远超中国。地下建筑的内部空间环境质量、应急系统和运营管理都达到了较高的水平。这里从时间、区域和功能三方面全面、系统地介绍国外城市地下空间开发历史和发展现状。

1.2.1　按时间划分

现代城市地下空间的利用始于 19 世纪末，地下空间开发较为著名的城市主要集中在亚洲的日本，欧洲的法国、德国、英国、瑞典、瑞士，以及北美的美国和加拿大。20 世纪 20～30年代，以英、法、美为代表的国家，地下建设曾达到相当的规模，但是当时建设的出发点更多是着眼于防备需要。第二次世界大战之后，各国的经济进入复兴时代，20 世纪 50 年代后期至 70 年代前期伴随着城市中兴、商业区的复兴运动，出现过一轮城市地下空间大规模的开发。地下空间开发用途种类较多，有地铁、地下轻轨、地下商业街、市场、地下公共车库、地下道路等。现代城市地下空间开发利用，大体分为六个阶段。

1.2.1.1　城市地铁早期发展阶段

国外最早的城市地下空间工程始于地铁。英国伦敦于 1863 年就建成了世界上第一条地铁，开创了城市地下铁道建设的先河，美国纽约于 1867 年建成了世界上第二条地铁，1890 年电器牵引机车的发明应用之后，法国巴黎于 1900 年建设了第一条地铁，德国柏林于 1902 年建设了第一条地铁，西班牙马德里于 1919 年建设了第一条地铁，日本的东京于 1927 年建设了第一条地铁，目前世界上已经修建地铁投资运营的国家和地区有 40 多个，城市有一百多个。地铁改变了城市客运交通系统模式，也推进了城市地下空间的大规模开发利用。

1.2.1.2　第二次世界大战时期

第二次世界大战期间，已建成的城市地下空间设施（如地铁、地下室、大型下水道、废旧矿穴等）在防御空袭、维护生命财产安全、抵抗战争等方面发挥了巨大作用，使得地下空间的防护潜能得到了充分的验证。据统计，在遭受敌人空袭时，民防和地下防护设施建设相对较好的英国平均每受弹 1 t 伤亡 1 人。战后，欧美等发达国家充分认识到加强民防工程建设、修建地下防护设施的重要地位和作用，曾掀起规划建设防空、备战地下工程的狂潮，成为影响世界城市地下空间开发利用的重要历史阶段。瑞士作为一个中立国家，接近300年没有战争，但是瑞士所有的建筑物都修建了地下防护工程，它的地下空间的开发主要是战时的防护和防灾。

1.2.1.3　城市复兴时期

进入20世纪60年代，世界主要工业发达国家处于政治稳定、经济飞速发展期，人口向城市大量积聚，为解决城市交通问题，轨道交通及地铁建设进入全面发展阶段。欧美等国的城市地铁均发展于20世纪五六十年代。伴随着地铁建设，地铁车站地区的地下街、地下车库，以及建筑物下的多层地下室、新建或改造地区的共同沟等地下空间设施得到很大发展。

1.2.1.4　石油危机影响阶段

20世纪70年代初期，石油危机引发了能源的地下化储存，世界范围内掀起了一场太阳能、地热能、余热利用，以及开发新型建筑来降低建筑物能耗的运动。这一时期，美国新型的太阳能建筑，中国地下窑洞的大改造，欧美等国的地下油库、气库、热水库、冰库、抽水蓄能电站等多种形式的地下空间利用设施均得到了空前大发展。

1.2.1.5　环境保护诉求影响阶段

进入20世纪八九十年代，大城市的交通拥堵、空气污染、噪声扰人、污水排放、建筑林立、绿地减少、热岛效应、空中黑色污染、古建筑与历史文化遗产保护等一系列环境问题已经成为实际性难题。各国都在结合国情探讨有效解决的新方法和新途径。各国共同的实践表明，开发利用城市地下空间资源，将城市的部分功能科学合理地转入地下，规划建设地下污水处理场、地下道路、地下车库、地下供热（冷）系统等设施，进一步提高城市土地竖向空间的开发利用价值，是解决诸多城市环境问题，提高城市运营效率和安全性，实现城市集约化、立体化和现代化的最有效途径之一。

1.2.1.6　可持续发展与地下空间利用阶段

20世纪是人类社会城市化、城市建设现代化快速发展的世纪。进入21世纪以来，全世界都面临着“人口、资源、环境”如何协调发展的难题，尤其是发达国家，都在思考一个共性的问题：人类社会和城市如何实现可持续发展。回顾总结20世纪发展经验和教训可以发现：比起海洋空间、宇宙空间，开发利用地下空间资源更加直接、经济和安全。城市地面围合占用的建筑空间高度已经超过500 m，而城市地下空间开发利用深度除个别项目超过地下50 m外，大部分均在地下30 m以内。与地面相比，城市地下可供开发利用的空间资源潜力巨大。对城市地下空间资源进行科学的评估预测、编制规划、分层开发、综合利用已经成为当代城市实施可持续发展战略的主要内容之一。

1.2.2　按区域划分

在城市地下空间开发历史长河中，一些地下空间利用较早和较为充分的国家，如北欧的芬兰、瑞典、挪威和日本、加拿大等，正从城市中某个区域的综合规划走向整个城市和某些系统的综合规划，各个国家的地下空间开发利用在其发展过程中形成了各自独有的特色。

1.2.2.1 美国

纽约市地铁在世界上运营线路最长，达 443 km，车站数量最多，有 504 个，每天接待 510 万人次，每年接近 20 亿人次。纽约中心商业区有 4/5 的上班族都采用公共交通。市中心曼哈顿地区，常住人口 10 万人，白天进入该地区人口近 300 万人，多数是乘地铁到达。洛克菲勒中心地下步行道系统，在 10 个街区范围内，将主要的大型公共建筑在地下连接起来。南方城市达拉斯，一个有步行道 29 条的不受夏季高温影响的地下步行道系统，将市内主要公共建筑和活动中心在地下连接起来，休斯敦市地下步行道系统全长 4.5 km，连接了 350 座大型建筑物。旧金山市中心叶巴布固那地区的莫斯康尼地下会议展览中心的地面上，保留了城市仅存的开敞空间，建设了一座公园。美国纽约市的大型供水系统，完全设置在地下岩层中，石方量 130 万 m^3，混凝土 54 万 m^3。除一条长 22 km、直径 7.5 m 的输水隧道外，还有几组控制和分配用的大型地下洞室，每一级都是一项复杂的大型岩石工程。

除此之外，美国地下建筑单体设计在学校、图书馆、办公、实验中心、工业建筑中也成效显著。一方面较好地利用地下特性满足了功能要求，同时又合理解决了新老建筑结合的问题，并为地面创造了开敞空间。如美国明尼阿波利斯市南部商业中心的地下公共图书馆、哈佛大学、加州大学伯克利分校，密执安大学、伊利诺伊大学等处的地下、半地下图书馆，较好地解决了与原馆的联系并保存了校园的原有面貌。

1.2.2.2 加拿大

加拿大突出的做法就是重点建设地下步行系统，庞大的交通系统、综合的服务设施和优美的环境享有盛名，保证加拿大在严冬时期各种商业、文化及其他事务交流活动的正常进行。多伦多地下步行道系统在 20 世纪 70 年代已有 4 个街区宽、9 个街区长，在地下连接了 20 座停车库、很多旅馆、电影院、购物中心和 1 000 家左右各类商店，此外，还连接着市政厅、联邦火车站、证券交易所、5 个地铁车站和 30 座高层建筑的地下室。这个系统中布置了几处花园和喷泉，共有 100 多个地面出入口。在这个地下综合区里，有超过1 200 家零售商店。每天大约有 10 万名旅客穿过这个好像广场一样的地下综合区。

蒙特利尔能被评为当今世界上三个最适合人类居住的城市之一就归功于它有这个全世界最大的地下城，见图 1-1。蒙特利尔因为它每年有 4 ~ 5 个月的冬季而闻名。2 月的时候，气温会下降到 -34 ℃，一年的积雪量也能多达 2.5 m，同时还会伴随有呼啸的北风和让人睁不开眼的骤雨。另外，夏季又会带来令人窒息的闷热。7 月的时候，温度会升高到 32 ℃，湿度达 100%。这些使得开发和利用蒙特利尔的地下空间有了潜在的动力。

图 1-1　蒙特利尔地下城实景照片

第一代的地下城建成于 1962 年，建

筑面积为 50 万 m^2，加拿大国家铁路总公司、中央车站和伊丽莎白女王饭店都设在这里。蒙特利尔赢得了 1976 年夏季奥运会的主办权后，地下城也引来了它的高速发展时期，先后开辟出 4 条地下商业走廊，大都位于同一条地铁交通干线的下面。到了 20 世纪 90 年代，地下城进一步扩充并完善，建设起更多的地下通道，最终形成了一个由步行街通道联系起来的庞大系统。这个系统最深的地方上下可分五层，邮局、超市、酒吧、咖啡屋、美容美发店一应俱全，应有尽有。

蒙特利尔地下城长达 17 km，总面积达 400 万 m^2，步行街全长 30 km，连接着 10 个地铁车站、2 000 个商店、200 家饭店、40 家银行、34 家电影院、2 所大学、2 个火车站和 1 个长途车站。地下之城实际上就是另外一个蒙特利尔。为了避免上面的恶劣天气，每天有 50 万人进入到相互连接的 60 座大厦中，也就是进入到超过 360 万 m^2 的空间中，其中包括了占全部办公区域 80% 和相当于城市商业区总面积 35% 的商业空间。

1.2.2.3　欧洲

欧洲地下空间的开发始于 19 世纪，因此欧洲对于地下空间的开发有许多成功的范例，尤为让人称道的是开发地下空间与旧城保护相结合方面。欧洲国家城市中心区进行立体化开发，发展了多种类型的地下空间，形成了大型地下综合体。它的特点是规模大，内容多，水平、垂直方向上的布置也比较复杂。它把市中心的许多功能(特别是交通)转入地下，而在地面实行步行化，并充分绿化。

德国地下空间的开发利用注重保护有历史意义的旧城建筑。这些地下空间的开发不仅扩大了人类的生活空间和城市的功能设施空间，而且具有以下更大的意义：在建设了如此巨大的城市空间的同时，为城市提供了更加优美的环境，并与周围许多古老建筑取得了和谐统一，例如著名的“大卢浮宫计划”。在无扩建用地、原有建筑必须保持的情况下，设计者利用拿破仑广场下的地下空间容纳了全部扩建内容，成功地对古典建筑进行了现代化改造。

在城市公共功能化方面，对于地下空间的充分合理应用，欧洲也做出了较好的典范，例如挪威的大型地下供水系统，其水源也实现地下化，在岩层中建造大型贮水库，既节省了土地又减少了水的蒸发损失。瑞典的大型地下排水系统，不论在数量上还是在处理率上，在世界上都处于领先地位，瑞典排水系统的污水处理厂也全在地下，埋深 30 ~ 90 m，仅斯德哥尔摩市就有大型排水隧道 200 km，拥有大型污水处理厂 6 座，处理率为 100%。在其他一些中小城市，也都有地下污水处理厂，不但保护了城市水源，还使波罗的海免遭污染。瑞典斯德哥尔摩地区有 120 km 长的地下大型供热隧道，很多地区实现集中供热，并正在试验地下贮热库，为利用工业余热和太阳能节约能源创造有利条件。此外，瑞典斯德哥尔摩市地下有共同沟 30 km 长，建在岩石中，直径 8 m，战时可作为民防工程。瑞典是首先试用管道清运垃圾的国家，在 60 年代初就开始研制空气吹送系统。1983 年在一个有1 700户居民的小区内建造一套空气吹送的管道清运垃圾系统，预计可以使用 60 年。由于与回收和处理系统配套建设，3 ~ 4 年就可回收投资。芬兰赫尔辛基的大型供水系统，隧道长 120 km，过滤等处理设施全在地下。

地下空间利用除众多的市政设施外，就是发达的文化体育娱乐设施。在 20 世纪 90 年代建造的吉华斯柯拉的运动中心，8 000 m^2 面积服务于 14 000 居民，内设体育馆、草皮和沙质球赛馆、体育舞蹈厅、摔跤柔道厅、艺术体操厅和射击馆等在交通方面合理利用地下空间。在芬兰,临近赫尔辛基市购物中心的地下游泳馆,其面积为 10 210 m^2,建成时间为 1993 年。1987 年完成了精神病医院地下的游泳馆和健身中心。为了保持库尼南小镇的低密度建筑和绿化的风貌,1988 年建成为 8 000 居民服务的 7 000 m^2 的球赛馆也建于地下,内设标准的手球厅、网球厅,并有观众看台以及淋浴间、换衣间、存衣间、办公室等。里特列梯艺术中心每年吸引 20 万参观者,内设 3 000 m^2 的展览馆,2 000 m^2 的画廊,以及有 1 000 个座位的高质量音响效果的音乐厅。北欧地下空间的利用与民防工程的结合是其一大特点。

巴黎的地下建设了 83 座地下车库,可容纳 43 000 多辆车,弗约大街建设有欧洲最大的地下车库,地下 4 层,可停放 3 000 辆车。大量建设停车场是城市正常运转的重要条件,停车场建于地下可节约大量土地。巴黎市中心的卢浮宫是世界著名的宫殿,在无扩建用地,原有的古典建筑必须保持,无法实现扩建要求的情况下,设计者利用宫殿建筑包围的拿破仑广场下的地下空间容纳了全部扩建内容,为了解决采光和出入口布置,在广场正中和两侧设置了三个大小不等的锥形玻璃天窗,成功地对古典建筑进行了现代化改造。巴黎的列阿莱地区是旧城再开发充分利用地下空间的典范,把一个交通拥挤的食品交易和批发中心改造成一个多功能以绿地为主的公共活动广场,同时将商业、文娱、交通、体育等多种功能安排在广场的地下空间中,形成一个大型地下综合体。该综合体共 4 层,总面积超过 20 万 m^2。巴黎雷雅乐地区处于旧城中心,原是一个大型食品批发中心,负担着法国 1/5 人口的食品供应,但随着时代的变迁、日益沉重的交通负担以及本身的弱点,都使它不适宜再留在市中心。1962 年借助于城市地铁系统的建设,将地面改造成一个开敞绿化公园,在地下设置商业服务中心。在巨大的地下空间中,容纳了 3 个购物中心、电影院、体育设施、植物园、停车场等设施,总面积达 26.5 万 m^2。通过立体化的再开发,把一个地面上简单的贸易中心改造成一个多功能的公共活动广场。

俄罗斯属于地下空间开发利用的先进国家,特点是地铁系统和城市共同沟系统发达。莫斯科地下有 130 km 的共同沟。莫斯科地铁,分为三层,纵横交错,埋深达 80 m,地铁以其建筑和运营的高质量而闻名于世,800 万市民平均每人每天要乘一次地铁,地铁在莫斯科客运总量中所占比重为 44%。

1.2.2.4 日本

1. 发展历史及现状

日本虽然比北欧等国起步晚,但其成熟程度有目共睹。例如,从高耸入云的大厦,到跨越海峡的高架路,再到日均流量达上千万的地铁网、商店鳞次栉比的地下街、用于通信和能源供应的地下管线网。人们的活动范围不再仅仅限于阳光普照的地方,而在深层的地下空间里,同样存在着另一个生机勃勃的世界。

东京从 1927 年建成了日本第一条地铁至今,已经有了 12 条地铁线路,营业线路总长度近 300 km,在全球城市地铁中居第三位。东京平均不到 3 km^2 就设有一个地铁站。在那些位于城市中心的区域,地铁车站的密度更高。

20 世纪 30 年代日本就开始建设地下商业街,于 1957 年东京第一条商业街建成。目前,日本至少在 26 座城市构筑了 146 条地下街,地下街及商业用途的建筑地下空间面积达150万m^2，其中约1/3为建筑地下空间。东京八重洲地下商业街一期建成时间为1964年，二期建成时间为1973年，由7家民营公司联合建设和经营管理，占地面积3.5万余m^2，建筑面积6.4万m^2，商业空间面积1.84万m^2，总体上呈I型布局，与城市道路走向吻合，其南北向长约440 m，东西向长约300 m，是日本至今为止最大的地下商业街之一。设置出入口总数42个。地下共建设三层，地下一层以商业街为主，主要为出租店铺，店铺总数169个，其中服饰店95个、饮食店63个、休闲服务店11个；地下二层为停车场，设置停车位516个，日均停车1 500辆；地下三层主要为设备用房。整个地下空间与东京火车站和周围16幢大楼相连通，内部空调、供电、供水、消防以及其他灾害应急系统齐全。大阪长堀地下街是日本规模最大的一条地下街。从60年代起开始修建地铁，其地下有3条地铁横穿，开始地铁之间不相通，后来又修了一条地铁，将原先地铁通过地铁站串连起来。地下一层为步行商业街，地下二～四层为停车场。大量的交通人流在此处汇集，形成各类商业消费需求。在步行街上还设置有8个广场，各具功能，使人们即使在地下也能很快地识别和知道自己所处的方位。地下街的艺术造型处理体现出多样的、以人为本的人性化设计，在满足快速、舒适、便利、安全功能的同时，为市民提供宽敞、明亮、温馨、平和、卫生、美观的环境空间。名古屋荣森地下街，位于市中心的大通公园地下，于1978年建成，是人流与交通的集散地，地下街解决了公交和地铁换乘过渡问题，使得20多条公交终点站设在地下一层，进入中心区地面不见有车辆。其商业面积0.93万m^2，以商店为主，地下通道达8 m宽，设置29个出入口，地下任何一点到出入口最大距离为30 m，通过两处下沉广场与公园和周边设施地面巧妙衔接，将人流与车流有序引入地下，为城市中心在发展过程中如何整合交通和人流提供了一种处理办法。

日本的地下共同沟在世界上是兴建数量居于前列的国家之一。1981年年末，日本全国共同沟总长156.6 km。为保证城市生活的正常运转，并提供更加安全、舒适的生活环境，各种各样的地下设施在不断地健全和完善。以首都圈为服务区域的东京煤气公司，利用地下管道向所属服务区域提供冷暖设备用气和水。日本最大的两个电信电话公司“NTT东日本”和“NTT西日本”在日本各地大约10 m深的地面下构筑了类似隧道的地下空间，总长度超过600 km。

对于地震多发的日本来说，地下空间可以成为防灾和避震的安全场所，还能够为燃料、能源的储藏提供场所。鹿儿岛县串木野市的串木野石油储备基地采用的就是地下岩洞油库方式。该储备基地现有3个储油设施，共储存着175万m^3石油。地下岩洞油库储油就是利用了地下空间的隔离性，大大降低了石油爆炸及外泄的危险性。

地下空间还具有恒温和恒湿的特性，这就可以用于放置精密仪器、书籍等。位于东京都千代田区的国立国会图书馆，是日本最大的图书馆，拥有藏书约800万册。该馆的图书是半永久保存。为达到长期存放的目的，馆内大约1/2的图书被收藏在新馆中。这幢新馆东西长约为148 m，南北长约为43 m，地上4层，地下8层，最深处达地下30 m，书库内常年保持着22 ℃的室温和55%的湿度。

2. 规划与管理经验

1）规划指导地下空间开发

在日本，每一项地下工程都经过了缜密细致的调研。日本在以前尚未形成地下空间开发利用法规体系的条件下，无论是都心部地下开发，还是专项地下工程开发，都事先要做大量详尽的调查、分析、论证、预测和评估等调查研究，严格实施《城市规划法》《建筑基准法》《消防法》《铁道事业法》《轨道法》等相关法律法规，编制专项规划，避免盲目开发，在规划指导下开发利用，并有一整套严格管理实施制度。日本对地下空间的研究和建设由全国众多的大学、研究机构和建设机构承担，涉及土木、建筑、环保、防灾等各个领域，项目的审批最终要经过国土交通省的同意。正是由于前期充分的调研和论证以及严格的审核程序，日本地下空间的开发才更趋合理，很少见到今天竣工、明天又重新挖土动工的现象。

2）以人为本的人性化设计

在日本，"以人为本，科学规划"的理念一直贯穿在地下空间开发和利用中。日本城市地下空间开发坚持以规划为先导，非常重视人性化设计理念，纵横交错、四通八达的地上地下立体交通在为居民出行提供方便的同时，也为城市合理布局，改善城市环境提供了条件。在场所利用上，根据不同使用对象的实际使用需要出发，以人为本，体现出多样的、亲人的人性化设计，在满足快速、舒适、便利、安全功能的同时，为市民提供宽敞、明亮、温馨、平和、卫生、美观的环境空间。空间环境创造体现诸多的人性化设计匠心，例如指示牌设计。与地面相比，地下不见整体空间位置，不见透明门窗，也不见高山楼宇的方向性地标。尤其在地铁网线密度高的空间，流动性大，条块结构趋同，容易迷路。日本地铁针对这些空间特点，在区位地图、指示牌设计上，很注重既清楚又亲切地给使用者指示方向、方位与连接处。在满足功能的前提下，又充分体现对人的尊重与爱护，比如说，在区位图、指示牌的色彩、尺度、灯光处理上，考虑到对使用者产生精神上、心理上的影响，特别是站台对面、台阶上下以及通道走廊的广告设计，能使人感觉到体积大小、布局疏密、色彩浓淡、光线强弱比较得体和谐，一幅幅融入地域文化的风土习俗，一件件与使用者对话的公共信息，兼具了显示地下空间景观的美感效果。再有，对残疾、老小弱势群体对象，好多地铁、地下商场，都保持与地面同等的设计标准，有的部位配备专人扶持护送或专用通道；有的地方专为娃娃、老人、吸烟者配置专用等候空间或休息场所。其次，为了方便市民和减少地下空间的异样压力，合理配置各种店铺，如餐饮店、书店、邮局、花店、电话亭、绿化资源等。为市民提供明亮、卫生、清楚、有序且美观平和的地下流动空间。

3）严格规范的防灾机制

地下空间有着许多地面所不能比拟的优点，同时也由于其封闭性具有不可忽视的安全弱点。由于深在地下，难见阳光，而且缺少能够直接与外界通风的窗户，因而在发生地震或火灾时，火焰、浓烟等对人们的危害程度远远超过了地面。此外，发生意外灾难时，处于地下的人们容易因黑暗等因素产生心理恐惧，更加不知所措。所以，在地震多发的日本，设计者们在规划和修建地下设施，尤其是人流量大的地下商城时，费尽了心思。神奈川县的川崎车站地下街在安全防灾上就极具代表性。

为了便于火灾时烟雾的排出，川崎车站地下街建有中央广场，并配有高高的天窗。自然采光的天窗可以避免停电时黑暗给人们心理上造成的不安情绪。其次，修建了简捷方便的避难途径，如在地下人行道的任何部位不超过50 m就能找到一个可以紧急避难的隔离区，而且在地下街不出30 m远就有一个能直通地面的楼梯。对于易发生火灾的店铺，地下街都将其限制在地下第一层，而且为了防止火源的扩大，规定每家店铺要留有一个防火防烟隔离区。

除防火外，地下空间的最大隐患莫过于水灾。俗话说“水往低处流”，处于低处的地下空间如何应对洪水时的倒灌、地下水的浸透等问题，是修建地下空间必须考虑的因素。

日本在国土交通省下设立了“浸水对策研究委员会”，专门负责研究地下空间浸水的解决方法，至今这个问题仍然作为地下空间开发的一个重大课题在进行着更加深入的研究。日本应对地下浸水的方法也逐渐由普通的防水板、防水门等传统做法，向通过激光探测仪进行预测等高科技方法发展，争取做到未雨绸缪。

此外，日本确立了极为严格的地下防灾制度，归结起来有以下几点：

(1)严格实施《城市规划法》《消防法》《建筑法》和《铁道事业法》的相关规定。

(2)严格实施防灾制度，配备规定的防灾装置，如自动温度调整安全装置、紧急用电源装置、防灾监视中心等。

(3)设置地下街管理机制(会社)。事先设想各种可能发生的灾情，制订避难对策，有计划地组织地下街相关从业人员进行避难训练与防灾培训，增强市民防灾意识，提高意外灾情发生时的应对能力。

4)先进科学技术的支撑

地下空间开发，规划水平最高、投资力度最大，若没有一支现代化的技术队伍和先进技术水平，要实现高质、高效的地下开发是困难的。如地下水、地盘、地质环境的探察，山体、河川、隧道、砂岩残土、废弃物的空间构筑，都需要先进的土木建筑技术和各种复合技术的支撑。日本的成功开发与其具有完备的先进技术条件是分不开的。比如说“首都圈外郭放水路”工程，构建长达 6.3 km 的储水人工河川，解决地面洪水灾害。将洪水流入 5 根大桩柱，进入 8 m 宽、177 m 深、25.4 m 高，可容纳 900 个 25 m 规格游泳池的储水槽内。用约 1 029.7 W、100 m^3/s 的超级水泵，将水抽排到地面河流。能及时迅速地抽排出 660 万 t 洪水，把地面的水灾降到了最轻的程度。这种成功尝试，一定程度上取决和依赖于先端的超级技术。

1.2.3　按功能划分

从 1863 年伦敦建成世界上第一条地铁至今，地下空间的开发已经从幼稚到成熟的过程。地下世界早已不仅仅是排水管、下水道、地铁系统或防空洞，公共图书馆、大型实验室、会展中心、博物馆、音乐厅、体育馆等也都纷纷向下发展，空间环境的质量、文化氛围的培育、商业需求的延伸和与地上城市的互动互补成了地下空间开发新的焦点。全世界各国家、地区城市地下空间工程主要形式有地下综合管线、地下交通体系和地下商业多功能综合体。

1.2.3.1　地下综合管线

建设地下综合管线是为了缓解城市市政基础设施空间紧缺的情况。日本称地下综合管线为共同沟。日本是目前世界上共同沟建设最先进的国家之一，其他发达国家也都将共同沟建设作为城市可持续发展的重要方向。1981 年年末，日本全国共同沟总长 156.6 km，目前已达到 526 km。1926 年，日本在关东大地震后的东京复兴建设中，就修建了

1.8 km 的共同沟。至 1992 年,日本国内共同沟总长达 310 km。至 21 世纪初,在 80 多个县级中心城市的干线道路下建成长约 1 100 km 的共同沟。

1.2.3.2　地下交通体系

为了缓解城市地上交通建设给城市空间和人民生活环境带来的压力,全世界各国家一直致力于地下交通体系的开发与利用。欧美等发达国家目前基本上已停建高架路和地面大型立交桥,转而大力发展城市地下交通,不但大幅度缓解了地面交通压力,优化了地上空间布局,还有效降低了城市噪声污染,改善了城市环境。美国波士顿中央大道,曾经在 20 世纪 30 年代兴建高架道路解决城市交通,但由于景观、噪声和震动原因,在 90 年代又予以拆除,改建为地下道路。

1.2.3.3　地下商业多功能综合体

为解决城市发展所面临的空间资源不足问题,日本政府大力扶持地下商业,在立法、规划、设计、经营管理等方面形成一套比较健全的体系,引导和规范地下商业街和地下商城建设。至今,日本地下商业街已从单纯的商业性质演变为由交通、商业及其他设施共同组成的相互依存的多功能综合体。1930 年,日本东京上野火车站地下步行通道两侧开设商业柜台形成了"地下街之端"。1973 年之后,由于火灾,日本一度对地下街建设规定了若干限制措施,使得新开发的城市地下街数量有所减少,但单个地下街规模却越来越大,设计质量越来越高,抗灾能力越来越强。据统计,日本至少已在 26 个城市中建造地下街 146 处,日进出人数达到 1 200 万人,占国民总数的 1/9。

1.2.4　国外地下空间开发的特点与发展趋势分析

从国外城市地下空间开发与利用的发展历史和现状上看,其特点与发展趋势可简单概括如下。

1.2.4.1　由集中化趋于分散化

从城市中心区向城市边缘扩展。围绕城市核心区在城市边缘建设多个地下空间多功能综合体,各独立综合体通过地下交通系统连接,将原有城市核心区的人车流分散到城市边缘区域,从而缓解了城市核心区的压力。

1.2.4.2　由单一化趋于多元化

从单纯的商业性质演变为由交通、商业及其他设施共同组成的相互依存的多功能综合体。

1.2.4.3　由基本需求转变为人性化设计

从满足人们最基本的生活需求,发展为以人为本,生态环保,体现出多样的、亲人的人性化设计,在满足快速、舒适、便利、安全功能的同时,为市民提供宽敞、明亮、温馨、平和、卫生、美观的环境空间。

1.2.4.4　由浅入深

从地下浅层向深层发展。

1.2.4.5　由无序趋于规范

从无序的开发模式,发展为规范化、制度化。重调研、合理规划和设计,规范化施工,制度化管理。

1.3　我国城市地下空间开发利用现状

1.3.1　中国早期地下空间开发和利用情况

我国地下空间开发利用有着渊源的历史，早在周朝就有了人类利用地下空间建设城市排水设施的记载。我国古代地下空间利用主要有以下几种形式。

1.3.1.1　窑洞

早在4 000年前，以我国黄河流域的山西、河北、河南、陕西、甘肃为中心，当地居民已在辽阔的黄土地带上建造地下窑洞，这些窑洞一直沿用发展至今，主要分为下沉式和靠山式。下沉式是从地表向下挖5 ~6 m深、边长10 m正方形的下沉式院子，然后从院子横向挖洞造房；靠山式窑洞则从斜面或断崖上横向挖洞造房，多数朝南。

目前，我国拥有世界上最多的地下建筑群体，主要集中在陇东、陕北、豫西、晋中南、冀北和内蒙古中部等6个地区，宁夏和青海的部分地区也有，与陇东窑洞近似。这些地区约有200个县，居住在窑洞的总人口估计有3 500万 ~4 000万人。根据各地的自然和社会条件不同，居住在窑洞中的人口占总人口的比例有多有少，大体上是越向西北，比例越高，向东南则渐少，基本上与黄土高原的土层厚度和气候的变化趋势一致。

1.3.1.2　宗教建筑

佛教在东汉时期从印度传入中国，由此兴建了大量佛教建筑，地下空间的利用为发展和保存这些宗教艺术珍品提供了有利条件。在陡峭岩壁上凿出的洞窟形佛教建筑称为石窟寺，其中著名的有山西大同的云冈石窟，河南洛阳的龙门石窟，甘肃敦煌的莫高窟，甘肃麦积山石窟等。

1.3.1.3　陵墓

在我国封建社会这一漫长的历史时期中，建造陵墓和满足一些特殊宗教要求的建筑是地下空间的开发利用的重要方面。具有代表性的有殷朝王墓、始皇陵、明陵等大坟墓。陵墓已成为我国封建社会这一漫长的历史时期中地下空间的开发利用的重要内容。

1.3.1.4　仓库

利用地下空间作为仓库，在我国由来已久。1971年，在洛阳市东北郊发掘出一座古代地下粮库，系隋朝建造，一直使用到唐朝，库区面积600 m×700 m，以后逐渐发掘出的半地下粮仓近200个，这是我国很早就利用地下空间作为仓库的例证。到了现代，尽管保冷、保温技术发达，但在我国北部用于储藏土豆、红薯的地窖及地下粮库，仍在大量建造。

1.3.1.5　采矿与水利建筑

我国是世界上最早进行采矿的国家。《天工开物》一书，是中国古人阐述有关地下采矿工程方面的较早文献。此外，在水利工程方面，也有开发地下空洞的事例，如陕西褒城的石门隧洞，陕西大荔县修建洛水渠时，曾发现有给水隧洞，规模都非常大。此外，还有新疆举世闻名的坎儿井。这些都说明，我国古代在生产建设中，曾致力于地下空间的开发，尤其是施工技术方面，当时处于世界领先的地位。

1.3.1.6　军事

地下空间作为军事用途，在我国的古代与现代均有利用。1961年在河北峰矿区发现军事目的的古代地道，是800多年前宋朝时挖掘的。在北雄县等地也有类似发现。在一些古籍中，也有关于利用地道作战、攻城的记载。

1.3.2　中国近现代地下空间开发和利用情况

新中国成立后到80年代初，中国一直把人防建设列为国防建设的重要组成部分。1953年，第一次全国人防会议制订了"长期准备，重点建设"的方针。1978年，第三次全国人防会议制订了"全面规划，突出重点，平战结合，质量第一"的方针。1986年的"厦门会议"，进行了人防建设与城市建设相结合工作座谈，1987年国家人防委、建设部联合发出了《关于加强人民防空建设与城市建设相结合工作的通知》，1988年又下发了《人防建设与城市建设相结合规划编制办法》。据2005年统计，平战结合开发利用的人防工程达数千万平方米。

20世纪80年代末，尤其进入90年代，中国城市地下空间利用在国际、国内城市建设与发展的形势下，开始向可持续发展战略转变。1988年，第三届国际地下空间学术会议在我国同济大学召开。在这次大会上，首次提出城市地下空间的概念，明确其在城市建设与发展中的重要地位，是城市地下空间开发利用的一个里程碑。随着城市化进程的加快，城市建设快速发展，城市规模不断扩大，城市人口急剧膨胀，许多城市都不同程度地出现了建筑用地紧张、生存空间拥挤、交通阻塞、基础设施落后、生态失衡、环境恶化等城市病，给人们居住生活带来很大影响，也制约城市经济与社会的进一步发展，成为我国现代城市可持续发展的障碍。在这样的背景下，我国城市地下空间发展由90年代前的人防工程建设转变到90年代以"城市可持续发展"为目标的地下空间开发利用的发展战略上来。

1.3.3　21世纪中国城市地下空间发展现状

进入21世纪以后，中国城市地下空间的开发数量快速增长，体系不断完善，特大城市地下空间开发利用的总体规模和发展速度已居世界同类城市的先进前列。中国城市地下空间开发利用在功能上以地下交通为主流：城市轨道交通建设速度已居世界首位；城市地下快速道路建设已经起步并将加速发展；城市地下物流系统正在研究；特大城市和大城市地下空间专项规划已经和正在普遍开展；很多城市中心区结合改造和新区建设已经编制和正在编制详细规划；城市大型地下综合体的建设已经成为许多大城市地下空间开发利用的亮点，并达到了国际先进水平。

1.3.3.1　城市地下综合体

截至2007年，已有北京、上海、重庆、南京、杭州、青岛等20多个城市编制了城市地下空间专项规划，有效地规范了城市地下空间开发利用。许多城市结合城市中心区改造和新区建设编制了地下空间详细规划，如北京中关村、奥运中心区，上海世博园区、火车南站、五角场，广州珠江新城，杭州钱江新城波浪文化城等，这些项目规模都在10万 m^2 以上，开发层数为3~4层，集交通、市政、商业于一体，内部环境优越，地上地下协调一致。

1. 北京

2007 年数据统计表明,北京地下空间建成面积已达到 3 000 万 m^2,全市地下空间今后平均每年将增加建筑面积约 300 万 m^2,占总建筑面积的 10%。

北京中关村西区:地下建筑面积 50 万 m^2,其中机动车停车位 10 000 个。地下空间开发分三层,地下一、二层规划为商业、娱乐、餐饮、停车等,面积为 15 万 m^2。地下三层综合管廊 1 900 m。营造了中国最大立体交通网,创立综合管廊 + 地下空间开发 + 地下环形车道的三位一体的地下综合构筑物模式。将综合管廊作为载体,地下空间开发与地下环形车道融为一体的地下构筑物。

北京王府井地区:在 1.65 km^2 的范围内,地下可利用建筑 60 万 m^2,主要为地下轨道交通空间、市政设施空间、公共建筑空间等。区内大型建筑均设有地下室,以停车、商业、娱乐、餐饮、仓储等功能为主,其中宾馆饭店地下室的利用率在 80% 以上,商业建筑地下部分利用率为 75%,地下车库利用率仅 50% 左右。

北京金融街中心区:金融街地下交通体系是国内第一个大规模地下交通系统,该工程总建筑面积约 30 000 m^2。其中,地下行车体系总长约 2 426 m,建筑面积约 27 946 m^2;地下人行体系的人行通道长约 195 m,建筑面积约 1 547 m^2,总投资约 29 922 万元。工程规划设计和地面道路完全一样,分上行和下行双车道,无论是上班族还是平常货运车辆都可以通过地下通道进入金融街的近 20 个楼座。除了私人停车位,这些楼座的公共停车位资源共享,对社会开放。工程在两侧设立两个入口,直接和城市主干道连接。此外,工程还有完善的安全预警体系。地下道路每隔 5 m 就有一个 40 cm 左右宽的凹槽,这里会安装排送风管道。发生火灾时,它可以将浓烟迅速排到地面。司机在地下开车遇到紧急情况时,有 9 个行人楼梯可以逃生,司机可以弃车步行到地面。另外,地下两侧还设计了排水坑,流入的雨水汇集在排水坑内,并通过排水泵排到地面。

2. 上海

上海静安寺广场:是地铁 2 号线静安寺站的出入口,是由下沉广场、地下商场、露天剧场、喷水池风井、伤残人电梯亭和静安公园延伸绿地等组成的综合体。位于华山路和南京路的转角处,南连静安公园,北侧为静安寺。广场用地面积 8 412 m^2,商场建筑面积 8 200 m^2,下沉广场面积 2 800 m^2,广场下沉深度为 7.1 m,是集交通、商业为一体的综合体。

上海南站地下综合体:上海南站地下除了设有三条轨道交通线的三个车站,还设计安排了南、北广场地下车库(38 000 m^2),铁路进出站南、北地下换乘大厅(11 400 m^2),铁路旅客出站地道(3 000 m^2),地下行包及办公用房(3 700 m^2),行包、邮件运输地道(3 900 m^2),地下空调冷冻、水泵、变电用房及管道沟(3 000 m^2),南北广场地下联络通道及商店(3 200 m^2)。总开发面积约 90 000 m^2,开发深度达 15 m。较好地解决了铁路、轨道交通和公交的换乘。

人民广场地下综合体:人民广场站地处上海的文化、旅游和商业中心。结合地铁 1、2 号线换乘站形成了一个包括两座地铁车站、两座地下商场、一座地下停车场和一座地下变电站的大型地下综合体,总建筑面积 50 000 m^2,地面为大面积公共绿地,并恢复了人民公园。

3. 深圳

深圳罗湖口岸及火车站地区：是深港间往来的主要通道，也是世界最大的陆路口岸，是深圳重大交通枢纽项目之一。该综合体地下、地上各三层，地下二、三层分别为地铁站厅和站台，通过地下一层地下街的多个出入通道连接火车站东侧候车大厅、联检楼和通往火车站西侧交通枢纽。该项目所取得的成就获得了国际认可和赞赏，于2006年7月获城市土地学会(Urban Land Institute，简称ULI)亚太区卓越奖。

深圳华强北地下商业街：位于深圳市华强北商业街机动车道下方，南起深南中路，北至红荔路，全长930 m、宽16 m，以疏通人流为主，兼顾商业和旅游观光的地下商业通道。地下通道分二层，设计停车泊位1 000个。地下人行系统在红荔路、振兴路与振华路三个十字路口处分别向东西方向的道路下方延伸，扩展为三个大厅，作为地下商业的空间。该项目将为华强北新增地下商业面积3.2万m^2，总投资5.11亿元。

4. 其他城市

南京结合地铁1、2号线新街口换乘站建设，将该地区的正洪街地下商业街、新街口百货商店、中央商场、大洋百货、东方商城、德基广场等十多个地下空间进行整合，形成地下空间网络，总建筑面积超过了40万m^2，提高了该地区土地利用效率，改善了该地区地面环境，解决了该地区人车分流，也提高了地下空间的品质，基本形成了地下城。

珠海拱北口岸广场地下空间是结合拱北口岸修建的，地下总建筑面积15万m^2，地下三层。该项目将地面交通和从澳门出关的人流全部引入地下，净化地面交通；将商业、停车、公交车站、出租车停靠站、办公为一体的地下综合体。

大连不夜城(150 000 m^2)及奥林匹克公园(40 000 m^2)、西安钟鼓楼广场(50 000 m^2)、济南泉城广场(40 000 m^2)、南京河西地下综合体(10万m^2)、哈尔滨宏博广场(100 000 m^2)等，据不完全统计，截至2007年，中国内陆建成面积超过10 000 m^2以上地下综合体数量在200个以上，20 000 m^2的近百个。

1.3.3.2　城市隧道建设

为了扩大城区，需要越江拓展城市区域，许多城市为改善城市环境质量，解决城市交通拥挤，降低汽车尾气和噪声污染，相继修建了许多隧道。这其中既有穿越城市中心地带的城市快速路下穿隧道，也有多山城市中的穿山隧道。2002年中国公路隧道的通车里程比1979年增长了13倍，已成为世界上隧道最多、最复杂、发展最快的国家。

中国的越江越海隧道：从20世纪60年代上海第一条打浦路水底隧道投入运行，到目前的上海外环线越江沉管隧道，大连路、复兴东路、延安东路越江隧道，外滩观光隧道，南京玄武湖东西向隧道，宁波甬江隧道等陆续建成，城市隧道工程开始大量涌现。

厦门翔安隧道：中国第一条海底隧道，于2005年动工，项目全长9 km，跨海主体工程长5.95 km，其中海域段4.2 km，起自厦门岛五通，止于厦门市翔安区西滨，隧道最深在海平面下约70 m，主洞隧道建筑限界净宽13.5 m、净高5 m，工程总投资约32.8亿元。2010年4月26日正式建成通车。

青岛胶州湾海底隧道：采用双向双洞六车道，隧道长7.8 km，穿越海底段长3.95 km，两端敞口段长0.62 km，中间设服务隧道，采用钻爆法施工。项目投资32.98亿元，2006年12月底正式开工建设，2011年6月底正式建成通车。

南京长江过江隧道：南京过江隧道于 2005 年 3 月 29 日开工建设，隧道主体工程距离长江大桥约 10 km，项目总投资约 30 亿元，是目前长江上长度最长、盾构直径最大、施工难度最高、挑战性最多的过江隧道工程。南京长江隧道施工使用的盾构机规模居世界第二，直径达 14.93 m，机组总重约 4 000 t，总长超过 100 m。2010 年 5 月 28 日正式建成通车。

上海长江隧桥工程：上海长江隧桥工程已于 2006 年 9 月全面动工。该隧桥工程采用的是“南隧北桥”方案，全长约 25.5 km。上海长江隧道创造三项“世界之最”。长：盾构连续推进 7.5 km，是目前世界上连续施工距离最长的同类工程；大：隧道内径约 13.7 m，外径约 15 m，盾构机直径 15.43 m，是目前世界上最大的盾构隧道；深：水下最大埋深约为 55 m，为世界历史上最深的江河下隧道。

武汉长江隧道：是我国第一条开建，最先贯通的长江公路隧道，隧道设计总长 3 630 m，分东西两条隧洞，每线各设 2 车道。2004 年 11 月底正式开工，2008 年 12 月底正式通车。

1.3.3.3　城市轨道交通

中国城市轨道交通建设速度已居世界首位，截至 2013 年 5 月，中国开通运营的城市地下轨道交通线路达到 2 518.6 km 以上，见表 1-1。

表 1-1　2013 年中国城市地铁里程排行（截至 2013 年 5 月）

排名	城市	运营里程（km）	在建里程（km）	规划里程（km）
1	上海市	473	187	970
2	北京市	456	105	561
3	广州市	236	114.66	600
4	香港	218.2		
5	深圳市	178.4	170	720
6	重庆市	142.5	41.14	820
7	天津市	136.46	115	1 036
8	台北市	112.8		
9	大连市	88	170	262.9
10	南京市	85	215	775
11	武汉市	56.57	158.7	540
12	长春市	52.1	41.98	179
13	沈阳市	49.76	87.8	210
14	杭州市	47.97	69.6	375.6

续表 1-1

排名	城市	运营里程(km)	在建里程(km)	规划里程(km)
15	高雄市	42.7		
16	成都市	41.5	129.7	401.5
17	昆明市	40.62	38.96	602
18	苏州市	25.74	92.89	254.3
19	西安市	20.5	138.65	550
20	佛山市	14.78	68.3	255.4
21	宁波市		72.1	247.5
22	徐州市		66.95	118
23	东莞市		59.9	194.4
24	石家庄市		59.6	244.7
25	贵阳市		58.7	140
26	无锡市		56.11	157.77
27	哈尔滨市		55.35	340
28	福州市		55.3	324.72
29	青岛市		54	227
30	常州市		53.91	129
31	温州市		51.9	140.7
32	太原市		49.2	234.5
33	乌鲁木齐市		47.9	211.9
34	长沙市		45.83	456
35	郑州市		44.47	202.35
36	南昌市		43.4	212
37	珠海市		37.5	300
38	兰州市		36	207
39	厦门市		31.5	246.2
40	澳门		27	27
41	合肥市		24.58	215.3
42	济南市		0	262
43	南宁市		0	252.1
44	泉州市		0	214
45	南通市		0	180
46	镇江市		0	82
	全国	2 518.6	2 975.58	14 678.84

注:地铁里程包括轻轨,不含城际铁路。

1. 天津

天津地铁始建于 1970 年 4 月 7 日，是以备战为目的，以天津市墙子河改造工程的名义立项的，又称“7047 工程”。1976 年 1 月，天津地铁既有线先期建设了 3.6 km，开通了新华路站、营口道站、电报大楼站以及海光寺站 4 个车站试运行，天津成为中国继北京市后第二个拥有地铁的城市。1984 年 12 月 28 日，西北角站和西站开通，天津地铁总里程达到了 7.4 km。截止到 2013 年 5 月地铁运营总里程达到 136.46 km。天津地铁 1 号线改造工程于 2002 年 11 月 21 日正式开工，计划于 2005 年 12 月 28 日建成通车。2006 年和 2007 年，天津地铁 2 号线和 3 号线相继开工建设，其中地铁 2 号线西段（曹庄—东南角）和东段（天津站—空港经济区）于 2012 年 7 月 1 日分段开通试运营，于 2013 年 8 月 28 日全线贯通试运营，地铁 3 号线于 2012 年 10 月开始全线试运营。

2. 上海

上海第一条地铁线路于 1995 年 4 月 10 日正式运营，是继北京地铁、天津地铁建成通车后中国大陆投入运营的第三个城市轨道交通系统。1990 年，上海轨道交通 1 号线破土动工，1995 年建成投入运营，实现了上海轨道交通零的突破。从此，上海的城市轨道交通步入了飞速发展的时期。到 2000 年，上海建成通车的 3 条线路总长 65 km，构成上海城市轨道交通的初始网络。“十五”期间，上海市建成 9 条轨道交通线路，总长 250 km，城市轨道交通骨架网络形成。截至 2007 年年底，上海市已通车的共有 8 条轨道交通线，日均客运量 380 万人次，线路总长将突破 230 km，位居全国首位。截至 2012 年，建成 13 条轨道线，通车里程达到 510 km，形成“四纵三横”的城市轨道交通网，每天输送乘客 500 万人次以上，将占公共交通客运量的 30% 以上（中心城 40% 以上，中心区 60% 以上），日输送乘客 500 万人次。

3. 北京

北京地铁的规划始于 1953 年，工程始建于 1965 年，最初试运营于 1969 年，是中国大陆乃至中华地区的第一个地铁系统。2000 年 6 月 28 日，北京地铁 1 号线全线贯通运营。

2002 年 9 月 28 日，连接城市北部的半环线北京地铁 13 号线自西直门至回龙观的西半部分开通，2003 年 1 月 28 日全线贯通运营。八通线作为北京地铁 1 号线向通州区的延长线，于 2003 年 12 月 27 日开通。北京地铁 5 号线在 2007 年 10 月 7 日通车运营。这条线路的建设始于 2000 年 9 月 25 日。2008 年 7 月 19 日，北京地铁 10 号线一期、北京地铁 8 号线一期（奥运会支线）、机场线同时开通试运营以迎接 8 月的奥运会。2009 年 9 月 28 日，北京地铁 4 号线正式开通，成为继北京地铁 5 号线之后第二条南北大动脉。2010 年 12 月 30 日，北京地铁 15 号线一期一段（望京东站暂缓开通）、北京地铁昌平线一期、北京地铁大兴线、北京地铁房山线（大葆台至苏庄段）、北京地铁亦庄线（亦庄火车站暂缓开通）等 5 条通向郊区新城的线路开通试运营，北京地铁里程一次增加了 108 km。2011 年 12 月 31 日，北京地铁 8 号线二期北段、北京地铁 9 号线南段（丰台东大街站于次年 10 月 12 日开通）、15 号线一期东段和北京地铁房山线未开通的大葆台至郭公庄段开通试运营。2012 年 12 月 30 日，北京地铁 6 号线一期、北京地铁 8 号线二期南段北土城至鼓楼大街段、北京地铁 9 号线北段和北京地铁 10 号线二期（C 形，以上各线多座车站暂缓开通）开通试运营。2013 年 5 月 5 日，北京地铁 10 号线西局至首经贸剩余段、北京地铁 14 号线西段开通运营，北京地铁 10 号线成环形(O 形)运营。

4. 其他城市

深圳地铁始建于 1999 年，于 2004 年 12 月 28 日正式通车。随着深圳地铁的开通。截止到 2011 年 6 月，深圳地铁二期工程已全线开通，5 条线路，全长共计 178 km。

2009 年 6 月 6 日，郑州地铁 1 号线一期工程动工，2013 年年底正式投入运营；2010 年 12 月 28 日，郑州地铁 2 号线一期工程动工。

广州地铁是中国第三大城市广州市的城市轨道交通系统。1993 年 12 月 28 日，广州地铁 1 号线正式动工，1997 年 6 月 28 日起开始试运营，首段开通西朗—黄沙段，全线于 1998 年 12 月 28 日竣工，1999 年 6 月 28 日正式通车。截至 2010 年，广州地铁共有 1 号线、2 号线、3 号线、4 号线、5 号线、8 号线、广佛线及 APM 线等。

1.3.3.4 城市地下空间规划和管理

1997 年 10 月 27 日颁布了《城市地下空间开发利用管理规定》，为合理开发城市地下空间资源提供了法律依据。目前正在进行的地下空间立法主要有《深圳市地下空间使用条例(送审稿)》和《上海市地下空间开发利用管理办法(草案)》，已经颁布地下空间管理规定的城市有《本溪市城市地下空间开发利用管理规定》《葫芦岛市城市地下空间开发利用管理办法》。

2005 年深圳市首次对地下空间开发地块土地进行了拍卖，深圳福田区车公庙的两宗地下空间项目用地被深圳市仁贵投资发展有限公司以 1 680 万元成功竞得，这是中国有史以来以经营性土地方式首次出让的地下空间使用权。2006 年 6 月上海市政府颁布《上海市城市地下空间建设用地审批和房地产登记试行规定》。上海、湖南、深圳、沈阳等省市相继明确了地下空间产权。2006 年 8 月南京市发布国有土地使用权出让公告，对湖南路地下商业街及金陵中学东侧地下空间土地使用权进行公开挂牌出让，此次改变目前地下空间开发混乱的现状，打破了一块地面只能出让一个使用权的局面。北京、上海、深圳、南京、杭州等近 20 个大城市编制了城市地下空间(概念性)规划，对城市未来地下空间开发的规模、布局、功能、开发深度、开发时序等作了规划，明确了城市地下空间开发利用的指导思想、重点开发地区等。此外，许多城市在旧城改造或新城建设时，充分认识到开发利用地下空间的重要性，因此结合地面规划，编制了区域地下空间控制性详细规划，如北京朝阳 CBD、杭州钱江新城核心区、武汉王家墩商务区等，通过控制性详细规划的编制，对该区域地下空间开发深度、强度、规模进行了明确，提出了地下空间布局结构和形态，并提出了符合该区域地下空间开发的策略和投资模式。如杭州钱江新城核心区地下空间控制性详细规划，明确了该区域地下空间开发量为 230 万 ~ 250 万 m^2，以波浪文化城为核心，以地铁换乘站为重点，形成十字形地下空间结构，开发深度为 30 m。

1.3.4 中国城市地下空间开发和利用发展趋势

21 世纪初，中国经济将持续稳定增长，城市化水平不断提高，特别是当前中国政府提倡了建设资源节约型环境友好型社会的要求，因此中国城市地下空间开发利用将越来越得到重视。到 2020 年中国不仅将成为世界城市地下空间开发利用的大国，也将成为世界城市地下空间开发利用的强国。

1.3.4.1　城市地下空间网络型有机体系

根据建设部《城市地下空间开发利用管理规划》的要求,未来中国 100 万以上人口的城市均要完成城市地下空间专项规划的编制,使大城市地下空间开发利用有计划、有步骤地进行,许多城市将形成系统化、现代化的城市地下空间体系,包括建设完善的地下交通系统、地下生命线系统、地下防空防灾系统、城市重点地区地下公共设施系统。城市地下快速路将形成体系,地下市政综合管廊形成网络,地下物流系统将在许多城市建成。许多城市正在研究市政综合管廊建设的法律法规,探索市政综合管廊建设的体制、机制,目前已经出现了多种形式的市政综合管廊投融资模式。

据北京市地下空间规划,2020 年北京市地下空间开发总量达到 9 000 万 m^2,达到人均 5 m^2 的建筑面积。根据青岛城市地下空间规划,到 2020 年青岛城市地下空间开发总量为 2 544 多万 m^2,国内部分城市地下空间规模与规划预测量见表 1-2。

表 1-2　国内部分城市地下空间规模与规划预测量

城市	规划范围（km^2）	现有开发量（万 m^2）	统计年份	规模预测量（万 m^2）	规划年限
北京	1 085	3 000	2006	9 000	2004 ~ 2020
上海	600	1 600	2006	—	—
南京	258	280	2005	730	2002 ~ 2010
深圳	2 000	1 900	2005	—	—
青岛	250	200	2004	2 544	2004 ~ 2020
无锡	1 662	200	2005	1 500	2006 ~ 2020

1.3.4.2　城市轨道交通

1. 北京

到 2020 年,北京市地下空间建成面积将达到 9 000 万 m^2,人均拥有面积达到 5 m^2。根据北京中心城区地下空间规划,到 2020 年,中心城区的地下空间规划将达到地面建筑总面积的 20% ~30%。2015 年 12 月 31 日,北京将建成“三环、四横、五纵、七放射”的地铁网络。根据 2010 年中共北京市委常委会审议的《北京市城市轨道交通建设规划方案(2011 年 ~2020 年)》,至 2020 年北京市的轨道交通线路网将包括 30 条线路,总长约 1 050 km,车站近 450 个。2020 年的远景规划仍处于编制过程中,但预计在 2020 年,北京四环路内轨道交通网密度将达每平方千米 1.29 km 左右,达到或超过东京、纽约等国际城市的轨道交通线网密度水平。2016 年北京地铁线路规划图见图 1-2。

2. 上海

上海预计在 2010 ~2020 年间全部建设完成上海轨道交通 14、15、16、17、18、19 号线,以及上海磁悬浮机场线。到 2020 年,上海将建成 970 km 的城市轨道交通网络。2020 年上海地铁线路规划图见图 1-3。

3. 其他城市

广州地铁规划在 2010 年线网基础上,2020 年线网预计增加 3 号线东延段,4 号线南、北延段,5 号线东延段,6 号线东延段,7 号线,8 号线北延段,10 号线,11 号线,12 号线,13

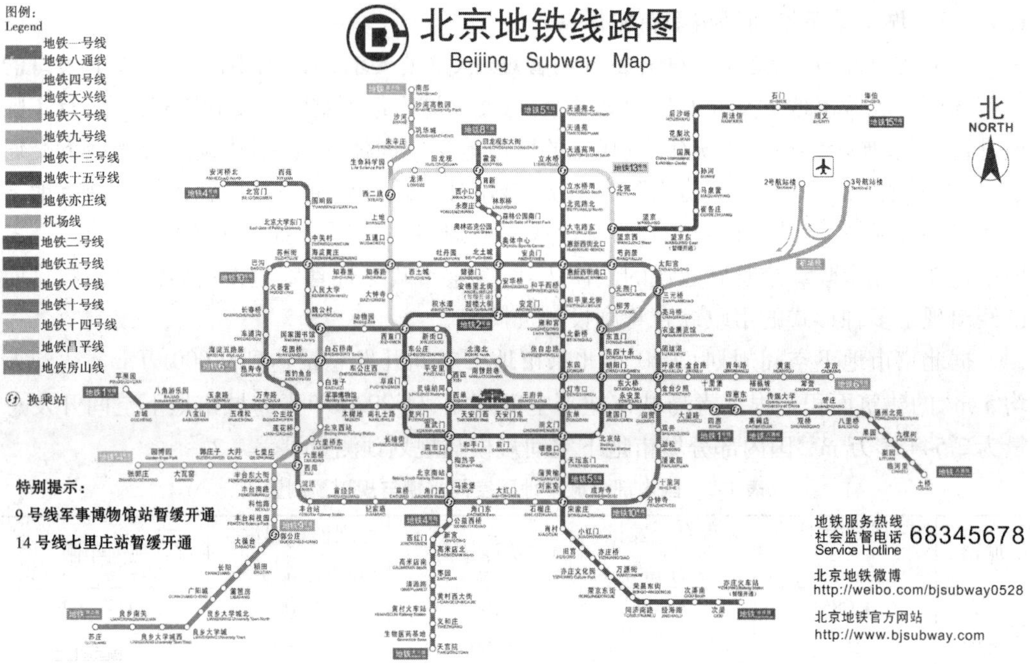

图 1-2 2016 年北京地铁线路规划图

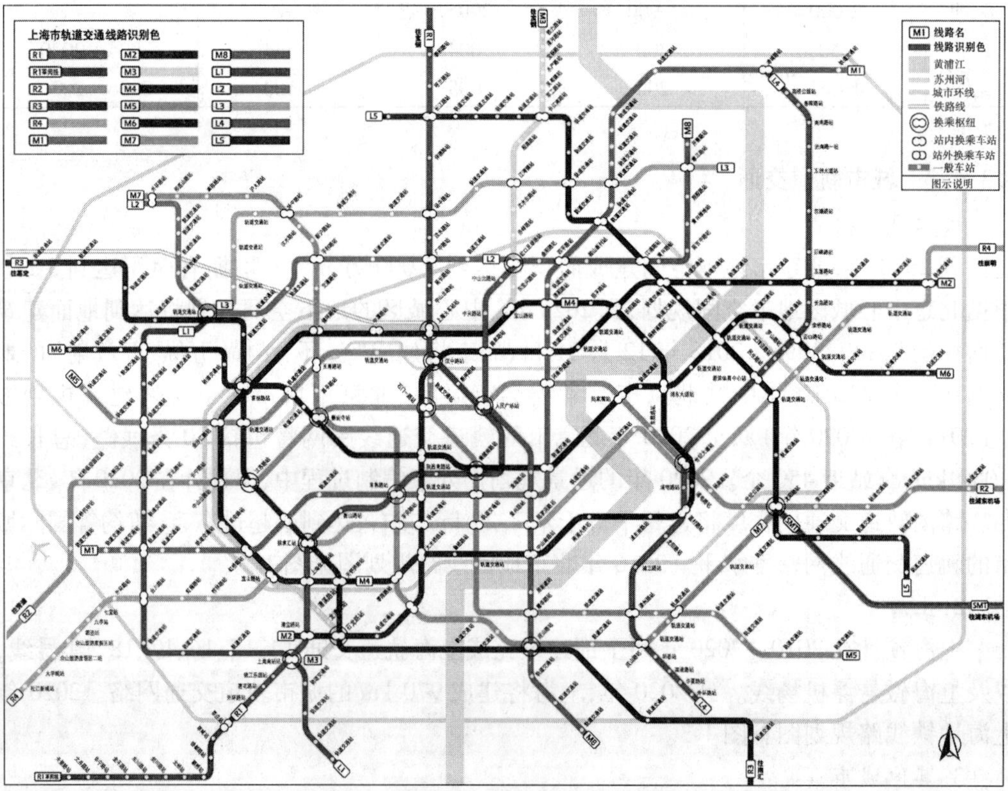

图 1-3 2020 年上海地铁线路规划图

号线,14 号及其支线,16 号线,20 号线和白鹅潭联络快线,线网总里程 677 km。

根据《天津市近期建设规划(2011 ~2015 年)》,预计到 2015 年左右,天津轨道交通运营里程有望增加至 230 km。

2007 年 7 月,深圳市规划局组织编制了《深圳市轨道交通规划》,同时与深圳市发展和改革委员会共同组织编制了《深圳市城市轨道交通建设规划(2011 ~2020)》,规划提出 2011 ~2020 年间深圳市轨道交通重点是在一、二期工程基础上,建设龙华线的北延段(三期),以及 8 条新建的地铁线路:6 ~12 号线,总长约 245.4 km。至 2030 年,共建设完成 16 条地铁线路,总长 585.3 km,设站 357 座,其中组团快线 4 条、干线 6 条、局域线 6 条。

1.3.4.3　城市隧道建设

据统计,中国 21 世纪前 20 年间要建 6 000 km 的隧道,包括西部大开发的铁路、公路隧道,地铁、地下公用设施、顶管机械及其他西气东输、水电站工程等,一年有 300 km 的隧道建设量。按照交通部规划,自 2007 年起 10 年内,中国将再建设总长 155 km 以上的城市公路隧道。已建成的终南山隧道全长 18.4 km,长度居亚洲第一、世界第二;湖南雪峰山隧道长 7 km 多;西安汉中高速公路上穿越秦岭的三座特长隧道群总长 34 km,全线隧道总长 100 km。在未来的 20 ~30 年,中国计划建造 5 条跨海隧道,包括大连到烟台的渤海湾跨海隧道,由上海到宁波的杭州海湾工程,连接香港、澳门、广州、深圳和珠海的伶仃洋跨海工程,连接广东和海南两省的琼州海峡跨海工程,连接福建和台湾的台湾海峡跨海工程等。

1.3.4.4　城市地下快速路体系

建设地下快速路解决城市交通问题,越来越受到重视。北京提出了在 2020 年以前修建"四纵两横"地下快速路网方案,以缓解二、三环和长安街的交通拥挤,每条路设 4 ~6 个出入口,互不连通,但与主要人流集散地的地下停车库相连。2020 年以后,这个系统将成为方便机动车出行、缓解地面车辆拥堵、增加地下车库的使用率、改善地面停车和行车环境的重要措施。深圳在建设港深西部通道时,建设了约 7 km 长的地下快速通道,解决交通问题、改善城市地面环境。南京内环线上,玄武湖地下快速路、城东干道和北线地下路占内环线的 1/2,从而形成南京地下交通体系。

1.3.5　中国近年来城市地下空间开发和利用存在的问题

我国在人口众多、经济落后的条件下,城市地下空间利用在 30 年左右的时间内取得了巨大的成就,对于提高城市总体救灾抗灾能力、发展城市经济、改善城市环境、方便人民生活等方面都起了积极作用。但与开发历史悠久、经济实力雄厚的发达国家先进城市相比尚存在不少差距。

1.3.5.1　缺乏整体的城市地下空间开发利用发展战略和全面规划

城市地下空间开发利用是一项系统工程,既要研究地上和地下协调,各个分系统之间的配合,又要研究资源调查和需求预测,并要考虑财力和筹资的可能,是一项决策性很强的工作。近年来开发利用中存在很多问题的原因是缺乏科学的整体发展战略和全面规划,形不成城市的整体效益与效率。由于缺乏全面的规划,没有明确的城市建设整体目标,仅靠两结合规划不可能有力地促进城市交通、城市环境问题、城市建设用地问题的总体解决,甚至造成地下空间这种不可再生宝贵资源在一定程度上的浪费乃至破坏。

1.3.5.2　管理机构条块分割,形不成合力

缺乏科学的整体发展战略和全面规划的主要原因是体制上管理机构的条块分割。城市地下空间的开发利用是一项新兴事业,当前没有一个城市机构有明确的管理地下空间开发利用的职能和职责。这些机构和部门分头领导,职能交叉,分工界限不清,因而政出多门,缺乏统一的工作协调,给城市地下空间开发利用带来了很大的困难,而且至今对于城市地下空间开发战略和政策法规的制定、宣传教育等问题都没有明确的机构负责。

1.3.5.3　城市地下空间开发利用无法可依

除人防工程建设的规划、标准和设计施工规范以外,关于地下空间所有权、使用权、管理权到地下空间开发方针、政策、管理体制、建设标准、设计施工规程等一系列问题都基本上处于无法可依的状态,影响了地下空间的发展。

1.3.5.4　固有观念和认识误区影响了城市地下空间开发的积极性

由于早期大搞人防工程的群众运动,留下了"地下空间阴冷潮湿,缺乏安全,登不了大雅之堂"的固有观念,以及"地下建筑造价远比地面建筑高,施工难度大,利用价值低"的认识误区,甚至"我国经济基础薄弱、不适合目前开发地下空间"的落后观念。"把一切能转入地下的设施转入地下,腾出地面改善环境"的指导思想还远没有树立。

1.3.5.5　平战结合处理不当,影响了地下空间开发的积极性

对于地下空间这一自然资源有其经济资源和战略资源两重性的特点认识不足,以至有些地下空间开发项目没有实现城建和人防一举两得的效果,也有些地下空间平战转化处理不当,造成平时使用不便,影响了经济效益和社会效益,也影响了进一步开发地下空间的积极性。

1.3.5.6　已开发利用的地下空间功能较单一,不同类型设施开发比例不协调

近年来地下空间开发的类别以商场居多,而城市中心区最为缺乏的地下停车场、市政设施等开发较少。反过来,由于交通、市政设施的相对滞后,也影响了中心区综合效益的提高。由于单纯追求经济效益,地下空间开发的决策层次不高,没有从城市布局或地区全局统筹规划,造成了地下空间开发布局上的混乱与功能单一。即使被作为城市整体的一部分,地下空间却往往因为投资量大、短期利润低等因素失去了对开发者的吸引力。

1.3.6　中国近年来城市地下空间开发和利用模式

21世纪以来,城市轨道交通和地下综合体得到快速发展。近年来,我国地下空间的开发利用存在以下两种途径:一是旧有人防工程平战结合的改造和利用;二是更具发展潜力的新建城市地下空间。几种主要模式如下:

(1)结合地铁建设修建集商业、娱乐、地铁换乘等多功能一体的地下综合体,与地面广场、汽车站、过街地道等有机结合,形成多功能、综合性换乘枢纽。

(2)地下过街通道——商场型。在市区交通拥挤的道路交叉口,以修建过街地道为主,兼有商业和文娱设施的地下人行道系统,既能缓解地面交通的混乱状态,做到人车分流,又能获得可观的经济效益,是一种值得推广的模式。

(3)站前广场的独立地下商场和车库——商场型。在火车站等有良好经济地理条件

的地方建造以方便游客和市民购物为目的的地下商场。

(4)在城市中心区的繁华地带,结合广场、绿地、道路,修建综合性商业设施,集商业、文化娱乐、停车及公共设施于一身,并逐步创造条件,向建设地下城发展。

(5)在历史名城和城市的历史地段、风景名胜区等,为保护地面传统风貌和自然景观不受破坏,常利用地下空间使问题得以解决。

(6)高层建筑地下室。由于高层建筑常采用箱形基础,有较大埋深,土层介质的包围也使建筑物整体稳固性加强,箱形基础本身也为建造高层建筑的多层地下室提供了足够有利条件,可将车库、设备用房及仓库等放在高层建筑地下室中。

(7)已建地下建筑、人防工程的改建是我国近年利用地下空间的一个主要方面,改建后的地下建筑常被用作娱乐、商业或仓储设施等。

1.3.7　中国城市地下空间开发和利用前景分析

尽管自改革开放以来,中国城市地下空间工程得到迅速发展,然而无论从发展规模,还是速度上仍无法比拟欧美、日本等国家。依据欧美、日本等国城市地下空间开发和利用的经验,中国未来城市地下空间开发和利用的主要发展方向有如下几个方面。

1.3.7.1　土地利用高效化

基于我国人口众多、土地资源十分紧缺的国情,考虑到我国特大城市和大城市的人口拥挤、交通拥挤及环境污染程度在世界已位居前列和我国已实行耕地总量动态平衡、切实严格保护耕地的实际情况,到21世纪中期,在逐步把地面设施转入地下的基础上,中国特大城市、经济发达的大城市的地下空间开发利用范围应达到城市建成区地面面积的10%~30%,城市地下建筑和地下交通面积之和应超过城市建筑与道路面积之和的10.30%。其他大城市、北方寒冷地区30万人以上的城市及所有人防设防城市也应积极开发利用城市地下空间,缓解城市建设用地紧张的状况。在城市主要街道相对应的地下空间,加上两侧高层建筑的地下室,形成几十米宽的地下街,并在城市广场和重要街道交叉点适当扩大,形成综合体。从城市中心区开始,逐步向外扩展和延伸,形成一个与地面道路系统相协调的地下街道网。在街道内的住宅小区,把高层、多层建筑和公共建筑的地下室改造和建设成地下便民超市等商业网点及其他社会、生活服务网点和以健身房为主的社区文体活动中心,以及小规模地下停车场;改变目前居民私人轿车占据小区道路、生活服务网点挤占地面建筑一楼的混乱状况。与地面分区中心、地区中心相结合,或与地铁大型换乘枢纽结合,或在地面商业集中、人流活动密集地区修建地下多功能综合体、公共图书馆、会议中心、展览中心、音乐艺术中心。

1.3.7.2　城市交通地下化

城市交通逐步实现地下化。第一阶段,在特大城市逐步建设多平面、多层次的地铁交通网络,郊区以地面高架为主,市郊火车进入市区转入地下。铁路客站、货站迁出市中心区。通过地下高速轨道系统,大多数高层、超高层建筑相连通的地下街网络、地下步行道系统和各种地下商业、文化娱乐、餐饮活动将地面上多数步行者吸引到地下,同时在各交叉路段和各大集散点修建人行过街地道,解决地面上的人车混杂现象。在各重要地铁车站附近,大公园、体育场馆、公交公司停车坪、客运车站等的地下空间修建地下停车库,在进入城市中心区各路口设立电子收费系统,在交通高峰时段收取“交通拥挤费”,以减少城市中心区机动车数量。第二阶段,修建市区地下道路系统,使大部分汽车交通转入地下,主要街道实行步行化和大面积绿化,还可将部分街道改造成运河,形成水陆系统,使城市园林化,建成山水城市。在沿江城市修建越江隧道,实现一洞多用,可同时作为市政设施越江综合走廊。

1.3.7.3　市政基础设施地下化

首先在新开发区建设,并在老区改造,同时逐步建设市政设施综合管廊(共同沟),将给排水、电力、热力、电信、燃气等市政管线共同收集在同一隧道。在特大城市逐步建设地下污水收集、输送、处理系统和城市生活垃圾的地下回收、空气吹送和处理系统。建设地下变电站,高压电直送市中心区,实现城市供电地下化。在有洪水威胁和暴雨集中的城市或缺水城市修建地下雨水蓄水池和供贮水及排洪用的地下河川以及地下融雪槽。

1.3.7.4　防灾设施综合化

建立城市防灾空间系统,作为城市大火、地震、核化事故的避难空间,为城市防灾救灾指挥系统、通信系统和支援系统提供安全空间。在有计划地建设人民防空工程的同时,必须充分挖掘各类地下建筑物及地下空间的防护潜能,将战争防御与提高平时城市抵御自然灾害的综合防灾抗毁能力相结合,科学、经济、合理、高效地开发利用地下空间资源是我国的发展方向。

1.3.7.5　能源、水资源及其他物资的永续利用化

利用地下空间的低能耗性、易封闭性和内部环境易控性等特点贮存常规能源,如液态煤气、石油及其制品的贮存,以及粮食、食品和食品冷藏,利用深层地下空间的大容量、热稳定性和承受高温、高压以及低温的能力贮存供电、供热系统低峰负荷时的多余能量,供高峰时使用,以及贮存间歇性的新能源如太阳能,贮存对城市安全构成威胁的危险品,如核废料、剧毒品、易燃易爆品等。

高精度生产系统和研究试验系统地下化,利用地下空间隔震、隔声和电磁屏蔽、恒温的特点,对一些产品生产时的环境湿度、温度、清洁度、防微震、防电子干扰提出很高要求的企业,如无限点技术生产测试单位、精密仪器生产企业和超导对撞机等逐步实现地下化。

只有实现上述目标,中国城市地下空间开发和利用的规模量和发展速度才能赶超世界一流水平。

1.4　城市地下空间开发利用技术

城市地下空间开发和利用过程中涉及地下空间规划,地下工程结构设计,地下岩土工程勘察,地下岩土工程施工,地下空间噪声、采光、照明、防灾、防水、防火、排烟、防潮、防寒、保暖、除湿、通风、装修,以及环境保护,经济与管理等多方面问题。相关技术和经济管理水平的提高决定了城市地下空间开发和利用的发展速度和建设规模。本节仅简要介绍地下工程勘察技术、地下结构设计方法和施工技术。

1.4.1　地下工程勘察技术

1.4.1.1　地下工程的勘察意义

地下工程都是埋藏在地表以下一定深度的地质体——工程岩土体中,它既以岩土体为环境,又以岩土体为介质、结构或部分结构,它的安全、经济和正常运营都与其所处的地质环境——各种工程地质环境要素密切相关,表现在如下两点:第一,工程地质环境要素影响地下洞室围岩稳定性,直接关系到地下建筑的设计、施工和使用,因而地下空间的利用必须重视对工程地质环境要素的正确分析与评价,否则将使地下建筑难以达到设计和使用要求。第二,由于地下空间的开发利用,又可引起各工程地质环境要素的变化,产生各种环境工程地质问题,诸如地面沉降、地面塌陷、围岩失稳等,而且有时这种变化是复杂的,其影响也是长期叠加和巨大的,这主要是由于工程方面的因素,如洞室的埋深、断面形状和大小、邻洞间距、施工方法与技术、开挖顺序、支衬结构类型和支衬是否及时等,由于工程的作用,反过来作用地质环境,两者相互作用、相互影响所致。为此,应根据工程地质环境要素及拟建工程特点与要求,选择较好的位置和设计方案,采用恰当的施工方法和支护类型,以尽量维护岩土体的自身强度,控制岩土体的变形,充分发挥岩土体与支护结构的共同作用,减少不良工程地质要素对工程的影响。

根据地下工程建设的实践经验看,充分利用有利的工程地质环境要素,防治和改造不利条件,对经济合理地修建地下建筑是十分重要的。由于地下开挖破坏了岩土体的原有应力平衡条件,引起岩土体内应力的重新分布,除工程地质条件很优越,岩体强度能够适应这种变化后的应力条件者外,围岩往往会产生不同程度的变形与破坏,严重者可危及地下建筑的安全和使用。在地下工程建设中,应重视工程地质环境要素研究,充分利用有利的工程地质要素,避开不利的条件,使地下建筑既安全又经济。在地下工程施工前,通过详细的工程地质勘察提供设计所需的全部地质资料,并掌握洞室所在岩体、土体的地质情况和稳定程度,有十分重要的意义。

1.4.1.2　地下工程主要的勘察任务

(1)场地稳定性的评价,查明建筑场区的地形、地貌特征,研究地区内的崩塌、滑坡、岸边冲刷、泥石流、古河道、墓穴及地震等不良地质现象,判断对建筑场地稳定性的危害程度,对建筑场地的适宜性进行技术论证。

(2)查明地基土层的地质构造、形成年代、成因、土质类型、厚度及埋藏与分布情况,测定各土层的物理力学指标,为岩土工程设计提供地层和地下水的空间分布的几何参数,岩土体的工程性状的设计参数。

(3)对场地地基做出岩土工程评价,确定地基(天然地基或桩基)的承载力,对建(构)筑物的沉降与整体倾斜进行必要的分析预测。对基础方案、地下工程施工进行论证和提出建议。

(4)对岩土工程本身在施工过程中可能出现的各种岩土工程问题(如土方与挖土、降水、沉桩等)及对场地环境可能产生的变化及其对工程的影响做出预测,并提出相应的防治措施和合理的施工方法。

(5)指导岩土工程在运营、使用期间的长期观测,如建筑物的沉降、变形观测等工作。

1.4.1.3　地下工程勘察的分级

场地勘察的分级应根据岩土工程的安全等级、场地复杂程度和地基复杂程度来综合分析确定。

1. 岩土工程安全等级

根据工程破坏后果(危及人的生命、造成经济损失、产生的社会影响和修复的可能性)的严重性划分为三个等级。

安全等级划为一级的有:属于重要的工业与民用建筑物,20 层以上的高层建筑,体型复杂的 14 层以上高层建筑,对地基变形有特殊要求的建筑物,单桩承受的荷载在 4 000 kN 以上的建筑物。其他岩土工程是:有特殊要求的深基开挖及深层支护工程,有强烈地下水运动干扰的大型深基开挖工程,有特殊工艺要求的超精密设备基础、超高压机器基础,大型竖井、巷道、平洞、隧道、地下铁道、地下洞室、地下储库工程等地下工程,深埋管线、涵道、核废料深埋工程,深沉井、沉箱,大型桥梁、架空索道、高填路堤、高坝等。

安全等级划为二级的有:一般的工业与民用建筑,公共建筑(大型剧场、体育场、医院、学校、大饭店等),设有特殊要求的工业厂房、纪念性或艺术性建筑物等。

安全等级划为三级的有:次要的建筑物及其他工程。

2. 场地复杂程度分级

场地等级根据场地复杂程度分为三级:

(1)符合下列条件之一者为一级场地(复杂场地):Ⅰ场地处于对建筑抗震危险地段,Ⅱ场地不良地质现象强烈发育(如泥石流沟谷、雪崩、岩溶、滑坡、潜蚀、冲刷、融冻等),Ⅲ地质环境已遭受或可能遭受强烈破坏的场地(如过量开采地下油、地下气、地下水而形成大面积地面沉降、地下采空区引起地表塌陷等),Ⅳ场地具有大角度顺层倾斜、场地处于断裂破碎带中,Ⅴ场地地形起伏大、地貌单元多。

(2)符合下列条件之一者为二级场地(中等复杂场地):Ⅰ场地处于对建筑抗震不利地段,Ⅱ场地不良地质现象一般发育,Ⅲ地质环境已经或可能受到一般破坏,Ⅳ地形地貌较复杂。

(3)符合下列条件之一者为三级场地(简单场地):Ⅰ场地处于地震设防烈度等于或小于 6 度,或对建筑抗震有利的地段;Ⅱ场地不良地质现象不发育;Ⅲ场地地质环境基本未受破坏;Ⅳ场地地形较平坦,地貌单元单一。

3. 地基复杂程度分级

地基等级根据地基的复杂程度分为三级:

(1)符合下列条件之一者为一级地基(复杂地基):Ⅰ岩土类型多,岩土性质变化大,地下水对工程影响大,且需特殊处理的地基;Ⅱ极不稳定的特殊性岩土组成的地基,如强烈季节性冻土、强烈盐渍土、强烈湿陷性土、强烈膨胀岩土、严重污染土等。

(2)符合下列条件之一者为二级地基(中等复杂地基):Ⅰ岩土类型较多,性质变化较大,地下水对工程有不利影响;Ⅱ须进行专门分析研究,可按专门规范或借鉴成功建筑经验的特殊性岩土。

(3)符合下列条件者为三级地基(简单地基):Ⅰ岩土类型单一,性质变化不大或均一,地下水对工程无影响;Ⅱ虽属特殊性岩土,但邻近地基资料可利用或借鉴,不须地基处理的。

4. 场地勘察等级

根据工程安全等级、场地等级和地基等级,可按表 1-3 对场地勘察划分等级。

表 1-3　场地勘察等级划分

勘察等级	确定勘察等级的条件		
	工程安全等级	场地等级	地基等级
一级	一级	任意	任意
	二级	一级	任意
		任意	一级
二级	二级	二级	二级或三级
		三级	二级
二级	三级	一级	任意
		任意	一级
		二级	二级
三级	二级	三级	三级
	三级	二级	三级
		三级	二级或三级

5. 场地勘察的几个阶段

对房屋建筑与构筑物的岩土工程,勘察阶段的划分应与设计阶段相适应,宜分为可行性研究勘察(简称选址勘察)、初步勘察(简称初勘)、详细勘察(简称详勘)、施工勘察和高层建筑详细勘察。当场地面积不大,且工程地质条件简单,或已有较充分的工程地质资料和工程经验时,可以简化勘察阶段。

(1)选址勘察。目的是为了取得若干个可选场址方案的勘察资料,其主要任务是对拟选场址的场地稳定性和建筑适宜性做出评价,以便选出最佳的场址方案。

(2)初步勘察。是在选址勘察的基础上,在初步选定的场地上进行的勘察,其任务是满足初步设计的要求,对场地内建筑地段的稳定性做出岩土工程评价。

(3)详细勘察。任务是针对具体建筑物地段的地质地基问题,为施工图的设计和合理选择施工方法提供依据,为不良地质现象的整治设计提供依据。

(4)施工勘察。是指直接为施工服务的各项勘察。它不仅包括施工阶段的勘察工作,还包括可能在施工完成后进行的勘察工作(如检验地基加固效果等)。

(5)高层建筑详细勘察。

1.4.2　地下结构设计方法

地下建筑结构设计在土中和岩石中有各自的设计原理,但是它们也有共同的设计方法。

1.4.2.1　工程类比设计方法

地下建筑结构的工程类比方法是将拟建地下工程的自然条件和工程条件与已建成的类似工程相比较,将已建成工程的稳定状况、影响因素及工程设计等方面的有关经验,应用到类似的所要建设的地下工程中去,进而确定有关设计参数的一种方法。该方法的设计基础是充分掌握和占有以往类似工程的资料和成功经验,前提是正确对地下工程围岩进行分级,成功建造的关键是做好施工过程的监控量测和信息反馈。优点是能综合考虑多种不确定性影响因素,快速地对拟建地下建筑结构的设计参数做出估算和评价;缺点是往往以人的经验为主，解决地下建筑结构设计问题的范围较窄并带有很大的主观性。

1.4.2.2 力学模型设计方法

地下建筑结构设计之前，首先要根据具体工程的特点，抽象出合理的力学结构模型，然后基于力学模型进行地下建筑结构设计。地下建筑结构设计一般为超静定结构，结构内力只有在拟定了结构的尺寸、材料和构造并确定地下工程的荷载类型和大小后，才能算出结构的内力，验算结构的强度、刚度和稳定性。如果满足结构设计的要求，则选定初设的结构尺寸、材料和构造；否则，重复上述过程反复迭代计算，直到满足设计要求。

对于混凝土梁、板、柱、拼装的弧板、复合衬砌等地下建筑结构，根据确定的荷载可以将容许应力法、破损阶段法和极限状态法进行验算分析。

1. 容许应力法

假定材料处于弹性阶段，结构的尺寸必须保证在最不利荷载组合的作用下，结构的控制应力不超过材料的容许应力，即：

$$\sigma_{\max} \leqslant [\sigma] \tag{1-1}$$

式中 $\sigma_{\max}$——结构最不利截面上的最大应力，MPa；

$[\sigma]$——材料容许应力，MPa。

2. 破损阶段法

结构的尺寸必须保证在最不利荷载组合的作用下，结构的控制内力不超过材料的极限承载力，即：

$$F \leqslant \frac{\overline{F}}{K_b} \tag{1-2}$$

式中 F——结构最不利截面上的控制内力（弯矩、剪力、轴力）；

$\overline{F}$——截面上的极限承载力；

K_b——按破损阶段模型设计时结构的安全系数。

《铁路隧道设计规范》（TB 10003—2005）和《公路隧道设计规范》（JTG D70—2004）规定，铁路双线及以上隧道和公路隧道结构设计计算按破损阶段法验算构件截面的强度。该法比容许应力法的截面承载模型更为接近材料破坏前的实际应力状态。

1.4.2.3 结构可靠度设计方法

地下建筑结构的可靠性包括安全性、适用性和耐久性；综合考虑各种影响因素以后，可以用“失效概率”或“可靠度”来定量描述。可靠度设计方法考虑荷载、结构尺寸、材料特性等因素的变异和概率分布，建立表达结构功能的状态函数和极限状态方程。一般的结构状态函数是多元随机变量的随机函数，但实用中通常可以用两个综合随机变量来表达结构的状态函数：一个是荷载效应，如最不利截面上的弯矩、轴力、变形值、裂缝值、倾覆力矩、滑移力等；另一个是结构抗力，即结构的性能容许值，如结构弯矩、轴力、变形值、裂缝值、抗倾覆力矩、抗滑移力的极限容许值等。结构功能的极限状态代表整个结构或结构的一部分失效（不能满足设计功能）前的临界状态，可归纳为两类：承载力极限状态和正常使用极限状态。

《铁路隧道设计规范》（TB 10003—2005）规定：一般地区单线隧道整体式衬砌及洞门、单线隧道偏压衬砌及洞门、单线拱形明洞及洞门的结构设计，可采用概率极限状态法设计。

地下建筑结构可靠度设计的可靠度主要取决于地层荷载概率描述的可靠度。在实用中,根据极限状态设计要求,一般仅考虑结构的最不利为止的荷载效应。结构的失效概率为:

$$P_t = P(R < S) = P(Z < 0) \tag{1-3}$$

式中　S——承载能力极限状态荷载效应的设计值;

R——结构抗力。

1.4.2.4　结构荷载共同作用设计方法

地下洞室开挖后,围岩会向洞室内部变形(或称收敛),洞室围岩中的径向应力随之减小,环向应力随之增加。如果没有支护,围岩收敛不受限制,根据围岩强度和稳定性能不同,可能出现两种极端情况:①围岩收敛到一定程度后,达到自稳状态;②围岩因收敛过度(应力集中过强)而出现塑性变形甚至塌落。前者只要围岩收敛的幅度不影响洞室的净空要求,就不需要支护;后者只有设置刚度足够大的支护才能抵抗围岩的坍落荷载。为了避免使用大刚度的支护,就必须在围岩出现塑性变形和坍落以前设置支护来控制围岩的收敛。

在围岩强度和稳定性所允许的范围内,围岩在设置支护前的收敛越大,支护所需约束的围岩剩余收敛就越小,支护受到的围岩剩余变形荷载越小。但如果围岩出现塑性破坏,则因为塑性和坍落范围的增大,围岩在设置支护前的收敛变形越大,支护所需要抵抗的围岩坍落荷载也越大。围岩收敛与围岩荷载关系曲线称为围岩特征曲线。

在弹性范围内,支护的变形(等于围岩的变形)越大,支护所能提供的抗力就越大;围岩收敛与支护抗力关系曲线称为支护特征曲线。支护受到的围岩变形(包括松动)荷载大小与支护的设置时间和刚度有关。支护设置后,如果支护刚度不足以完全制止围岩的继续变形,随着围岩的继续变形,围岩残留形变荷载在减小,支护所能提供的抗力在增加,两者最终在某个围岩变形值处达到平衡。这种利用围岩与支护共同作用特性来选择支护参数的方法叫做特征曲线法(又称收敛约束法)。一般情况下,洞室周边各点处的围岩特征曲线和支护特征曲线是不同的,设计应由最不利位置的特征曲线控制。

不同类型的支护有不同的特征曲线。复合型支护的特征曲线由各支护构件的特征曲线按施作时间组合而成。围岩与支护特征曲线分别代表围岩与支护的力与位移关系,需要力学计算获得。对于强度较低、稳定性较差的围岩,需要采取超前围岩加固或超前支护措施,常用的有超前锚杆、小导管注浆、管棚等支护措施,目前设计上可采用围岩结构模型或某些简化方法计算和分析各种超前围岩支护的机理与效应,但仍是以理论计算分析为辅,依靠经验按工程类比法处理。

1.4.3　地下工程施工技术

地下空间工程施工大体分为明挖施工、盖挖法施工、潜埋暗挖施工和暗挖施工。明挖施工主要为基坑施工等,暗挖施工包括盾构法施工、新奥法和新意法施工、顶管法施工、沉管施工等。除上述施工方法外,还有沉井施工、冻结法施工、注浆法施工等。

1.4.3.1　基坑工程施工技术

基坑支护体系分为单一支护结构、支护结构 + 外部受拉体系、支护结构 + 内部受压体系。单一支护结构常见型式为重力式挡墙和悬臂式排桩。支护结构 + 外部受拉体系常见型式为土钉墙支护、复合土钉墙支护、桩锚支护。支护结构 + 内部受压体系常见型式为地下连续墙 + 内支撑、排桩 + 内支撑。以下简要介绍几种常用施工技术。

1. 地下连续墙施工技术

地下连续墙是在地面上采用一种挖槽机械,沿着深开挖工程的周边轴线,在泥浆护壁条件下,开挖出一条狭长的深槽,清槽后,在槽内吊放钢筋笼,然后用导管法灌筑水下混凝土筑成一个单元槽段,如此逐段进行,在地下筑成一道连续的钢筋混凝土墙壁,作为截水、防渗、承重、挡水结构,见图 1-4。

(a) 承槽机　　(b)吊装钢筋笼

图 1-4　地下连续墙施工

本法特点是:施工振动小,墙体刚度大,整体性好,施工速度快,可省土石方,可用于密集建筑群中建造深基坑支护及进行逆作法施工,可用于各种地质条件下,包括砂性土层、粒径 50 mm 以下的砂砾层中施工等。适用于建造建筑物的地下室、地下商场、停车场、地下油库、挡土墙,高层建筑的深基础,逆作法施工围护结构,工业建筑的深池、坑、竖井等。

地下连续墙开挖技术起源于欧洲。它是根据打井和石油钻井使用泥浆和水下浇筑混凝土的方法而发展起来的,1950 年在意大利米兰首先采用了护壁泥浆地下连续墙施工,20 世纪 50 ~ 60 年代该项技术在西方发达国家及苏联得到推广,成为地下工程和深基础施工中有效的技术。

2. 钻孔灌注桩施工技术

灌注桩是指在工程现场通过机械钻孔、钢管挤土或人力挖掘等手段在地基土中形成桩孔，并在其内放置钢筋笼、灌注混凝土而做成的桩。依照成孔方法不同，灌注桩又可分为沉管灌注桩、钻孔灌注桩和挖孔灌注桩等。钻孔灌注桩是按成桩方法分类而定义的一种桩型。钻孔灌注桩的施工，因其所选护壁形成的不同，有泥浆护壁方式法和全套管施工法两种。

3. SMW 工法桩施工技术

SMW 工法连续墙，是 Soil Mixing Wall 的缩写，于 1976 年在日本问世，现占全日本地下连续墙的 50% 左右，该工法现已在东南亚国家和美国、法国许多地方广泛应用，近几年在我国的上海、杭州、南京等地推广非常迅速，受到广泛的欢迎。SMW 工法是利用专门的多轴搅拌就地钻进切削土体，同时在钻头端部将水泥浆液注入土体，经充分搅拌混合后，再将 H 型钢或其他型材插入搅拌桩体内，形成具有一定强度和刚度的、连续完整的、无接缝的地下连续墙体，该墙体可作为地下开挖基坑的挡土和止水结构。最常用的是三轴型钻掘搅拌机。

SMW 支护结构的支护特点主要为：施工时基本无噪声，对周围环境影响小，结构强度可靠，凡是适合应用水泥土搅拌桩的场合都可使用，特别适合于以黏土和粉细砂为主的松软地层；挡水防渗性能好，不必另设挡水帷幕，可以配合多道支撑应用于较深的基坑。此工法在一定条件下可代替作为地下围护的地下连续墙，在费用上如果能够采取一定施工措施成功回收 H 型钢等受拉材料，则大大低于地下连续墙，因而具有较大发展前景。

4. 土钉墙施工技术

20 世纪 70 年代出现了土钉墙，1972 年法国承包商在法国凡尔赛市铁路边坡开挖进行了成功应用。1979 年巴黎国际土加固会议之后在西方得到广泛应用。1990 年在美国召开的挡土墙国际学术会议上，土钉墙作为一个独立的专题与锚杆挡墙并列，使它成为一个独立的土加固学科分支。

土钉墙是一种原位土体加筋技术。将基坑边坡通过由钢筋制成的土钉进行加固，边坡表面铺设一道钢筋网再喷射一层混凝土面层和土方边坡相结合的边坡加固型支护施工方法，见图 1-5。其构造为设置在坡体中的加筋杆件（土钉或锚杆）与其周围土体牢固黏结形成的复合体，以及面层所构成的类似重力挡土墙的支护结构。土钉墙的做法与矿山加固坑道用的喷锚网加固岩体的做法类似，故也称为喷锚网加固边坡或喷锚网挡墙，《建筑基坑与护坡技术规程》（JGJ 120—99）正式将其定名为土钉墙。

5. 桩锚支护施工技术

在开挖前沿基坑周边打一圈竖直的桩，用桩来阻挡土的坍塌。为防止开挖时桩倒塌，用水平方向的锚杆来拉住桩（锚杆也可以看作是水平方向的桩），桩和锚杆共同构成的支护体系就叫桩锚支护体系。

1.4.3.2　盾构法施工技术

盾构法是暗挖法施工中的一种全机械化施工方法。它是将盾构机械在地中推进，通过盾构外壳和管片支承四周围岩防止发生往隧道内的坍塌，同时在开挖面前方用切削装置进行土体开挖，通过出土机械运出洞外，靠千斤顶在后部加压顶进，并拼装预制混凝土管片，形成隧道结构的一种机械化施工方法。目前，国内广泛采用的盾构施工方法分别为土压平衡盾构法（见图 1-6）和泥水平衡盾构法（见图 1-7）。

图 1-5　土钉墙

(a)　(b)

图 1-6　土压平衡盾构机

(a)　(b)

图 1-7　泥水平衡盾构机

1.4.3.3　新奥法施工技术

新奥法即新奥地利隧道施工方法的简称,原文是New Austrian Tunneling Method(简称NATM),新奥法概念是奥地利学者拉布西维兹(L. V. RABCEW ICZ)教授于20世纪50年代提出的,于60年代取得专利权并正式命名。之后这个方法在西欧、北欧、美国和日本等许多地下工程中获得极为迅速发展,已成为现代隧道工程新技术标志之一。60年代NATM被介绍到我国,70年代末80年代初得到迅速发展。至今,可以说在所有重点难点的地下工程中都离不开NATM,新奥法几乎成为在软弱破碎围岩地段修筑隧道的一种基本方法。

新奥法是充分利用围岩的自承能力和开挖面的空间约束作用,采用锚杆和喷射混凝土为主要支护手段,及时地进行支护,控制围岩的变形和松弛,使围岩成为支护体系的组成部分,并通过对围岩和支护的量测、监控来指导隧道施工和地下工程设计施工的方法和原则,新奥法现场施工照片见图1-8。

(a)

(b)

图1-8　新奥法现场施工照片

1. 施工主要原则

新奥法施工的主要原则可概括为“少扰动、早喷锚、快封闭、勤测量”,即:①充分保护围岩,减少对围岩的扰动;②充分发挥围岩的自承能力;③尽快使支护结构闭合;④加强监测,根据监测数据指导施工。

2. 施工基本要点

(1)洞室开挖后,应使围岩自身承担主要的支护作用,而衬砌只是对围岩进行加固,使其成为一个整体而共同发生作用。因此,须最大限度地保持围岩的固有强度,以发挥围岩的自承能力。如及时喷混凝土封闭岩壁,就能有效地防止围岩松弛,而不使其强度大幅度降低,同时也不存在因顶替支撑而使围岩变形松弛。总之,应使围岩经常处于三轴应力约束状态,最为理想。

(2)预计围岩有较大变形和松弛时,应对开挖面施作保护层,而且应在恰当的时候敷设,过早或过迟均不利。其刚度不能太大或太小,又必须是能与围岩密贴,而要做成薄层柔性,允许有一定变形,以使围岩释放应力时起卸载作用,尽量不使其有弯矩破坏的可能。这种支护和传统的支护不同,不是因受弯矩而是受压剪作用破坏的。由于混凝土的抗压强度和抗剪强度比抗拉强度和抗弯强度大得多,从而具有更高的承载能力。一次支护的位移收敛后,可在其光滑的表面上敷设高质量的防水层,并修筑为提高安全度的二次支护。前后两次支护与围岩之间都只有径向力作用。

(3)衬砌需要加强的区段,不是增大混凝土的厚度,而是加钢筋网、钢支撑和锚杆,使隧道全长范围采用大致相同的开挖断面。此外,因为新奥法不在坑道内架设杆件支撑,空间宽敞,从而提高了安全性和作业效率。

(4)为正确掌握和评价围岩与支护的时间特性,可在进行室内试验的同时,在现场进行量测。量测内容为衬砌内的应力、围岩与衬砌间的接触应力以及围岩的变位,据以确定围岩的稳定时间、变形速度和围岩分类等最重要的参数,以便适应地质情况的变化,及时变更设计和施工。量测监控是新奥法的基本特征,量测的重点是围岩和支护的力学特征随时间的变化动态。衬砌的做法和施作时间是依据围岩变位量测决定的。

(5)隧道支护在力学上可看作厚壁圆筒。它是由围岩支承环和衬砌环组成的结构,且两者存在共同作用。圆筒只有在闭合后才能在力学上起圆筒作用,所以除在坚硬岩层外,敷设仰拱使衬砌闭合是特别重要的。

围岩的动态主要取决于衬砌环的闭合时间。当上半断面超前掘进过多时,就相应地推迟了它的闭合时间,在隧道纵方向形成悬臂梁的状态而产生大弯曲的不良影响。另外,为防止引起围岩破坏的应力集中,断面应做到无角隅,最好采用圆形断面。

(6)围岩的时间因素还受开挖和衬砌等施工方法的影响,它对结构的安全性起着决定的作用。考虑掘进循环周期、衬砌中仰拱的闭合时间、拱部导坑的长度以及衬砌强度等变化因素,把围岩和支护作为一个整体来谋求稳定。从应力重分布角度去考虑,全断面一次开挖是最有利的,分部开挖会使应力反复分布而造成围岩受损。

(7)岩层内的渗透水压力,必须采取排水措施来降低。

3. 施工监测

新奥法的施工作业必须根据事前的调查决定下列4个问题:①开挖方法;②支护布置及进行支护的最适宜时机;③是否设置仰拱及设置的时间和方法;④是否采用辅助施工方法及其种类等。用新奥法施工的绝大多数工程均采用各种台阶法进行开挖,其次是采用全断面法。新奥法要求保证光面爆破的质量,避免凹凸不平而引起应力集中和减少超挖,从而节约为填平表面所需的大量混凝土。

新奥法的量测十分重要。在制订现场量测计划时,要根据隧道及地下工程的规模、地质资料、各量测项目的作用,并考虑工点所需解决的问题和量测计划的经济效益,选择合理的量测项目和方法,同时还必须考虑采用切实可靠的手段和仪表,保证量测工作准确安全,并尽可能不妨碍施工。

在应力应变、接触应力、位移等三大类量测项目中,新奥法应以位移的量测为主。通常是用收敛计量测收敛变形,用伸长计量测围岩在不同半径处的变形和获得围岩动态的范围,用水准仪量测围岩表面垂直位移和地面沉陷。此外,还可用量测锚杆测得锚杆的轴向应力,用压力盒测定接触应力,用应变计测定支撑和衬砌应力等。

4. 适用范围

新奥法的适用范围如下:

(1)具有较长自稳时间的中等岩体。

(2)弱胶结的砂和石砾以及不稳定的砾岩。

(3)强风化的岩石。

(4)刚塑性的黏土泥质灰岩和泥质灰岩。

(5)坚硬黏土,也有带坚硬夹层的黏土。

(6)微裂隙的,但很少黏土的岩体。

(7)在很高的初应力场条件下,坚硬的和可变坚硬的岩石。

在下述条件下应用新奥法必须与一些辅助方法相配合:

(1)有强烈地压显现的岩体。

(2)膨胀性岩体(要与仰拱与底部锚杆相配合)。

(3)在一些松散岩体中,要与钢背板相配合。

(4)在蠕动性岩体中,要与冻结法或预加固法等配合。

新奥法在下列场合中应用时应慎重:

(1)大量涌水的岩体。

(2)由于涌水会产生流砂现象的围岩。

(3)极为破碎,锚杆钻孔、安装都极为困难的岩体。

(4)开挖面完全不能自稳的岩体等。

1.4.3.4　新意法施工技术

新意法又称岩土控制变形分析法(ADECO - RS 法),是 20 世纪 70 年代中期由意大利的 Pietro Lunardi 教授在研究围岩的压力拱理论和新奥法施工理论的基础上提出的。新意法(ADECO - RS)是通过对隧道掌子面超前核心岩土介质的勘察、预测其稳定性,设计按隧道开挖后围岩稳定、暂时稳定、不稳定,将其划分为 A、B、C 三种形态,据以信息化设计支护措施,确保隧道安全穿越复杂地层和实现全断面开挖的一种动态设计施工指导原则。它强调控制围岩变形、强调掌子面前方围岩的超前支护和加固,通过监测和控制掌子面前方的围岩,采用配套的机械化作业,实现全断面开挖。

1. ADECO - RS 法的根本理念

隧道开挖过程中,围岩的变形集中出现(包括挤出变形、预收敛及收敛变形)应分析并加以控制。

超前核心土的应用(采用玻璃纤维构件加固、改良的超前地层保护)是隧道开挖施工过程中变形反应的结构稳定性因素。

超前核心土的勘察、预测、防护、加固、开挖成为保证隧道施工的最重要内容。

超前核心土的强度及变形特性是隧道变形(包括挤出变形、预收敛及收敛变形)的真正原因。

ADECO - RS 法的一个重要特点是,引进了一种新的看待地下工程的概念框架。它把超前核心土视作一种新的隧道长期和短期稳定工具。超前核心土的强度及对变形的敏感性在隧道施工中起决定性作用,同时也决定了掌子面到达时隧道的变形特性。隧道的稳定不可避免地与掌子面前方超前核心土相关。采取措施作用于超前核心土的刚度就能够调整掌子面(挤出、预收敛)和隧道(收敛)的变形反应,使超前核心土成为保持隧道稳定的工具。

2. ADECO－RS 法与其他隧道设计施工方法的区别

ADECO－RS 法隧道设计和施工就时间和实践而言，表现出具有明显区别的两阶段；ADECO－RS 法采用新型的对于所有隧道均基于一个单一参数（掌子面—超前核心土体系的应力—应变特性）的地下工程基本理念框架；ADECO－RS 法的基础是对围岩开挖的变形反应进行预测、监控和分析，且围岩对开挖的变形反应成了隧道设计与施工的唯一参考参数。首先，从理论上对围岩的变形反应进行预测和调节，然后对变形反应进行实测、分析和实验，在此基础上对施工设计进行调整；引进超前约束理念，对众所周知的约束理念进行完善；另外，引进超前约束理念后，即使在最困难的静力条件下，也可以按预定计划有序地进行隧道施工，而无须在施工期间再采取加固措施；ADECO－RS 法包括采用地层防护技术，其目的在于保护地层的地质特性和结构特性。ADECO－RS 法把地层看作"施工材料"，在隧道施工中发挥极为重要的作用，应尽量不扰动。

3. 新意法与新奥法的不同

1）地层变形反应的分析方式不同

新奥法对地层变形反应的分析仅限于掌子面的后方，仅对隧道收敛进行分析；新意法不仅对掌子面后方的地层变形反应（收敛）进行分析，而且更注重对掌子面及掌子面前方地层的变形反应（掌子面挤出变形和预收敛）进行分析。

2）地层变形反应的控制方式不同

新奥法采用锚杆、喷射混凝土、钢拱架、施作仰拱等手段，仅对掌子面后方的隧道施加约束作用；新意法不仅要求隧道的支护措施（包括二次衬砌和仰拱）要与掌子面保持适当距离，不能落后掌子面太远，对隧道提供连续的约束作用，而且要求对超前核心土采取适当的防护和加固措施，提高其强度和变形特性，对隧道提供超前约束作用。

1.4.3.5　沉管法施工技术

沉管法是预制管段沉放法的简称，是在水底建筑隧道的一种施工方法。其施工顺序是先在船台上或干坞中制作隧道管段（用钢板和混凝土或钢筋混凝土，见图 1-9），管段两端用临时封墙密封后滑移下水（或在坞内放水），使其浮在水中，再拖运到隧道设计位置。定位后，向管段内加载，使其下沉至预先挖好的水底沟槽内。管段逐节沉放，并用水力压接法将相邻管段连接。最后拆除封墙，使各节管段连通成为整体的隧道。在其顶部和外侧用块石覆盖，以保安全。水底隧道的水下段，采用沉管法施工具有较多的优点。20 世纪 50 年代起，由于水下连接等关键性技术的突破而普遍采用沉管法，现已成为水底隧道的主要施工方法。用这种方法建成的隧道称为沉管隧道。

采用沉管法施工的水下段隧道，比用盾构法施工具有较多优点，见表 1-4。主要有：①容易保证隧道施工质量。因管段为预制，混凝土施工质量高，易于做好防水措施；管段较长，接缝很少，漏水机会大为减少，而且采用水力压接法可以实现接缝不漏水。②工程造价较低。因水下挖土单价比河底下挖土低；管段的整体制作，浮运费用比制造、运送大量的管片低得多；又因接缝少而使隧道每米单价降低；再因隧道顶部覆盖层厚度可以很小，隧道长度可缩短很多，工程总价大为降低。③在隧道现场的施工期短。因预制管段（包括修筑临时干坞）等大量工作均不在现场进行。④操作条件好、施工安全。因除极少量水下作业外，基本上无地下作业，更不用气压作业。⑤适用水深范围较大。因大多作业

(a)干坞管段制作　　(b)水上浮运与沉放

图1-9　沉管法隧道施工照片

在水上操作，水下作业极少，故几乎不受水深限制，如以潜水作业实用深度范围，则可达70 m。⑥断面形状、大小可自由选择，断面空间可充分利用。大型矩形断面的管段可容纳4～8车道，而盾构法施工的圆形断面利用率不高，且只能设双车道。

表1-4　沉管法与盾构法的比较

项目	盾构法	沉管法
隧道埋深	应保持一定的覆土厚度，最小宜为(0.6～1)D，D为隧道直径	可紧贴河床甚至高出河床
隧道长度	相对较长	相对较短
断面形状	基本为圆形，一般容纳两车道	断面形状多为矩形，可容纳4、6或更多车道
防水性能	纵、环向接头数量多，防水性能相对较差	接头数量少，防水性能好
对航运影响	无影响	有影响
水文、气象条件	不受限制	要考虑水文、气象条件影响
地质条件影响	与地质条件密切相关	较弱地层均可适应
施工期对地面的影响	可能产生地面变形	施工期岸边隧道开挖有影响

1.4.3.6　沉井法施工技术

沉井法又称沉箱凿井法。在不稳定含水地层掘进竖井时，于设计的井筒位置上预先制作一段井筒，井筒下端有刃脚，借井筒自重或略施外力使之下沉，将井筒内的岩土挖掘出的施工方法，见图1-10。挖掘与下沉交相进行，直到穿过不稳定地层。

沉井法的特点：结构刚度大，承载力高，抗渗能力强，可直接作为施工时的挡土和挡水结构物，不需要另设围护，且占地面积小，挖土量少，对邻近建筑物的影响比较小，适合近接施工；适应土质范围广，施工操作简便，技术上比较稳妥可靠，特别是近年来沉井的施工技术和施工机械都有了很大改进，如触变泥浆润滑套法、壁后压气法、钻吸排土及中心岛式下沉等施工技术，能较好地解决施工过程中的下沉困难、流砂、倾斜等问题；作为基础，其埋置较深，稳定性和抗震性能好，能支承较大的荷载。

(a)

(b)

图 1-10　沉井施工照片

沉井法的适用范围：作为永久性地下构造物使用的地下储油罐、地下气罐、地下泵房、地下沉淀池、地下水池、地下防空洞、地下车库、地下变电站、地下料坑等多种地下设施，作为盾构隧道施工中的临时性工作井（盾构机械的搬入、组装、进发、到达、解体、管片及场地）、盾构设备的接收井和永久性的隧道通风井、排水泵房井等，作为桥梁墩台、重型厂房和各种工业构筑物的深基础。大型沉井可用于地下工厂、车间、地下车库、地下娱乐场所等地下空间开发，大型浮运沉井可用来建造海上石油开采平台。

1.4.3.7　顶管法施工技术

顶管法是指首先采用顶管掘进机成孔，然后将人可进入的尺寸大小的管道从顶进工作坑顶入以形成连续衬砌的管道非开挖铺设技术，见图 1-11。

(a)泥水式硬岩顶管机

(b)土压平衡式顶管机

图 1-11　顶管法施工照片

1. 施工基本原理

边顶进，边开挖地层，边将管段接长的管道埋设方法。先在工作坑内设置支座和安装液压千斤顶，借助主顶油缸及管道间中继环等的推力，把工具管或掘进机从工作坑内穿过土层一直推到接收坑内吊起，与此同时，紧随工具管或掘进机后面，将预制的管段顶入地层。

2. 施工工序

施工时，先制作顶管工作井及接收井，作为一段顶管的起点和终点，工作井中有一面或两面井壁设有预留孔，作为顶管出口，其对面井壁是承压壁，承压壁前侧安装有顶管的千斤顶和承压垫板（钢后靠），千斤顶将工具管顶出工作井预留孔，而后以工具管为先导，逐节将预制管节按设计轴线顶入土层中，直至工具管后第一节管节进入接收井预留孔，施工完成一段管道。为进行较长距离的顶管施工,可在管道中间设置一至几个中继环作为接力顶进,并在管道外周压注润滑泥浆。顶管施工可用于直线管道,也可用于曲线等管道。

3. 优点

在施工效益方面:①快速的结构化施工;②连续的地压支护;③最小化管线节点;④柔性密封衬垫;⑤好的施工流动性;⑥可远程遥控;⑦机械挖掘安全可靠。

在环境效益方面:①减小混乱;②减小环境损伤再修;③保护高速公路、铁路;④减少影响车辆运动达到 90%;⑤很少需要凿岩。

在工程费用方面:①成本花费低;②不用二次衬砌;③对于深工作井挖掘是经济的;④社会的可接受性。

4. 适用范围

顶管法的适用范围为:穿越江河、湖泊、港湾水体下的供水、输气、输油管道工程;穿越城市建筑群、繁华街道地下的上下水、煤气管道工程;穿越重要公路、铁路路基下的通信、电力电缆管道工程;水库坝体涵管重建工程等;箱型断面通道、顶管锚固等。

5. 顶管法与盾构法的比较

盾构法的衬砌为管片,且每环管片要在盾构机的盾尾进行拼装,拼装好后一般不会再移动;顶管法的衬砌为管节,且每环管节是一次预制成功的,由顶进装置依次顶进,直至第一节管节到达接收井位置。

盾构法施工的盾构千斤顶布置在盾构机的支撑环外沿,而顶管法施工的主顶进装置布置在工作井内,如果顶力不足要加设中继间。

盾构千斤顶活塞的前端必须安装顶块,顶块必须采用球面接头,在顶块与管片的接触面上安装橡胶或柔性材料的垫板。顶管法的主顶千斤顶的行程长短不能一次将管节顶到位时,必须在千斤顶缩回后在中间加垫块或几块顶铁。O 型顶铁是使主顶千斤顶的推力可以较均匀地加到所顶管道的周边;U 型顶铁是为了弥补千斤顶行程不足而用。

盾构机内有拼装管片的拼装机,而顶管机内没有。

盾构法主要用于大断面城市地下隧道、水工隧道、公路隧道的施工;顶管法主要适用于断面稍小一些的城市地下管线的铺设。

1.4.3.8　冻结法施工技术

1883 年德国最早用冻结法开凿竖井,随后比利时、荷兰、英国、波兰、苏联、美国、加拿大等国家也主要用此法开挖竖井。近 30 年来,冻结法除广泛地用于矿山井巷工程外,也用于修建地下铁道车站和自动扶梯斜隧道、地下洞室以及桥墩的深基础等工程。中国从 1955 年首次在开滦林西煤矿应用此法开凿风井以来,至 1982 年,已开凿 190 多个井筒,累计冻结深度超过 3 万 m,最大冻结深度为 415 m。

冻结法是指用人工制冷的方法,将待开挖地下空间周围的岩土中的水冻结为冰并与岩土胶结在一起,形成一个预定设计轮廓的冻结壁或密闭的冻土体,用以抵抗水土压力,隔绝地下水,并在冻结壁的保护下,进行地下工程的施工。冻结法施工照片见图 1-12。

冻结法适用于淤泥、松软泥岩、松散不稳定冲积层和裂隙发育的含水岩层以及饱和含水和地下水位特别高的地层,不适用于含水率很低或地下水流速很高的地层。

(a)冻结法开挖联络通道

(b)冻结法加固盾构洞口

图 1-12　冻结法施工照片

开挖地下工程前，从地面沿其外围一定距离进行钻孔，钻孔间距 1 ~ 2 m，孔径为 200 ~ 250 mm。孔底深入不透水层。每个钻孔中放入用无缝钢管做的冻结管。冻结管下端做成封闭的圆锥状。冻结管内放入一根下端开启的供液管。冻结管上部装有两根管子：一根是供液管的延续部分，与配液总管相接；另一根是回液管，与回液聚积器相接。在地面安装冷冻设备，制冷过程一般由盐水、氨和冷却水三大循环过程组成。

采用冻结法施工时，须根据施工进度、冻土墙的强度要求、开挖顺序等确定冻土墙的厚度、冻结管群的间距和冻结管的长度、冻结顺序和解冻顺序等，据以选择适当的冷冻设备。此外，在施工中还需对有代表性的部位进行温度测定，并根据测定结果决定是以连续的还是以间断的供冷方式保持冻土墙的冻结；同时对地层冻结时的膨胀和解冻时的下沉情况应及时进行观测并采取相应的处理措施。

1.4.3.9　注浆法施工技术

注浆法是借助于压力（液压、气压）或电化学的原理将具有胶凝能力的浆液通过一定的管路注入土层（或岩层）中的空隙、裂隙与空洞中，将其中的水分与空气赶走，将松散破碎的岩（土）层胶结起来，以达到改善岩（土）层性能（降低岩（土）层的渗透性，提高岩（土）层的强度与承载能力，减少岩（土）层的变形）为目的的一种施工方法。

1. 注浆法的目的

（1）防渗。降低岩土的渗透性，消除或减小地下水的渗流量，提高岩土的抵抗渗透变形能力。如水电工程坝基、坝肩和坝体的注浆防渗处理。

（2）堵水。截断水流，改善工程施工、运行条件。如井壁等地下工程漏水的封堵。

（3）固结。改善岩土或结构力学性能，恢复其整体性。

（4）防止滑坡。提高边坡岩土体的抗滑能力。

（5）降低地表下沉。降低或均化岩土的压缩性，提高其变形模量。

（6）提高地基承载力。提高岩土的力学强度。

（7）回填。充填岩土体或结构的孔洞、缝隙，防止塌陷，改善结构的力学条件。

（8）加固。恢复结构的整体性和力学性能。

此外，减小挡土墙上土压力、防止岩土的冲刷、消除砂土液化、纠正建筑物偏斜等都可采用注浆法。工程实践中，注浆的目的并不是单一的，在达到某种目的的同时往往获得其他几个方面的效果。

2. 注浆法的适用范围

(1)建筑物地基的加固。提高地基承载力和桩基承载力。

(2)土坡稳定性加固。提高土体抗滑能力。

(3)挡土墙后土体的加固。增加土的抗剪能力,减小土压力。

(4)已有建筑混凝土裂缝缺陷的补修。混凝土构筑物补强。

(5)坝基的加固及防渗。提高岩土体密实度,改善其力学性能,减小透水性,增强抗渗能力。

(6)地下构筑物的止水及加固。增强土体的抗剪能力,减少透水性。

(7)井巷工程中的加固及止水。改善巷道围岩的物理力学特性。

(8)裂隙岩体的止水和破碎岩体的补强。提高岩体整体性。

(9)动力基础的抗震加固。提高地基土抗震能力。

3. 注浆法分类

目前,地下工程常采用的注浆法主要有渗透注浆、劈裂注浆、压密注浆与高压旋喷注浆四种。

1)渗透注浆

渗透注浆分为渗透水泥浆注浆和渗透化学注浆。

水泥浆注浆,也叫泥浆注浆,是利用压力把可流动性微粒浆液侵入土和岩石张开的裂缝、空洞和可张开的裂隙中的一种注浆方法。这种方法的注浆压力以不改变岩土原有结构为上限,其下限压力应该以不低于埋藏深度自重应力为底线,其核心技术是改善被注载体的均匀性。在地下工程中,称为回填注浆法,在两种介质层面上又称其为接触注浆法。

化学注浆是将一定的化学材料(无机或有机材料)配制成真溶液,用化学灌浆泵等压送设备将其灌入地层或缝隙内,使其渗透、扩散、胶凝或固化,以增加地层强度、降低地层渗透性、防止地层变形和进行混凝土建筑物裂缝修补的一项加固技术,防水堵漏和混凝土缺陷补强技术。

2)劈裂注浆

劈裂注浆是目前应用较广的一种软弱土层加固方法,它既可应用于渗透性较好的砂层,又可应用于渗透性差的黏性土层。劈裂注浆采用高压注浆工艺,将水泥或化学浆液等注入土层,以改善土层性质,在注浆过程中,注浆管出口的浆液对四周地层施加了附加压应力,使土体发生剪切裂缝,而浆液则沿着裂缝从土体强度低的地方向强度高的地方劈裂,劈入土体中的浆体便形成了加固土体的网络或骨架。由于浆液在劈入土层过程中并不是与土颗粒均匀混合,而是呈两相各自存在,所以从土的微观结构分析,土除受到部分的压密作用外,其他物理力学性能的变化并不明显,故其加固效果应从宏观上来分析,即应考虑土体的骨架效应。

实践表明,对于软－流塑黏土地层,由于地层透水性差,有时渗透注浆或压密注浆都难以达到理想效果,而劈裂注浆可利用其液压在地层中产生劈裂孔隙,改善地层的可注性,从而达到注浆加固的要求。

3)压密注浆

压密注浆是指被注入的浆液坍落度小于25 mm,通常具有足够间隙的土水泥和足够粒径的砂能够一起提供一定的塑性,从而增强土体的内摩擦。浆液一般不会进入土体的孔隙,而是保持为一种同质块体,通过控制这种同质块体置换原土体,进而压密松散的土体或抬升建筑结构或者两者兼有。

压密注浆本质上是将一种非常黏(低流动性、小坍落度)的浆液泵送到一定地点,浆液聚集体形成的浆液球置换或压密周围的原土体,从而改善土质条件。压密注浆常用于中砂地基及黏土地基中,若有适宜的排水条件也可采用。如遇排水困难可能在土体中引起高孔隙水压力,这就必须采取很低的注浆速率。压密注浆可用于非饱和的土体,以调整不均匀沉降,进行托换技术以及在大开挖或隧道开挖时对邻近土进行加固。

4)高压旋喷注浆

高压旋喷注浆法始创于日本,它是在化学注浆法的基础上,采用高压水射流切割技术而发展起来的。高压喷射注浆就是利用钻机钻孔,把带有喷嘴的注浆管插至土层的预定位置后,以高压设备使浆液成为20 MPa以上的高压射流,从喷嘴中喷射出来冲击破坏土体。部分细小的土料随着浆液冒出水面,其余土粒在喷射流的冲击力、离心力和重力等作用下,与浆液搅拌混合,并按一定的浆土比例有规律地重新排列。浆液凝固后,便在土中形成一个固结体与桩间土一起构成复合地基,从而提高地基承载力,减少地基的变形,达到地基加固的目的。

1.5 地下空间开发与环境保护

城市地下空间开发与城市环境密切相关。密集的交通网、建筑群和市政管网,以及复杂的地质条件等决定了城市地下空间的规划、设计和施工。相反,城市地下工程施工同样会对周边环境造成影响。未来城市地下空间开发和利用更多关注地下工程施工过程中的环境保护问题。

1.5.1 地下工程施工对环境的影响

在地下工程施工过程中,会对周边地质和环境造成不利影响的因素众多,大体上可以概括为两个方面:①施工不当造成周围环境变形过大、损失或破坏;②不文明施工对生态环境、交通和居民生活的不利影响。

1.5.1.1 造成周围环境变形过大、损失或破坏的主要施工影响因素

(1)基坑工程施工,围护结构施工、基坑降水、基坑开挖。

(2)盾构法施工,附属结构(工作井、旁通道、风井和出入口等)围护结构施工、降水和开挖;开挖面失稳和超挖,盾壳对周围土体的摩擦,盾尾拼装、同步注浆和补浆质量差等。

(3)新奥法或新意法施工,附属结构(工作井、旁通道、风井和出入口等)围护结构施工、降水和开挖;开挖面失稳和超挖,初衬、二衬安装不及时,爆破振动等。

(4)沉管法施工,干坞开挖施工、水下基础施工。

(5)顶管法施工,工作井围护结构施工、降水和开挖;管壁对周围土体的摩擦,同步注

浆和补浆质量差等，此外，顶推力反作用于后座墙会导致坑外土体变形。

(6)沉井或沉箱施工，井身与周围土层的摩擦、井底开挖，开挖降水等。

上述因素均会导致周边管线、道路、建筑物、堤坝、桥梁、隧道等结构的损失，甚至破坏，从而引发一系列不利的连锁反应。

1.5.1.2　不文明施工对生态环境、交通和居民生活的不利影响

不文明施工一般包括：工程机械施工噪声过大，施工和运输导致的扬尘，施工现场随意排放污水，施工场区占位、施工机械材料或设备运输或限制，或阻塞，或中断地面交通等。例如，新奥法或新意法施工开挖爆破振动会干扰居民的正常生活。水上沉管施工会影响正常通航。

除上述因素会对周边环境造成不利影响外，不合理的规划和设计也间接会干扰或破坏周边生态环境。

1.5.2　地下工程施工环境保护措施

环境保护的工作应贯穿地下工程施工的全过程，确保地下施工期间环境免受影响的综合性措施包括如下内容。

1.5.2.1　做好场地周围环境及地下管线的调查

在规划、设计、勘察和施工前，调查和踏勘拟建场区周边的环境，包括道路、桥梁、管线、建筑物、堤坝、防汛墙、隧道、民防设施等。如：管线的数量、大小、埋深、走向、类型、埋设时间、与拟建工程的相对距离等，建筑物的结构、修建时间、结构形式、基础形式、与拟建工程的相对位置等。调查资料既要包括纸质资料，同时还要有影像和照片，为工程施工过程中防护工作提供依据。

1.5.2.2　开展详尽的工程地质勘察

通过前期的地质勘察，为设计和施工提供相关参数和指标。工程地质勘察主要包括地下水、地质地貌、地质构造、不良地质、土层条件等。通过现场或室内试验，给出土层的物理力学参数，进行地址和方向选择的工程地质论证、围岩压力的工程地质评价、支护结构设计的工程地质论证、施工方法和施工条件的工程地质论证等。

1.5.2.3　确保合理化开挖

在地下施工过程中，应根据周边环境、地质条件合理制订开挖方案，避免开挖施工对周边地质环境的扰动，甚至破坏。

明挖施工，在考虑时空效应下，应分层分段开挖，避免超挖，做到边开挖、边支护、边监测。

暗挖施工，避免超挖、控制进尺、保障支护强度和及时性、防止开挖面失稳。就新奥法和新意法开挖施工而言，根据不同地质和周边环境的要求，率先确定开挖方案；开挖前进行地质预报；开挖过程中，严格控制爆破量，短开挖，强支护，及时排水，有效堵漏，防止开挖面失稳破坏。

此外，依据实际开挖工况，及时有效调整开挖方案。

1.5.2.4　实行科学的降水设计

水是影响地下工程稳定的重要因素之一，大多数地下工程建设都需要进行人工降低

地下水。合理地选择降水方法,在此基础上进行人工降水的方案设计,以及进行降水方案的水位预测,通过预测进行降水方案的优化,从而达到最佳的降水效果。

地下水大体分为上层滞水、潜水、毛细管水和层间水。地下工程降水的对象主要是潜水和层间水。降水的方法一般分为集水井降水和井点降水,其中井点降水又分为轻型井点、喷射井点、电渗井点、管井井点等。

根据不同地质条件和周边环境变形控制要求,选择不同的降水方法,其降水效果有着迥然不同的差别。一般选择降水方法时需要考虑如下几点:①水文地质条件,特别是含水层与隔水层的组合与分布,各含水层的水位埋深与补给特征;②含水层的透水性,即渗透系数的大小以及含水层的厚度;③地下工程开挖的深度及技术要求;④降水场地的施工条件及施工的设备能力和技术;⑤选用的方法做到经济技术合理、易施工;⑥根据降水技术要求和水文地质条件,可考虑单一技术方法或用不同降水技术方法的组合,充分发挥其通用性和互补性。

降水工程的设计方案,一般由井数、井深和井距构成,可是影响井数、井深和井距的因素很多,除场地自然环境外,还有天然因素(如含水层与隔水层的岩性、分布与组合等)及人为因素的影响。因此,应对场地水文地质条件、水文气象资料、场地工程地质勘察资料、邻近工地降水工程的实际资料等进行详细研究,并用合适的方法计算出合理的水文地质参数。在此基础上,实行科学的降水方法,进行合理的降水设计。

1.5.2.5　推行考虑时空效应的工程技术

近年来有许多岩土工程专家认为,要接受过去几年深基坑周围地层移动引起附近建筑和设施破坏的经验教训,在技术规程中,要重视控制基坑变形问题,而运用时空效应规律在软土地区是一条安全、经济的技术途径。实践证明,运用时空效应规律,能可靠而合理地利用土体自身在基坑开挖过程中控制土体位移的潜力而达到保护环境的目的。

在软土基坑开挖中,适当减少每步开挖土方的空间尺寸,并减少每步开挖所暴露的部分基坑挡墙的未支撑前的暴露时间,是考虑时空效应、科学地利用土体自身的控制地层位移的潜力,以解决软土深基坑稳定和变形问题的基本对策。

考虑时空效应的工程技术的主要特点是:设计与施工密切结合,在设计和施工中定量地计算及考虑时空效应的基坑开挖和支撑的施工因素对基坑在开挖中的内力和变形的实际影响,并以科学的施工工艺,有效地减少地层流变性对基坑受力变形的不利影响。考虑时空效应的工程设计,在基坑支护结构(挡墙、支撑及被动区加固土体)的内力及变形计算中采用目前弹性计算法所用的较简单的力学模型和设计参数项目。对反应基坑变形总体效应的最主要的综合参数——基坑挡墙被动区的水平抗力系数,按一定的地质和施工条件做出经验性的修正,此综合参数是土的力学性质指标和每一步基坑挖土的空间尺寸及其暴露时间的函数,其数值是根据一定施工条件下基坑开挖中所测出的基坑变形数据,经反分析而得出的一个考虑了开挖时空效应的等效水平抗力系数。考虑时空效应的工程施工,要求按基坑规模、几何尺寸、支撑形式、开挖深度和地基加固条件,提出详细的可操作性的开挖与支撑的施工程序及施工参数,开挖和支撑的施工工序基本是按分层、分步、对称、平衡的原则制定的,例如,长条形地铁车站深基坑中,基坑开挖和支撑的施工技术要点是:按一定长度,分段开挖和浇筑结构,在每段开挖中再分层,每层分小段地开挖和支撑,随挖随撑,施加支撑预应力,完成每小段的开挖和支撑的施工时间限制在 24 h 内。各种形式的基坑优先考虑以井点降水法改善土性,减少土的流变变形。

1.5.2.6　做好现场监测,开展信息化施工技术

地下工程是土体与围护结构体系相互共同作用的一个动态变化的复杂系统,仅依靠理论分析和经验估计是难以把握在复杂的开挖和降雨等条件下支护结构与土体的变形破坏,也难以完成可靠而经济的开挖设计、通过施工时对整个工程进行系统的监测,可以了解其变化的态势,利用监测信息的反馈分析,就能较好地预测系统的变化趋势。当出现险情预兆时,可做出预警,及时采取措施,保证施工和环境的安全;当安全储备过大时,可及时修改设计,削减围护措施。通过反分析,可修改计算模型,调控计算参数,总结经验,提高设计和施工水平。现场监测工作主要包括对支护结构施工、安设工作的现场监测,土体与支护结构的位移变形监测,地下开挖设施的装设及运营情况监测,建筑物及重要设施的监测,地下管道的监测等。工程实践表明,做好现场检验与监测工作,将极大地减少可能出现的事故。

信息化施工技术是将系统工程应用于施工的一种现代化施工管理方法,包括信息采集、信息分析处理、信息反馈和控制与决策(调整设计和施工方案及采取相应措施)。在现场监测的基础上,开展信息化施工技术,即使出现临时问题,由于监测预报及时,也不会造成事故。

1.5.2.7　积极采用新技术、新方法

城市地下工程多建设在人口拥挤、楼房林立的城市闹市区,为了确定科学合理的设计方案,设计人员必须首先进行场地考查,再进行设计;同时,还应搜集同类工程地质条件下工程成功与失败的设计方案实例。然后,才能用先进的技术方法进行设计,严禁不顾场地条件、不考虑施工条件,仅凭计算机给出的信息进行设计的错误做法。工程实践证明,采用基坑内降水、坑内侧土体加固(化学灌浆、石灰桩加固等)、及时支撑并预加轴力、增加挡墙的入土深度、墙外地层中筑帷幕、坑内降水坑外注水、分步开挖、逆作法施工、信息反馈施工法的采用等,对改善基坑变形、提高其稳定性有重要意义。如水下施工的效果与通常方法施工比较,能使围护结构最大水平位移减少 53%,基底隆起减少 44%,地表沉降减少 50%。B. Broms 曾用 FEM 分析这些辅助工法所产生的效果,发现地面沉降减少 30%~60%,尤其以基坑内化学灌浆的效果最为显著。计算机技术方法应广泛地应用到地下工程建设中,如进行数据分析与计算、计算机制图、计算机辅助深基坑设计、信息施工与管理等领域具有十分广阔的前景。

1.5.2.8　积极推行地下工程建设系统管理与防御技术

地下工程建设是一系统工程,必须从勘察、设计、施工、监测全方位地采取工程防御体系。勘察设计方面,首先对地质条件了解清楚,查明周围各种地下管线和建筑物或构筑物的要求,设计时要求对地质资料了解清楚,所有构件必须符合力学原理,精心设计并且做到优化设计;施工方面,必须按照设计要求进行施工。对施工中出现的各种问题要有预见性,对于在毗邻建筑物施工时,必须做好保护措施。监测是及时指导正确施工,避免事故发生的必要措施,已经成为一种信息技术。因此,在整个施工和运营期间,实施严格的现场检验与监测是十分必要的。根据工程的需求,进行系统化监测,确保监测精度的同时,

综合对比分析各项监测数据结果,用以评判工程施工安全。地下水方面,是导致工程事故的最直接的影响因素之一,从实际统计资料来看,约有 70% 的基坑事故与地下水有关,因此地下工程建设中应特别注意地下水的影响。

1.5.2.9　加强对邻近建筑物的保护

在已有建(构)筑物附近新建地下工程时,应该考虑对已有建(构)筑物的影响。拟建地下工程施工前,应对场地周边环境进行调查,内容包括土质、原构筑物基础和上部结构可靠度及对地基变形的要求等。根据新建建筑物和已有建筑物的相邻程度,具体定出三个范围及其对策:①无条件范围,不需要特殊施工方法的范围,但要根据需要对已有建(构)筑物进行变形和裂缝的观测;②需注意的范围,对设计一般不加考虑,但在新构筑物施工方法上采取有效对策;③需要有对策的范围,设计和施工都要特别考虑,从工程计划开始就必须考虑对已有建筑物不产生有害影响的对策和防护工程,同时对在施工时需进行变形和裂缝观测。

1.5.2.10　加强岩土变形的理论研究

由于地下工程建设的复杂性,在实践中既存在着实践超越理论的现象,又存在着理论不能正确反映实际施工过程和存在问题的现象。因此,针对工程实践的具体情况,加强有关理论研究,显得尤为重要。要保证深基坑工程安全可靠,和尽量少地影响周围建筑物和地下构筑物(包括地下管线),必须对地基中卸荷—再加荷的变形特性以及土壤的蠕变、应力松弛特性、围护结构的变形机制、基底的隆起规律、基坑的失稳现象及验算方法、围护结构变形、基底隆起和地表沉降之间的关系、地基加固效应等理论问题进行详细研究。此外,基坑失效事故分析表明,水是一个重要的因素。在粉土与砂性土中产生管涌、流砂,水是首祸,因此必须研究地下水位、水压对基坑变形的影响,加强水土相互作用的研究。在此基础上,才有可能提出有效的设计和施工方案,有效地防治基坑开挖变形。

参 考 文 献

[1] 陈志龙,王玉北. 城市地下空间规划[M]. 南京:东南大学出版社,2004.

[2] 李相然,岳同助. 城市地下工程实用技术[M]. 北京:中国建材工业出版社,2000.

[3] 王璇,束昱. 城市的可持续发展与地下空间开发利用[J]. 地下空间,1997,17(3):151-161.

[4] 王梦恕. 21 世纪是隧道及地下空间大发展的年代[J]. 岩土工程界,2000,3(6):13-15.

[5] 付磊. 城市地下空间规划指标体系研究[D]. 成都:西南交通大学,2008.

[6] 巩明强. 城市地下空间开发影响因素研究[D]. 天津:天津大学,2007.

[7] 郝聪勇. 中国城市地下空间开发与利用[D]. 北京:对外经济贸易大学,2007.

[8] 陈琦. 建筑地下空间城市意义的研究[D]. 杭州:浙江大学,2001.

[9] 柳昆. 现代城市地下空间规划理论新思路与实践[D]. 上海:同济大学,2005.

[10] 刘建航,侯学渊. 盾构法隧道[M]. 北京:中国铁道出版社,1991.

[11] 夏明耀,曾进伦. 地下工程设计施工手册[M]. 北京:中国铁道出版社,1999.

[12] 杨林德. 软土工程施工技术与环境保护[M]. 北京:人民交通出版社,2000.

[13] 王树理. 地下建筑结构设计[M]. 北京:清华大学出版社,2007.

[14] 徐辉,李向东. 地下工程[M]. 武汉:武汉理工大学出版社,2009.

[15] 韩瑞庚. 地下工程新奥法[M]. 北京:科技出版社,1987.
[16] 李斌,漆泰岳,高波,等. 新意法(岩土控制变形工法)概述[J]. 公路隧道,2009,(2):1-4.
[17] 翟进营,杨会军,王莉莉. “新意法”在国外隧道工程中的应用[J]. 隧道建设,2008,(4):469-475.
[18] 翟进营,杨会军,王莉莉. 新意法隧道设计施工概述[J]. 隧道建设,2008,(1):46-50,55.

第 2 章　桩基工程概论

2.1　概　述

当建筑场地浅层的土质不能满足建筑物对地基承载力和沉降方面的要求，而又不宜进行地基处理时，可考虑利用深部坚实土层或岩层作为持力层。向深部土层传递荷载的方式有桩基础、墩基础和沉井基础等，其中以桩基应用最早最广。随着近代生产水平的提高和科学技术的发展，桩的种类和桩基形式、施工工艺、检测方法以及桩基理论和实践，都有了很大的进展。

所谓桩是指垂直或稍倾斜布置于地基中，其断面面积相对长度很小的杆状构件。桩的功能是通过杆件的侧壁摩阻力和端部的阻力将上部结构的荷载传递给深处的地基上，见图 2-1。

桩基础（简称桩基）是指由设置于岩土中的桩和与桩顶连接的承台共同组成的基础，桩基础中的单桩称为基桩。若只用一根桩来承受和传递上部结构荷载，这样的桩基础称为单桩基础；由两根或两根以上基桩共同承受和传递上部结构荷载，组成的桩基础为群桩基础；通常，由多根基桩组成的群桩在平面上可布置为一排或几排，由承台将桩群在上部连接成一个整体，建筑物的荷载通过承台分配给各基桩，各基桩再把荷载以桩侧阻力和桩端阻力的形式传递到地基土中，见图 2-2。

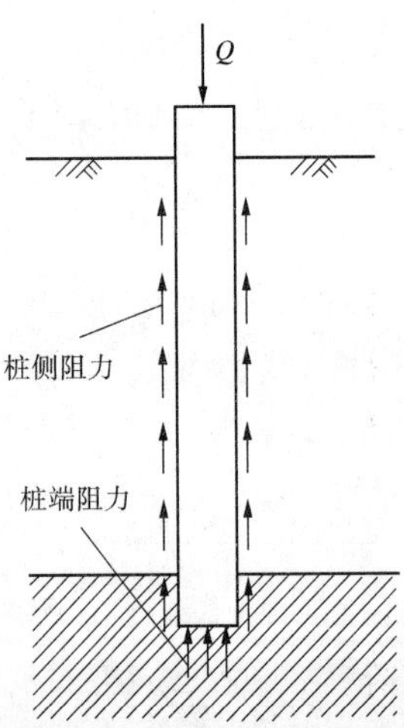

图 2-1　单桩（基桩）受力简图

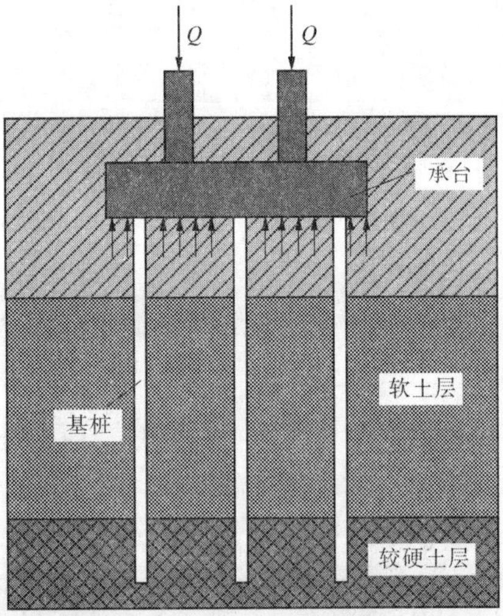

图 2-2　桩基础示意图

虽然桩基础一般比天然地基上浅基础造价要高，但它具有承载力高、稳定性好、沉降量小且均匀、较好抗震（振）性能、可承担水平荷载及上拔荷载等突出特点，所以应用很广泛，一般对下述情况可考虑选用桩基础方案：

（1）地基上层土的土质太差而下层土的土质较好，或地基土软硬不均，或荷载不均，不能满足上部结构对不均匀变形限制的要求。

（2）地基软弱，采用地基加固措施不合适，或地基土性特殊，如存在可液化土层、自重湿陷性黄土、膨胀土及季节性冻土等。

（3）除承受垂直荷载外，还存在诸如风、浪、水平土压力、地震荷载和冲击力等较大的水平荷载情况时，可采用垂直桩、斜桩或交叉桩承受水平荷载。

（4）上部结构对基础的不均匀沉降相当敏感，或建筑物受到大面积超载的影响。

（5）地下水位较高，采用其他基础型式施工困难，或位于水中的构筑物基础，如桥梁、码头、钻井平台等。

（6）在机器基础情况下，可用桩基础控制地基基础系统振幅、自振频率。

（7）需要长期保存、具有重要历史意义的建筑物。

除以上情况使用桩基础外，目前桩基础还广泛应用于基坑的支挡结构，用桩作为锚固结构，用于滑坡治理的抗滑桩等。

2.2　桩和桩基的分类

当确定使用桩基础时，合理地选择基桩和桩基础的类型是桩基设计中的重点，基桩分类的目的是为了掌握其不同的特点，以供设计时根据现场的具体条件选择适当的桩型。

2.2.1　桩的分类

2.2.1.1　按桩身材料分类

木桩是最古老的桩型，但是由于资源的限制，及其易于腐蚀和不易接长等缺点，目前已很少使用了，所以现代桩按材料可分为混凝土桩、钢桩及组合材料桩三类。

1. 混凝土桩

混凝土桩是当前使用最广泛的桩，可分为素混凝土桩、钢筋混凝土桩和预应力混凝土桩三大类。

素混凝土桩仅由混凝土制作而成，由于混凝土的抗压强度较高而抗拉强度较低，一般仅在桩承压条件下采用，不适用于荷载条件复杂多变的情况，因此在桩基方面应用很少。

钢筋混凝土桩由混凝土与钢筋或钢丝制成，桩体具有较高的抗压强度和抗拉强度，可适用于较复杂的荷载情况，因而其应用相当广泛。该类桩截面形状多样，可以是方形、圆形、管形和三角形等，也可以是实心的和空心的。

为减少钢筋混凝土桩的钢筋用量和桩身裂缝，又发展了预应力混凝土桩。该类桩通常在地表预制，其截面多是圆形，特别适用于冲击与振动荷载的情况。

2. 钢桩

钢桩一般用型钢和钢管制作，按截面形状可分为钢管桩、钢板桩和 H 型钢桩等。钢桩较易打入土中，由于挤土少，对地层扰动小，但是造价较高，抗腐蚀性差，需做表面防腐处理。

3. 组合材料桩

组合材料桩种类很多,并且不断的有新类型出现。例如,在作为抗滑桩时,在混凝土中加入大型工字钢承受水平荷载;在用深层搅拌法制作的水泥墙中插入 H 型钢,形成 SMW 工法桩。最近在我国,研究人员在水泥土中插入高强钢筋混凝土桩作为劲芯,所形成的桩承载能力高于一般的灌注桩。另外一种复合载体夯扩桩则是在桩端夯入砖石,其上夯入干硬性混凝土,再浇筑钢筋混凝土桩身。

2.2.1.2　按桩使用功能分类

按桩的使用功能,基桩可分为竖向抗压桩、竖向抗拔桩、水平受荷桩和复合受荷桩。

1. 竖向抗压桩

一般的建筑工程桩基,在正常工作条件下,主要承受从上部结构传下来的竖向荷载,见图 2-3(a)。

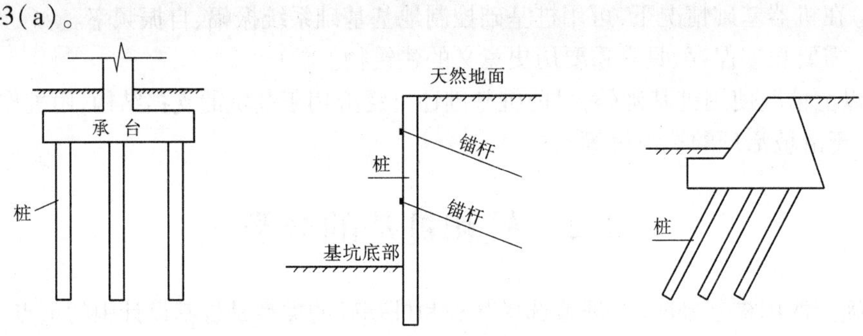

图 2-3　不同受力的桩基

竖向抗压桩一般是通过桩侧阻力和桩端的端承力将荷载传到深层地基土中去的,按照两者的比例可分为以下两大类。

1)摩擦型桩

摩擦型桩是指在竖向承载能力极限状态下,桩顶竖向荷载全部或主要由桩侧摩阻力承担的桩。根据桩侧摩阻力分担荷载的比例,摩擦型桩又可分为摩擦桩和端承摩擦桩两类。

(1)摩擦桩:在竖向承载力极限状态下,桩顶竖向荷载由桩侧阻力承受,桩端阻力小到可忽略不计,见图 2-4(a)。以下几种情况可视为摩擦桩:①桩的长径比很大,桩顶荷载只通过桩身压缩产生的桩侧摩阻力传递给桩周土,桩端土层分担荷载很小;②桩端下无较坚实的持力层;③桩底残留虚土或沉渣的灌注桩;④桩端出现脱空的打入桩等。

(2)端承摩擦桩:桩顶极限荷载由桩侧阻力和桩端阻力共同承担,但桩侧阻力分担荷载较大,见图 2-4(b)。当桩的长径比不很大,桩端持力层为较坚实的黏性土、粉土和砂类土时,除桩侧阻力外,还有一定的桩端阻力。这类桩在摩擦型桩中所占比例很大。

2)端承型桩

端承型桩是指在竖向承载能力极限状态下,桩顶竖向荷载全部或主要由桩端阻力承受,桩侧阻力相对于桩端阻力可忽略不计。根据桩端阻力分担荷载的比例,又可分为端承桩和摩擦端承桩两类。

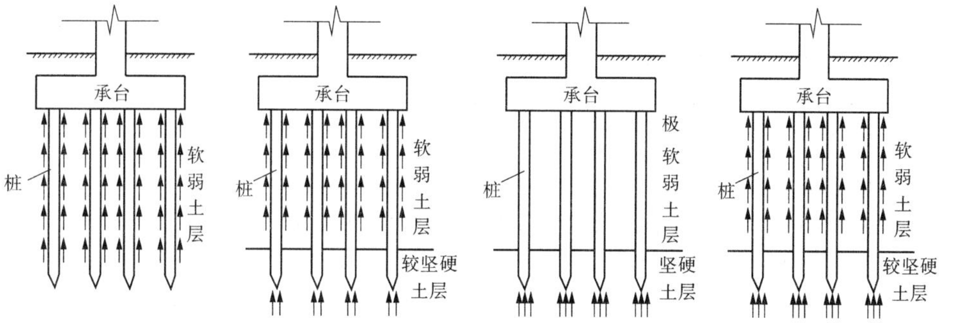

(a)摩擦桩　(b)端承摩擦桩　(c)端承桩　(d)摩擦端承桩

图 2-4　基桩的计算简图

（1）端承桩：在竖向承载力极限状态下，桩顶竖向荷载基本由桩端阻力承受，桩侧阻力小到可忽略不计。桩的长径比较小（一般小于 10），桩端设置在密实砂类、碎石类土层中的桩以及位于中、微风化及新鲜基岩中的嵌岩桩均可视为端承桩，见图 2-4（c）。

（2）摩擦端承桩：在竖向承载力极限状态下，桩顶竖向荷载主要由桩端阻力承受。通常此类桩的桩端进入中密以上的砂类、碎石类土层中或位于中、微风化及新鲜基岩顶面，见图 2-4（d）。

2. 竖向抗拔桩

竖向抗拔桩是指主要抵抗抗拔荷载的桩，如抗浮桩、单桩竖向静载试验中使用的锚桩等。抗拔荷载依靠桩侧摩阻力来承担。

3. 水平受荷桩

港口码头工程中的桩、基坑工程中的桩等，都是主要承受作用在桩上的水平荷载，见图 2-3（b）。

4. 复合受荷桩

在桥梁工程中，桩除了要承受较大的竖向荷载，往往由于波浪、风、振动、船舶的撞击力以及车辆荷载的制动力等使桩承受较大的侧向荷载，从而导致桩的受力条件更为复杂，尤其大跨度桥梁更是如此，见图 2-3（c）。

2.2.1.3　按成桩方法分类

不同的成桩方法对桩周围土层的排挤作用不同。排挤作用将使土的天然结构、应力状态和性质发生很大变化，从而影响到桩的承载力和变形性质。这些影响统称为成桩过程的挤土效应。按成桩挤土效应，一般把基桩分为挤土桩、部分挤土桩和非挤土桩三类。

1. 挤土桩

挤土桩主要是预制桩。施工时将预制桩用锤击、振动或静压的方法置入地基土中，这样就将桩身所占据的地基土挤到桩的四周了。在合适的土层（如饱和度不高的可挤密土层中），也可将管底有活动瓣门的封闭套管打入地基土中，成孔后边拔管边浇筑混凝土，这样形成的桩称为挤土灌注桩。对于饱和软黏土，当沉入的挤土桩较为密时，可能会使地面上抬，造成相邻建筑物或管线损坏，引起已入土的桩上浮、侧移或断裂；同时在地基土中会引起较高的超孔隙水压力，这些都是十分不利的。

2. 部分挤土桩

部分挤土桩主要包括长螺旋压灌灌注桩、冲孔灌注桩、钻孔挤扩灌注桩、搅拌劲芯桩等。这类桩在成桩过程中，将与桩体积相同的土挖出，因而桩周围的土受到较轻的扰动，但有应力松弛现象。

3. 非挤土桩

非挤土桩的特点是预先取土成孔，成孔的方法是用各种钻机钻孔或人工挖孔。人工挖孔通常在地下水位以上；钻孔可以在水上，也可以在水下。水下钻孔需对井孔护壁，通常采用泥浆护壁，即在井孔中注入泥浆，并保持泥浆水位高于地下水位 1 ~ 2 m，以确保井壁的稳定。但这种方法往往会在井底产生浮泥和在井壁形成泥皮，从而降低了桩的承载力，在施工中应采取措施尽量减少其影响。另一种护壁方式是采用套管，常用于不稳定的土层。成桩的方法分为现场灌注法和置入预制桩法，现场灌注桩施工是先向孔内放入钢筋笼，使其就位后浇筑混凝土，在地下水位以下则用导管法浇筑。置入预制桩法是首先将预制桩吊装入井孔中，然后在桩孔间的孔隙中灌浆。

2.2.1.4　按桩径大小分类

按桩径（设计直径 d）大小，基桩可分为三类：①小直径桩：$d \leqslant 250$ mm；②中等直径桩：250 mm $< d <$ 800 mm；③大直径桩：$d \geqslant 800$ mm。

桩径大小影响桩的承载力性状，大直径钻（挖、冲）孔桩成孔过程中，孔壁的松弛变形导致桩侧阻力降低的效应随着桩径增加而增大，桩端阻力则随着直径增大而减小。这种尺寸效应与土的性质有关，黏性土、粉土与砂土、碎石土相比，尺寸效应相对较弱。

2.2.2　桩基的分类

桩基由设置于土中的桩和承接上部结构荷载的承台两部分组成。根据承台与地面的相对位置，一般可分为低承台桩基和高承台桩基，见图 2-5。低承台桩基的承台底面位于地面以下，其受力性能好，具有较强的抵抗水平荷载的能力，在工业和民用建筑中几乎都是用低承台桩基；高承台桩基的承台底面位于地面以上，且常处于水下，水平受力性能差，但可避免水下施工及节省基础材料，多用于港口和桥梁工程。

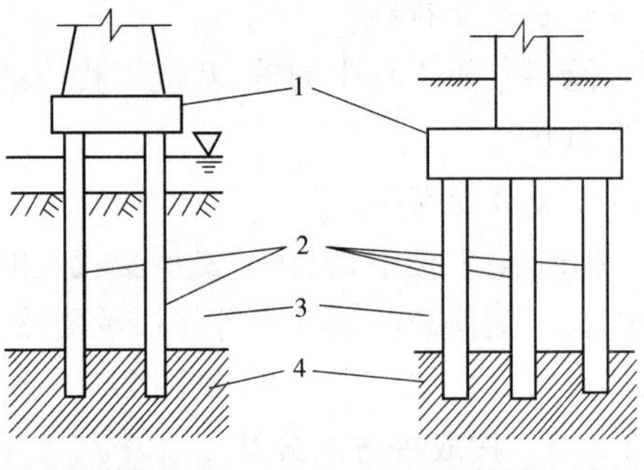

(a)高承台桩基　(b)低承台桩基

1—承台；2—基桩；3—软弱土层；4—持力层

图 2-5　桩基础示意图

2.3　单桩竖向承载力的确定

在桩基工程中，桩基竖向承载力的大小主要由各单桩竖向承载力确定。单桩承载力是指单桩在荷载作用下，不丧失其稳定性、不产生过大变形时的承载能力。

竖向承压桩的单桩承载力的影响因素很多，包括土类、土质、桩身材料、桩径、桩的入土深度、施工工艺等。目前，关于单桩承载力一般认为由以下三个条件确定：

(1)在荷载作用下,桩在地基土中不丧失稳定性。

(2)在荷载作用下,桩顶不产生过大的位移。

(3)在荷载作用下,桩身材料不发生破坏。

在长期的工程实践中,人们提出了多种确定单桩承载力的方法,目前在工程实践中主要采用现场试验法、触探法等。

2.3.1 现场试验法

2.3.1.1 单桩竖向静载荷试验

单桩竖向抗压静载荷试验,当桩身中埋设有量测桩身应力、应变、桩底反力的传感器或位移杆时,除测得 $Q \sim s$ 曲线外,还可实测桩周侧阻力、桩端阻力、桩身截面的位移量等。

1. 试验设备

1)加载装置

桩基静载荷试验的反力系统一般可由锚桩横梁反力装置、压重平台反力装置和锚桩压重联合反力装置等提供。

(1)锚桩横梁反力装置。

锚桩横梁反力装置如图2-6所示,一般锚桩至少要4根。用灌注桩作为锚桩时,其钢筋笼要沿桩身通长配置;如果用预制长桩作锚桩,要加强接头的连接,锚桩的设计参数应按抗拔桩的规定计算确定。采用工程桩作锚桩时,锚桩数量不应少于4根,并应监测锚桩上拔量。另外,横梁的刚度、强度以及锚钎钢筋总断面等在试验前都要进行验算。当桩身承载力较大时,横梁自重有时很大,要求放置在其他工程桩之上,且基准梁亦应放在其他工程桩上较为稳妥。这种加载方法的不足之处是对桩身承载力很大的钻孔灌注桩无法进行随机抽样。

图2-6　锚桩横梁反力装置示意图

(2)压重平台反力装置。

压重平台反力装置如图2-7所示。堆载材料一般为钢锭、混凝土块或砂袋。堆载在检测前应一次加足,并稳固地放置于平台上。压重施加于地基的压应力不宜大于地基承载力特征值的1.5倍。在软土地基上放置大量堆载会引起地面较大下沉，这时基准梁要支撑在其他工程桩上，并远离沉降影响范围。作为基准梁的工字钢应尽量长些，但其高跨比以不小于1/40为宜。堆载的优点是能对试桩进行随机抽样，适合不配筋或少配筋的桩，不足之处是测试费用高，压重材料运输吊装费时费力。

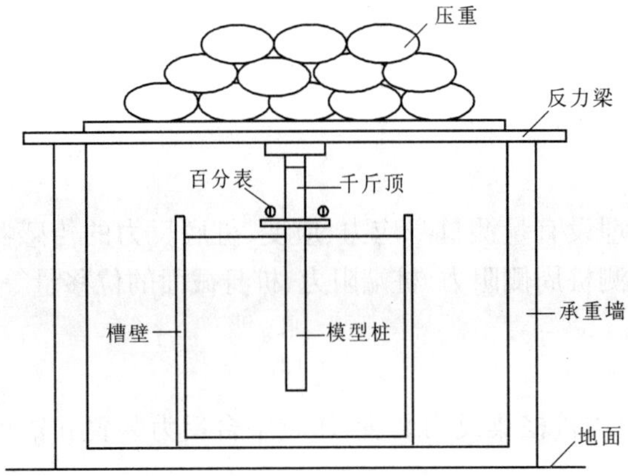

图2-7　压重平台反力装置示意图

(3)锚桩压重联合反力装置。

锚桩压重联合反力装置中千斤顶应平放于试桩中心，并保持严格的物理对中。采用千斤顶的型号、规格应相同。当采用两个以上千斤顶并联加载时，其上下部应设置足够刚度的钢垫箱，千斤顶的合力中心应与试桩轴线重合。当试桩最大加载重量超过锚桩的抗拔能力时，可在锚桩或横梁上配重，由锚桩与堆载共同承担上拔力。由于堆载的作用，锚桩混凝土裂缝的开展就可以得到有效的控制。这种反力装置的缺点是桁架或横梁上存在挂重或堆重，使得由于桩的突发性破坏所引起的振动、反弹对安全不利。

上述三种加载方式中，试桩与锚桩(或压重平台支墩边)、试桩与基准桩、基准桩与锚桩(或压重平台支墩边)之间的中心距离应不小于$4D$且不小于2.0 m，其中D为试桩、锚桩的设计直径或边宽，取其较大者。

2)测试仪表

荷载测量可用放置于千斤顶上的荷重传感器直接测定，或采用并联于千斤顶油路的高精度压力表或压力传感器测定油压，并根据千斤顶的率定曲线换算成荷载。传感器的测量误差应不大于1%，压力表精度等级应优于或等于0.4级。试验用压力表、油泵、油管在最大加载时的压力不应超过规定工作压力的80%。

沉降测量宜采用位移传感器或大量程百分表，测量误差不大于0.1% FS，分辨率优于或等于0.01 mm。对于直径或宽边大于500 mm的桩，应在其两个方向对称安装4个位移测试仪表，直径或宽边小于等于500 mm的桩可对称安装两个位移测试仪表。沉降测定平面宜在桩顶200 mm以下位置，测点应牢固地固定于桩身。基准梁应具有一定的刚度，梁的一端应固定于基准桩上，另一端应简支于基准桩上。固定和支承位移表(百分表)的夹具和基准桩应避免气温、振动及其他外界因素的影响。

3)桩身测量元件

为了比较准确地了解桩顶荷载作用下桩侧土阻力和桩端土阻力或桩身截面的位移

量,需要在桩身中土层变化部位和桩端埋设量测元件。这些元件主要有振弦式钢筋应力计、电阻应变片、测杆式应变计、光纤等各类传感器。

2. 试验方法与要求

1)抽检数量要求

建筑基桩检测技术规范要求在同一条件下抽检桩数不应少于 3 根,且不宜少于总桩数的 1%;当工程桩总数在 50 根以内时,检测数量不应少于 2 根;在实际测试时,可根据工程的实际情况参照相关规范执行。

2)测试开始时间的确定

若为灌注桩类,测试开始时间为其混凝土的龄期达到 28 d 或预留同条件养护试块强度达到设计强度。对于预制桩,施工后的休止时间应不少于下列数值:砂土地基为 7 d,粉土地基为 10 d,非饱和黏性土为 15 d,饱和黏性土为 25 d。

3)试桩要求

为了保证试验能够最大限度地模拟实际工作条件,使试验结果更准确、更具有代表性,进行载荷试验的试桩必须满足一定要求:

(1)试桩的成桩工艺和质量控制标准应与工程桩一致。

(2)混凝土桩应凿掉桩顶部的破碎层和软弱混凝土,桩头顶面应平整,桩头中轴线与桩身上部的中轴线应重合。

(3)桩头主筋应全部直通至桩顶混凝土保护层之下,各主筋应在同一高度上。

(4)距桩项 1 倍桩径范围内,宜用厚度为 3 ~ 5 mm 的钢板围裹或距桩顶 1.5 倍桩径范围内设置箍筋,间距不宜大于 100 mm。桩顶应设置钢筋网片 2 ~ 3 层,间距 60 ~ 100 mm。

(5)桩头混凝土强度等级宜比桩身混凝土提高 1 ~ 2 级,且不得低于 C30。

(6)对于预制桩,如果桩头出现破损,其顶部要在外加封闭箍后浇捣高强细石混凝土予以加强;对于预应力管桩,宜在距桩顶 1 倍桩径高度管桩内浇捣高强混凝土,外套厚度为 3 ~ 5 mm 的钢管箍。

(7)在试桩间歇期内,试桩区周围 30 m 范围内尽量不要产生能造成桩间土中孔隙水压力上升的干扰,如打桩等。

(8)对用作锚桩的灌注桩和有接头混凝土预制桩,检测前宜对其桩身完整性进行测试。

4)加卸载要求

(1)加载总量要求。

关于试验中的加载量,为设计提供依据的试验桩,应加载至基桩破坏;当基桩承载力以桩身强度控制时,可按设计要求的加载量进行;对工程桩进行抽检时,其加载量不应小于设计要求的单桩承载力特征值的 2 倍。

(2)加载方式。

基桩竖向抗压静载试验的加载方式有慢速法与快速法。为设计提供依据的竖向抗压静载试验应采用慢速维持荷载法,施工后的工程桩验收检测也宜采用慢速维持荷载法。当地区经验较成熟时,也可采用快速维持荷载法。

加载应分级进行，采用逐级等量加载。分级荷载宜为最大加载量或预估极限承载力的1/10，其中第一级可取分级荷载的2倍。卸载也应分级进行，每级卸载量取加载时分级荷载的2倍，逐级等量卸载。加载、卸载时均应使荷载传递均匀、连续、无冲击，每级荷载在维持过程中的变化幅度不得超过分级荷载的±10%。

慢速法载荷试验步骤及加卸载要求：

每级加载后按第5 min、15 min、30 min、45 mm、60 min测读桩顶沉降量，以后每隔30 min测读一次，每1 h内的桩顶沉降量不超过0.1 mm，并连续出现两次（从分级荷载施加后第30 min开始，按1.5 h连续三次每30 min的沉降观测值计算），再施加下一级荷载。卸载时，每级荷载维持1 h，按15 min、30 min、60 min测读桩顶沉降量后，即可卸下一级荷载。卸载至零后，应测读桩顶残余沉降量，维持时间为3 h，测读时间为第15 min、30 min，以后每隔30 min测读一次。

慢速法载荷试验的试验终止条件：

①某级荷载作用下，桩顶沉降量大于前一级荷载作用下沉降量的5倍；当桩顶沉降能相对稳定且总沉降量小于40 mm时，宜加载至桩顶总沉降量超过40 mm。

②某级荷载作用下，桩顶沉降量大于前一级荷载作用下沉降量的2倍，且经过24 h尚未达到相对稳定标准。

③已达到设计要求的最大加载量。

④当工程桩作锚桩时，锚桩上拔量已达到允许值。

⑤当荷载—沉降曲线呈缓变型时，可加载至桩顶总沉降量为60～80 mm；在特殊情况下，可根据具体要求加载至桩顶累计沉降量超过80 mm。

快速法载荷试验的程序与慢速法载荷试验基本相同，只是每级荷载维持时间相对较短，一般至少为1 h，是否延长维持荷载时间应根据桩顶沉降收敛情况确定，在实际应用时可参照有关规范执行。

试验加载时，规定在桩顶采用千斤顶逐级加载，记录变形稳定时每级荷载下的桩顶沉降量，直到桩失稳为止。由试验结果绘制出的竖向荷载—沉降（$Q \sim s$）曲线（见图2-8）、沉降—时间对数（$s \sim \lg t$）曲线（见图2-9）。根据测得的曲线可按下列方法确定单桩的竖向极限承载力：

①对$Q \sim s$型曲线，当曲线的陡降段明显时，取相应陡降段的起点的荷载设计值，如图2-8曲线①中$Q_u = 780$ kN。

②对$Q \sim s$型曲线，当曲线是缓变型时，取桩顶总沉降量$s = 40$ mm所对应的荷载值，如图2-8曲线②中$Q_u = 1\ 500$ kN；当桩长大于40 m时，可考虑桩身弹性压缩，适当增加对应的s值。

③对$s \sim \lg t$型曲线，取$s \sim \lg t$曲线尾部出现明显向下弯曲的前一级对应的荷载值，如图2-9曲线中$Q_u = 1\ 400$ kN。

④当在试验中出现$\frac{\Delta s_{n+1}}{\Delta s_n} \geqslant 2$，并且24 h未达到稳定时，取$s_n$所对应的荷载值。其中，$\Delta s_n = s_n - s_{n-1}$、$\Delta s_{n+1} = s_{n+1} - s_n$，即分别为第$n$级和第$n+1$级荷载产生的桩顶沉降增量。

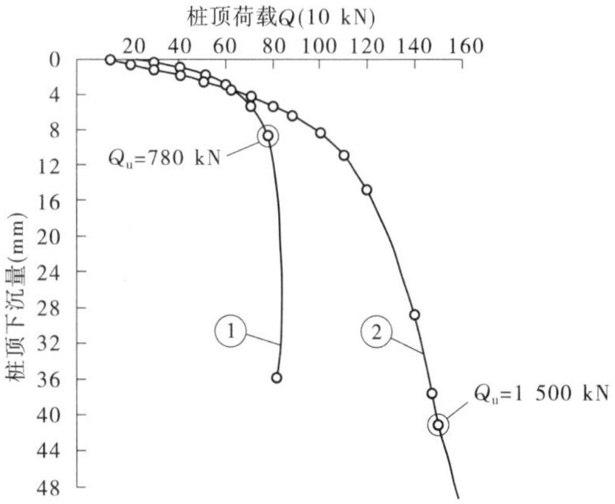

图 2-8　单桩 $Q \sim s$ 曲线

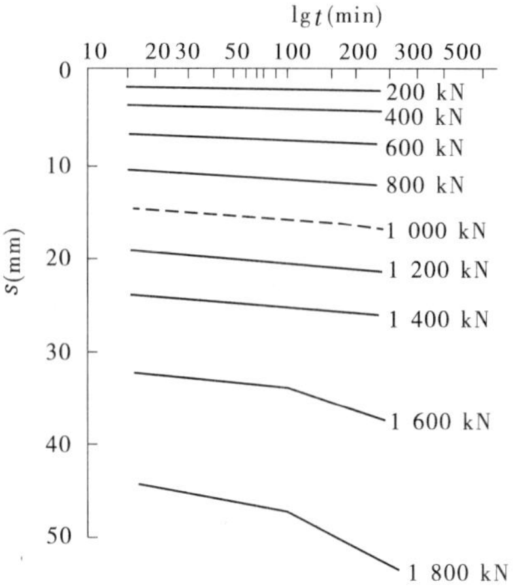

图 2-9　单桩 $s \sim \lg t$ 曲线

⑤对直径大于或等于 800 mm 的桩，可取 $s=0.05D$（D 为桩端直径）对应的荷载值。

⑥按上述方法判断有困难时，可结合其他辅助方法综合判定，对地基沉降有特殊要求者，可根据具体情况选取。

参加统计的试验桩的各个单桩竖向极限承载力极差值不超过平均值的 30% 时，可取其平均值作为单桩的竖向极限承载力的标准值。极差超过平均值的 30% 时，应分析其原因并增加试桩的数量，结合工程具体情况确定极限承载力。对于桩承台只有 3 根桩或少于 3 根桩的情况，则取最小值。

将上述确定的单桩极限承载力标准值除以安全系数 2，则为单桩竖向承载力的特征值 R_a。

2.3.1.2　其他现场试验方法

1. 动测桩法

利用大应变的动测桩，也可对单桩竖向承载力进行测定，但精度不十分可靠。一般用于施工后对工程桩的单桩承载力进行检测，或作为单桩静载试验的辅助检测手段。

2. 深层平板载荷试验

当桩端持力层为密实砂卵石或其他坚硬土层时，对于单桩承载力很高的大直径端承桩，可采用深层平板载荷试验确定桩端承载力特征值。深层平板载荷试验采用刚性承压板直径为 800 mm，并且紧靠承压板周围的外侧土层高度不少于 0.8 m。桩端承载力的特征值可直接取该试验 $p \sim s$ 曲线的比例界限对应的荷载值，也可取极限荷载之半；不能按上述两种条件确定时，可取 $s/d=0.01 \sim 0.015$ 所对应的荷载值，作为单位面积桩端承载力的特征值，但不能大于最大加载下单位面积压力值的 1/2。

3. 岩基载荷试验

嵌岩桩是指桩端嵌入完整和较完整的未风化或中等风化的硬质岩体的桩，嵌入最小深度不小于 0.5 m，对于桩端无沉渣的嵌岩桩，桩端岩石承载力的特征值可用岩基载荷试验确定。试验采用圆形的刚性承压板，直径为 300 mm。当岩石埋藏深度较大时，可采用钢筋混凝土桩试验，但桩周需采取措施以清除其侧摩阻力，取试验 $p \sim s$ 线直线段的终点为比例界限,作为岩石地基承载力特征值,或者采取极限承载力除以安全系数3.0作为桩端承载力的特征值。

2.3.2 触探法

对于地基基础设计等级为丙级的建筑物,可采用原位测试的静力触探法及标准贯入度试验参数确定单桩竖向承载力的特征值 R_a。

静力触探与桩的入土的过程非常相似,可以把静力触探看成是与小尺寸的打入桩的现场模拟试验,由于它设备简单、自动化程度高,被认为是一种很有发展前途的单桩承载力的确定方法,但是由于尺寸及条件不同于桩的静载试验,所以一般是将测得的比贯入阻力 p_s 与侧阻力 q_{sia} 和端阻力 q_{pa} 间建立经验关系,然后采用下式确定单桩竖向承载力特征值:

$$R_a = q_{pa}A_p + u_p \sum_{i=1}^{n} q_{sia}h_i \tag{2-1}$$

式中 R_a——单桩竖向承载力特征值;

q_{pa}、q_{sia}——桩端阻力、桩侧阻力特征值,由《建筑桩基技术规范》(JGJ 94—2008)查表得到;

A_p——桩底横截面面积;

u_p——桩身周长;

h_i——桩身穿越的第 i 层岩土的厚度。

2.4 桩基施工技术

桩基础是一种特殊的深基础,埋设于地下,属隐蔽工程,其结构类型、传力特点与施工方法有着密切的关系,施工质量又直接影响桩基础承载性状。所以,研究桩基础的施工是桩基工程的一项重要内容。

桩基础施工前的调查与准备工作是保证桩基施工质量的重要环节,主要包括桩基施工前的调查、编制桩基工程施工组织设计和桩基础施工准备。桩基础施工前的调查内容主要包括现场踏勘、施工场地和周围状况、桩基设计情况及有关监督到位和法规上的限制等。

本节主要介绍各种类型的桩的施工方法及常见问题解决方法、桩端后注浆技术等。

2.4.1 预应力混凝土管桩施工

2.4.1.1 预应力混凝土管桩的特点

在工业和民用建筑中使用的预应力混凝土管桩基本上都是采用先张法预应力工艺和离心成型法制作,未经过高压蒸汽养护生产的为PC管桩,其桩身混凝土强度为C60～C80;如生产中经高压蒸汽养护,则为PHC管桩,其桩身混凝土强度等级大于C80。建筑工程中常用的PHC、PC管桩顶外径一般为300～800 mm,每节长5～13 m。桩顶下端设置开口袋钢桩尖或封口十字刃钢桩尖。沉桩时桩节处可采用端板焊接连接、法兰连接、机械咬合连接、螺纹连接接长。每根桩接头数量不宜超过3个。

预应力管桩的主要优点有单桩承载力高、适用范围广、桩长规格灵活、单位承载力造价低、接桩速度快、施工效率高、工期短、桩身耐打、穿透力强、成桩质量可靠等。预应力混凝土管桩一般采用工厂化生产，桩身质量可靠，只要严格执行沉桩操作规程，成桩质量较好，从而得到广泛的应用。

预应力混凝土管桩一般适合于多层、小高层和25层以下的高层建筑的桩基础。桩持力层可选在黏性土、砂性土、全风化岩、强风化岩。桩长可按照实际需要接长（但长径比应控制在100 m以内）。

但预应力管桩在下列地层情况下不宜使用：

（1）存在大面积地下障碍物（如孤石）时。

（2）场地内地层中有坚硬夹层时。

（3）桩持力层为硬质中风化岩时，此时要控制总锤击数和最后贯入度以免桩身被打碎。

（4）石灰岩溶地层。

（5）桩基持力层为硬质岩且岩层面倾角很陡时，此时桩端稳定性不好。

2.4.1.2　预应力混凝土管桩的施工方法

预应力混凝土管桩的施工方法有锤击法和静力压桩法，在施工过程中要注意土塞效应和挤土效应。

锤击法沉桩和静力法压桩的优缺点如表2-1所示。

表2-1　锤击法沉桩与静力法压桩优缺点

序号	施工方法	优点	缺点
1	锤击法沉桩	打桩机械简单、打桩速度快、对场地地面承载力要求低、打桩单价低，适用于对打桩振动要求低的工地	打桩振动噪声大，有打桩挤土效应对周边环境影响大，桩顶易打碎，打桩时只能记录锤击数和贯入度，不能记录最终压桩力，所以锤击法在城市中心区和老城区无法使用
2	静力法压桩	无振动噪声，能记录最终压桩力、压桩直观、一般桩顶完整、能满足环保要求，所以在老城区可用	对场地地面承载力有要求，否则要发生压桩机本身沉陷，有打桩挤土效应，成桩成本比锤击法高一些，有下硬夹层时无法压桩

锤击法和静力法压桩中常见打桩设备分别如图2-10所示。

值得注意到是，预应力管桩或预制桩均属于挤土桩，无论采用锤击法施工或静压法施工都应注意打桩挤土问题和挖土凿桩引起的偏位和破损问题。要注意打桩顺序、打桩节奏、打桩速度及每天打桩数和最后打桩贯入度或压桩力度控制及防挤土措施的采取。

1. 锤击法沉桩施工

1）锤击法沉桩的工艺流程

锤击法施工预应力混凝土管桩工艺流程包括：测量定位→底桩就位、对中和调直→锤击沉桩→接桩→再锤击、接桩→打至持力层→收锤，如图2-11所示。

(a)锤击法沉桩施工图　　(b)静力法压桩施工图

图 2-10　预应力管桩施工方法

2) 打桩顺序

打桩时,由于桩对土体的挤密作用,后打入桩将使先打入桩受水平推挤而造成偏移和变位,或被垂直挤拔造成浮桩;而后打入的桩由于土体隆起或挤压很难达到设计标高或入土深度,造成截桩过大。所以,施打群桩时,为了保证质量和进度,防止周围建筑物被破坏,应根据桩基平面布置、桩顶尺寸、密集程度、深度等实际情况来正确选择打桩顺序。《建筑桩基技术规范》(JGJ 94—2008)中规定,打桩顺序应按下列规定执行:

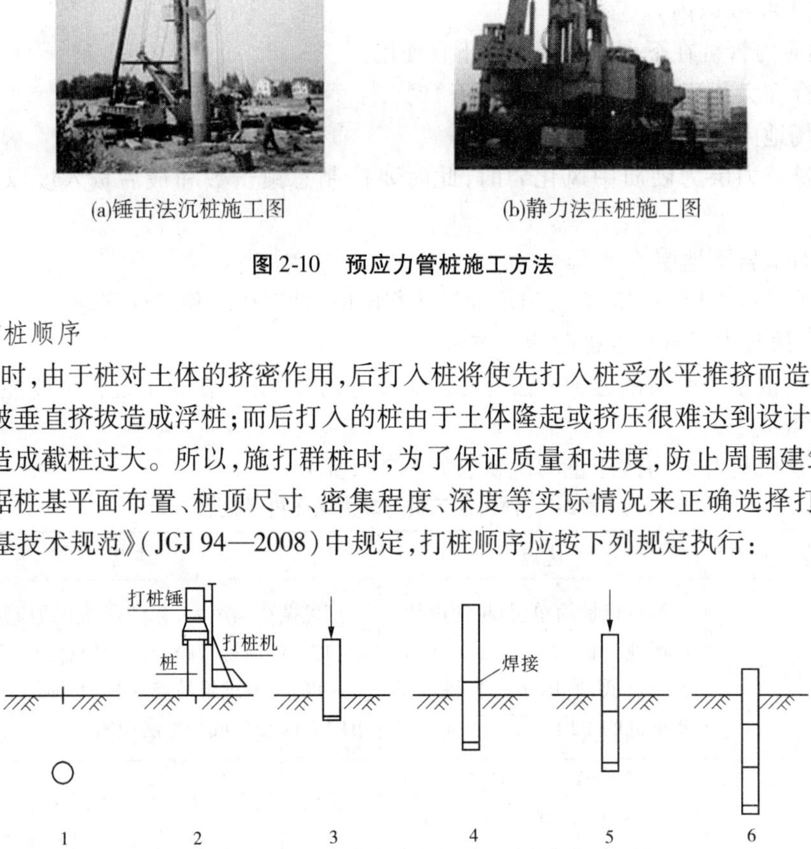

1—测量放样;2—就位对中调直;3—锤击下沉;4—电焊接桩;
5—再锤击、再接桩、再锤击;6—收锤、测贯入度

图 2-11　管桩锤击法施工工序

(1) 对于密集群桩,自中间向两个方向或四周对称施打。

(2) 当一侧毗邻建筑物时,由毗邻建筑物处向另一方向施打。

(3) 根据基础的设计标高,宜先深后浅。

(4) 根据桩的规格,宜先大后小,先长后短。

图 2-12 为几种常见打桩顺序与土体挤密状况。

在打桩过程中,桩锤的大小应能满足打桩的各项技术指标:最后贯入度在 20 ~ 40 mm/10 击;打桩的破损率在 1% 左右,最多不超过 3%;每根桩的锤击数宜在 1 500 击以

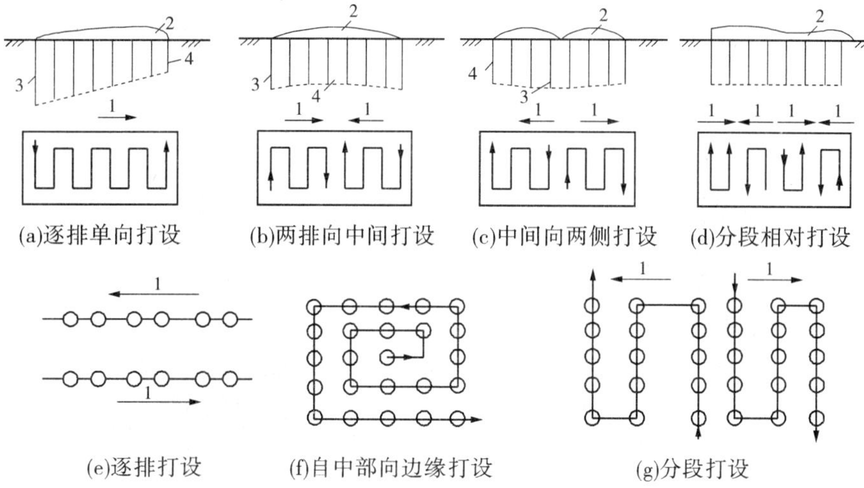

1—打设方向;2—土体挤密情况;3—沉降量大;4—沉降量小

图 2-12　打桩顺序和土体挤密状况

内,最多不超过 2 500 击;为了防止桩锤的回弹过大,锤击应力过高将桩头打坏,同时为了提高打桩速度,桩锤应遵循"重锤轻击"的原则。

桩帽应具有足够的强度、刚度和耐打性,桩帽宜做成圆筒形,深度宜为 35 ~ 40 cm,内径宜比桩外径大 2 ~ 3 cm;为了防止桩头破坏,一般在桩头设置"锤垫",锤垫通常采用坚纹硬木或盘圈层的钢丝绳制作,厚度取 15 ~ 20 cm。预应力管桩接桩,主要采用端头板,四周一圈坡口进行电焊连接。

3)打桩收锤标准

收锤标准应根据场地工程地质条件、单桩承载力设计值、桩锤大小等因素,综合考虑最后贯入度、桩入土深度、最后 1 m 锤击数等指标给出。《建筑桩基技术规范》(JGJ 94—2008)对桩终止锤击的控制原则规定如下:

(1)桩端(指桩的全截面)位于一般土层时,以控制桩端设计标高为主,贯入度为辅。

(2)桩端达到坚硬、硬塑的黏性土、中密以上粉土、砂土、碎石类土、风化岩时,以贯入度控制为主,桩端标高为辅。

(3)贯入度已达到设计要求而桩端标高未达到时,应继续锤击 3 阵,并按每阵 10 击的贯入度不应大于设计规定的数值,必要时,施工控制贯入度应通过试验与有关单位会商确定。

2. 静压法沉管施工

1)抱压式与顶压式液压静力压桩机

静力压桩机通常选用液压式压桩机。液压静力压桩机分为抱压式液压静力压桩机和顶压式液压静力压桩机两类,见图 2-13、图 2-14。

抱压式液压静力压桩过程是通过夹持机构"抱"住桩身侧面,由此产生摩擦传力来实现的;而顶压式液压静力压桩机则是从预制桩的顶部施压,将其压入地基的。由于施压传力不同,这两种桩基结构型式、性能特点、适用范围也有显著不同。抱压式桩基主要由压

图 2-13　抱压式液压静力压桩机

图 2-14　顶压式液压静力压桩机

桩系统和夹桩机构和吊机组成，重心低，易于行走，但配重一般小于 500 t，压桩时用专用夹具将管桩侧面抱住向下施压，所以压桩力一般小于 500 t。而顶压式桩基主要由压桩系统和桩帽及卷扬机吊桩系统组成。顶压式桩机没有夹桩机构，一般不带起重机。顶压式压桩机重心高，但配重可达 700 t。顶压式压桩机压桩时靠桩帽压住桩顶并用液压千斤顶向下顶力压桩，所以最大压桩力可达 650 t。

2）静压法施工工艺流程

静压法施工工艺流程主要包括：测定桩位→压桩机就位调平→将管桩吊入压桩机夹持腔→夹持管桩对准桩位调直→压桩至底桩露出地面 2.5～3.0 m 时吊入上节桩与底桩对齐，夹持上节桩，压底桩至桩头露出地面 0.60～0.80 m→调整上下节桩，与底桩对中→电焊接桩、再静压、再接桩直至需要深度或达到一定终压值，必要时适当复压→截桩，终压前用送桩将工程桩头压至地面以下，压桩程序见图 2-15。

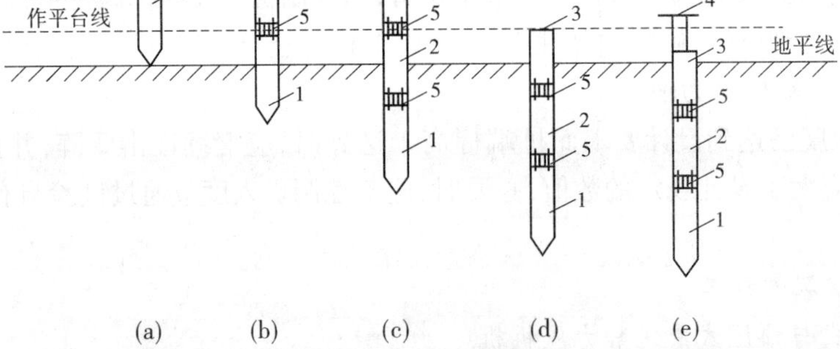

（a）准备压第一根桩；（b）接第二根桩；（c）接第三根桩；（d）整根桩压平至地面；（e）采用送桩压桩完毕

1—第一段桩；2—第二段桩；3—第三段桩；4—送桩；5—接头

图 2-15　压桩程序示意图

3）压桩顺序

《建筑桩基技术规范》（JGJ 94—2008）中规定，压桩顺序应根据场地工程地质条件确定：

(1)对于场地地层中局部含砂、碎石、卵石时，宜先对该地区进行压桩。

(2)若持力层埋深或桩入土深度差别较大时，宜先施压长桩后施压短桩。

4)终压标准

《建筑桩基技术规范》(JGJ 94—2008)对静力压桩施工的终压提出了下列规定：

(1)应根据现场试压桩的试验结果确定终压力标准。

(2)终压连续复压次数应根据桩长及地质条件等因素确定。对于入土深度大于 8.0 m 的桩，复压次数可为 2 ~3 次；对于入土深度小于 8.0 m 的桩，复压次数为 3 ~5 次。

(3)稳压压桩力不得小于终压力，稳定压桩时间宜为 5 ~10 s。

5)施工要求

《建筑桩基技术规范》(JGJ 94—2008)对静力压桩施工提出了下列要求：

(1)第一节桩下压时垂直度偏差不应大于 0.5%。

(2)宜将每根桩一次性连续压到底，且最后一节有效桩长不宜小于 5 m。

(3)抱压力不应大于桩身允许侧向压力的 1.1 倍。

2.4.2　沉管灌注桩施工

沉管灌注桩属于挤土灌注桩，是目前广泛采用的一种灌注桩。它按照沉管工艺的不同，可分为锤击沉管灌注桩、振动沉管灌注桩、振动冲击沉管灌注桩和内夯沉管灌注桩。

2.4.2.1　锤击沉管灌注桩施工

锤击沉管灌注桩是利用桩锤的锤击作用，将带活瓣桩尖或钢筋混凝土预制桩尖的钢管锤击沉入土中，然后边灌注混凝土边用卷扬机拔出桩管成桩。一般适用于黏性土、淤泥质土、稍密的砂土及杂填土层中使用。锤击沉管灌注桩的施工应根据土质情况和荷载要求，分别选用单打法、复打法和反插法。

1. 施工设备

锤击法沉管的主要设备一般是锤击打桩机(见图 2-16)，在施工时应根据具体场地、土质及桩身需要选用；桩锤一般采用电动落锤、柴油锤和蒸汽锤三种，应根据具体过程情况选用；桩管一般采用无缝钢管，直径一般为 273 ~600 mm，桩管与桩尖接触部分宜用环形钢板加厚，加厚部分的最大外径应比桩尖外径小 10 ~20 mm，桩管外表面应焊有表示长度的数字，以便在施工中观测入土深度。桩尖可采用活瓣桩尖、混凝土预制桩尖和封口桩尖等(见图 2-17)。一般采用钢筋混凝土预制桩尖，其混凝土要有足够的强度，强度等级一般不低于 C30，桩管下端与桩尖接触处，应垫置缓冲材料，以防止钢管将桩尖打碎而产生质量缺陷。

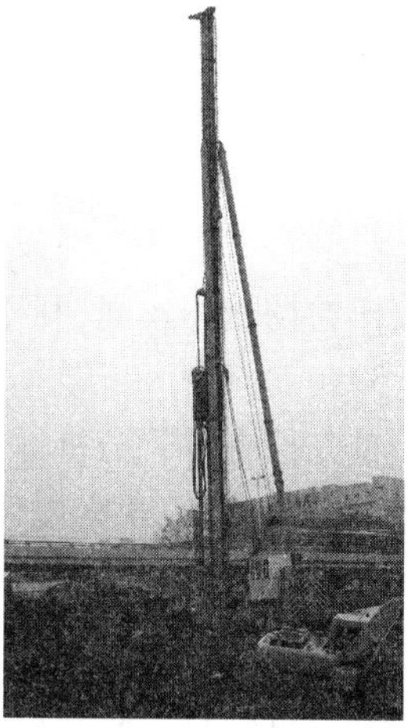

图 2-16　锤击沉管打桩机

2. 施工顺序

锤击法沉管灌注桩的施工应根据土质情况和荷载要求，分别选用单打法、复打法、反插法。其施工过程可综合为：安装桩靴→桩基就位→校正垂直度→锤击沉管至要求的贯入度或标高→测量孔深并检查桩靴是否卡住桩管→下钢筋笼→灌注混凝土→边锤击边拔出钢管。施工程序见图 2-18 所示。

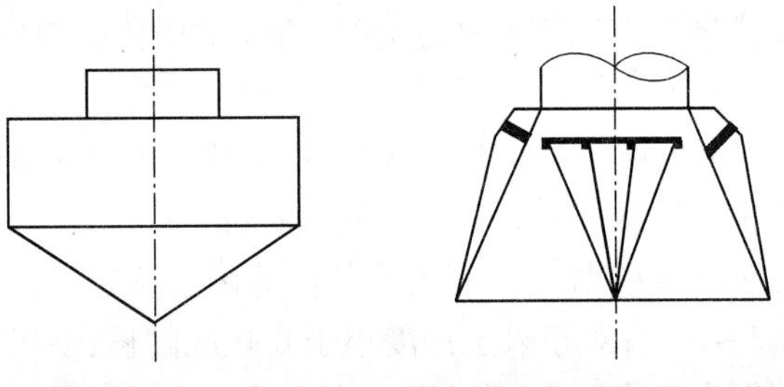

(a)钢筋混凝土桩靴　(b)钢活瓣桩靴灌注混凝土

图 2-17　混凝土预制桩尖、活瓣桩尖和封口桩尖

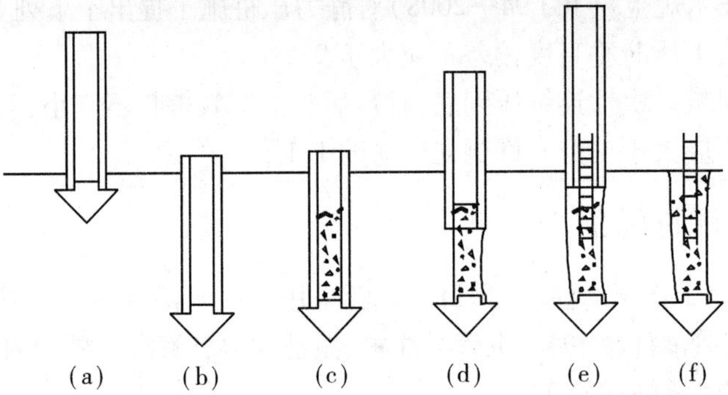

(a)就位;(b)沉入套管;(c)开始;(d)边锤击边拔管,并继续灌注混凝土;
(e)下钢筋笼,并继续灌注混凝土;(f)成型

图 2-18　锤击沉管灌注桩施工程序示意图

3. 施工要点

1)安放桩尖

混凝土预制桩尖或钢桩尖的加工质量和埋设位置应与设计相符,桩管与桩尖的接触应有良好的密封性。

2)桩基就位

将桩管对准预先埋设在桩位上的预制桩尖或将桩管对准桩位中心,将桩尖活瓣合拢,再放松卷扬机钢丝绳,利用桩机及桩本身自重,将桩尖竖直地压入土中。

3)锤击沉管

首先检查桩管与桩锤、桩架是否在同一垂线上,如桩管垂直度偏差不大于 0.5%,即可用桩锤轻击,若观察偏移在允许范围内,方可正常施打,直至复合设计深度要求。群桩基础和桩中心距小于 4 倍桩径或小于 2 m 的桩基,应提出保证邻桩桩身质量的措施,选择合适的打桩顺序,一般采用跳打法,中间空出的桩应在邻桩混凝土强度得到设计强度的 50% 后方可施打,以防桩管挤土而使新浇的邻桩断桩。如沉管过程中桩尖损坏,应及时拔除桩管,用土和砂填实后另安桩尖重新沉管。

沉管全过程必须用专职记录员做好施工记录;每根桩的施工记录均应包括每米沉桩的锤击数和最后 1 m 的锤击数;必须准确测量最后三阵,每阵 10 击的贯入度和落锤高度。

4）灌注混凝土

沉管至设计标高后，应立即灌注混凝土，尽量减少时间间隔；灌注混凝土之前，必须检查桩管内有无吞桩尖或进泥进水，然后用吊斗将混凝土通过漏斗灌入桩内。当桩身配钢筋笼时，第一次混凝土应先灌至笼底标高，然后放置钢筋笼，再灌注混凝土至桩顶标高。

5）拔管

当混凝土灌满管桩后，便可开始拔管，一边拔管，一边锤击，拔管速度要均匀，对一般土层以 1 m/min 为宜，在软弱土层和软硬土层交接处宜控制在 0.5 ~ 0.8 m/min。采用倒拔管的打击次数，单动汽锤不得少于 50 次/min，自由落锤轻击不得少于 40 次/min，在桩管底未拔至桩顶设计标高之前，倒打和轻击不得中断，在拔管过程中应向桩管内继续灌入混凝土，以保证灌注质量。前一次拔管高度应控制在能容纳第二次所需灌入的混凝土量为限，不宜拔得太高。在拔管过程中应有专用测锤或浮标检查混凝土面的下降情况。

6）复打法

当单打施工的桩身充盈系数达不到规定值，或可能产生断桩和缩颈桩时，可采用复打法施工。复打后由于桩身混凝土灌注量大，提高了单桩的承载力。

复打法是在单打法施工完毕后，拔出桩管，及时清除黏附在管壁和散落在地面上的泥土，在原位上第二次安放桩靴，以后的施工过程和单打法相同。全长复打桩的入土深度宜接近原桩长，局部复打应超过断桩或缩颈区 1 m 以上。

2.4.2.2　振动沉管灌注桩施工

振动沉管灌注桩是利用振动桩锤将桩管沉入土中，然后灌注混凝土而成桩。它是目前最常用的沉管灌注桩施工方式，振动沉管灌注桩适用于在一般黏性土、淤泥、淤泥质土、粉土、稍密及松散的砂土及填土中使用，但在淤泥和淤泥质黏土中施工时要采取防止缩径和挤土效应的措施。振动冲击沉管灌注桩也可用于中密碎石土层和强风化岩层。但在较硬土层中施工时易损伤桩尖，应慎用并采取相应的措施。

1. 施工设备

振动沉管灌注桩的施工机械设备包括：振动锤、桩架、卷扬机、加压装置、桩管、桩尖或钢筋混凝土预制桩靴等。

2. 施工工艺

振动沉管灌注桩施工流程可总结如下：桩基就位→振动沉管→灌注混凝土→安放钢筋笼→拔管、灌注混凝土→成桩。施工程序见图 2-19。

3. 施工要点

1）材料要求

混凝土强度等级为 C20 和 C25；粗骨料粒径应不大于 40 mm，含泥量小于 3%；砂宜选用中、粗砂，含泥量小于 5%；混凝土坍落度为 8 ~ 12 cm。振动沉管灌注桩桩径常用 ϕ 377 和 ϕ 426 两种规格。

2）桩基就位

采用单打法沉管时，宜采用混凝土预制桩尖。施工时，将桩管对准埋设在桩位上的预制桩尖，放松卷扬机钢丝绳，利用振动机及桩管自重，将桩尖压入土中，检查桩管垂直度偏差，如不超过规定值，即可开始沉管；采用活瓣桩尖时，应将桩管对准桩位中心，并将桩尖活瓣合拢紧密。

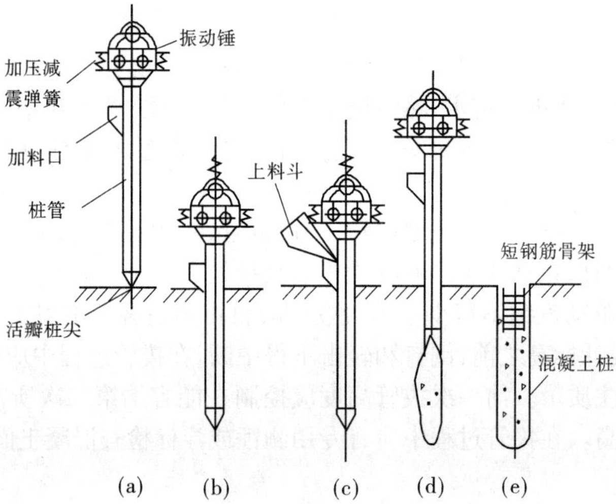

(a)桩基就位;(b)沉管;(c)上料;(d)拔出管桩;(e)在桩顶部混凝土内插入短钢筋并灌满混凝土

图 2-19 振动沉管灌注桩施工程序

3)振动沉管

开动振动锤,放松钢丝绳,开动加压卷扬机,桩管即在强迫振动下迅速沉入土中。沉管过程中,应经常探测管内有无水或泥浆,如发现水或泥浆较多,应拔出桩管,用砂回填桩孔后重新安放桩尖沉管;如发现地下水或泥浆进入套管,一般应在桩管沉入前先灌入 1 m 高左右的混凝土或砂浆,封住漏水缝隙,然后继续沉桩。

4)灌注混凝土

桩管沉到设计标高后,停止振动,用上料斗将混凝土灌入桩管内,然后边振动边拔管。

5)拔管

当混凝土灌满一段桩管以后即可开始拔管。开始拔管前,应先起动振动机,振动 5 ~ 10 s,再开始拔管,应边振边拔,每拔 0.5 ~ 1.0 m 停拔振动 5 ~ 10 s;如此反复,直至桩管全部拔出,混凝土灌至设计要求的桩顶超灌高度为止。

在一般土层中,拔管速度宜控制在 1.2 ~ 1.5 m/min,在软弱土层中,宜控制在 0.6 ~ 0.8 m/min。

6)安放钢筋笼、成桩

当桩身配有钢筋笼时,第一次应将混凝土灌至笼底标高,然后安放钢筋笼,再灌混凝土至桩顶标高。钢筋笼长度应穿过软弱土层且不少于 6 m。

7)邻桩的施工

振动灌注桩的间距应不小于 4 倍桩管外径,相邻桩施工时,其间距时间不得超过水泥的初凝时间,中途停顿时,应将桩管在停顿前先沉入土中,以防止因土体挤密而产生断桩。桩距小于 3.5 倍桩管外径时,应采用跳打法。

8)复打法和反插法施工

复打法的施工要求与锤击沉管灌注桩相同。反插法是指在拔管时,桩管每拔出 0.5 ~ 1.0 m,便向下反插 0.3 ~ 0.5 m,如此反复进行,并始终保持振动,直至桩管全部拔出地面。

2.4.3 钻孔灌注桩施工

钻孔灌注桩是利用钻孔机在桩位成孔，然后在桩孔内放入钢筋骨架再灌混凝土而成的就地灌注桩。它能在各种土质条件下施工，具有无振动、对土体无挤压等优点。常用的施工方法根据地质条件的不同可分为干作业成孔灌注桩和泥浆护壁成孔灌注桩。钻孔桩的施工顺序为：成孔→第一次清渣→下钢筋笼→第二次清渣→灌注混凝土成桩。

2.4.3.1 干作业成孔灌注桩

干作业成孔灌注桩是指在不用泥浆或套管壁情况下，用人工或机械钻具钻出桩孔，然后桩孔中放入钢筋笼，灌注混凝土成桩。它分为螺旋钻孔灌注桩和柱锤冲击成孔灌注桩。

1. 螺旋成孔灌注桩施工机械设备

螺旋成孔设备主要是螺旋钻机，见图 2-20。施工时电动机带动钻杆转动，使钻头上的螺旋叶片旋转来切削土层，削下的土渣靠与土壁的摩擦力沿叶片上升排出孔外。

螺旋钻机成孔有长杆螺旋成孔（钻杆长度 10 m 以上）、短杆螺旋成孔（钻杆长度 3 ~ 8 m）、环状螺旋成孔、振动螺旋成孔和跟管螺旋成孔等几种，常用的是长杆螺旋成孔和短杆螺旋成孔。前者成孔直径较小，一般不超过 1.0 m，成孔深度受桩架高度限制；后者效率低，但深度较大，可达 50 m，成孔直径可达 3.0 m，回转阻力相对较小。

钻头形式多样，常用类型有平底钻头、耙式钻头、筒式钻头和锥底钻头。其中，平底钻头用于松散土层；耙式钻头用于杂填土中；遇到混凝土块、条石或大卵石等障碍物时，可用筒式钻头将其钻透，被钻出的碎块挤在钻头筒中排出；对于一般的黏土层，常采用锥底钻头施工。

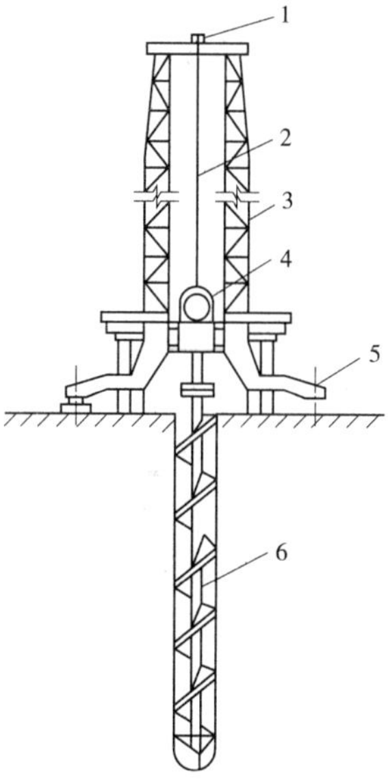

1—导向滑轮；2—钢丝绳；3—龙门导架；4—动力箱；5—千斤顶支腿；6—螺旋钻杆；

图 2-20 螺旋钻机示意图

2. 螺旋成孔灌注桩施工流程

螺旋成孔灌注桩的施工程序是：桩机就位→取土成孔→清孔，检查成孔质量→安放钢筋笼或插筋→放置护筒漏斗，灌注混凝土成桩。施工工序见图 2-21。

在施工时，由螺旋钻头切削土体，切下的土随钻头旋转并沿螺旋叶片上升而排出孔外。当螺旋钻机钻至设计标高时，在原位空转清土，停钻后提出钻杆弃土，钻出的土应及时清除，不可堆在孔口。钢筋骨架绑好后，一次整体吊入孔内。钢筋笼吊放完毕后，应及时灌注混凝土，灌注时应分层捣实。

3. 螺旋成孔灌注桩特点及适用范围

螺旋成孔灌注桩特点是成孔不用泥浆或套筒护壁；施工无噪声、无振动、对环境影响小；设备简单，操作方便，施工速度快；由于干作业成孔，混凝土灌注质量易于控制。其缺

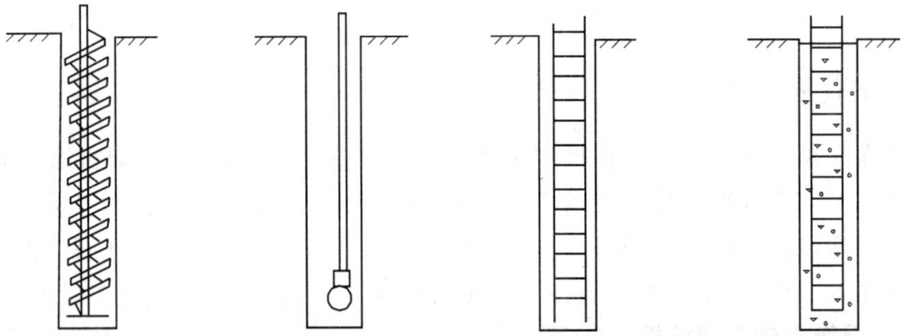

(a)螺旋钻机钻孔　(b)空转清土后掏土　(c)放入钢筋骨架　(d)灌注混凝土

图 2-21　螺旋钻孔机成桩的施工程序

点是孔底虚土不易清除干净。因此,成桩后影响桩的承载力,沉桩沉降较大,另外由于钻具回转阻力较大,对地层的适应性有一定的条件限制。

这种成孔方法主要适用于黏性土、粉土、砂土、填土和粒径不大的砾砂层,也可用于非均质含碎砖、混凝土块、条石的杂填土及大卵砾石层。

2.4.3.2　泥浆护壁钻孔灌注桩

一般地基的深层钻进,都会遇到地下水问题和孔壁缩扩径问题。泥浆护壁钻孔灌注桩就是采用孔内泥浆循环保护孔壁的湿作业的成孔灌注桩。它能够解决施工中地下水带来的孔壁塌落、钻具磨损发热及沉渣问题。

1. 泥浆护壁钻孔灌注桩施工流程

泥浆护壁钻孔可用多种形式的钻机钻进成孔。在钻进过程中,为防止塌孔,应在孔内注入黏土或膨润土和水拌和的泥浆,同时利用钻削下来的黏性土与水混合自造泥浆保护孔壁。这种护壁泥浆与钻孔的土屑混合,边钻边排出孔内相对密度、稠度较大的泥浆,同时向孔内补入相对密度、稠度较小的泥浆,从而排出土屑。当钻孔达到规定的深度后,清除孔底泥渣,然后安放钢筋笼,在泥浆下灌注混凝土成桩。泥浆护壁钻孔灌注桩施工流程见图 2-22。

2. 桩定位及护筒设置

根据设计桩位平面图确定每个桩位的具体位置,并在中心处打好木桩或插上钢筋,紧接着桩基就位。然后根据测定的桩位埋设护筒,一切就位后再开钻。

护筒的作用是固定钻孔位置,保护孔口,提高孔内水位,防止地面水流入,增加孔内静水压力以维护孔壁稳定,并兼作钻进导向,护筒设置方法如下:

(1)护筒一般为 4 ~ 8 mm 钢板,水上桩基施工应根据护筒长度增加钢板厚度,其内径应大于钻头直径。

(2)护筒埋设深度根据土质和地下水位而定,在黏性土中不宜小于 1. 0 m,在砂土中不宜小于 1. 5 m,其高度尚应满足孔内泥浆面高度的要求。

(3)埋设护筒时,在桩位打入或挖坑埋入,一般宜高出地面 300 ~ 400 mm,或高出地面水位 1. 5 m 以上使孔内泥浆面高于孔外水位或地面,在水上施工时,护筒顶面的标高应

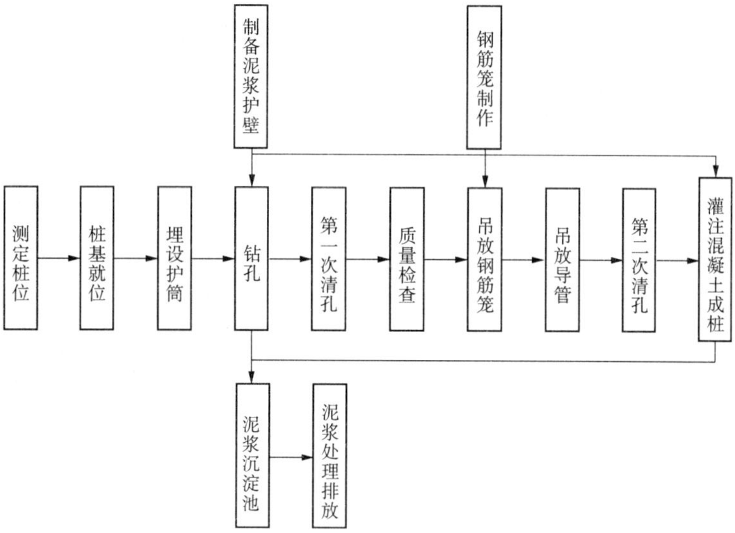

图 2-22　泥浆护壁钻孔灌注桩施工流程

满足在施工最高水位时泥浆面高度要求,并使孔内水头经常稳定以利护壁。

3. 泥浆制备与处理

泥浆的制备通常在挖孔前搅拌好,钻孔时输入孔内;有时也采用向孔内输入清水,一边钻孔,一边使清水与钻削下来的泥土拌和形成泥浆。泥浆的性能指标要符合规定的要求。泥浆的选料既要考虑护壁效果,又要考虑经济性,尽可能使用当地材料。但泥浆循环池制作中必须要有排渣池→沉淀池→过筛池→钻孔循环过程。

2.4.3.3　正循环钻进正循环清孔施工工艺

1. 正循环钻进正循环清孔施工工艺

正循环钻进正循环清孔是目前国内工业与民用建筑钻孔灌注桩普遍采用的钻孔方法。它适用于钻进填土、黏性土、砂性土层和一般性基岩等所有土层。该工艺是回旋钻机通过钻杆携带钻头顺时针方向旋转向下钻进成孔的一种钻进方式,其沉渣清孔方式采用正循环清孔。

正循环钻进正循环清孔的施工流程如下:桩基就位→正循环钻进到底→第一次通过钻孔正循环清孔→安放钢筋笼和导管→第二次通过导管正循环清孔→测量沉渣是否满足设计和规范要求→灌注混凝土沉桩。

这种施工方式在钻进时第一次清孔通过钻杆采用正循环清孔,进行第二次清孔时通过导管也采用正循环进行清孔。其施工工艺见图 2-23,现场施工照片见图 2-24。

第一次清孔泥浆经钻杆内腔流向孔底,将钻头切削破碎下来的钻渣岩屑,经钻杆与孔壁的环状空间,携带至地面。第二次清孔是在下放钢筋笼和导管后进行的,第二次清孔泥浆经导管内腔流向孔底,将第一次清孔余留和沉淀下的钻渣岩屑,经导管和孔壁的环状空间,携带至地面。该施工方法设备简单轻便,适用于狭小场地作业,操作简易,配套设备、器具较少,工程费用低。

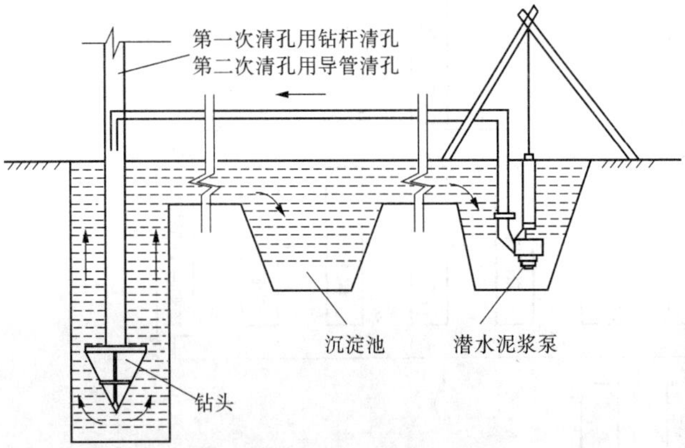

图 2-23 正循环钻进正循环清孔示意图

图 2-24 正循环钻进正循环清孔施工现场图

2. 正循环钻进正循环清孔施工机械

正循环钻进正循环清孔的施工机械主要包括钻机与钻台、钻头、泥浆泵、泥浆池和循环系统。

(1)钻机:目前较普遍使用的有 10 型、15 型、20 型、25 型、35 型回旋钻机,地质小钻机等。无论使用何种钻机,其主要技术性能必须满足施工要求。

(2)泥浆泵:一般采用复式泥浆泵,也可使用离心式砂泵。其选型应根据桩深(长)、桩径与钻杆、水龙头的通水口径而定。

(3)钻台与钻塔:目前使用较多的有轨道式多向活动钻台、滚筒式钻台和步履式钻台几种类型。钻台必须符合整体稳定性好、移动快捷安全、钻进平稳的原则。钻塔形状较多,大体可分为塔式和龙门式两类,要便于施工作业、安全提升荷载不小于 10 t,有效提升高度能满足升降钻具需要。

(4)泥浆循环系统:由泥浆池、沉淀池、循环槽、废浆液、泥浆输送管道与砖渣分离装置组成,并应有排水、排废液和外运通道。

(5)钻杆:要求钻杆具有足够的强度和较大的通水口径。钻杆直径不小于 89 mm。

(6)钻头:主要有三翼钻头、四翼钻头、耙式钻头、筒式钻头。

3. 钻进技术及操作规程

1)钻进技术及参数选择

(1)冲洗液量:保持足够的冲洗液量是提高钻进效率的关键,冲洗液量应根据孔内上返流速而定,使用泥浆钻进时,一般上返速度应大于 0.25 m/s。

(2)转速:在松散地层中钻进,筒式钻头的外沿线速度以不超过 2.5 m/s 为宜,根据钻头直径大小不同,转速为 30 ~ 80 r/min;在软硬不均,或钻至基岩面穿越硬夹层时,钻速应相应降低。

(3)钻压:应根据钻进地层和设备能力合理选择。在松散地层中钻进,应以保持冲洗液畅通,钻渣清除及时和孔壁完整为前提,在硬质地层中钻进可用加重块来提高钻压,但应注意以钻机不超负荷为准。

2)钻进操作应遵守的事项

(1)开钻前要试运转,待正常后方能开钻。下钻时钻头不应直接放在筒底,应离筒底 100 mm 左右开动泥浆泵,视泵量正常后开动钻机再将钻头慢慢放至孔底,轻压慢钻。钻头不得碰撞和挤摩护筒,待钻头通过护筒后才能逐渐增加转速和增加钻压,直至正常钻进。

(2)正常钻进时,应合理掌握钻进技术参数,不得随意提动钻具和盲目加大钻压,以免造成孔斜和人为孔内事故。操作时要精力集中,掌握升降机钢丝绳的松紧度,减少钻杆和水龙头晃动。

(3)钻进中遇到钻具跳动、憋车、憋泵、孔内严重漏水或涌水、钻杆偏斜等现象时,应及时查明原因,调整钻进技术参数以控制钻速。必要时应该采取加大泥浆比重、黏度,更换钻头或增加导向钻具等措施。

(4)在不同土层中钻进,要及时更换相适应的钻头。

4. 正循环钻进常见故障及处理

(1)钻孔坍塌:原因是地层压力不平衡、松散或含水丰富等。

处理方法:可加大泥浆的比重、黏度来增加泥浆柱的压力,必要时也可以把黏土投入塌孔孔段,捣实重钻以保护孔壁。

(2)钻孔偏斜:原因是施工中钻杆产生不均匀沉陷或钻具弯曲、钻进钻头遇到障碍物或遇到倾斜度较大的软硬地层交界处、基岩面钻进及操作不当。

处理方法:钻进时注意钻机平稳,发现钻机不均匀沉陷时及时调整平稳;发现孔内障碍物应及时处理,障碍物过大时可用筒式钻头钻穿处理;在倾斜度较大的软硬地层交界处及基岩面钻进中发现孔斜时,应加长粗径导向钻具,把钻头提升至倾斜孔段的直孔孔段,吊住钻具在偏斜孔段反复扫孔纠偏,纠斜无效时可采用回填偏斜孔段,捣实后再用纠斜钻具缓慢扫孔。

(3)在松散地层钻进钻速缓慢,钻头磨损严重:原因是泥浆性能差,泵量小,泥浆上返流速小,孔底沉渣不能及时排除造成重复破碎严重磨损钻头。

处理方法:可加大泥浆黏度,加大泵量提高泥浆上返流速,必要时也可采用钻进一定孔段,专门进行一次清孔,使孔底清洁后再进行钻进。

2.4.3.4　后注浆钻孔灌注桩

由于受现有施工工艺的限制,钻孔灌注桩在成孔过程中孔壁土体易受扰动,以及成桩后桩底沉渣较厚和桩侧泥皮过厚等因素,严重影响钻孔灌注桩的竖向承载力。为提高钻孔灌注桩的竖向承载力,工程技术人员曾采用过许多方法,后注浆法就是其中较常用且有效的一种。所谓后注浆灌注桩,就是灌注桩成桩后一定时间,通过预设在桩身内的注浆导管及与之相连的桩端、桩侧注浆阀注入水泥浆,使桩端、桩侧土体(包括沉渣和泥皮)得以加固,从而提高单桩承载力,减小沉降。注浆部位常为桩底,对旧的灌注桩进行加固时,也可桩侧注浆。

桩底后注浆技术是利用预先埋设于桩体内的注浆系统,通过高压注浆泵将高压浆液压入桩底,浆液克服土粒间的抗渗阻力,不断渗入桩底沉渣及桩底周围土体孔隙中,排走孔隙中的水分,充填于孔隙中。由于浆液的充填胶结作用,在桩底形成一个扩大头。另一方面,随着注浆压力及注浆量的增加,一部分浆液克服桩侧摩阻力及上覆土压力沿桩土界面不断向上泛浆,高压浆液破坏泥皮,渗入桩侧土体,使桩周松动的土体得到挤密加强。浆液不断向上运动,上覆土压力不断减小,当浆液向上传递的反力大于桩侧摩阻力及上覆土压力时,浆液将以管状流溢出地面,如图 2-25 所示。

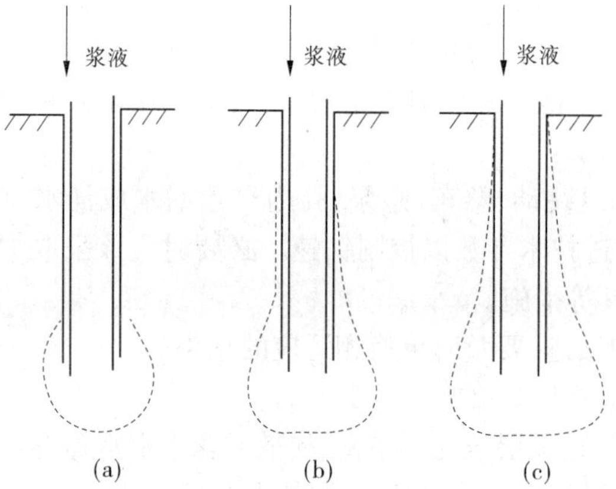

图 2-25　桩底后注浆示意图

因此,控制一定的注浆压力和注浆量,将使桩底土体及桩周土体均得到加固,从而有效提高了桩端阻力和桩侧阻力,达到大幅度提高承载力的目的。在郑州大学岩土与地下工程研究所对郑州市三环快速路高架桥大直径后注浆钻孔灌注桩试验中,共进行了 50 根大直径钻孔灌注桩后注浆试验,通过与同等条件下未后注浆相比,桩底注浆的单桩竖向极限承载力可提高 30% 左右;桩侧、桩底复合注浆,单桩竖向承载力可提高到 50% 左右。同时通过现场桩底钻孔试验,可看到桩底沉渣得到了挤密和固化,如图 2-26 所示。

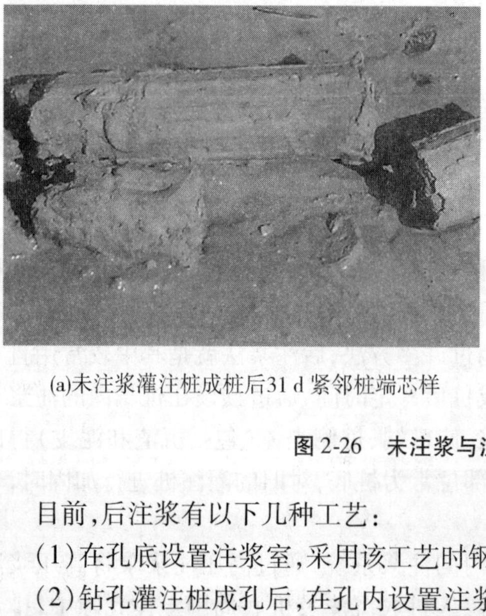

(a)未注浆灌注桩成桩后31 d 紧邻桩端芯样

(b)桩端注浆桩注浆后60 d 桩底芯样

图 2-26　未注浆与注浆桩底效果对比图

目前,后注浆有以下几种工艺:

(1)在孔底设置注浆室,采用该工艺时钢筋笼需下到桩底。

(2)钻孔灌注桩成孔后,在孔内设置注浆管,注浆管的下端设出浆口,并用胶带及塑料膜包住。出浆口的位置高出孔底 30 ~ 50 cm。灌注混凝土前先往孔底倒入碎石或块石，使出浆口埋入碎石或块石内，然后灌注混凝土。

（3）将注浆管固定在钢筋笼上，出浆口采用单向截流阀并压入桩底土中 30 ~ 50 cm。由于采用单向截流阀，在进行桩身混凝土浇筑时浆液不会灌入阀内，注浆时浆液也不会回流。第一种方法工艺比较复杂，成本高，国内很少使用。第二种方法主要用于桩底加固，在国内也有过多次试验或使用，但由于工艺过于简单，容易发生出浆口堵塞导致注浆失败。第三种工艺由于采用单向截流阀作为出浆口，注浆成功率高，且压力相对稳定，注浆效果显著。

2.4.4　桩基中掘法施工

中掘法（可称桩中钻孔法）埋入式桩，是在开口的 PC 管桩、PHC 管桩及钢管桩等的中空部插入专用钻机，边钻孔取土边将桩埋入土层中；为增大其桩侧阻力，可采取边注入水泥浆边钻孔边将桩埋入土层中，由水泥浆充填桩周间隙；为增大其桩端阻力，可采取最终打击方式，桩端加固方式及桩端扩大头加固方式。

2.4.4.1　施工设备

中掘法施工设备主要有长螺旋钻孔机、钻杆端部装有搅拌翼片的螺旋钻机及钻斗钻机等，中小直径桩的场合几乎都使用长螺旋钻孔机。中掘法使用的钻杆，其螺旋叶片是连续的；而预先钻孔法使用的钻杆，其螺旋叶片仅是部分连续的。

中掘法在多数场合下，桩仅靠桩体本身和钻孔驱动装置的自重不能沉入孔中，而需借助于液压千斤顶的压入、主机的卷扬机钢丝绳的挤入、主机装备的轻锤打入或振动锤的压入等方式来实现。

2.4.4.2　中掘法分类

按桩端承载力发挥方法有最终打击、振动或压入方式，桩端水泥浆加固方式和扩大头加固方式等。

桩端水泥浆加固方式用得较多，又可细分为 3 大类。从长螺旋钻机或桩端加固机的钻杆端部注入水泥浆的同时，回转搅拌翼片而造成桩端加固部的方法；从长螺旋钻机或桩端加固机的钻杆端部高压喷射出水泥浆而造成桩端加固部的方法；从长螺旋钻机或桩端加固机的钻杆端部高压喷射出水泥浆的同时，回转搅拌翼片而造成桩端加固部的方法。

2.4.4.3　施工工艺

1. 中掘扩大头加固法

1）施工程序

（1）在达到桩端持力层深度前，均用比桩径小的钻刃钻孔，在压缩空气从钻刃喷出的同时钻进使桩沉设，见图 2-27（a）。

（2）达到桩端持力层后，螺旋钻杆先反转，然后正转操作，使扩大刀刃大于桩外径，将扩大翼固定，见图 2-27（b）。

（3）让扩大翼与桩接触、扩大状态确认后，便在桩端持力层中钻进，向桩端注入加固液，与此同时使加固液和桩端持力土层混合，形成扩大头，见图 2-27（c）。

（4）关闭刃翼，将其从中空部提出后，把桩压入到扩大头中，见图 2-27（d）。

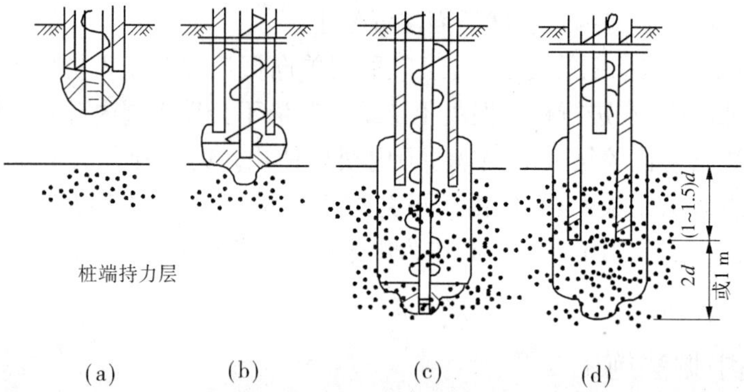

图 2-27　中掘扩大头加固法

2）适用范围

在 $N=5\sim10$ 的黏土层和 $N=15\sim40$ 的砂土层中施工，效率高；在 $N>10$ 的硬质黏性土层及有砾径大于 10 cm 的中间砾层的使用困难；在 $N>10$ 的硬质黏性土层及 $N>50$ 的砂土中间层的沉桩困难；有 10 cm 以上的巨砾，施工不可能；有承压水、地下流动水，桩端加固效果不佳；可用预应力钢筋混凝土桩，桩径 450～1 200 mm，长 65 m 以内。

3）施工机械和设备

三点支承式履带打桩架；钻杆驱动装置（功率 60 kW 以上）；螺旋钻（桩公称内径 300～500 mm）；二段式钻头（沉设时翼径小于桩径，扩大时翼径等于 $d+120$ mm 或 $112d$，d 为桩外径）；特制桩帽，防止在中掘时桩自沉。

2. 中掘高压喷射扩大头加固法

1）施工程序

（1）螺旋钻插入到桩的中空部后，将桩吊入到打桩机中，再把驱动部和螺旋钻的轴连接上，最后把桩帽套在桩上，见图 2-28（a）。

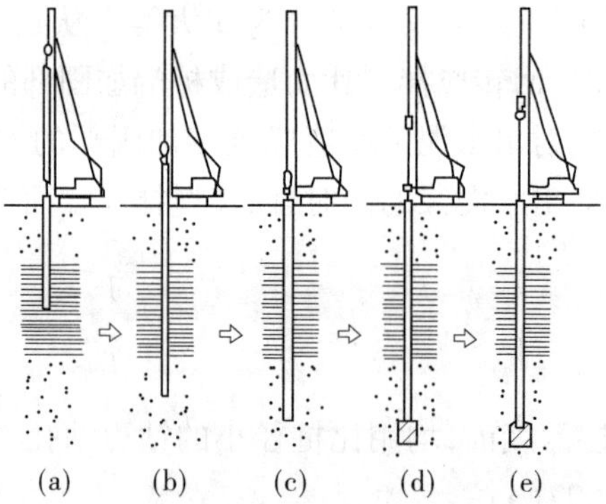

图 2-28　中掘高压喷射扩大头加固法施工程序

（2）回转螺旋钻，一面钻削排土一面贯入，如果地层较硬用液压压入装置或锤轻打使桩贯入，见图 2-28（b）。

（3）桩达到桩端持力层，用高压泵从钻头喷出扩大头加固用水泥浆，与此同时上拔钻杆，见图 2-28（c）。

(4)扩大头形成后,用液压压入装置或锤将桩贯入到扩大头中,见图2-28(d)。

(5)压抑承压水,一面向桩中空部注水,一面上拔螺旋钻,见图2-28(e)。

2)适用范围

在砂砾层和 $N>10$ 的黏土层中施工性能不好;有巨砾层和密实的厚砂砾层作为中间层时,施工困难(桩径450 mm,而巨砾径45 mm以上;桩径500 mm,而巨砾径55 mm以上;桩径600 mm,而巨砾径95 mm以上时施工困难);桩端持力层有承压水、流动地下水时施工困难;钢筋混凝土桩、预应力钢筋混凝土桩、预应力高强度钢筋混凝土桩和SC桩都能使用;桩径450 mm、桩长7~45 m及桩径500 mm、桩长7~50 m和桩径600 mm、桩长7~60 m等场合,施工均可能;直径为700~1 000 mm的桩施工也有可能。

3)施工机械和设备

施工机械和设备主要有:三点支承式履带打桩架(日车D308SA~D408)、螺旋钻动力头(三和机材D-60H~D-120H)、螺旋钻杆(f250~f340特殊型)、注浆泵、发电机、辅助吊车、锤及小型推土机。

2.4.4.4　中掘工法施工要点

(1)中掘工法的基本特点之一是把略小于桩径30~40 mm的长螺旋钻插入预制桩的中空部实施超前钻孔,在钻进过程中,通常超前钻孔深度超出桩下端部1~2 m,这样桩下端部的土砂容易排除,并且贯入阻力较小,使桩顺利埋设。当采用桩端扩大头加固法时,桩端处的最短超前钻孔深度为2倍桩径。

(2)采用扩大头的中掘工法时,钻孔直径有3种可能:①与桩同径;②孔径略小于桩径;③孔径大于桩径。当孔径大于桩径很多时,为了确保桩侧摩阻力,可采用水泥和膨润土的混合液作为桩周固定液,实践中往往较多地采用桩端加固液作为桩周固定液,这样两者同一配合比,便于施工。此时在扩大部扩刀反转压缩并注入纯水泥浆,由于加压会使水泥浆很快脱水,凝固时间大大缩短,对扩大头形成不利,为防止此种现象,应在水泥浆中加入不同的外加剂。

当孔径与桩径相同或略小于桩径时,为防止钻孔时螺旋钻杆下端的土砂压密,通常用压缩空气从钻刃喷出使桩沉设,此种场合下桩端扩大头加固液可采用纯水泥浆。

(3)为形成桩端扩大头注入的水泥浆必须与该处的土砂充分混合。对于桩端持力层为砂土的情况,即使施工扰动较厉害,也能形成强有力的扩大头;但当桩端持力层中含黏性土较多,施工扰动较厉害时,由于膨润作用和黏结力的关系,水泥浆与土砂的混合状态恶化,很难形成强有力的扩大头。

(4)必须从钻孔开始,同时将压缩空气送入钻刃后喷出或送入膨润土泥浆等,以防止钻进过程中引起杆端土砂压密闭塞。视土层情况,控制膨润土泥浆的注入率,以免浆液过多溢出孔外而污染现场。

2.4.4.5　中掘工法的优缺点

1.优点

(1)振动小,噪声低。

(2)孔径不大于桩径,可保障桩侧摩阻力。

(3)可穿越坚硬中间层、较厚的固结层。

(4)可在倾斜地层中施工。

(5)桩起护筒作用,可在易坍塌的地层中施工,对周围建筑物影响小。

(6)可进行大直径桩施工。

(7)在将水泥浆或砂浆注入桩端形成扩大头时,采用反转压缩使浆液加压渗透至桩端持力层,可保证较大的桩端阻力。

2. 缺点

(1)与预先钻孔法相比,施工速度降低。

(2)大深度桩施工时,不仅桩需要焊接,螺旋钻杆也需接长,施工较麻烦。

(3)桩机较大,狭窄场地施工困难。

(4)钻孔排出的土从高处落下,有一定危险性。

2.4.5　钻孔植桩法施工

钻孔植桩法就是在桩位上,按设计要求的孔径和孔深先用钻机成孔,并钻透一定厚度的硬夹土层,其孔内的土体通过湿排或干排运出施工现场,成孔后在孔内再植入钢筋混凝土预制桩,然后采用锤击打入法,把桩尖打入设计持力层标高,即先钻孔,后植桩,见图2-29。它的特点是把排挤土桩改善为低排挤土桩,减少土体的排挤量、土体隆起和位移以及超孔隙承压力上升,从而保证了邻近建筑物、构筑物、马路、地下管线等安全。

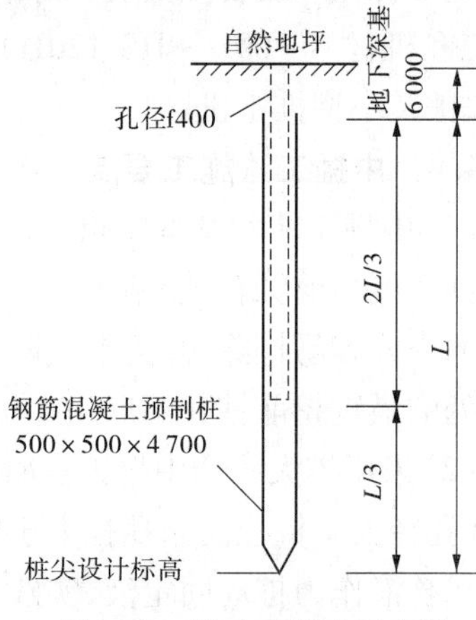

图2-29　钻孔直桩法示意图

2.4.5.1　适用范围

(1)软土地区高层建筑采用钢筋混凝土预制长桩沉桩时,如遇较厚的硬夹土层,采用传统锤击打入法难于施工,可采用钻孔植桩法。

(2)在闹市密集建筑群、邻近马路、邻近地下管线交叉繁多的环境,如采用传统锤击打入法施工混凝土预制桩要造成严重影响,可采用钻孔植桩法。

2.4.5.2　工艺流程

放样定桩位(孔位)→钻机就位→稳定钻杆→两台经纬仪经纬双向校正→钻孔取土(运土)成孔→测量孔径、孔深、探虚土及孔底沉渣→按设计成孔完毕→植入钢筋混凝土预制方桩→型钢接桩焊接→经纬仪继续双向校正→按常规打入法锤击沉桩至设计标高→拔送桩管(有送桩时)→回填送桩孔。

2.4.5.3　操作工艺和规程

(1)放桩位点。根据设计图样在施工现场准确定好桩位,并做好明显的标志(包括成孔后)。

(2)钻孔机就位钻孔。钻机选取和设计相符合的钻机即可,钻孔机在垂直、平稳就位后,首先稳定钻杆,两台经纬仪双向校正机架,然后开始作业成孔,成孔后测量孔径、孔深、孔底虚土沉渣,并做好记录。

(3)植打预制桩。打桩机垂直、平稳就位后,在孔内植入钢筋混凝土预制桩,用两台经纬仪继续双向校正,然后开始锤击打桩,直至把桩尖打入设计标高并做好技术资料记录。植打顺序为先打长桩、后打短桩,先打外围桩、后打中间桩,以防土体位移对四周各种设施的影响。

(4)植打桩完毕后随之回填送桩孔。

(5)应及时运出钻孔泥浆,若考虑尽快沉淀泥浆,减少运输量,可在建筑外围四周挖一条深 1.5 m、宽 1 m 左右的防振沟,并兼作集泥浆坑之用。被沉淀泥浆加清水后可重复使用。

(6)钻孔与打桩机保持一定施工距离。但为了防止塌孔及保持孔内清洁,采用钻一孔植打一孔的浇水施工方法,尽量保持钻机和打桩机同步,时间上不得相距 12 h 以上。

2.4.5.4　质量要求

(1)钻孔垂直度按规范规定与锤击打入桩相同,控制在 1% ~0.5%,以保证植入桩打桩垂直度。

(2)入桩深度和最后 10 击贯入度均需符合设计和规范要求。

(3)植桩孔深度一般控制在桩尖高程以上的适当位置,或植桩孔深不大于植桩总长 2/3 左右,保持一定的锚固长度和击入深度,确保单桩承载力。

(4)钻孔直径:方桩一般控制在内切圆或小于 2/3 桩截面。

(5)打桩必须严格按设计和规范、规程施工。应特别重视接桩焊接质量。

(6)在施打三段二接长桩的第三段时,其锤击力为最大,桩顶必须加垫材料,不许击坏桩顶。

2.5　桩基测试技术

本节主要介绍桩基室内模型试验内容与现场检测内容、模型桩室内静载试验、模型桩室内离心试验、桩基现场成孔质量检测、桩基承载力检测、孔中超声波法检测桩身质量、基桩高应变检测及目前桩基检测中使用的技术和方法。

2.5.1　桩基室内模型试验内容与现场检测内容

2.5.1.1　桩基室内模型试验

桩基工程研究中,在不宜进行原型试验时,可以采用室内模型试验作为一种有效方法。

桩基室内模型试验时根据桩基的实际工作状态,建立与原型具有相似性规律的模型,通过控制试验条件,研究桩基的受力变形等特性试验。它包括模型桩室内静载试验和模型桩室内离心试验两种,在试验中要注意尺寸效应的影响,因为模型桩可以依工程桩按比例缩小,但土颗粒及土、水应力状态不能按比例缩小。桩基室内模型试验主要包括以下几个方面:①桩基受力特性;②桩基变形特性;③桩基稳定性问题;④桩基设计参数问题;⑤桩基施工中的问题。

2.5.1.2 桩基现场检测内容

在桩基工程研究中，桩基的主要检测内容和检测方法见表 2-2。

表 2-2 桩基检测方法及检测目的

检测内容	检测目的	检测时间
各类成孔检测法	孔径、垂直度、沉渣厚度	成孔后立即检测
单桩竖向抗压静载试验	确定单桩竖向抗压极限承载力；判定竖向抗压承载力是否满足设计要求；通过桩身内力及变形测试，测定桩侧、桩端阻力；验证高应变法的单桩竖向抗压承载力检测结果	桩身混凝土强度达到设计要求；休止期：砂土，7 d；粉土，10 d；非饱和黏性土，15 d，饱和黏性土，25 d
单桩竖向抗拔静载试验	确定单桩竖向抗拔极限承载力；判定竖向抗拔承载力是否满足设计要求；通过桩身内力及变形测试，测定桩的抗拔摩阻力	桩身混凝土强度达到设计要求；休止期：砂土，7 d；粉土，10 d；非饱和黏性土，15 d，饱和黏性土，25 d
单桩水平静载试验	确定单桩水平临界和极限承载力，推定土抗力参数；判定水平承载力是否满足设计要求；通过桩身内力及变形测试，测定桩身弯矩和挠曲	桩身混凝土强度达到设计要求；休止期：砂土，7 d；粉土，10 d；非饱和黏性土，15 d，饱和黏性土，25 d
钻芯法	检测灌注桩桩长、桩身混凝土强度、桩底沉渣厚度，判定或鉴别桩底岩土性状，判定桩身完整性类别	28 d 以上
低应变法	检测桩身缺陷及其位置，判定桩身完整性类别	混凝土强度等级达到设计强度的 70%，约 14 d，且不小于 15 MPa
高应变法	判定单桩竖向抗压承载力是否满足设计要求；检测桩身缺陷及其位置，判定桩身完整性类别；分析桩侧和桩端土阻力	同静载试验
声波透射法	检测灌注桩桩身混凝土的均匀性、桩身缺陷及其位置，判定桩身完整性类别	混凝土强度等级达到设计强度的 70%，约 14 d，且不小于 15 MPa

2.5.2 模型桩室内静载试验

2.5.2.1 桩的室内静载试验设计

1. 桩身材料

桩身材料的选择是模型桩试验的一个关键问题，国内外以往进行的室内模型试验中桩身材料的选用有很多方法，如采用金属管、塑料管、有机玻璃代替桩身材料；在桩身胶结细砂，进行打磨来模拟桩身不同的粗糙程度。虽然用金属管、塑料管、有机玻璃等材料来模拟桩体能够使试验简化，但某些情况下由于这些材料与原型桩的差别过大而影响到试验结果的准确性。

2. 边界效应

模型桩是在模型槽中制作并完成试验的，必然受到模型槽尺寸的限制。模型试验中存在着模型槽边壁对模型的约束作用，即边界效应。为了提高试验的精确性，需要消除该边界效应的影响，在具体实施时，对于不同的模型试验要求有所不同。大量的研究表明，对于圆形地基基础，消除边界效应的界限为基础到模型槽边壁的距离与基础尺寸之比应大于 3；对于地基承载力的基础底板，一般要求其宽度不超过模型箱最小边长的 1/5。同时，消除模型槽边壁的摩擦约束是每一个试验应该注意的问题，这就要求模型槽边壁尽可能光滑，常常采用涂硅脂、粘贴聚四氯乙烯薄膜等方法，来减少模型槽边壁的摩擦力。

3. 成桩方式

目前，室内模型试验成桩方式大致有两类，静压法和预置法。前一种方法通过千斤顶等工具用静力将桩垂直压入土中并静置一定时间以备试验之用，后一种方法先将桩放置于模型槽中，然后分层填土并压实。

4. 桩周土

在进行模型桩设计时，需考虑地基土的模拟方法和有关技术。若地基土为砂、砾砂等，试验前应确定其颗粒级配；若地基土为黏性土，需确定其密实度和固结情况。

5. 模型槽

模型槽的设计要满足使用的尺寸和强度要求。一般模型槽制作使用的材料主要为钢管、木板、塑料薄板、有机玻璃和螺栓等。首先使用木板装配出模型槽的箱体，并用螺栓加以固定；然后用钢管制作框架，将箱体固定在钢制框架内。另外，模型槽箱体的一面可用厚度 10 mm 的有机玻璃制作，用来作为模型试验的观测窗；箱体内壁可贴塑料薄板，用来降低内壁对土体的摩擦力；模型槽的底部钻有排水孔，可以用来在土样固结时排水。

2.5.2.2　桩的室内静载试验装置

荷载装置设计首先必须明确荷载类型，即桩基承受的是静载还是动载，是水平荷载还是竖向荷载。试验的加载装置因试验类型不同而不同，现场小尺寸模型试验可以采用堆载平台装置或锚桩反力装置施加竖向荷载，当室内模型试验所施加的荷载较小时，可采用砝码加载。模型桩水平、竖向抗压试验加载系统分别见图 2-30、图 2-31 所示。

根据试验目的的要求，规定荷载分级、每级加载量、加卸载速度和间歇时间，并确定变形的稳定标准。

2.5.2.3　桩的室内静载试验观测设计

模型试验观测设计主要是观测项目确定、测点布置、仪器选择、观测方法确定等，各设计内容的特点见表 2-3。

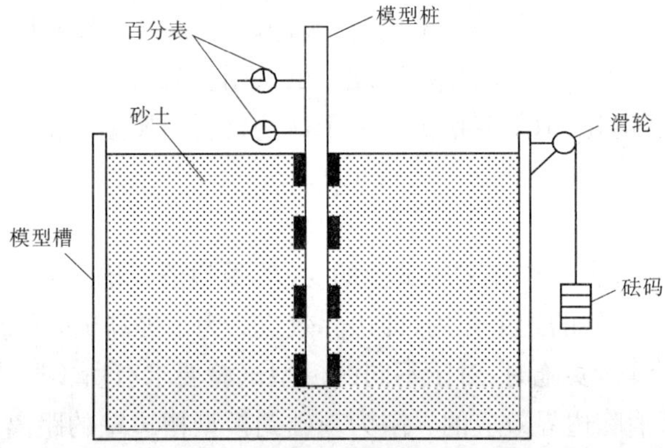

图 2-30　**模型桩水平试验加载系统**

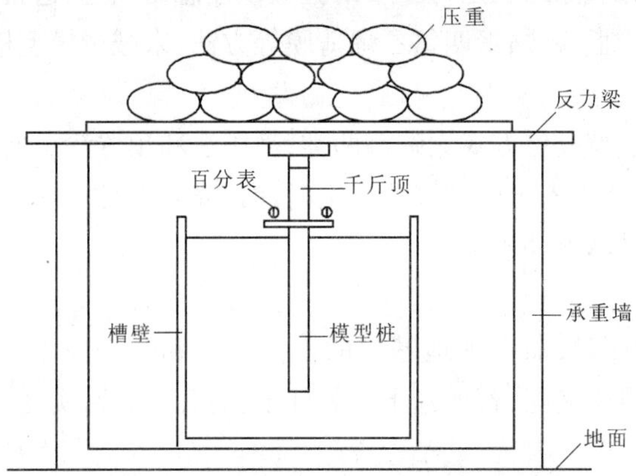

图 2-31　**模型桩竖向抗压静载试验加载系统**

表 2-3　模型试验观测设计内容

设计内容	特点
观测项目	模型试验观测主要作变形测定,如桩或土层的沉降、水平位移、应变、裂缝以及桩或承台的刚体变位等观测
测点布置	(1)在满足试验目的的前提下,测点宜少不宜多,保证效率和质量; (2)测点位置必须有代表性,如沉降、位移测点应布在最大沉降和最大位移发生处,应变测点按要求布置在最大受力处或桩身中性轴上等; (3)测点位置对试验观测应该是方便的、安全的
仪器选择	(1)选择观测仪器时,须先充分掌握其性能,根据实际情况选择使用既符合试验要求又简便的测量仪器,不可盲目采用高准确度、高灵敏度的精密仪器; (2)要求观测仪器型号、规格尽可能相同。仪器的量程应充分考虑足够应用; (3)若有条件,尽量采用自动记录式仪器
观测方法	(1)试验观测方法与试验方案、加载程序有密切关系。在测定时间应同时或基本上同时记录全部仪器的读数,若测点太多,最好分几组进行测读; (2)观测时间应严格按试验规定进行

2.5.3　模型桩室内离心试验

土工离心模型试验是一种崭新的土工物理模型技术，已成为岩土工程领域重要的试验研究方法。土工离心模型试验是以相似理论为理论基础，将原材料按一定比例尺制成模型后，置于离心机生成的离心场中，通过加大土体的体积力，使模型达到与原型相同的应力状态，从而使原型与模型的变形和破坏过程保持良好的相似性，并以此来研究原型的变形和破坏。

对于桩基的离心模型试验而言，尽可能缩小模型的体积，能极大地减少模型各处加速度的不均匀性，从而提高试验的精度。模型比尺的选择需要综合考虑各种影响因素，比如所选原型桩的尺寸、模型箱的尺寸、离心机自身设备及模拟精度等限制。模型桩室内静载试验机模型桩室内离心试验，在试验中要注意尺寸效应的影响，因为模型桩可以依工程桩按比例缩小，但土颗粒及土、水应力状态不能按比例缩小。离心机试验模型图及装有测量仪器的模型桩分别见图 2-32、图 2-33。

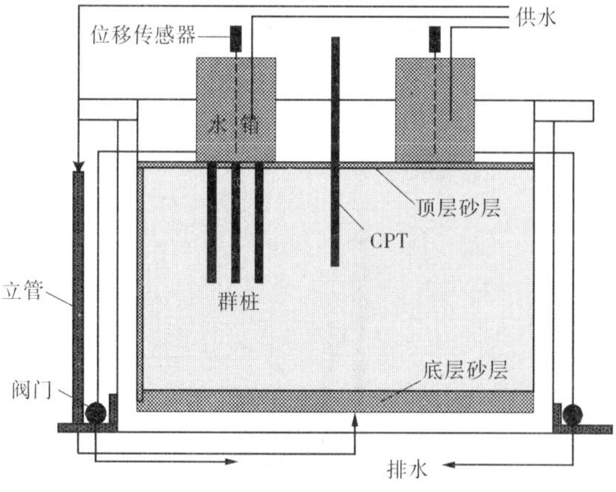

图 2-32　离心机试验模型图

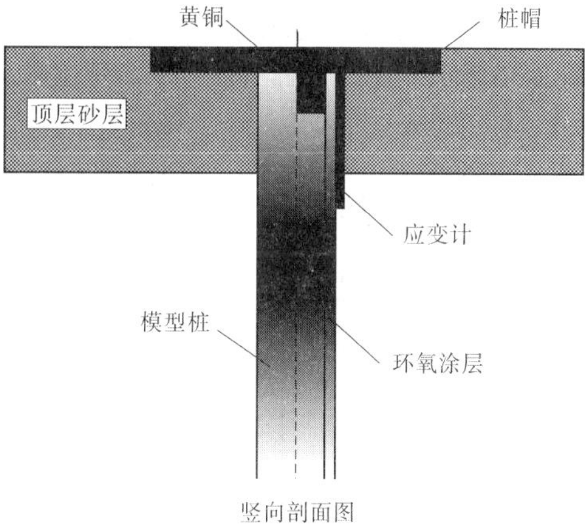

图 2-33　装有测量仪器的模型桩

2.5.4　桩基现场成孔质量检测

灌注桩是建筑物常用的基础型式，灌注桩成孔作业由于是在地下、水下完成，质量控制难度大，容易产生塌孔、缩颈、桩孔偏斜、沉渣过厚等特点。

从桩基施工工序来看，桩基检测分为成孔后检测和成桩后检测两大部分。国内桩基检测技术发展的特点是成桩检测技术优于成孔检测技术，而从防患未然的观点来看，桩的成孔检测应比成桩后检测更为重要，特别是对钻孔灌注桩，在混凝土浇筑前进行成孔质量检测对于控制成桩质量显得尤为重要。

以前灌注桩的成孔检测常用“笼式检孔器”，见图 2-34，孔器用Φ16 的钢筋笼加工制作，其外径等于设计桩径（140 cm），长度为 6.4 m。检测时，将检孔器吊起，把测绳的零点系于检孔器的顶端，使检孔器的中心、孔的中心与起吊钢丝绳的中心处于同一铅垂线上，慢慢放入孔内，通过测绳的刻度加上检孔器的长度判断其下放位置。如上下通畅无阻直到孔底，表明钻孔桩成孔质量合格，如中途遇阻则表明在遇阻部位有缩颈或孔倾斜现象，则需要重新下钻头处理。

2.5.4.1　**接触式成孔检测**

桩孔径、垂直度及孔底沉渣厚度检测是成孔质量检测中的重要内容。目前用于孔径检测的仪器大多可同时测定桩的垂直度。下面介绍广为采用的伞形孔径仪检测。

伞形孔径仪是国内目前采用较多的一种孔径测量仪器。它是由孔径仪、孔斜仪、沉渣厚度测定仪三部分组成的一个测试系统,仪器由孔径测头、自动记录仪、电动绞车等组成。仪器通过放入到桩孔中一专用测头测得孔径的大小,通过在测头上安装的电路将孔径值转化为电信号,由电缆将电信号送到地面被仪器接收、记录,根据接收、记录的电信号值可计算或直接绘出孔径。

1. 孔径测量

伞式孔径检测系统见图2-35,孔径仪测头前端有四条测腿,测腿可在弹簧和外力作用下自动张开、合拢,如同一把自动伞。测头放入孔中后,弹簧力使测腿自然张开并以一定的压力与孔壁接触,孔径变大则测腿张开角也变大,孔径缩小则孔壁压迫测腿收拢,测腿的张开角变小,四条测腿成两组正交分别测量两个方向的孔径值,取平均值作为某测点的孔径。当将测腿从孔底提升至孔口,随着孔径的变化,测腿可量出孔中各高程的孔径。图2-36为郑州市航海路西三环4号试桩采用伞式检测系统的孔径测试结果。

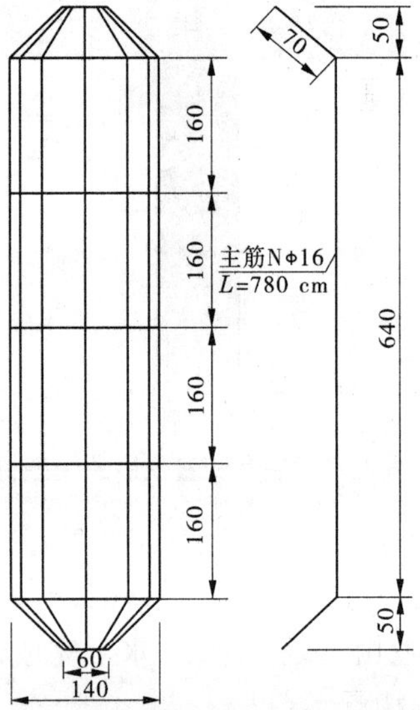

图2-34　检孔器加工大样图

图2-35　灌注桩伞式检测系统

2. 垂直度测量

采用伞形孔径仪测试系统中配套的专用测斜仪,在孔内不同深度连续多点测量其顶角和方位角,根据所测得的顶角、方位角可计算孔内的倾斜度。

测斜仪的顶角测量利用铅垂原理,测量系统由顶角电阻、顶角测量杆组成。顶角测量杆上装有一重块并可自由摆动,使重块始终垂直于水平面,当钻孔倾斜时,顶角电阻和测量杆间就有一角度,仪器内部机构使得侧拉杆和顶角电阻接触,短路了一部分电阻,剩下的电阻值就是被测的顶角。方位角测量依靠磁定向机构系统完成,系统中有定位电阻、接触片等,接触片始终保持指北状态,方位角变化时,接触片短路了一部分电阻,剩下的电阻

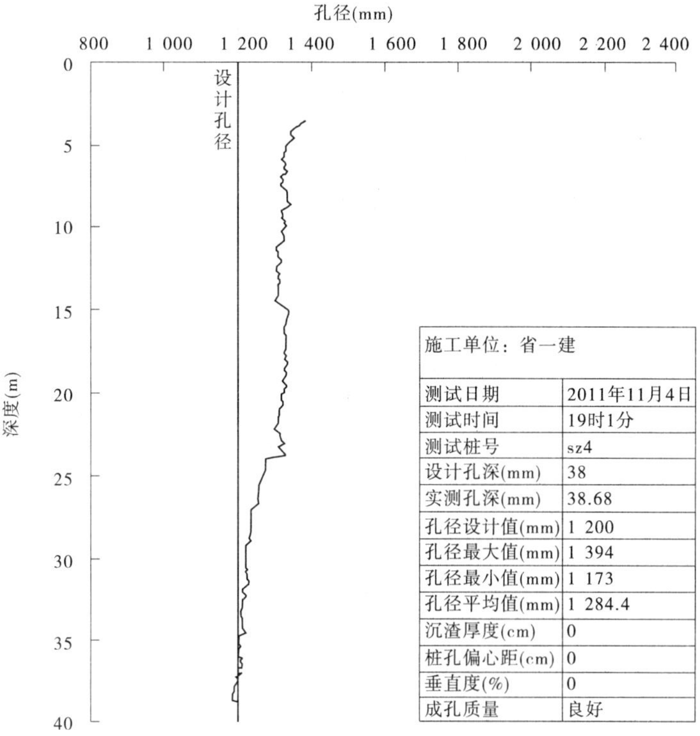

图 2-36　试桩成孔孔径检测曲线

值就是被测点的方位角。

测量中测斜仪测头可沿孔壁或孔的中心向下逐点测量,测点深度可等间距也可任意间距。假定探头是沿孔壁向下测量,若测量至孔底顶角值均为零度,则表示桩孔的偏移量小于孔的直径;反之,则桩孔的偏移量大于桩孔的直径。若测头沿孔壁向下测量,孔斜仪一开始就发生非零的顶角读数,则表示孔已经偏移了某个距离。

2.5.4.2　超声波法成孔检测

1. *超声波检测成孔质量的原理和方法*

超声波检测的基本原理是利用超声波的反射技术,获取孔壁信息并进行数据分析,对成孔质量进行综合检测的一种技术,如图 2-37 所示。

将超声波探头沿充满泥浆的钻孔中心以一定速率下放,在连续下放过程中,发射探头垂直孔壁发射超声波脉冲,接收探头接收孔壁发射信息。当孔壁坚实牢固(或缩径)时,超声波传播双程旅行时间短、发射强度大;当孔壁疏松、塌孔(或扩径)时,超声波传播双程旅行时间长、发射强度小甚至接收不到反射信号。这样,从孔口到孔底通过记录发射时间和发射强度,可计算出钻孔在不同深度处的孔径值并可反映出孔壁状况,进而还可

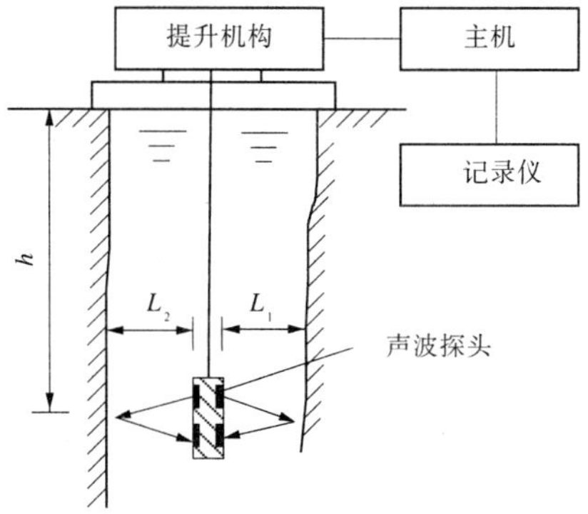

图 2-37　超声波检测仪原理

计算出孔深、垂直度等参数。

现场实测时，超声波探头的下放和提升由绞车自动控制完成，反射信号从接收探头传至地面的记录仪，通过计算打印成图。超声波探头上共布置 4 组换能器，4 组探头成正交十字探测钻孔两个方向的孔壁剖面。探头下到孔内某高程测点时，超声仪振荡器产生一定频率的电脉冲并同时打开计时门，电脉冲经放大后由发射换能器转换为声波并射入钻孔内的泥浆中向孔壁方向传播，当声波穿过泥浆到达孔壁后，由于泥浆的声阻抗远小于土层介质的声阻抗，声波几乎从孔壁产生全反射，反射波经过泥浆传播后被接收换能器接收，超声仪在接收到第一个声波信号后计时门关闭并记录下声波从发射到接收所经历的的时间，该时间就是声波在孔内泥浆中的传播时间 t，简称声时。

假设泥浆的声波速度为 c（可通过实测得到），就可通过下式计算出发面（探头）到反射面（孔壁）之间的距离 L：

$$L = ct/2 \tag{2-2}$$

通过在该断面声波 4 组探头测得正交 4 个方向的探头至孔壁的距离，可确定孔壁的物理特征，如孔径、孔心和垂直度，并绘制成图由打印机输出。

2. 仪器设备

超声波检测成孔质量比较成型的仪器是超声波孔壁测定仪，它由超声仪、声波探头（由发射和接收换能器组成）、记录仪（或由计算机组成数据采集系统）和提升机构等组成。

1）UDM100 型成孔超声波检测仪

图 2-38、图 2-39 分别为中国科学院声学研究所东海研究站生产的 UDM100 型成孔检测仪，超声波成孔检测记录见图 2-40。

图 2-38　UDM100Q 钻孔检测仪操作界面

图 2-39　电控绞车（150 m 量程）

2）智能全角扫描式孔径仪

智能全角扫描式孔径仪 Jwfu – LWDS（A）由超声波发射接收探头、数据采集仪、计算机及线架等组成，是利用孔壁对超声波的反射特性来检测成孔孔径的大小及孔的垂直度，并准确计算成孔的体积在某一深度的变化情况。它克服了现有的仅能在两个垂直范围进行检测的成孔仪的不足，可以在孔内作 360°全角扫描，同时通过反射波强度反映孔壁状况。智能全角扫描式孔径仪见图 2-41。

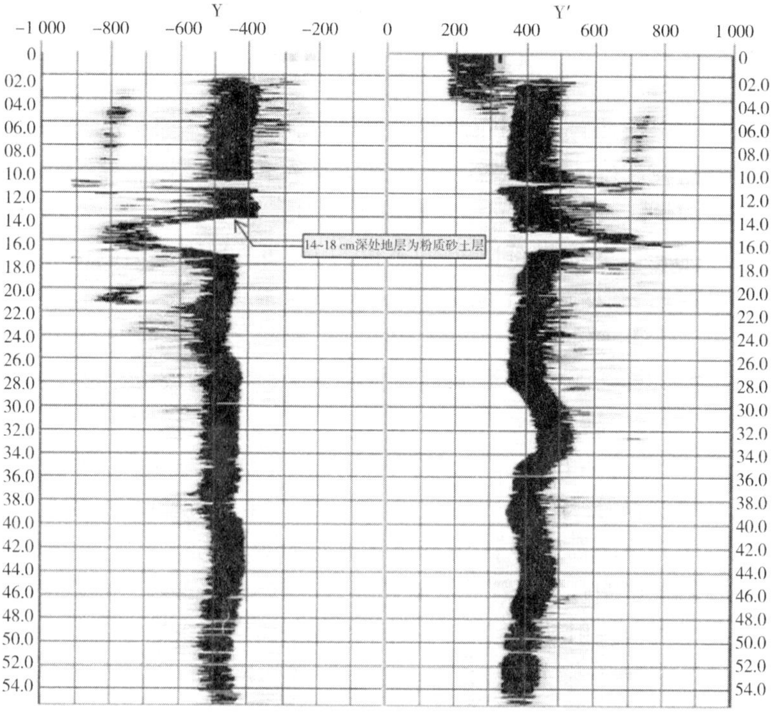

图 2-40　超声波成孔检测记录

3. DM－604 钻孔检测仪

该检测仪器如图 2-42 所示。DM－604 钻孔检测仪可以满足对更深钻孔形态进行精确测量和记录的要求。它可以对四个方向提供清晰的钻孔记录，包括深度标记、孔号标记、日期等均能打印在记录纸上；记录结果可以通过内置的 RS232C 接口输出到计算机上；采用独特的信号处理技术区分孔壁回声和噪声，消除振荡回波；当吊在绞车上的传感器碰到护筒和到达孔底时会自动停止，并可以紧急返回。现场操作时，超声探头的下放和提升由绞车自动控制完成，反射信号从接收探头传至地面的记录仪，通过计算打印成图。

图 2-41　智能全角扫描式孔径仪

图 2-42　DM 超声波侧壁探测仪

此外,国内广泛应用的还有 JL－IUDS(B)智能超声成孔质量检测仪、DXGZ－2 型成孔质量检测仪等。

4. 技术要求

成孔质量进行综合检测是利用超声波反射技术,将超声波探头沿充满泥浆的钻孔中心以一定速度下放,在连续下放过程中,发射探头垂直孔壁发射超声脉冲,接收探头接收孔壁反射信息。在具体操作过程中,要注意以下事项:

(1)清孔完毕后应及时检测,间隔时间不得大于 1 h。超声波法测试应在泥浆中气泡完全消散后方可进行,一般静停 15 min 左右,大长桩可适当延长。

(2)泥浆是超声波传播的介质,泥浆的重度、黏度及含砂量等指标直接影响超声波的传播性能。在检测中,如果泥浆过稠,可能将探头完全封闭,造成没有检测信号的现象,因此检测时孔内泥浆性能应满足仪器使用要求。

(3)检测中,有时会出现记录信号模糊断续或空白,原因有多种,可能是仪器升降速度过快,探头进行过快,相当于拉长了测点的间距,降低了分辨精度;可能是局部深度范围内泥浆过稠,而探头超声波发射功率小,或灵敏度低造成发射信号弱;可能泥浆中气泡屏蔽了超声波;也可能泥浆中存在悬浮物导致超声波的散射等。因此,可以采用降低探头升降速度,或增大灵敏度及发射功率,检查不同深度泥浆的性能指标等手段,保证检测精度。

(4)确定测量剖面方向与实际方位的关系。为避开超声波测试盲区,便于成果分析,仪器探头应尽量对准护筒圆心处。

2.5.4.3 桩底沉渣检测

钻孔灌注桩已经成为最广泛采用的经济有效的深基础工程。超深、大直径的桩基础施工遇到的最大隐患就是沉渣测定,孔底的沉渣直接影响桩端承载力的发挥,沉渣太厚将使桩的承载能力大大降低,因此只有在明确测定沉渣的存在及其程度(厚度)之后才能决定是否需要予以清除,以确保其质量、技术功能及经济效益。

钻孔灌注桩孔底沉渣厚度是指清孔结束至混凝土灌注前的孔底沉渣层增加的厚度,只有对沉渣厚度进行正确的测定,才能对其实施有效的控制。为了准确进行泥浆沉渣的测定,人们探索了诸多检测方法。对于沉渣厚度的检测方法,目前规范尚无统一规定,一般有以下几种。

1. 测锤法

测锤法设备简单、操作容易、成本低,在沉渣厚度检测中被广泛采用。测锤法原理如图 2-43 所示,测量工具为一锥型锤,锤底直径约为 15 cm,高度约为 22 cm,质量约为 5 kg。测锤顶端系上测绳,把测锤慢慢沉入孔内,凭人的手感判断沉渣的顶面位置,此时,读出测绳上的深度值 h,则测孔的深度 H 与测锤测量深度之差即为沉渣厚度值。类似测锤的还有其他型式,如铁饼锤、铜锤等,所用的测锤大小、尺寸也不同,但测量方法一样。

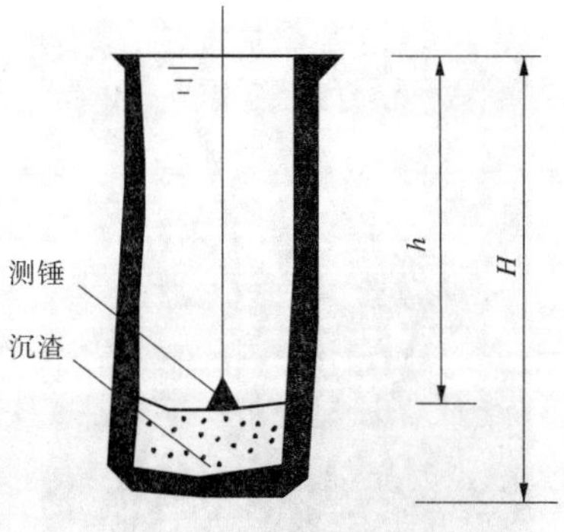

图 2-43 测锤法原理

该种检测方法存在弊端,重锤凭手感作探测,既无客观依据又无可靠的定量准则,不仅会因人而异，而且会导致设计与施工、施工与监理之间的不同判断和争论。

2. 侧钻法

按常规取芯方法，须从承台顶部向桩底垂直钻进取芯。高差很大，若钻孔方向稍有偏差就可能导致钻孔偏出桩外，造成取芯失败，并且采用常规方法钻孔取芯及回填灌浆工程量均较大。可见，常规取芯方法具有造价高、取芯成功率低等缺点。

为避免常规取芯方法的弊端，可采用侧钻法施工，即在距试桩桩底3.0 m左右的桩体侧部用钻具以小角度钻入桩体内进行取芯。

采用侧钻法对深孔灌注桩进行桩底沉渣厚度取芯验证，可以尽可能地减少取芯对桩体结构的损害，从而提高了取芯成功率和取芯精度，大大减少了取芯及回填灌浆的工作量，降低了施工成本。

3. 电阻率法

钻孔灌注桩泥浆多为钻机钻进过程中自然形成，它的黏度和含砂量取决于土层的性质及破碎程度、循环处理的工艺，这些都会造成桩孔中泥浆的不均匀，尤其是桩孔底部未被完全破碎土块，及含砂量大、胶体率差的泥浆被大量沉淀下来，孔底比重较大的泥浆与上部悬浮较好的泥浆存在着较明显的电性差异，电阻率法在泥浆中提供不受土层影响大交变电场，均匀泥浆电阻率为直线，在沉渣界面上电场会畸形，电阻率会发生变化，利用曲线的拐点可以确定沉渣厚度。

目前，采用电阻率法进行桩底沉渣检测的较常用仪器为JNC－1沉渣测定仪，见图2-44，它采用特制的微电极系探管和电路设计，可以准确地测出孔底沉渣的厚度，其测量结果见图2-45。

图2-44　JNC－1沉渣测定仪

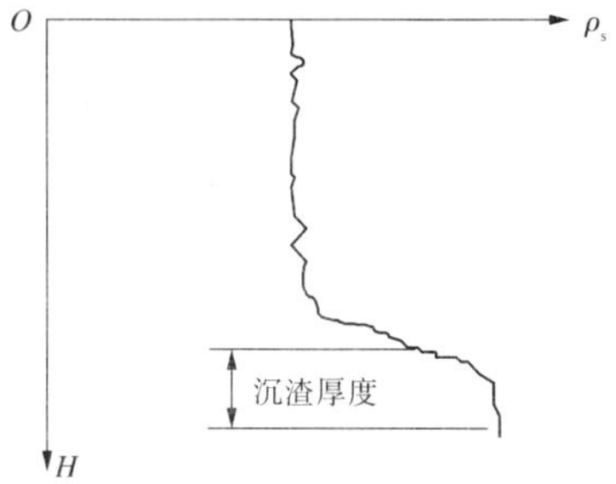

图2-45　$\rho_s \sim H$曲线

4. 声波法

声波法测定沉渣厚度的原理是利用声波在传播中遇到不同界面产生而制成测定仪。测头向桩底发射声波，当声波遇到沉渣表面时，一部分声波反射回来被测头接收，另一部分声波穿过沉渣继续向孔底传播，当遇到孔底持力层原状土后，声波再次被发射回来。测头从发射到接收到第一次反射波的相隔时间为t_1，测头从发射到接收到第二次反射波的相隔时间为t_2，那么沉渣厚度计算如下：

$$H = \frac{t_2 - t_1}{2} c \tag{2-3}$$

式中　H——沉渣厚度，m；

c——沉渣声波波速，m/s。

5. 电探法

不同的材料有不同的电阻率。在桩基施工过程中,水、泥浆、砂、泥皮及沉渣、混凝土拌和物、钢筋、混凝土等介质的电阻率有明显的差异性。

目前,在桩基检测中应用较多的 RS－2003Ⅱ型桩基施工监控仪,能快速、连续检测成孔中任一点的泥浆含砂率、桩底沉渣土厚度、桩底沉渣的悬浮状态,比常规检测评价泥浆含砂率、桩底沉淀厚度更科学、更有代表性,也能检测到以前无法发现的桩底沉渣挂壁现象,尤其有利于加深、大桩的施工质量控制。

2.5.5 桩基承载力检测

2.5.5.1 静载试验方法

桩的现场静载试验是国际上普遍认可获得单桩竖向抗压、抗拔以及水平向承载力的最为可靠的方法。静载试验获得桩基设计所必需的计算参数,为设计提供合理的单桩承载力,对桩型和桩端持力层进行比较和选择,充分发挥地基抗力与桩身结构强度,使两者匹配,以求得到最佳的技术经济效果。单桩竖向抗压与抗拔试验,可预先埋设测试元件,测定桩侧摩阻力与桩端阻力,研究桩的荷载传递机制。桩的水平向荷载试验还可确定地基土水平抗力系数,当桩中埋设测试元件时,可测定桩身弯矩分布和桩侧土压力分布,研究土抗力与水平位移关系,为探索更合理的分析计算方法提供依据。

长期以来,静载荷试验一直停留在压重平台或锚桩反力架两种形式,该装置在 2.3 节已作介绍;该试验工作费力、费时、费钱,以致许多重要建筑物的大吨位基桩往往得不到准确的承载力数据,基桩的潜力不能合理利用,是桩基础领域面临的一大难题。同时,在一些特殊场地堆载法、锚桩法也无法施展。

目前解决这个问题有下列几种方法。

1. 奥氏试桩法

美国西北大学荣誉教授 Osterberg 提出了一种与传统截然不同的静载试桩方法,也称为自反力法。它是将一个类似于千斤顶的压力盒预先放置在桩的底部;然后制成桩或沉桩。桩完成后,向压力盒加液压,使压力盒向上推动桩身,向下挤压桩端土,使侧阻力和端阻力互为反力,两者之和即为单桩承载力。这是一种很有创意的测定单桩承载力的方法。它省去了在静载试验中必不可少的压重加载装置或锚桩反力装置,尤其用于检测桥墩、码头等处的水下桩基更有显著的优点。

这套装置如图 2-46 所示。在图中,压力盒作用约 2 400 kN 压力时,桩身及桩端同时达到极限承载力,则单桩的极限承载力 $Q_u = Q_{su} + Q_{pu} \approx 3\ 800$ kN。因为要扣除桩身自重,所以图中 Q_{su} 比 Q_{pu} 稍小。在此图中因为只想测定风化岩段的摩阻力,所以在土层部分用套管将桩与土隔开。试验中,很难在同一压力下,桩端和桩身同时达到极限承载力,所以可以分段测试。目前,实际应用已测试达到 150 MN 的极限单桩承载力。

2. 自平衡法

自平衡试桩是一种新的基桩静载试验方法。试验前,在桩端或桩身某合适的截面处预先埋设专用荷载箱。试验时,通过荷载箱对其上、下段桩身施加荷载,使上段桩身逐渐上抬并激发出桩侧摩阻力,同时下段桩受力下沉并使桩侧摩阻力、桩端阻力得以逐步发

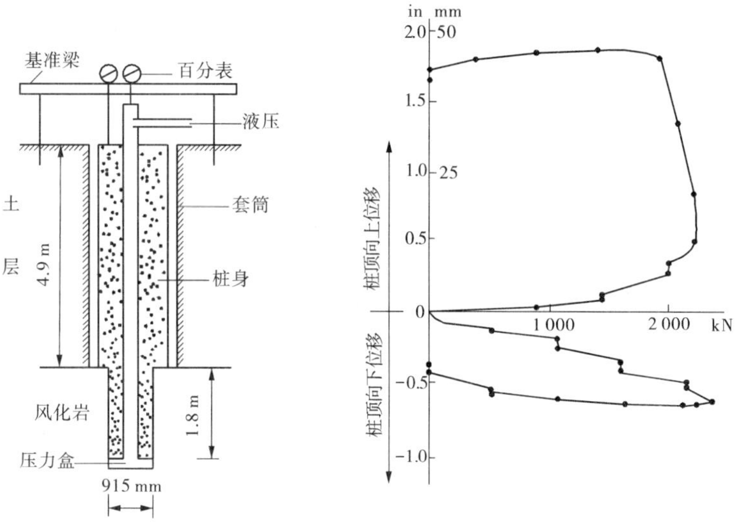

图 2-46　Osterberg 测桩法

挥,从而达到试桩自身反力平衡加载的目的。随着荷载箱处力的不断增加,上、下段桩的位移不断增大,直到两者之一或同时出现破坏现象,试验终止。

自平衡试桩的主要装置是特殊设计的液压千斤顶荷载箱,内由一个或多个千斤顶并联而成,并按不同的桩型、截面尺寸和荷载大小设计制作。荷载箱主要由活塞、顶盖、底盖及箱壁四部分组成,并连有油压管、位移棒伸出桩顶,以便加载和测量荷载箱顶、底板的向上、向下位移。通过试验加载过程中位移和压力的唯一对应关系,可获得上、下段桩的位移—荷载曲线,再对此按一定的理论转换方法换算成常规顶压桩的荷载—沉降曲线,如图 2-47所示。在对此按一定的理论转换方法换算成常规顶压桩的荷载—沉降曲线,并由此或直接由其他简化公式确定桩基的抗压极限承载力。

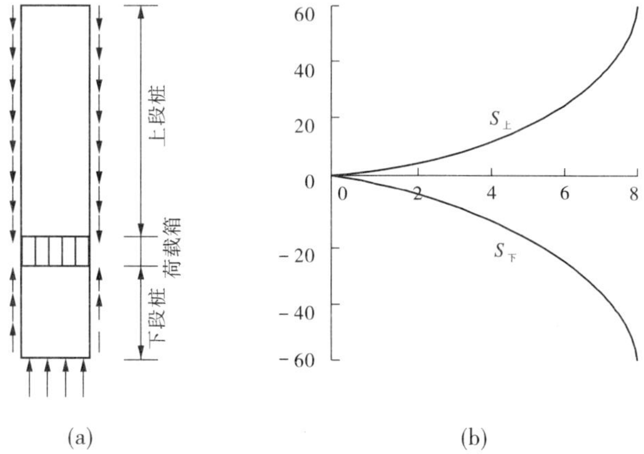

图 2-47　自平衡法试桩加载示意图及典型试验曲线

由自平衡法试验数据推算常规顶压桩的荷载—沉降曲线,目前国内外已有的方法主要有三种:按向上、向下位移相等的原则转换;按向上、向下荷载相等的原则转换;荷载传递法,也称精确转换法。

东南大学土木工程学院等单位编写的交通行业标准《基桩静载试验 - 自平衡法》(JT/T 738—2009)已颁布实施。

同时,针对普通荷载箱的技术缺陷,北京智机科技成功开发了囊式密封核心和囊式专业荷载箱产品,如图 2-48 所示,在测桩领域推广使用。相比普通荷载箱,囊式专业荷载箱的承载和推力面积更大,需要的压强更低,输出吨位更高,其出色的浮浆通过性能、低压(低于 25 MPa)加载性状和嵌入式加载结构,使得试验更加可靠,桩基更加安全。

3. 用动测法替代静压法

图 2-48　自平衡法试桩囊式荷载箱

近二三十年来用动力法检测桩的质量和确定桩的承载力发展很快,其法是在桩顶施加动态力(动荷载),量测在桩头位移、速度或加速度等动力响应信号,从而对桩土的性状作出分析。根据作用于桩顶上动荷载的能量是否使桩土间产生塑性位移,可把动测桩分为低应变法和高应变法。低应变法中,作用在桩上的动荷载远小于桩的使用荷载,不能将桩打动,常用来检测桩的完整性,直接用以确定桩的承载力则尚有异议。高应变法,是指在动荷载能使桩土间产生较大的动位移,距桩顶一定距离的桩两侧堆成安装力传感器和加速度传感器,测量力和采集桩土系统响应信号,通过不同的数学模型分析桩身结构完整性和单桩承载力。

20 世纪 80 年代后期,加拿大和荷兰的研究单位,合作开发出一种新的测试技术,称为静动法(或拟静力法)。其法是在桩顶上放置汽缸,燃烧一种特殊燃料,利用桩顶上压块(堆载)的反力作用,在桩上产生反冲力,推动桩向土中移动。虽然仍然是一种动测技术,但是反冲力的作用时间较一般动载法的锤击时间长很多(前者一般可维持 100 ~ 800 ms,而后者仅为几个毫秒和十几个毫秒),因而可以把反冲力按静力法分析处理。同时因为作用的时间长,所以虽然反冲力不很大,却可使桩产生较大的贯入度,通常可达 5 ~ 20 mm。试验时,记录桩顶作用力、位移、速度和加速度,通过计算机处理,即可得出一条完整的 $p \sim s$ 曲线。目前国外用该法测桩,最大承载力可达 70 MN。

4. 带有负摩阻力桩的检测

根据负摩阻力发生的条件及其特点,桩的静载试验与负摩阻力桩的实际工作状况有明显的区别,主要表现以下几点:

(1)在桩的静压试验中,试压荷载施加是在很短的时间内完成的,而桩周软土的变形需要很长的时间才能完成。在试压荷载施加的过程中,软土的固结沉降变形完全可以忽略不计。也就是说,即使在典型的负摩阻力条件下,在静载试压的过程中负摩阻力都不可能发挥出来。

(2)在静载试压中的桩土相互作用于负摩阻力作用下的桩土相互作用是不同的。土体沉降大于桩的位移引起的负摩阻力出现,附加的下拽力使得桩产生附加沉降,而附加沉降又使得中性点上移以及负摩阻力减小,直至稳定。

(3)在静载试验过程中,中性点是不存在的。计算分析中的中性点以上土层不仅会出现负摩阻力，还会表现为正摩阻力提供荷载抗力，这就使得静载试压的承载力会明显高于实际工作状况下的承载能力。因此，静载试压无法合理的评价带负摩阻力桩的承载力。

《湿陷性黄土地区建筑规范》（GB 50025—2004）明确规定湿陷性黄土地区的桩要求先浸水（使桩－土间的负摩阻力发挥出来）后试桩。

《建筑桩基技术规范》（JGJ 94—2008）第3.4.2条规定，湿陷性黄土地基中的单桩极限承载力的不确定性较大，故设计等级为甲、乙级建筑桩基的单桩极限承载力，强调采用浸水荷载试验方法；自重湿陷性黄土地基中的单桩极限承载力，应根据工程具体情况分析计算桩侧负摩阻力的影响。

《公路桥涵施工技术规范》（TJT 041—2000）规定：作静压、静拔的试桩，桩身需通过尚未固结新近沉积的土层或湿陷性黄土、软土等土层对桩侧产生向上的负摩阻力部分，应在桩表面涂设涂层，或设置套管等方法予以消除。

除《湿陷性黄土地区建筑规范》（GB 50025—2004）、《建筑桩基技术规范》（JGJ 94—2008）、《公路桥涵施工技术规范》（TJT 041—2000）外，包括《建筑桩基检测技术规范》（JGJ 106—2003）在内的诸多规范都没有特别提及负摩擦桩单桩承载力检测要求。

对于带负摩阻力的桩基，如果不明确区别考虑负摩阻力的承载力和不考虑负摩阻力的承载力，在桩的检测中就无法准确的评价其承载能力，从而产生偏于不安全的结果导致桩基失效或者沉降明显大于预期值。在这方面，规范无论在设计还是检测方面都没有提出明确的要求，一般在设计中也不会明确桩的承载力是否考虑了负摩阻力因素，这实际上使得桩的承载力的评价标准含糊、不明确，而且偏于不安全。因此，在带有负摩阻力桩的承载力中对于应当考虑负摩阻力的因素并在设计和检测的标准中明确并加以区别。目前，所常用的不区分是否考虑负摩阻力因素的设计承载力作为桩基承载力检验标准时偏于不安全的。在桩基检测中，应当以不考虑负摩阻力因素的承载力作为桩基的承载力检验标准；而在设计中，则应以考虑负摩阻力的承载力作为设计取值。

因此，对负摩阻力在桩基承载力检测与评价作如下建议：

（1）桩的承载力指标对于负摩阻力因素的考虑应当分别在设计和检测的承载力指标中明确并加以区别。

（2）在设计中，以考虑负摩阻力的承载力计算值作为设计取值，而以不考虑负摩阻力因素的承载力计算值作为桩基的承载力检验标准。

（3）在静载试压中，对于欠固结土层，通过计算土层沿深度的沉降值，然后试压后以相当的地面堆载模拟土体的固结沉降。整个试桩过程与桩的实际工作状况大体一致，既可以测出目前常规试桩得到的 $Q\sim s$ 曲线，又可以检测负摩阻力作用下的 $Q\sim s$ 曲线和承载力，并可以对两者进行对比分析。

2.5.5.2　桩身内力测试

在基桩的静载试验中，常常要进一步分析桩侧摩阻力、桩端阻力及桩身各部位的应变、应力情况，这就需要在试验的同时在桩身不同部位采用测试元件进行检测，目前常用的检测元件主要有应变计和分布式光纤等。

1. 应变计

传统的工程结构安全监测手段常用的有电阻式传感计、振弦式钢筋应力计两种。电阻式传感计的基本原理就是将被测量的变化转换为传感器电阻的变化，再经过转换电路以电信号的方式将此变化输出，其核心部分是电阻应变片，主要用于空间、海洋等广泛的计测范围。振弦式钢筋应力计是一种频率敏感传感器，其原理是利用张拉的振弦谐振频率与所受张力的变化关系来测量应变计所在点位的应力或应变，其测量精度主要取决于钢弦材料的质量，因长期受力时钢弦蠕变，故其稳定性较差。以上两种设备共同的缺点是：安装不方便，施工速度慢，造价高，并且所测点位的数据都是分散、孤立的，这样在安全监测的时候容易造成漏点漏检的情况，特别是在大直径、超长桩桩基的监测中，这种不足尤其明显。

应变计安装位置的选择应布设在地层土质变化位置。具体的在施工时对桩孔提取土样进行鉴别并在实验室对其进行检验，对桩孔不同标高土进行命名，并同设计的地质比对，分析有无出入，并根据实际的地质情况画出地质柱状图，在地质变化处安装 2 ~4 个钢筋应变计，每个截面钢筋应变计呈等边多边形安装。钢筋应变计在安装时采用对焊、搭接焊或者绑扎，焊接时应用湿毛巾包裹非焊区，以免温度过高导致应变计损坏。

测试变形仪表的安装：测试沉降的位移计应通过磁芯表座安装在试验桩顶以下50 cm左右位置（尽量避开桩顶应力集中区），在位移计的接触点处粘贴玻璃，保证位移计同基准梁接触良好。

在郑州市三环快速化工程大直径灌注桩的静载试验中，分别采用智能弦式数码应变计和分布式光纤进行测试，其中应变计测试图示分别见图 2-49、图 2-50 所示。

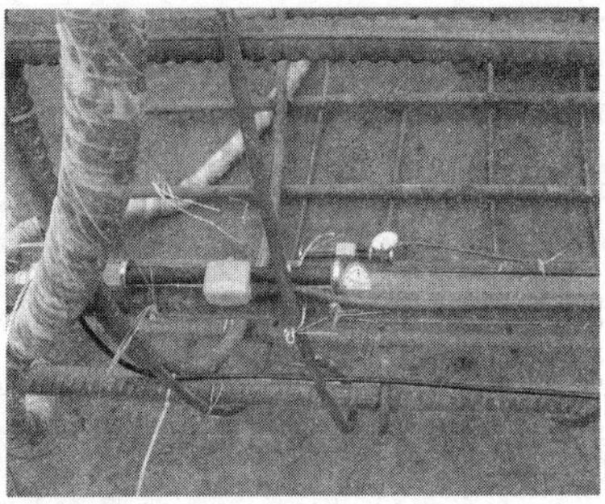

图 2-49　智能弦式应变计安装

图 2-50　应变计测试图

2. 分布式光纤

传统应变计运用于基桩静载试验存在的问题有：传感器存活率低（粗放式施工、周围打桩影响等）；数据稳定性差，有较大的温度及零点漂移；抗腐蚀性差，传感器需作防水处理；数据引线错综复杂；安装工艺复杂；抗电磁干扰能力差。

20 世纪 70 年代，光纤监测技术伴随着光导纤维及光纤通信技术的发展而迅速发展起来。1989 年美国布朗大学的门德斯等人首先提出了将光纤传感器用于钢筋混凝土结构和建筑检测的可能性。之后，美国、加拿大、英国、德国、日本等发达国家纷纷将光纤传感器应用在桥梁、大坝等大型民用基础设施的安全监测中，取得了令人鼓舞的进展。其中，目前应用最多也最具有前途的是分布式光纤。

和传统的工程结构安全监测技术相比，光纤传感技术具有如下优点：

(1) 灵敏度高，动态范围大。精确度可达 30 $\mu\varepsilon$，采样最小 0.05 m，最大可以对 80 km

的长度进行监测。

(2)电绝缘性好。所用传感光纤本身是由电绝缘介质组成的,并且其敏感元件大多也是由电绝缘材料组成的。

(3)耐腐蚀,化学性能稳定。光纤纤芯的主要材料是二氧化硅(SiO_2),具有极高的化学稳定性,能在恶劣的环境中使用。

(4)可以准确地测出光纤沿线上任一点的检测量,不仅信息量大,而且成果直观。

(5)光纤既可作为传感器,又可作为传输介质,其结构简单,不仅方便施工而且可维护性强,可靠性高,故光纤监测潜在故障率大大低于传统技术,性能价格比也好。

1)分布式光纤传感原理

分布式光纤传感技术原理实质上就是利用光纤几何上的一维特性来对被测量进行测试,它把被测参量作为光纤位置长度的函数,可以在整个光纤长度上对沿光纤几何路径上分布的外部物理参量进行连续的测量,同时获取被测物理参量的空间分布状态和随时间变化的信息,相比传统的测量技术,分布式光纤传感技术能够获得丰富的信息,见图 2-51。

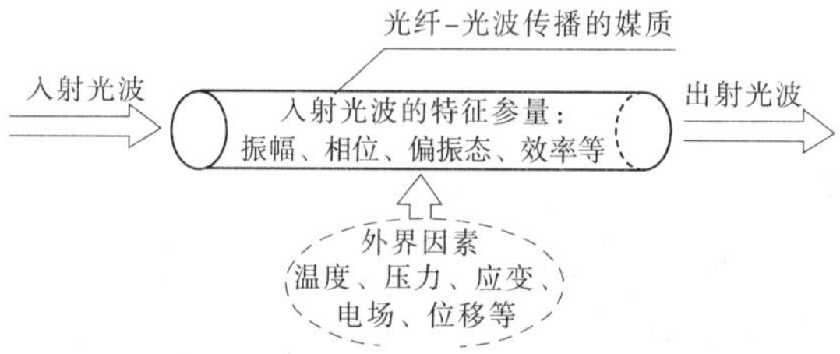

图 2-51　光纤传感器原理简图

目前,分布式光纤传感技术使用的方法主要有反射法、波长扫描法和干涉法等。其中,布里渊光时域发射法(BOTDR)是目前研究最多、应用最广的一种反射法。分布式光纤技术在桩基检测中的应用是基于光纤传感技术的布里渊原理来实现的。布里渊散射同时受应变和温度的影响,当光纤沿线的温度发生变化或者存在轴向应变时,光纤中的背向布里渊散射光频率将发生漂移,频率的漂移量与光纤应变和温度的变化呈良好的线性关系,因此通过测量光纤中的背向自然布里渊散射光的频率漂移量(v_B)就可以得到光纤沿线全程的温度和应变分布信息。分布式光纤测量原理如图 2-52 所示,光纤应变分析仪外观见图 2-53。

为了得到光纤沿线的应变分布,BOTDR 需要得到光纤沿线的布里渊散射光谱,也就是要得到光纤沿线的 v_B 分布。BOTDR 的测量原理与 OTDR(Optical Time-Domain Reflectometer)技术很相似,脉冲光以一定的频率自光纤的一端入射,入射的脉冲光与光纤中的声学声子发生相互作用后产生布里渊散射,其中的背向布里渊散射光沿光纤原路返回到脉冲光的入射端,进入 BOTDR 的受光部和信号处理单元,经过一系列复杂的信号处理可以得到光纤沿线的布里渊背散光的功率分布,如图 2-52(b)所示。发生散射的位置至脉冲光的入射端,即至 BOTDR 的距离 Z 可以通过式(2-4)计算得到。按照上述的方法按一定间隔改变入射光的频率反复测量,就可以获得光纤上每个采样点的布里渊散射光的频谱图,如图 2-52(c)所示,理论上布里渊背散光谱为洛仑兹形,其峰值功率所对应的频率即是布里渊频移 v_B。

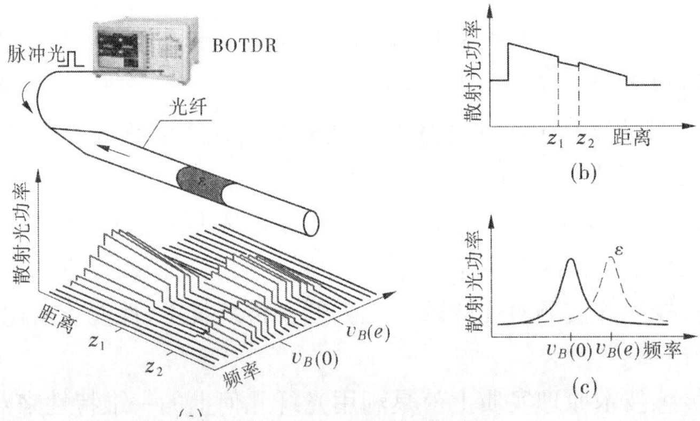

图 2-52　分布式光纤测量原理

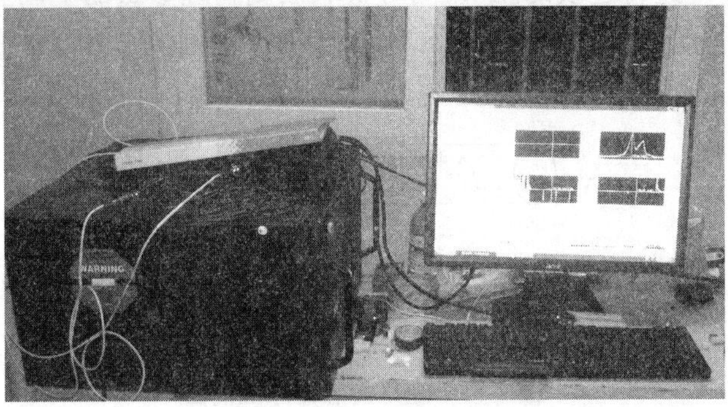

图 2-53　光纤应变分析仪外观

$$Z = \frac{cT}{2n} \tag{2-4}$$

式中　c——真空中的光速；

n——光纤的折射率；

T——发出的脉冲光与接收到的散射光的时间间隔。

2）分布式光纤铺设

光纤铺设的方法目前主要有两种：一种是用专门或者特制的黏接剂将光纤粘贴在被测构筑物上，这种方法主要用于已建构筑物的监测；另一种是将光纤植入构筑物中（如钢筋混凝土中），这种方法主要用于在建构筑物及其竣工后的安全质量监测。

根据建筑物整体和局部变形等特点以及检测仪器的距离解析度，可采用不同的光纤铺设方式。目前应用比较成熟的是光纤的一维布设，二维和三维的光纤布设还处于试验研究阶段，尚需要进一步的研究和发展。加拿大的 Ashutosh Bagchi，Evangeline Murison、Aftab A. Mufti 等人通过试验将布拉格光栅传感器铺设于主筋上，取得了良好的试验效果。

鉴于设计、施工现场场地情况及施工机械设备状况，光纤铺设工作采用和钢筋笼的施工、吊装同步进行，采用全面一维布设。总体来说，光纤铺设以钢筋笼主筋为载体，固定于其上，且保障光纤沿主筋方向平顺。为避免在浇筑混凝土过程中对光纤的直接冲撞，光纤沿主筋内侧边进行铺设，尽量保持光纤挺直。另外，为了消除桩身在扩径及偏心荷载条件下同一水平面上不同侧面产生的差异应变，一般采用沿钢筋笼中心对称的两根相对主筋上铺设红、黑两组自校核传感光纤，并且每组自校核光纤中间相连段沿底部用加强筋平滑过渡，形成“U”字形回路，两端都可进行测试，起到对比、备份作用。光纤在出孔口段用金属波纹管保护出口，防止桩头制作及后期埋土过程中折断，波纹管利用设定的标志定位。光纤铺设工艺见图 2-54，在郑州市三环快速化工程桩基静载试验中，现场铺设施工图见图 2-55。

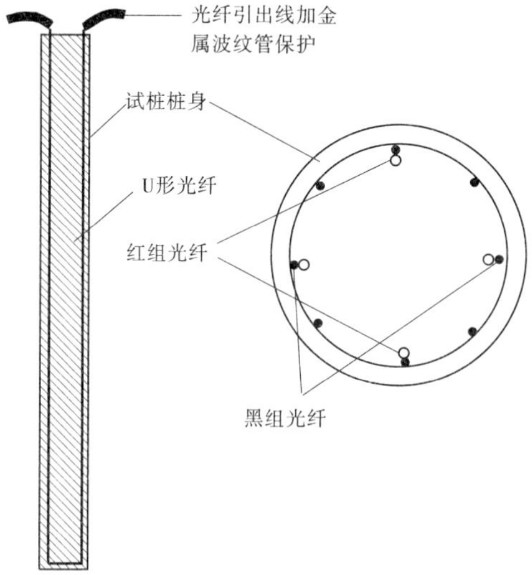

图 2-54　光纤铺设工艺

图 2-55　光纤铺设施工图

3）分布式光纤数据采集

每一根试桩进行载荷试验前，要提前找出已经铺设好的光纤接头，将光纤进行熔接，利用 BOTDR 仪器进行试测，以检查熔接效果，确保光纤熔接质量，并及时解决出现的问题。在试验进行前对桩基进行预测，可得到桩基载荷的初始应变值，即可认为是自由状态下的初始应变，通过每一级荷载下产生的应变和初始应变的差值作为该级荷载作用下产生的应变值。为了能更好地反映桩基载荷下的受力变形情况，试验中光纤测试时间选在每级加载稳定，即位移观测判断稳定前 10 min 进行，采集结束后即可进行下一级荷载的加（卸）。卸载过程中，由于是每 1 h 卸载一级，那么为了能更合理地反映桩基卸荷过程中的荷载传递机制，光纤测试时间选在每一级荷载卸荷后 30 min 测试一次，作为本级卸荷的光纤测试值，这样避免了由于卸荷不均匀所造成的测量误差。在郑州市三环快速化工程桩基检测中，分别采用了应变计和分布式光纤对基桩进行了检测试验，其数据采集结果如图 2-56 所示，其中图 2-56（a）为两者所测数据随加载量的变化规律曲线，图 2-56（b）为两者所测数据在不同桩深处的比值。

2.5.6　孔中超声波法检测桩身质量

在混凝土灌注桩成桩过程中，将两根或两根以上的声测管固定于桩身钢筋笼上，预埋做声波换能通道，每对声测管构成一个检测剖面，通过水的耦合，超声波从一根声测管发射，到另一根管内接收，利用声波透射原理，根据声时、波幅及主频等特征参数的变化，对

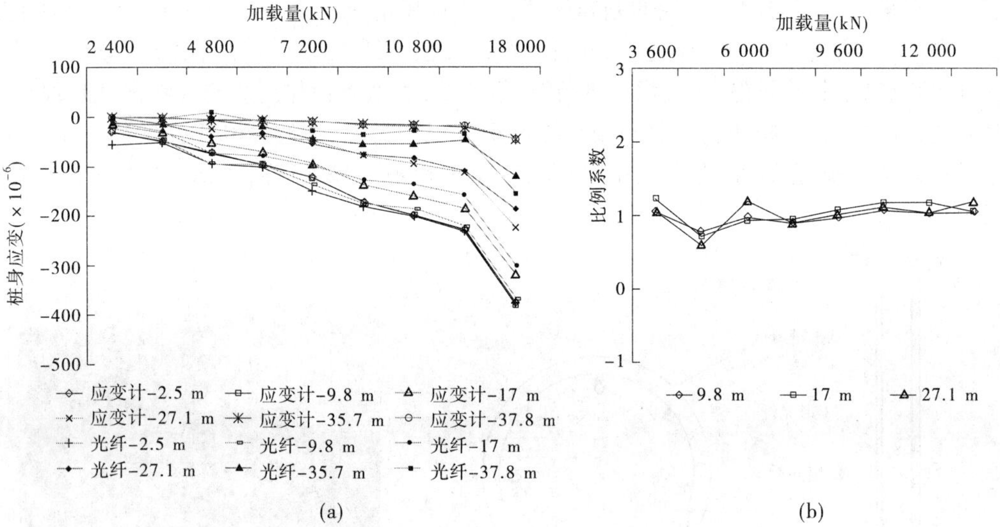

图 2-56　应变计与分布式光纤监测结果比较(航海路 1#试桩)

桩身混凝土介质状况进行检测,确定桩身的完整性,称为基桩声波法检测技术,声学理论是其基础理论。

2.5.6.1　基桩声波透射法检测基本原理

如图 2-57 所示混凝土体,当混凝土无缺陷时,混凝土为连续体,超声波在其中正常传播。当存在缺陷时,混凝土连续性中断,混凝土与混凝土之间称为界面(空气与混凝土)。在这些界面上,超声波传播情况发生变化,发生发射、散射和绕射。超声波经过缺陷后接受波声学参数将发生如下变化。

1. 声时(波速)的变化

由于钻孔桩的混凝土缺陷主要是由于灌注时混入泥浆或混入自孔壁塌落的泥、砂所造成的。缺陷区的夹杂物声波速度低,或声阻抗明显低于混凝土的声阻抗。因此,超声脉冲穿过缺陷或绕过缺陷时,声时值增大。增大的数值与缺陷的尺寸大小有关,所以声时值是判断缺陷有无和计算缺陷大小的基本物理量。

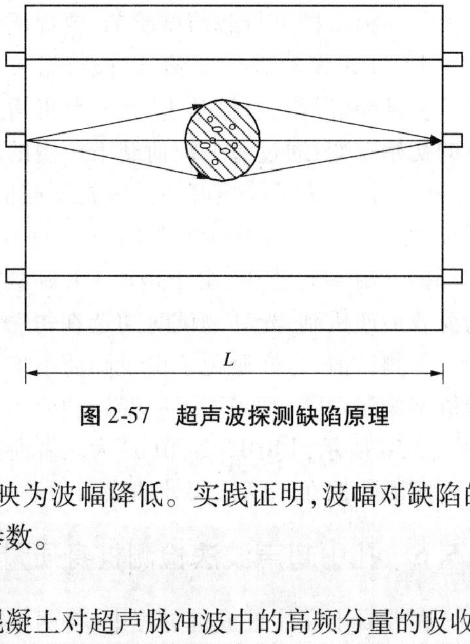

图 2-57　超声波探测缺陷原理

2. 接收波振幅变化

当波束穿过缺陷区时,部分声能被缺陷区内含物所吸收,部分声能被缺陷的不规则表面反射和散射,到达接收探头的声能明显减小,反映为波幅降低。实践证明,波幅对缺陷的存在非常敏感,是在桩内判断缺陷有无的重要参数。

3. 接收波主频率的变化

对接收信号的频谱分析证明,不同质量的混凝土对超声脉冲波中的高频分量的吸收、衰减不同。因此,当超声波通过不同质量的混凝土后,接收波频谱也不同。质量差或有内部缺陷、裂缝的混凝土,其接收波中高频分量相对减少而低频分量相对增大,接收波的主频值下降,从而反映出缺陷和裂缝的存在。

4. 接收波波形的变化

当超声波通过混凝土内部缺陷时,由于混凝土的连续性已发生破坏,使超声波的传播路径复杂化,直达波、绕射波等各类波相继到达接收换能器。它们各有不同的频率和相位。这些波的叠加有时会造成波形的畸形。

2.5.6.2　超声波检测仪与声测管

1. 超声波检测仪

超声波检测仪的作用是产生重复的电脉冲并激励发射换能器,发射换能器发射的超声波经水耦合进入混凝土,在混凝土中传播后被接收换能器接收并转换为电信号,电信号送至超声仪,经放大后显示在示波屏上。为了提高现场检测机室内数据处理的工作效率,保证检测结果的准确性和科学性,声波测试仪器必须具有实施显示和记录接收信号的时程曲线以及频率测量或波谱分析功能。超声波检测系统包括三部分:径向振动换能器、接收信号放大器、数据采集机处理存储器。图 2-58 为北京康科瑞公司生产的 NM－4A 型全自动非金属超声检测分析仪,可以对预埋声测管的混凝土灌注桩的桩身完整性自动检测,判断桩身缺陷的程度并确定其位置。该仪器国内外首次采用顶轮摩擦传动提升换能器,可以提供快、中、慢三种升降速度,增加了检测结果的可靠性、稳定性、准确性。

2. 声测管布设

1) 声测管的定义与选择

声测管是进行超声脉冲法检测时换能器进入桩体的通道,是灌注桩超声检测系统的重要组成部分。

声测管的选择应以透射率大、便于安装及费用较低为原则。通常采用强度较好的金属管或 PVC 管,其中在后压浆钻孔桩中,通常也采用后注浆管作为声测管。

2) 声测管的数量与布置

声波透射法只能检测接收、发射测管间连线两边窄带区域的混凝土质量,即如图 2-59 中阴影区为检测的控制面积。一般桩径小于 800 mm 时,声测管可布置 2 根;桩基为 800 ~ 2 000 mm 时,声测管不少于 3 根;当桩径大于 2 000 mm 时,声测管不小于 4 根。2 根声测管沿直径布置,构成 1 个声测剖面;3 根声测管按等边三角形均匀布置,构成 3 个声测剖面;4 根声测管按正方形布置,构成 6 个声测剖面。

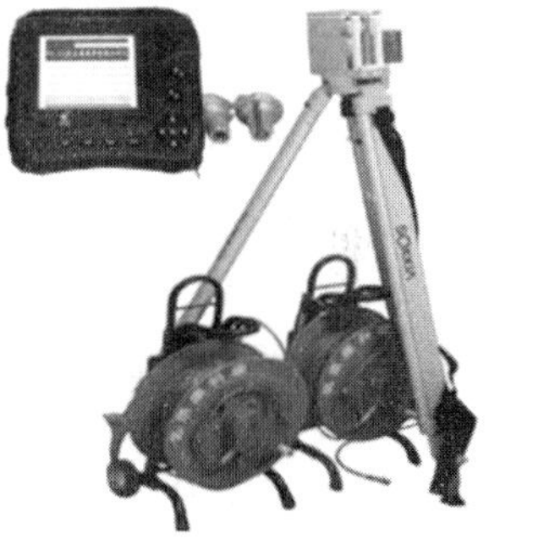

图 2-58　NM－4A 型全自动非金属超声检测仪

2.5.6.3　现场测试

现场的检测过程一般分两个步骤进行,首先是采用平测法对全桩各个检测剖面进行普查,找出声学参数异常的测点。然后,对声学参数异常的测点采用加密平测、斜测或扇形扫测等细测方法进一步检测,这样一方面可以验证普查结果,另一方面可以进一步确定异常部位的范围,为桩身完整性类别的判定提供可靠依据。

1. 平测普查

(1)将多根声测管以两根为一个检测剖面进行全组合(共有 C_{2n} 个检测剖面,n 为声测管数),进行剖面编码。

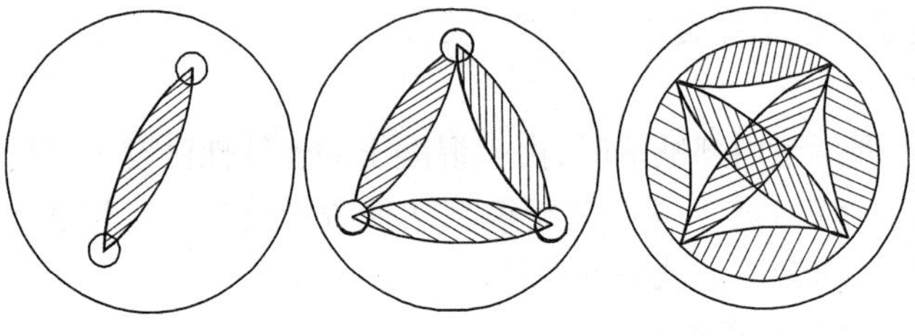

图 2-59　声测管布设方式

(2)将发、收换能器分别置于某一剖面的两声测管中,并放至桩的底部,保持相同标高,见图 2-60(a)。

(3)自下而上将发、收换能器以相同的步长(一般不宜大于 250 mm)向上提升。每提升一次,进行一次测试,实时显示和记录测点的声波信号的时程曲线,读取声时、首波幅值和周期值(模拟式声波仪),宜同时显示频谱曲线和主频值(数字式仪器)。重点是声时和波幅,同时也要注意实测波形的变化。

(4)在同一桩的各检测剖面的检测过程中,声波发射电压和仪器设置参数应保持不变。由于声波波幅和主频的变化,对声波发射电压和仪器设置参数很敏感,而目前的声波透射法测桩,对声参数的处理多采用相对比较法,为使声参数具有可比性,仪器性能参数应保持不变。

2. 对可疑测点的细测(加密平测、斜测、扇形扫测)

通过对平测普查的数据分析,可以根据声时、波幅和主频等声学参数相对变化及实测波形的形态,找出可疑测点。

对可疑测点,先进行加密平测(换能器提升步长为 100 ~ 200 mm),核实可疑点的异常情况,并确定异常部位的纵向范围。再用斜测法对异常点缺陷的严重情况进行进一步的探测。斜测(见图 2-60(b))就是让发、收换能器保持一定的高程差,在声测管内以相同步长同步升降进行测试,而不是像平测那样让发、收换能器在检测过程中始终保持相同的高程。斜测又分为单向斜测和交叉斜测,如图 2-60(b)、(c)所示。

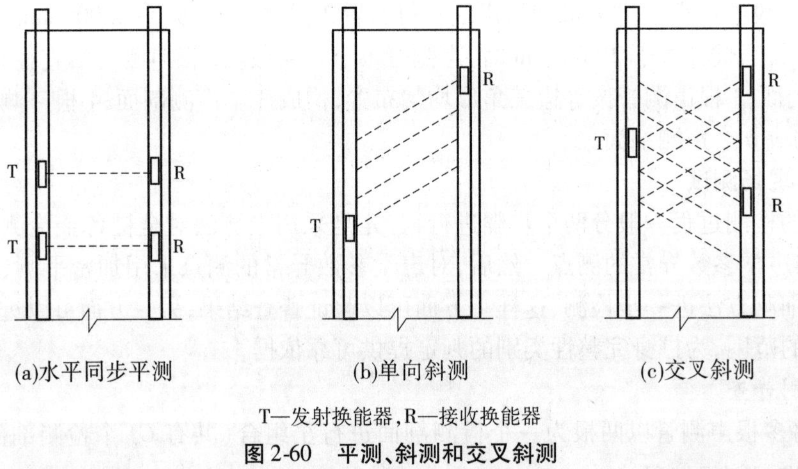

T—发射换能器,R—接收换能器

图 2-60　平测、斜测和交叉斜测

由于径向换能器在铅垂面上存在指向性，因此斜测时，发、收换能器中心连线与水平面的夹角不能太大，一般可取 30°～40°。

(1)局部缺陷：如图 2-61(a)所示，在平测中发现某测线测值异常(图中用实线表示)，进行斜测，在多条斜测线中，如果仅有一条测线(实线)测值异常，其余皆正常，则可以判断这只是一个局部的缺陷，位置就在两条实线的交点处。

(2)缩颈或声测管附着泥团：如图 2-61(b)所示，在平测中发现某(些)测线测值异常(实线)，进行斜测。如果斜测线中、通过异常平测点发收处的测线测值异常，而穿过两声测管连线中间部位的测线测值正常，则可判断桩中心部位是正常混凝土，缺陷应出现在桩的边缘，声测管附近，有可能是缩颈或声测管附着泥团。当某根声测管陷入包围时，由它构成的两个测试面在该高程处都会出现异常测值。

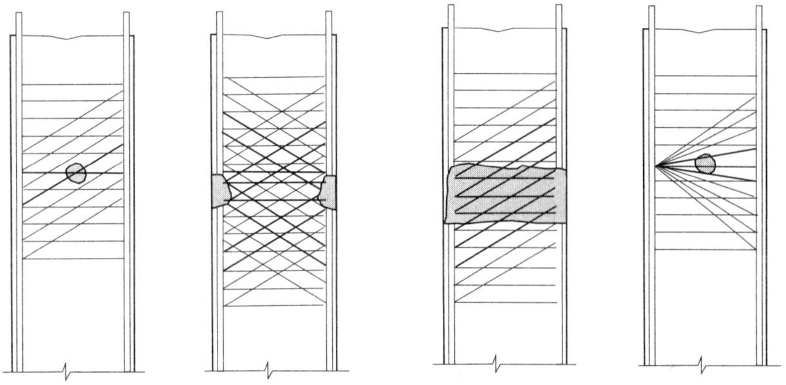

(a)局部缺陷　(b)缩颈或声测管附着泥团　(c)层状缺陷(断桩)　(d)扇形扫测

图 2-61　灌注桩的交叉斜测和扇形扫测

(3)层状缺陷(断桩)：如图 2-61(c)所示，在平测中发现某(些)测线值异常(实线)，进行斜测。如果斜测线中除通过异常平测点发收处的测线测值异常外，所有穿过两声测管连线中间部位的测线测值均异常，则可判定该声测管间缺陷连成一片。如果三个测试面均在此高程处出现这样情况，如果不是在桩的底部，测值又低下严重，则可判定是整个断面的缺陷，如夹泥层或疏松层，既断桩。

斜测有两面斜测和一面斜测。最好进行两面斜测，以便相互印证，特别是像图 2-61(b)那种缩颈或包裹声测管的缺陷，两面斜测可以避免误判。

(4)扇形扫测：在桩顶或桩底斜测范围受限制时，或者为减少换能器升降次数，作为一种辅助手段，也可扇形扫查测量，如图 2-61(d)所示。一只换能器固定在某高程不动，另一只换能器逐点移动，测线呈扇形分布。要注意的是，扇形测量中各测点测距是各不相同的，虽然波速可以换算，相互比较，但振幅测值却没有相互可比性(波幅除与测距有关，还与方位角有关，且不是线性变化)，只能根据相邻测点测值的突变来发现测线是否遇到缺陷。

3. 对桩身缺陷在桩横截面上的分布状况的推断

对单一检测剖面的平测、斜测结果进行分析，我们只能得出缺陷在该检测剖面上的投影范围,桩身缺陷在空间的分布是一个不规则的几何体,要进一步确定缺陷的范围(在桩身横截面上的分布范围),则应综合分析各个检测剖面在同一高程或邻近高程上的测点的测试结果,如图 2-62 所示,一灌注桩桩身存在缺陷,在三个检测剖面的同一高程上通过细测(加密平测和斜测),确定了该桩身缺陷在三个检测剖面上的投影范围,综合分析桩身缺陷的三个剖面投影可大致推断桩身缺陷在桩横截面上的分布范围。

桩身缺陷的纵向尺寸可以比较准确地检测,因为测点间距可以任意小,所以在桩身纵剖面上可以有任意多条测线。而桩身缺陷在桩横截面上的分布则只是一个初略的推断,因为在桩身横截面上最多只有 C_{n2} 条测线(n 为声测管埋设数量)。

近几年发展起来的灌注桩声波层析成像(CT)技术是检测灌注桩桩身缺陷在桩内的空间分布状况的一种新方法。

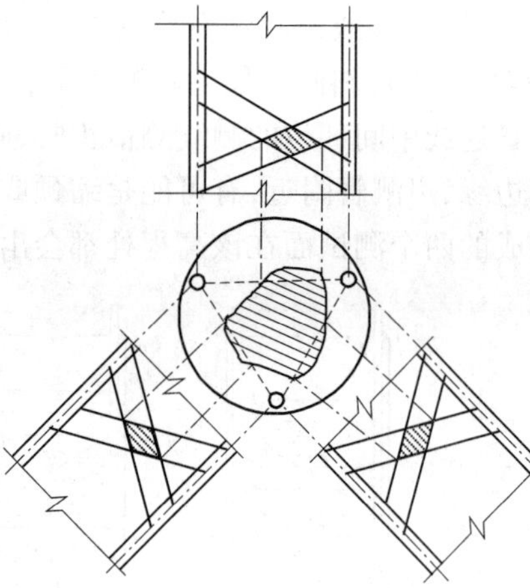

图 2-62　桩身缺陷分布及投影

2.5.7　基桩高应变检测

2.5.7.1　应力波理论

高应变动测是通过对称安装在距桩顶 1.5 ~ 2.0 倍桩径处的力和加速度传感器,实测得到 $F(t)$ 和 $v(t)$ 曲线;在匀质等截面桩中桩身力学阻抗为常量,桩身内力和质点的运动速度显然成正比,为了便于观察和分析,把实测的 $v(t)$ 曲线乘以阻抗 Z,从而得出力的单位和 $F(t)$ 曲线在一起显示出来。

在未受到摩阻力时,桩身阻抗和速度的乘积与桩身受力相等,速度曲线和力曲线重合。当受到摩阻力时,摩阻力将产生两种波,一种是向上传播的压力波,其值为 $R/2$;另一种是向下传播的拉力波,其值为 $R/2$。如初始波为压力波质点速度方向向下,那么不论哪种波都会降低质点速度,从而将速度曲线和力曲线拉开,拉开的距离和阻力成正比,因此从所测的力曲线和速度曲线拉开的距离可以判读桩身摩阻力的大小。

当力波传播到桩端时,由于桩身截面的变化,使得质点速度增大,力值减少;而端承力使质点速度减少,力值增大,故实测速度曲线在 $2L/C$ 处的反射程度取决于端承力的大小。

2.5.7.2　确定承载力方法

高应变确定承载力的方法有两种,一种为实测曲线拟合法,另一种为凯斯法。实测曲线拟合法又称 CAPWAP 法,它是把一根实测曲线作为边界条件输入到计算机,再利用计算机对各种参数进行设定,然后进行波动方程计算,即可求得另一根曲线的数值,即 $F(t)$ 曲线。把计算的结果和实测曲线相比较,使整个过程成为一种“实测—设定—计算—比较”的循环,完成一次拟合。然后根据对比中的差别,修改参数的设定值,再进行下一次拟合;经过多次的拟合,使计算曲线与实测曲线吻合,得到附合实际的参数值,即得到较准确的单桩极限承载力和桩身完整性以及桩侧摩阻和桩端阻力情况。

2.5.7.3　桩身完整性的确定

在力学阻抗发生变化的界面处，应力波将产生反射和透射，若上下截面的阻抗分别为 Z_1、Z_2，令上下两个截面的阻抗比的倒数为 β，并称为截面完整性系数，见下式

$$\beta = \frac{Z_2}{Z_1} = \frac{P_2C_2A_2}{P_1C_1A_1} \tag{2-5}$$

对于 β 值和桩身缺陷程度的关系，《建筑基桩检测技术规范》（JGJ 106—2003）提出的参数如表 2-4 所示。

表 2-4　根据 β 值判断桩身结构完整性表

β 值	桩身结构完整性
1.0	Ⅰ类桩（桩身完整）
0.8～1.0	Ⅱ类桩（桩身有轻微缺陷）
0.6～0.8	Ⅲ类桩（桩身有明显缺陷）
≤0.6	Ⅳ类桩（桩身存在严重缺陷）

2.5.7.4　试验方法及过程

高应变试验用吊车起吊一定重量的铸铁锤，锤吊至一定高度后自动脱钩锤落到桩顶，每根桩锤击 1～3 锤，落距为 0.5～1.8 m，在离桩顶 1.5～2.0 倍直径处对称安装工具式力传感器和加速度计，量测每一锤击时的力和加速度信号，两种信号通过低噪屏蔽电缆输入打桩分析仪进行 A/D 转换，然后储存到计算机内，分析时可将原始信号重新调回到屏幕，再结合现场情况综合判断，即能得出各桩的单桩极限承载力和桩身质量情况。

2.5.7.5　数据的分析

（1）根据桩身完整性系数 β 值，判定等截面桩桩身结构完整性。

（2）通过检测信号的 CAPWAP 拟合分析，可得到单桩竖向极限承载力、模拟静载试验的 $Q\sim s$ 曲线、分层侧摩阻力、端阻力及桩身应力分布。

2.6　桩基新技术进展

2.6.1　桩的形式和规模

2.6.1.1　桩的尺寸向长、大方向发展

基于高层、超高层建筑物及大型桥主塔基础等承载的需要，桩径越来越大，桩长越来越长。欧美及日本的钢管桩长度已达 100 m 以上，桩径超过 2 500 mm；上海金茂大厦钢管桩桩端进入地面下 80 m 的砂层，桩径为 914.4 mm；温州地区静压式钢筋混凝土预制桩长度已达 70 m 以上，桩断面 600 mm×600 mm；郑州某工程反循环钻成孔灌注桩直径为 1 000～1 100 mm，桩长 77.6 m；厦门某大厦反循环钻成孔灌注桩深度达 103 m；南京长江

二桥主塔墩基础反循环钻成孔灌注桩直径为 3 m，深度 150 m。

2.6.1.2 **桩的尺寸向短、小方向发展**

基于老城区改造、老基础托换加固、建筑物纠偏加固、建筑物增层以及补桩等需要，小桩及锚杆静压桩技术日趋成熟，应用广泛。小桩又称微型桩或 IM 桩，是法国索勒唐舍(SOLETANCHE)公司开发的一种灌注技术。小桩实质上是直径压力注浆桩；桩径为 70～250 mm（国内多用 250 mm），长径比大于 30（国内桩长多用 8～12 m，长径比通常为 50 左右），采用钻孔（国内多用螺旋钻成孔）、强配筋（配筋率大于 1%）和压力注浆（注浆压力为 1.0～2.5 MPa）工艺施工。锚杆静压桩的断面为 200 mm × 200 mm～300 mm × 300 mm；桩段长度取决于施工净空高度和机具情况，为 1.0～3.0 m，桩入土深度 3～30 m。

2.6.1.3 **向扩孔桩方向发展**

为了充分发挥地基的承载力，人们对桩进行了扩径和扩底。扩底的施工方法有钻扩、爆扩、夯扩、振扩、挤扩、挖扩、注扩等多种，采用扩底桩可大大提高单桩承载力。

其中复合载体夯扩桩为我国近年来涌现的新桩型见图 2-63(a)。它是采用细长锤夯击成孔，将护筒沉到设计标高后，分批向孔内投放废桩石及干硬性混凝土，反复击实，挤密桩底土体，在桩端形成复合载体，然后灌注桩身混凝土，该桩造价低，承载力为相同桩径、桩长灌注桩的几倍。

DX 多节挤扩灌注桩是一种局部扩径的桩型，在钻孔后向孔内放入专用液压挤扩设备，根据土层情况在不同部位挤压出分岔或者圆锥盘式扩大腔体，浇筑混凝土后成为支盘和支叉，可明显提高单桩承载力，见图 2-63(b)。

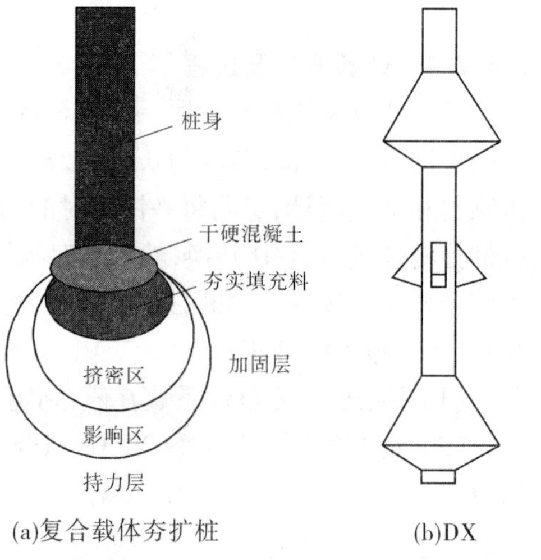

图 2-63 两种新桩型

注扩是指桩端压力注浆桩、桩侧压力注浆桩及桩端桩侧联合注浆桩。桩端压力注浆桩是指钻孔、冲孔和挖孔灌注桩在成桩后，通常通过预埋在桩身的注浆管利用压力作用，将能固化的浆液（诸如，纯水泥浆、或水泥砂浆、或加外加剂及掺合料的水泥浆、或超细水泥浆、或化学浆液等），经桩端的预留压力注浆装置（诸如，预留压力注浆室、或预留承压包、或预留注浆空腔、或预留注浆通道、或预留的特殊的注浆装置等）均匀地注入桩端地层；视浆液性状、土层特性和注浆参数等不同条件、压力浆液对桩端土层、中风化与强风化基岩、桩端虚土及桩端附近的桩周土层起到渗透、填充、置换、劈裂、压密及固结或多种形式的组合等不同作用，改变其物理力学性能及桩与岩、土之间的边界条件，消除虚土隐患，从而提高桩的承载力以及减少桩基的沉降量。

目前，桩端压力注浆技术在国内得到蓬勃发展，具体表现在：

(1)桩端压力注浆装置型式众多，据收集到的资料可知，国内已有 18 种桩端压力注浆装置。

(2)注浆工艺水平得到较大提高和完善，使桩端压力注浆桩的承载力较初期使用时大为提高。

(3)不少施工单位制定出适应于当地情况的端桩压力注浆工艺操作规程和质量控制标准。

(4)桩端压力注浆桩已成为土木建筑深基础中的一种重要桩型,初步分析国内已有数百幢多层、高层和超高层建筑桩基工程采用此类桩型。

(5)在开展桩端压力注浆工艺的同时,国内还开发桩侧压力注浆工艺,桩端桩侧联合注浆(统称为后压浆桩)获得更显著的技术经济效益。

例如,在郑州大学岩土与地下工程研究所对郑州市三环快速路工程中大直径后注浆的研究中,提出了一套新的针对郑州地区土质情况的注浆参数、注浆施工工艺,大大提高了后注浆灌注桩极限承载力,通过在该工程中的全面应用,产生直接经济效益约 3 亿元。

2.6.1.4　向异型桩方向发展

为了提高单桩承载力(桩侧摩阻力和桩端阻力)国内外大量发展异型桩。广义地说,异型桩包括横向截面异化桩和纵向截面异化桩。

横向截面从圆截面和方形截面异化后的桩型有三角形桩、六角形桩、八角形桩、外方内圆空心桩、外方内异形空心桩、十字形桩、X 形桩、T 形桩及壁板桩等。

纵向截面从棱柱桩和圆柱桩异化后的桩型有楔形桩(圆锥形桩和角锥形桩)、梯形桩、菱形桩、根形桩、扩底柱、多节桩(多节灌注桩和多节预制桩)、桩身扩大桩、波纹柱形桩、波纹锥形桩、带张开叶片的桩、螺旋桩、从一面削尖的成对预制斜桩及 DX 挤扩灌注桩等。

2.6.1.5　向多种桩身材料方向发展

以灌注桩为例,桩身材料种类亦出现多样化趋势,如普通混凝土、超流态混凝土、钻孔压灌超流态混凝土、无砂混凝土、纤维混凝土、自流平混凝土及微膨胀混凝土等。打入式桩亦有组合材料桩,如钢管外壳加混凝土内壁的合成桩等。

所谓钻孔压灌超流态混凝土桩是用改装后的长螺旋钻机钻至设计深度;在提钻的同时,通过钻杆内腔经钻头上的喷嘴向孔底灌注一定数量的水泥浆;边提升钻杆边用混凝土泵压入超流态混凝土至略高于没有塌孔危险的位置;提出钻杆向孔内放入钢筋笼至桩顶设计标高;最后把超流态混凝土压灌至桩顶设计标高而成桩。

2.6.2　桩的设计

2.6.2.1　复合桩基

群桩基础实际上是桩、土和承台三者的共同作用问题。实际上承台贴地,常常承担相当部分的荷载,这种考虑承台底桩间土承载力的桩基也叫做复合桩基,其中的单桩叫做复合基桩。承台底土阻力的多少取决于桩土相对位移。一般而言,端承桩承台发挥作用下,摩擦桩的承台发挥作用大。当承台底面以下存在可液化土、湿陷性黄土、高灵敏性软土、欠固结土、新填土或可能出现震陷、降水、沉桩过程产生高孔隙水压力和土体隆起时,不考虑承台效应。一般刚性贴地承台下土的反力是马鞍形分布的,桩群外围线之外承台下土的反力大,外围线之内土的反力小。

2.6.2.2 减沉桩基

有时尽管天然地基的承载力可满足建筑物的要求，但可能沉降量过大；而从技术经济比较的结果来看，扩大基础尺寸或进行地基处理耗费资金较多，这时在基础下加桩，并且按控制地基沉降的原则进行桩基设计，可能是较好的选择。这种情况往往所需桩数不多，桩距较大，一般为 $S_a=(4\sim6)d$，甚至更大，这种以控制沉降为目的，直接用沉降量指标来确定桩数量的桩基，称为减沉桩基或疏桩桩基。减沉桩基中的桩应为摩擦桩，但桩端也应进入较好土层，以防沉降过大，达不到预期的控制沉降的效果。减沉桩在承台产生一定沉降时，桩可充分发挥其承载力并允许进入极限承载力状态，同时承台也类似浅基础或复合地基，很大部分的荷载加在桩间土上，是一种承台作用发挥较大的复合桩基。

桩与承台下土分配的荷载应当按上部结构、基础与地基共同作用分析确定。由于在减沉桩基中桩可按单桩的极限承载力设计，使桩的承载力充分发挥。因而可大幅度减少用桩量，桩长也可减小，从而降低工程造价。但是也要按规定荷载验算桩身强度和桩端下卧层的承载力，以保证桩基整体稳定性。目前减沉桩基的设计理论尚不成熟，一般结合具体地区经验进行设计。以筏板基础为例，如果天然地基承载力已够，而沉降过大不能接受，则可按减沉桩基设计。首先，根据初步确定的筏基埋深及尺寸，设定若干种基础方案，每个方案的桩数不同，计算出桩数与沉降关系曲线；然后根据建筑物允许沉降量，从曲线中确定所需用桩量；最后，验算桩基承载力。

由于减沉桩基具有较大经济效益，在我国软土地区应用较多，但设计计算方法尚有待进一步完善。

2.6.3 桩的施工

2.6.3.1 向攻克桩成孔难点方向发展

以日本为例，成立由 64 家基础公司组成的岩层削孔技术协会，研究开发出 20 余种大直径岩层削孔工法，其中长螺旋钻进成孔法 3 种，回转钻进成孔法 5 种，冲击钻进成孔法 7 种以及全套管回转掘削孔法 9 种。国内也有不少单位成功地研究开发出岩层钻进成孔法及大三石层（大卵砾石层、大抛石层和大孤石层）钻进成孔法。

2.6.3.2 向低公害工法桩方向发展

传统的筒式柴油锤冲击式钢筋混凝土预制桩虽然具有桩身质量较可靠、施工速度快及承载力高等优点，但由于其施工时噪声高、振动大和油污飞溅（三者统称为一次公害）等缺点，在城区的住宅群及公共建筑群等场地施工中受到很大限制，为了消除和减轻对于环境的不利影响，在城区软土地区采用的静压桩受到了欢迎。静压桩基础不仅适用于多层和一般高层建筑，还可用于 20 ~ 35 层高层建筑。同时，压桩机的生产和使用跨进了一个新时代，湖南山河智能机械股份有限公司生产的系列静力压桩机是新型的环保型建筑基础施工设备，具有无污染、无噪声、无振动、压桩速度快、成桩质量高等显著特点，技术水平国际领先。有 ZYJ（抱压式）和 ZYDJ（顶压式）两大系列，20 多个品种，压桩力从 800 ~ 12 000 kN，采用静压法施工的桩长已达 70 m 以上。实践表明，用步履式全液压静力压桩机施工开口预应力管桩（PC 桩）和预应力高强度管桩（PHC 桩）是桩机和桩型的优化组合，也是具有中国特色的施工工法。另一方面，在该问题的处理上，国外已显现出用液压打桩锤取代筒式柴油锤的趋势。与筒式柴油锤相比,液压打桩锤具有桩锤短、噪声低、无油烟、省燃料、每一个工作循环中沉桩力持续时间长、打击力大、每一次冲击产生的桩贯入度较大等特点。

泥浆护壁法钻、冲孔灌注桩在地下水位高的软土地区虽然被较广泛地采用,但由于泥浆的使用造成施工现场不文明及泥浆排除(称为二次公害)的困难,成为施工者头痛之事。因此,钻斗钻成孔灌注桩(即用旋挖钻机的钻斗钻头成孔而成的灌注桩),因其干取土作业加之所使用的稳定液可由专用的仓罐贮存,现场较为文明,在日本建筑业界此类桩型已成为泥浆护壁灌注桩的主力桩型,国内此类桩型的采用亦日趋增多。1998 年 8 ~ 12 月,在北京某工地应用此桩型约为 18 000 根,桩径 0. 8 m、1. 0 m 和 1. 2 m,孔深 12 ~ 15 m,桩端进入砂砾石层 0. 5 m。近几年来,青藏铁路、北京鸟巢(北京奥运会主会场)工程及首都机场第三期工程均大量采用钻斗钻成孔灌注桩。

另外一类灌注桩施工方法是钻孔压灌法。首先用长螺旋钻机钻到设计的深度,在提钻同时通过钻杆内腔经由钻头处的压浆孔向孔底压灌水泥浆,随后有两套施工方法:其一是向孔内灌注水泥浆至地下水位以上 0. 5 ~ 1. 0 m,保持孔壁稳定,然后起钻、放置钢筋笼,预留一根直通孔底的高压注浆管,然后投放骨料,再通过注浆管补浆;其二是向孔底压灌水泥浆后,边提升钻杆边向孔内压灌超流态的混凝土到一定深度,以保护孔壁稳定,然后提升钻杆,放置钢筋笼,再浇筑混凝土直到桩顶设计标高。第二种灌注桩施工法可用于地下水位以上,也可用于地下水位以下,不必采用泥浆护壁,减少对环境的污染,同时也避免了灌注桩通常存在的桩底虚土和孔壁的泥皮,从而明显提高了单桩的承载力。

2. 6. 3. 3　向埋入式桩方向发展

钢筋混凝土预制桩和钢桩的设桩工艺有打入式、压入式(静压式)和埋入式三种。前面提到筒式柴油锤冲击式(打入式)施工中存在一次公害。打入式和压入式设桩工艺在施工中产生挤土效应,使地基土隆起和水平挤动,不同程度地对邻近建筑物和地下管线产生不良影响。

为了消除一次公害和挤土效应,日本从 20 世纪 60 年代初期起开发出以低噪声、低振动和无挤土效应为目标的埋入式桩系列工法,至今共有 80 余种。所谓埋入式桩工法是将预制桩或钢管桩沉入到钻成的孔中后,采用某些手段增强桩承载力的工法。1987 年在日本埋入式桩工法占预制桩施工的 56% ,至 2000 年该法比例上升为 78% 。我国埋入式桩的种类很少,目前主要有北京地区采用的植桩法,即先用长螺旋钻成孔,穿过硬夹层或可液化层,然后将预制桩放入孔内,最后锤击沉桩使桩端进入设计要求的持力层。江浙地区采用将预制桩埋入到深层搅拌桩或旋喷桩中的施工方法。

参 考 文 献

[1] 中华人民共和国住房和城乡建设部. JGJ 94—2008 建筑桩基技术规范[S]. 北京:中国建筑工业出版社,2008.

[2] 中华人民共和国建设部. JGJ 106—2003 建筑桩基检测技术规范[S]. 北京:中国建筑工业出版社,2003.

[3] 闫富有,刘忠玉. 基础工程[M]. 北京:中国电力出版社,2012.

[4] 张忠苗.桩基工程[M].北京:中国建筑工业出版社,2011.
[5] 周景星,李广信.基础工程[M].北京:清华大学出版社,2011.
[6] 陈建荣,高飞.现代桩基工程试验与检测[M].上海:上海科学技术出版社,2011.
[7] 张景伟.后注浆灌注桩在复杂荷载作用下的承载性状研究[D].郑州:郑州大学.2013.
[8] 韩光远.日本的几种桩基础施工技术[J].建筑技术,1997,29(3):185-188.
[9] 王文彬,刘心禹.钻孔植入工法[J].施工技术,1992,8:38-40.
[10] 申利剑,邓先军,杨荣青.钻压法在资江桥钢板桩围堰施工中的应用[J].公路交通科技,2012,8:252-255.

第 3 章　复合地基技术概论

复合地基技术在中国土木工程建设中作为地基加固的一种方法已得到广泛应用,但直至目前对其概念尚无统一认识。复合地基一词最早源于60年代,最初主要是指碎石桩复合地基。随着深层搅拌法和高压喷射注浆法在地基处理中的广泛应用,人们逐渐开始关注水泥土桩复合地基。将复合地基的概念重新界定为散体材料桩复合地基和黏结材料桩复合地基。此后,考虑桩的刚度、桩的长度、桩型、褥垫层的作用、土工合成材料,以及作用机制等因素,又将复合地基的概念进一步扩展为刚性桩复合地基和柔性桩复合地基,等长桩复合地基和长短桩复合地基,单一桩型复合地基和多桩型复合地基,水平增强体复合地基和竖向增强体复合地基,以及桩－网复合地基等。

复合地基充分考虑了地基土的承载力,在满足地基承载力和变形要求的情况下,大幅降低了工程成本,同时随着地基处理技术和复合地基理论的发展,其种类也日趋繁多,因此近年来在中国各地区得到了广泛的推广应用,产生了良好的社会效益和经济效益。

本章将简要介绍竖向增强体(桩)复合地基的分类及适用范围、加固原理、试验技术,以及新技术的研究现状和发展趋势。

3.1　概　述

当天然地基不能满足建(构)筑物对地基的要求时,需要进行地基处理,形成人工地基,已保证建(构)筑物的安全与正常使用。地基处理方法很多,目前主要有置换、排水固结、振密、挤密、加筋等。经过地基处理形成的人工地基大致可分为三类:均质地基、多层地基和复合地基。

3.1.1　复合地基的概念

复合地基的概念分狭义和广义。广义复合地基的概念是指天然地基在地基处理过程中部分土体得到增强,或被置换,或在天然地基中设置加筋材料,加固区是由基体(天然地基土体或被改良的天然地基土体)和增强体两部分组成的人工地基。在荷载作用下,基体和增强体共同承担荷载的作用。其中,竖向增强体主要为桩,水平向增强体主要为土工织物,基体为桩间土。狭义复合地基的概念最早是指水泥土搅拌桩复合地基。

置换率、桩土应力比、桩土荷载分担比和复合模量是复合地基承载力和沉降设计计算中的主要参数。

3.1.1.1　**置换率**

置换率为复合地基中桩体的横截面面积与该桩体所承担的复合地基面积的比值,一般用 m 表示:

$$m = \frac{A_p}{A} \tag{3-1}$$

目前实际工程中常采用的平面布桩形式为:正方形、长方形和等边三角形(见图3-1)。对于传统的圆桩,三种布桩形式的复合地基置换率公式按式(3-2)~式(3-4)计算:

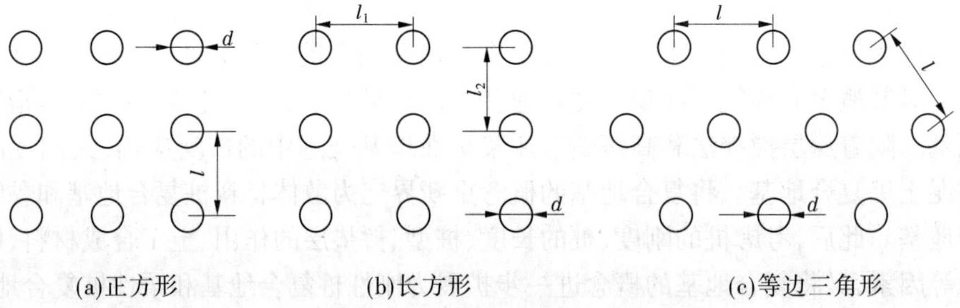

图3-1　桩位平面布置示意图

$$m = \frac{\pi d^2}{4l^2} \tag{3-2}$$

$$m = \frac{\pi d^2}{4l_1 l_2} \tag{3-3}$$

$$m = \frac{\pi d^2}{2\sqrt{3}l^2} \tag{3-4}$$

3.1.1.2　桩土应力比

桩土应力比为复合地基中桩体上的平均竖向应力和桩间土上的平均竖向应力的比值,一般用 n 表示。假设在荷载作用下,复合地基中桩顶应力为 σ_{p},桩间土应力为 σ_{s},则桩间土应力比 n 为:

$$n = \frac{\sigma_{\mathrm{p}}}{\sigma_{\mathrm{s}}} \tag{3-5}$$

3.1.1.3　桩土荷载分担比

桩土荷载分担比为复合地基中桩体承担的荷载与桩间土承担的荷载的比值,一般用 N 表示。假设在荷载作用下,桩体承担的荷载记为 P_{p},桩间土承担的荷载为 P_{s},则桩土荷载分担比 N 为:

$$N = \frac{P_{\mathrm{p}}}{P_{\mathrm{s}}} \tag{3-6}$$

复合地基荷载分担比和桩土应力比的计算公式之间可以相互转换。

$$N = \frac{mn}{1-m} \tag{3-7}$$

桩土应力和桩土荷载分担比的大小定性反映复合地基的工作状态。影响两者的因素很多,如荷载水平、荷载作用时间、桩间土性质、桩长、桩体刚度、置换率等。

3.1.1.4　复合模量

复合地基的加固区是由增强体和基体两部分组成的,是非均质的。在复合地基沉降计算中,为简化计算,常将加固区复合土层等效为均质土层。等效后的均质土层的模量称为复合模量,其大小与加固区非均质土层模量相同。

3.1.2　复合地基的作用效应

在复合地基中,桩型、沉桩工艺与复合地基加固效果密切相关。常用桩型的复合地基作用效应一般包括:①置换作用(桩体作用);②挤密、振密作用;③加速固结作用;④约束作用。

3.1.2.1　置换作用(桩体作用)

在复合地基中,竖向增强体(桩)的刚度一般大于桩间土。在荷载作用下,桩顶会产生应力集中,更多荷载由桩分担,并沿桩身向下传入深部土层,桩间土应力相应减小,复合地基承载力相比天然地基有所提高,沉降变形相应减小。

3.1.2.2　挤密、振密作用

在复合地基中,振动或挤压沉桩会使松散土体孔隙比减小,密实度增加,变形模量增大,承载力提高。在松散填土、砂土、粉土中,散体材料桩(砂桩、CFG 桩、碎石桩等)和黏结材料桩(PHC 桩、PTC 桩等)振动或挤压沉桩在一定程度上会提高桩间土的承载力。但在饱和软黏土、粉土、硬黏土及密实砂土中,上述成桩方法会使土体强度降低,超孔隙水压力增大,密实度减小,承载力降低。

3.1.2.3　加速固结作用

很多桩体(砂桩、碎石桩、CFG 桩等)具有良好的透水性,是复合地基中良好的排水通道。在荷载作用下,桩间土中会产生超孔隙水压力,桩的存在缩短了桩间土排水泄压的距离,加快了土中超孔隙水压力的消散速度,使土的有效应力增加,桩间土强度和复合地基承载力提高,沉降变形减小。

3.1.2.4　约束作用

在复合地基中,群桩一定程度上限制了荷载作用下土体的侧向变形,从而提高了土体的变形模量和承载力,减小了复合地基沉降变形。

此外,桩对桩间土的加固作用也有利于整体复合地基的抗滑移稳定。当桩体材料的密度小于天然土体的密度时,复合地基有减载作用。

3.2　复合地基的类型及适用范围

3.2.1　复合地基的类型

复合地基发展至今其形式繁多,常用形式分类如下。

3.2.1.1　按增强体设置方向分类

复合地基按增强体设置方向不同分为竖向增强体复合地基、水平向增强体复合地基及斜向增强体复合地基,如图 3-2 所示。

3.2.1.2　按增强体材料分类

水平向增强体主要为土工合成材料,如土工格栅、土工布等。

竖向或斜向增强体主要为桩。根据材料不同,竖向增强体桩复合地基分为散体材料

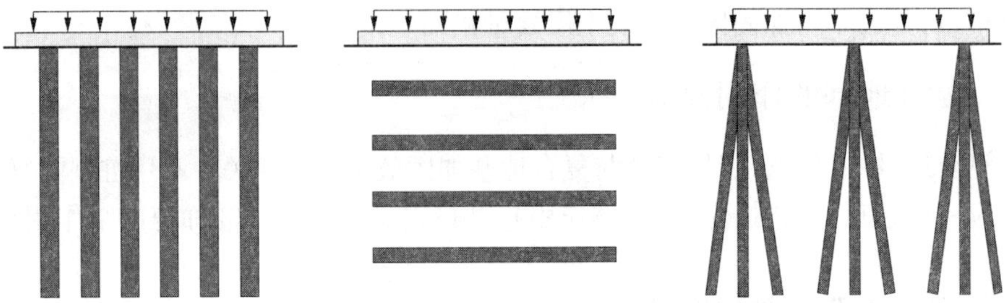

(a)竖向增强体复合地基　(b)水平向增强体复合地基　(c)斜向增强体复合地基

图 3-2　复合地基形式示意图(增强体方向不同)

桩复合地基和黏结材料桩复合地基两种。

散体材料桩:砂桩、碎石桩等。

黏结材料桩:水泥土桩、土桩、灰土桩、渣土桩、CFG 桩(水泥粉煤灰碎石桩)、混凝土桩、钢筋混凝土桩等。

3.2.1.3　按桩长分类

复合地基按桩长不同分为等长桩复合地基、长短桩复合地基,如图 3-3 所示。

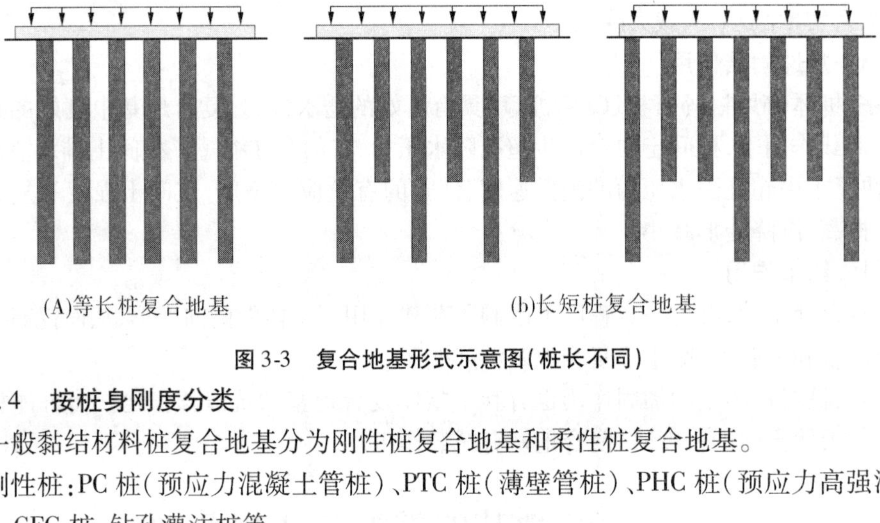

(A)等长桩复合地基　(b)长短桩复合地基

图 3-3　复合地基形式示意图(桩长不同)

3.2.1.4　按桩身刚度分类

一般黏结材料桩复合地基分为刚性桩复合地基和柔性桩复合地基。

刚性桩:PC 桩(预应力混凝土管桩)、PTC 桩(薄壁管桩)、PHC 桩(预应力高强混凝土管桩)、CFG 桩、钻孔灌注桩等。

柔性桩:水泥土桩、灰土桩、石灰桩等。

3.2.1.5　按桩型分类

复合地基按桩型不同分为单一桩型复合地基和多桩型复合地基,如图 3-4 所示。

3.2.1.6　按基础刚度分类

复合地基按基础刚度不同分为柔性基础复合地基和刚性基础复合地基。柔性基础刚度小,小荷载作用下复合地基的承载性状与刚性基础复合地基承载性状相同;大荷载作用下,基础与桩、土协同变形,复合地基承载性状及桩土间荷载传递机制与刚性基础复合地基不同。

现有研究中柔性基础一般指高填方路基,刚性基础一般指高层或多层建筑基础。

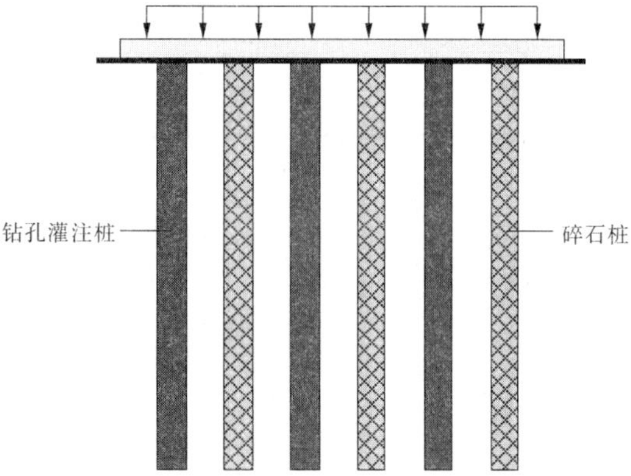

图 3-4　复合地基形式示意图(桩型不同)

3.2.1.7　按垫层分类

根据基础下或桩顶上是否设置垫层分为复合地基(有垫层)和复合桩基(无垫层)。

此外,根据垫层中或桩顶上是否设置水平向增强体,有桩－网复合地基(见图 3-5),其一般为高填方复合路基。

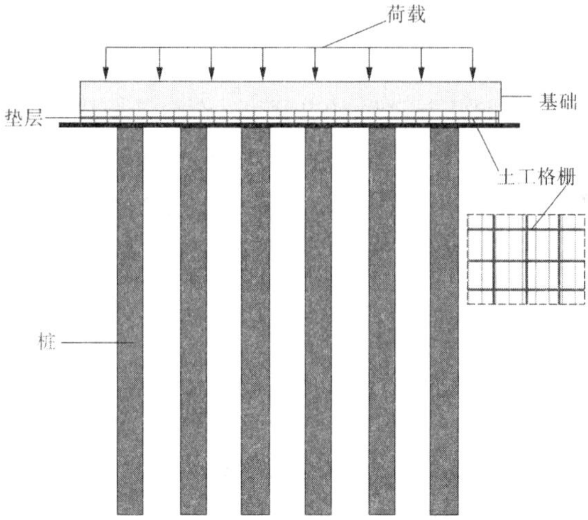

图 3-5　桩－网复合地基示意图

实际工程中,往往根据不同工程要求,复合地基形式变化多样,如柔性基础下多桩型长短桩复合地基,如图 3-6 所示。

3.2.2　各类型复合地基的适用范围

3.2.2.1　深层搅拌桩复合地基

深层搅拌桩是利用各种搅拌机,沿深度方向将土体与固化剂(水泥浆、水泥粉、石灰粉、粉煤灰,外加定量掺合剂)充分搅拌,使土体与固化剂发生物理化学反应,使软土硬结,形成整体强度的加固体,该深层加固体称为深层搅拌桩。搅拌桩与天然地基组成深层搅拌桩复合地基。深层搅拌桩可采用喷浆搅拌法或喷粉搅拌法施工。

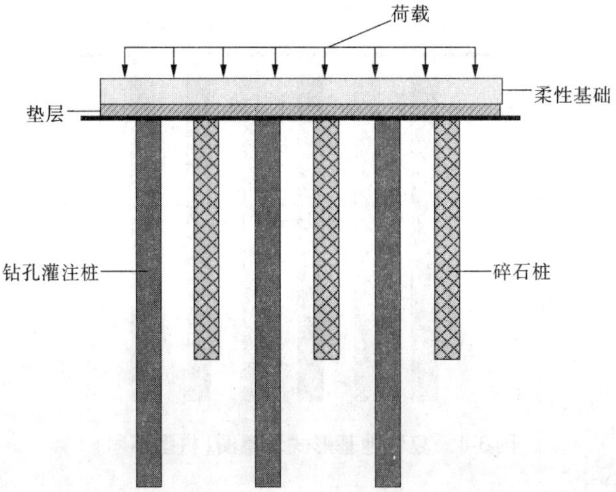

图 3-6　柔性基础下多桩型长短桩复合地基示意图

1. 土质条件

深层搅拌桩复合地基可用于处理正常固结的淤泥与淤泥质土、素填土、软塑 - 可塑黏性土、松散 - 中密粉细砂、稍密 - 中密粉土、松散 - 稍密中粗砂及黄土等地基。当地基土的天然含水量小于 30% 或黄土含水量小于 25% 时，不宜采用喷粉搅拌法。

含大孤石或障碍物较多且不易清除的杂填土、硬塑及坚硬的黏性土、密实的砂土，以及地下水呈流动状态的土层，不宜采用深层搅拌桩复合地基。

深层搅拌桩复合地基用于处理泥炭土、有机质含量较高的土、塑性指数(I_P)大于 25 的黏土、地下水的 pH 值小于 4 和地下水具有腐蚀性，以及无工程经验的地区时，应通过现场试验确定其适用性。

2. 工程对象

形成复合地基的主要目的是为了提高地基的承载力及改善地基的变形特性。搅拌桩复合地基广泛应用于下述工程：①建(构)筑物地基，如 10 层以下的民用住宅、办公楼、厂房、水池、油罐等建(构)筑物地基；②大型堆场，如钢铁厂、水泥厂、大型货厂等的地基；③高速公路和机场跑道的基础处理，如应用于高速公路桥台、箱涵(通道)两侧的引道地基以调整路基与桥梁桩基或箱涵(通道)基础之间的不均匀沉降。

3.2.2.2　高压旋喷桩复合地基

高压旋喷桩是以高压旋转的喷嘴将水泥浆喷入土层与土体混合，形成连续搭接的水泥加固体。高压旋喷桩作为竖向增强体与桩间土组成高压旋喷桩复合地基。

高压旋喷桩复合地基适用于处理软塑 - 可塑的黏性土、粉土、砂土、黄土、素填土和碎石土等地基。当土中含有较多大直径块石、大量植物根茎或有机质含量较高时，不宜采用。

3.2.2.3　土桩和灰土桩复合地基

土桩和灰土桩复合地基是用沉管、冲击或爆炸等方法在地基中挤土，形成直径为 28 ~ 60 cm的桩孔，然后向孔内夯填素土或灰土(所谓灰土，是将不同比例的消石灰和土掺合而形成)形成土桩或灰土桩。成孔时，桩孔部位的土被侧向挤出，从而使桩间土得到挤密。另一方面，对灰土桩而言，石灰和土之间产生物理化学反应，凝结成一定强度的桩体。桩和桩间挤密土共同组成复合地基。

土桩复合地基适用于消除湿陷性黄土地基的湿陷性；灰土挤密桩复合地基适用于填土、粉土、粉质黏土、湿陷性黄土和非湿陷性黄土、黏土以及其他可进行挤密处理的地基。

土桩和灰土桩复合地基适合于处理地下水位以上、深度在5～15 m、含水量在14%～23%的湿陷性黄土地基、新近堆积黄土、素填土、杂填土及其他非饱和的黏性土、粉土等土层。当地基含水量大于23%～25%、饱和度大于0.65时，桩孔可能缩颈和出现回淤问题，挤密效果差，也较难施工，因此不宜采用。采用灰土挤密桩处理地基时，应使地基土的含水量达到或接近最优含水量。地基土的含水量小于12%时，应先对地基土进行增湿，再进行施工。当地基土的含水量大于22%或含有不可穿越的砂砾夹层时，不宜采用。

3.2.2.4 夯实水泥土桩复合地基

夯实水泥土桩是用人工或机械成孔，选用相对单一的土质材料，与水泥按一定配合比，在孔外充分拌和均匀制成水泥土，分层向孔内回填并强力夯实，制成均匀的水泥土桩。桩、桩间土和褥垫层一起形成夯实水泥土桩复合地基。夯实水泥土桩通过两方面作用使地基强度提高：一是成桩夯实过程中挤密桩间土，使桩周土强度有一定程度提高；二是水泥土本身夯实成桩，且水泥与土混合后可产生离子交换等一系列物理化学反应，使桩体本身有较高强度，具水硬性。处理后的复合地基强度和抗变形能力有明显提高。

夯实水泥土桩复合地基适用于处理深度不超过10 m，在地下水位以上为黏性土、粉土、粉细砂、素填土、杂填土等适合成桩并能挤密的地基。

3.2.2.5 石灰桩复合地基

石灰桩是以生石灰为主要固化剂与粉煤灰或火山灰、炉渣、矿渣、黏性土等掺合料按一定的比例均匀混合后，在桩孔中经机械或人工分层振压或夯实所形成的密实桩体。为提高桩身强度，还可掺加石膏、水泥等外加剂。桩、桩间土和褥垫层组成石灰桩复合地基。

石灰桩复合地基适用于处理饱和黏性土、淤泥、淤泥质土、素填土和杂填土等土层；用于地下水位以上的土层时，应根据土层天然含水量增加掺合料的含水量并减少生石灰用量，也可采取土层浸水等措施。对透水高的砂土和砂质粉土以及超高含水量的软土则不适用。如杂壤土中含有大量有机质的生活垃圾，或填土中含有流动的水，则不适用。由于源源不断的流动水大大减弱石灰桩桩身的强度，除非保证在施工和桩身形成期间有严格的防、排水措施。

3.2.2.6 碎石(砂)桩复合地基

碎石桩和砂桩合称为粗颗粒土桩，是指用振动、冲击或水冲等方式在软弱地基中成孔后，再将碎石或砂挤压入土孔中，形成大直径的碎石或砂所构成的密实桩体。碎石(砂)桩复合地基是散体材料桩复合地基中的一种。

砂桩适用于处理松砂地基、粉土、素填土、杂填土、黏性土地基、湿陷性黄土地基等，可用于散料堆场、路堤、码头、油罐、厂房和住宅等工业与民用建筑地基加固工程中。

根据施工工艺不同，碎石桩分为振冲碎石桩、干振碎石桩、沉管碎石桩、强夯置换碎石桩、水泥粉煤灰碎石桩(CFG桩)、射水成孔袋装碎石桩，其中沉管碎石桩又分为振挤碎石桩(振动沉管法)、锤击碎石桩(内击沉管法)、芯管密实柱(芯管法)碎石(砂)桩复合地基适用于以下地质条件:碎石(砂)桩适用于砂土、粉土、黏性土、淤泥质土、有机质土、填土、黄土。厚层淤泥中慎用(须采用特殊措施),因其围限力过低而难以成桩,且强度时效不利。

碎石(砂)桩复合地基适用于以下工程对象:多层、高层建筑软弱地基加固,堤坝边坡加固,消除可液化土的液化性,消除湿陷性黄土的湿陷性。

3.2.2.7　PHC 管桩复合地基

PHC 管桩,即预应力高强度混凝土管桩,是采用先张预应力离心成型工艺,并经过 10 个大气压、1 800 ℃左右的蒸汽养护,制成一种空心圆筒型混凝土预制构件。桩、桩间土和褥垫层组成 PHC 管桩复合地基。

PHC 管桩复合地基适用于以下地质条件:PHC 管桩是由侧阻力和端阻力共同承受上部荷载,可选择强风化岩层、全风化岩层、坚硬的黏土层或密实的砂层(或卵石层)等多种土质作为持力层,且对持力层起伏变化大的地质条件适应性强,因此适应地域广,建筑类型多。

PHC 管桩复合地基适用于以下工程对象:PHC 管桩复合地基广泛应用于 60 层以下的多种高层建筑以及工业与民用建筑低承台桩基础,铁路、公路与桥梁、港口、码头、水利、市政、构筑物及大型设备等工程基础。

3.3　复合地基设计技术要求

根据《复合地基技术规范》(GB/T 50783—2012)基本规定:

(1)复合地基设计前,应具备岩土工程勘察、上部结构及基础设计和场地环境等有关资料。

(2)复合地基设计应根据上部结构对地基处理的要求、工程地质和水文地质条件、工期、地区经验和环境保护要求等,提出技术上可行的方案,经过技术经济比较,选用合理的复合地基形式。复合地基形式选用应遵守下列原则:

①坚持因地制宜的选用原则。根据工程地质条件、工程类型、荷载水平,以及使用要求,进行综合分析,还应考虑充分利用地方材料,合理选用复合地基形式。

②散体材料桩复合地基主要适用于在沉桩中桩间土能够振密挤密,桩间土的强度能得到较大提高的砂性土地基。对饱和软黏土地基,采用散体材料桩复合地基加固,加固后承载力提高幅度不大,而且可能产生较大的工后沉降,应慎用。

③对深厚软土地基,为了减小复合地基的沉降量,应采用较长的桩体,尽量减小加固区下卧土层的压缩量。可采用刚度较大的桩体形成复合地基,也可采用长短桩复合地基。

(3)复合地基设计应进行承载力和沉降计算,其中用于填土路堤和柔性面层堆场等工程的复合地基除应进行承载力和沉降计算外,尚应进行稳定分析,对位于坡地、岸边的复合地基均应进行稳定分析。

(4)在复合地基设计中,应根据各类复合地基的荷载传递特性,保证复合地基中桩体和桩间土在荷载作用下能够共同承担荷载。复合地基中桩和桩间土共同直接承担荷载是形成复合地基的必要条件,在复合地基设计中要充分重视,予以保证。在荷载作用下,桩体和桩间土是否能够共同直接承担上部结构传来的荷载是有条件的,即复合地基的形成是有条件的,如图 3-7 所示。

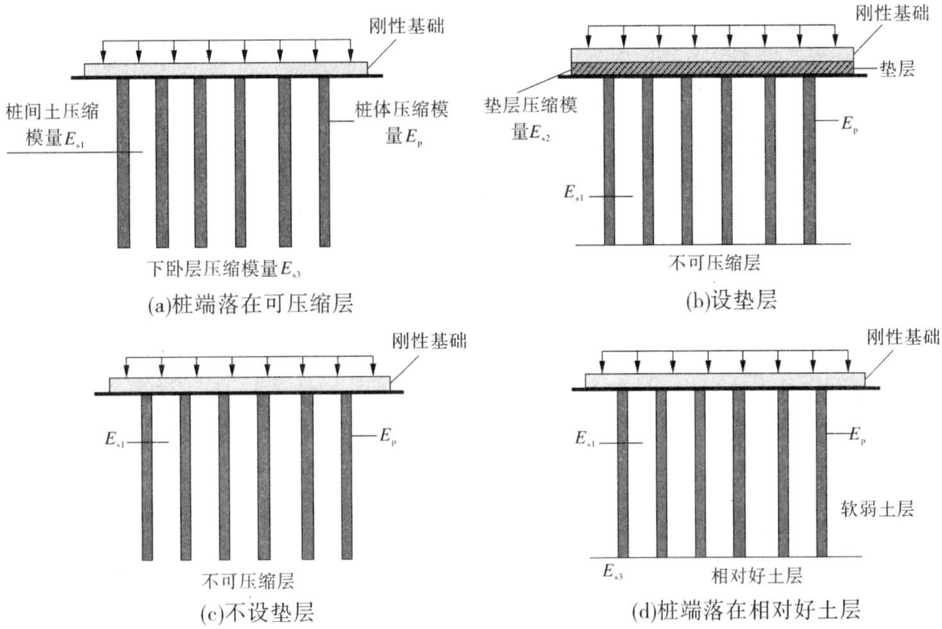

图 3-7　复合地基形成条件示意图

图 3-7 中,$E_p > E_{s1}$,$E_p > E_{s2}$,$E_p > E_{s3}$。散体材料桩在荷载作用下产生侧向鼓胀变形,能够保证桩体和桩间土共同直接承担上部结构传来的荷载。因此,当竖向增强体为散体材料桩时,各种情况均可满足桩和桩间土共同直接承担上部荷载。然而,当竖向增强体为黏结材料桩时情况就不同了。不设垫层,桩端落在可压缩层(见图 3-7(a)),荷载作用下,桩和桩间土沉降量相同,则可保证桩和桩间土共同承担荷载。桩落在不可压缩层上,在基础下设置一定厚度的柔性垫层(见图 3-7(b)),在荷载作用下,通过基础下柔性垫层的协调,也可保证桩和桩间土共同承担荷载。但需要注意分析柔性垫层对桩和桩间土的差异变形的协调能力,以及桩和桩间土之间可能产生的最大差异变形两者的关系。如果桩和桩间土之间可能产生的最大差异变形超过柔性垫层对桩和桩间土的差异变形的协调能力,那么虽在基础下设置了一定厚度的柔性垫层,在荷载作用下,也不能保证桩和桩间土始终共同直接承担荷载。当桩落在不可压缩层上,而且未设置垫层(见图 3-7(c)),在荷载作用下,开始时桩和桩间土中的竖向应力大小大致上按两者的模量比分配,但是随着土体产生蠕变,土中应力不断减小,而桩中应力逐渐增大,荷载逐渐向桩上转移。若 $E_p \gg E_{s1}$,则桩间土承担的荷载比例极小。特别是遇到地下水位下降等情况,桩间土体进一步压缩,桩间土可能不再承担荷载。在这种情况下,桩与桩间土难以共同直接承担荷载,也就是说桩和桩间土不能形成复合地基以共同承担上部荷载。当复合地基中增强体穿透最薄弱土层,落在相对好的土层上(见图 3-7(d)),$E_{s3} \gg E_{s1}$,在这种情况下,应重视 E_p、E_{s1} 和 E_{s3} 三者之间的关系,保证在荷载作用下桩和桩间土通过变形协调共同承担荷载。因此,采用黏结材料桩,特别是刚性桩形成的复合地基,需要重视复合地基形成条件的分析。

在实际工程中如果桩和桩间土不能满足复合地基形成条件,而以复合地基理念进行设计是不安全的。把不能直接承担荷载的桩间土地基承载力计算在内,高估了复合地基承载能力,降低了安全度,可能造成工程事故,应引起设计人员的充分重视。

(5)复合地基中由桩周土和桩端土提供的单桩竖向承载力和桩身承载力,均应符合设计要求。

(6)复合地基应按上部结构、基础和地基共同作用的原理进行设计。

复合地基设计中一定要重视上部结构、基础和复合地基的共同作用。复合地基是通过一定的沉降量使桩和桩间土共同承担荷载,设计中要重视沉降可能对上部结构产生的不良影响。

基础刚度对复合地基的破坏模式、承载力和沉降有重要影响。一般情况下,当处于极限状态时,混凝土基础下桩体复合地基中桩先发生破坏,而填土路堤和柔性面层堆场下桩体复合地基中桩间土先发生破坏。混凝土基础下桩体复合地基承载力大于填土路堤和柔性面层堆场下桩体复合地基承载力。荷载水平相同时,混凝土基础下桩体复合地基的沉降小于填土路堤和柔性面层堆场下桩体复合地基的沉降。

(7)复合地基设计应符合下列规定:

①宜根据建筑物的结构类型、荷载大小及使用要求,结合工程地质和水文地质条件、基础形式和刚度、施工条件和施工成本、工期要求及环境条件进行综合分析,并进行技术经济比较,选用一种或几种可行的复合地基方案。

②对大型和重要工程,应对已选用的复合地基方案,在有代表性的场地上进行相应的现场试验或试验性施工,并应检验设计参数和处理效果,通过分析比较选择和优化设计方案。

③在施工过程中应进行监测,当监测结果未达到设计要求时,应及时查明原因,并应修改设计或采用其他必要措施。

(8)对工后沉降控制较严的复合地基应按沉降控制的原则进行设计。

按沉降控制设计是相对于按承载力控制设计而言的。事实上无论按承载力控制设计还是按沉降控制设计都要满足承载力的要求和小于某一沉降量的要求。按沉降控制设计和按承载力控制设计的区别在于:在按承载力控制设计中,宜先按符合承载力要求进行设计,然后验算沉降量是否满足要求。如果地基承载力不能满足要求,或验算沉降量不能满足要求,再修改设计方案;而在按沉降控制设计中,宜先按满足沉降要求进行设计,然后验算承载力是否满足要求。

(9)复合地基上宜设置垫层。垫层设置范围、厚度和垫层材料,应根据复合地基的形式、桩土相对刚度和工程地质条件等因素确定。在混凝土基础下的复合地基上设置垫层和在填土路堤和柔性面层堆场下的复合地基上设置垫层性状和要求是不同的。是否设置垫层和垫层厚度应通过技术、经济综合分析后确定。

混凝土基础下复合地基上的垫层宜采用100~500 mm的砂石垫层(见图3-8(a)),当桩土相对刚度较小时取小值。由于砂石垫层的存在,桩间土单元A1中的附加应力比桩间土单元A2中的大,而桩体单元B1中的竖向应力比桩体单元B2中的小。也就是说设置垫层可减小桩土荷载分担比。另外,由于砂石垫层的存在,桩间土单元A1中的水平向应力比桩间土单元A2中的要大,桩体单元B1中的水平向应力比桩体单元B2也要大。

由此可得出:由于砂石垫层的存在,使桩体单元B1中的最大剪应力比桩体单元B2中的要小得多。换句话说,砂石垫层的存在使桩体上端部分中竖向应力减小,水平向应力增大,造成该部分桩体中剪应力减小,有效改善了桩体的受力状态。

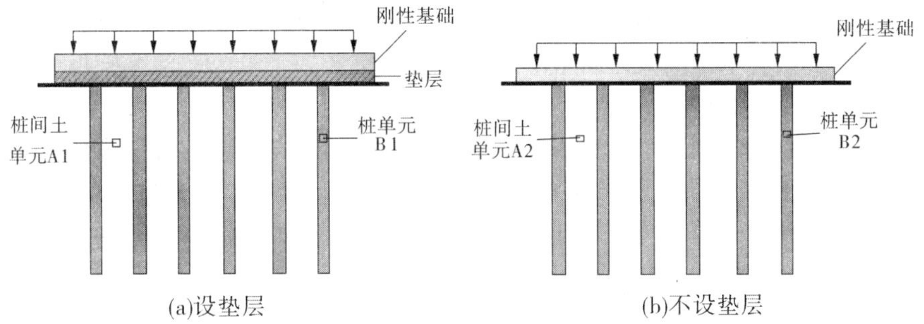

图3-8　混凝土基础下复合地基示意图

从上面的分析可以看到,混凝土基础下复合地基中设置砂石垫层,一方面可以增加桩间土承担荷载的比例,充分利用桩间土地基承载能力;另一方面可以改善桩体上端的受力状态,这对低强度桩复合地基是很有意义的。

混凝土基础下采用黏结材料桩复合地基形式时,视桩土相对刚度大小决定在复合地基上是否设置垫层。桩土相对刚度较大,而且桩体强度较小时,应设置垫层。通过设置柔性垫层可有效减小桩土应力比,改善接近桩顶部分桩体的受力状态。混凝土基础下黏结材料桩复合地基桩土相对刚度较小,或桩体强度足够时,也可不设置垫层。混凝土基础下设置砂石垫层对复合地基性状的影响程度与垫层厚度有关,以桩土荷载分担比为例,垫层厚度愈厚,桩土荷载分担比愈小。但当垫层厚度达到一定数值后,仍继续增加,桩土荷载分担比并不会继续减小。

(10)复合地基应保证安全施工,施工中应重视环境效应,并应遵循信息化施工原则。

(11)复合地基勘察和设计中应评价及处理场地中水、土等对所用钢材、混凝土和土工合成材料等的腐蚀性。

(12)柔性基础复合地基宜设置加筋垫层,减小基础不均匀沉降。

3.4　复合地基试验技术

静载荷试验根据试验对象可分为地基土浅层平板载荷试验、深层平板载荷试验、复合地基载荷试验、岩基载荷试验、桩(墩)基载荷试验、锚杆(桩)试验;根据加载方式可分为竖向抗压试验、竖向抗拔试验、水平载荷试验。

3.4.1　复合地基载荷试验要点

复合地基载荷试验方法与桩基载荷试验方法相似,主要用于测定承压板下应力主要影响范围内复合土层的承载力和变形参数。复合地基载荷试验一般包括单桩复合地基载荷试验和多桩复合地基载荷试验。复合地基载荷试验要点主要包括如下几个方面:

(1)开始进行载荷试验的时间,应考虑桩体以及复合地基的强度时效,待其强度趋于稳定后再进行。对于砂桩和碎石桩试验时间由桩间土中的超孔隙水压力消散情况和土的强度恢复情况确定,对于其他桩型试桩时间由桩的龄期确定。

(2)载荷试验承压板应具有足够刚度。单桩复合地基载荷试验的承压板可用圆形或方形,面积为一根桩承担的处理面积;多桩复合地基载荷试验的承压板可用方形或矩形,其尺寸按实际桩数所承担的处理面积确定。桩的中心(或形心)应与承压板中心保持一致,并与荷载作用点相重合。

(3)承压板底面标高应与桩顶设计标高相适应。承压板底面下宜铺设粗砂或中砂垫层,垫层厚度取50~150 mm,桩身强度高时宜取大值。如采用设计垫层厚度进行试验,对独立基础和条形基础应采用设计基础宽度,对大型基础有困难时应考虑承压板尺寸和垫层厚度对试验结果的影响。试验标高处的试坑长度和宽度应不小于承压板尺寸的3倍。基准梁及加荷平台支点(或锚桩)宜设在试坑以外,且与承压板边的净距不应小于2 m。

(4)试验前应采取试坑内的防水和排水措施,防止试验场地地基土含水量变化或地基土扰动,影响试验结果。

(5)加载等级可分为8~12级。最大加载压力不应小于设计要求承载力特征值的2倍。

(6)每加一级荷载前后均应各读记承压板沉降量一次,以后每0.5 h读记一次。当1 h内沉降量小于0.1 mm时,即可加下一级荷载。

(7)卸载级数可为加载级数的一半,等量进行,每卸一级,间隔0.5 h,读记回弹量,待卸完全部荷载后间隔3 h读记总回弹量。

(8)当出现下列现象之一时可终止试验:①沉降急剧增大,土被挤出或承压板周围出现明显的隆起;②承压板的累计量已大于其宽度或直径的6%;③当达不到极限荷载,而最大加载压力已大于设计要求压力值的2倍。

(9)试验点的数量不应少于3点,当满足其极差不超过平均值的30%时,设计时可取其平均值为复合地基承载力特征值。工程验收时应视建筑物结构、基础形式综合评价,对于独立基础桩数少于5根或条形基础桩数少于3排时应取最低值。

3.4.2 复合地基承载力特征值确定方法

《建筑地基处理技术规范》(JGJ 79—2012)规定,复合地基承载力特征值的确定需满足如下要求:

(1)当压力—沉降曲线上极限荷载能确定,而其值不小于对应比例界限的2倍时,可取比例界限;当其值小于对应比例界限的2倍时,可取极限荷载的1/2。

(2)当压力—沉降曲线是平缓的光滑曲线时,可按相对变形值确定。

①对砂石桩、振冲桩复合地基或强夯置换墩:当以黏性土为主的地基,可取 s/b 或 s/d 等于0.015所对应的压力,其中 s 为载荷试验承压板的沉降量,b 和 d 分别为承压板宽度和直径;当以粉土或砂土为主的地基,可取 s/b 或 s/d 等于0.01所对应的压力。

②对土挤密桩、石灰桩或柱锤冲扩桩复合地基,可取 s/b 或 s/d 等于0.012所对应的压力。对灰土挤密桩复合地基,可取0.008所对应的压力。

③对水泥粉煤灰碎石桩或夯实水泥土桩复合地基,当以卵石、圆砾、密实粗中砂为主

的地基，可取 s/b 或 s/d 等于 0.008 所对应的压力；当以黏性土、粉土为主的地基，可取 s/b 或 s/d 等于 0.01 所对应的压力。

④对水泥土搅拌桩或旋喷桩复合地基，可取 s/b 或 s/d 等于 0.006 所对应的压力。

⑤对有经验的地区，可按当地经验确定相对变形值。对变形控制严格的工程也可按设计要求的沉降允许值作为相对变形值。

⑥复合地基荷载试验，当采用承压板边长或直径超过 2 m 的大承压板进行试验时，b 或 d 按 2 m 计。

此外，按相对变形值确定的承载力特征值不应大于最大加载压力的一半。

3.4.3　复合地基载荷试验实例分析

3.4.3.1　工程概况

郑州十二里屯城中村改造项目位于郑州市东风路与天明路交叉口的西北角，场地南侧东风路对面为天旺广场，东侧天明路对面为中州绿荫广场，西侧为丰乐路。CFG 桩、PHC 管桩组合式长短桩复合地基试桩试验现场位于整个项目场地的东北部，场地与周边环境示意如图 3-9 所示。

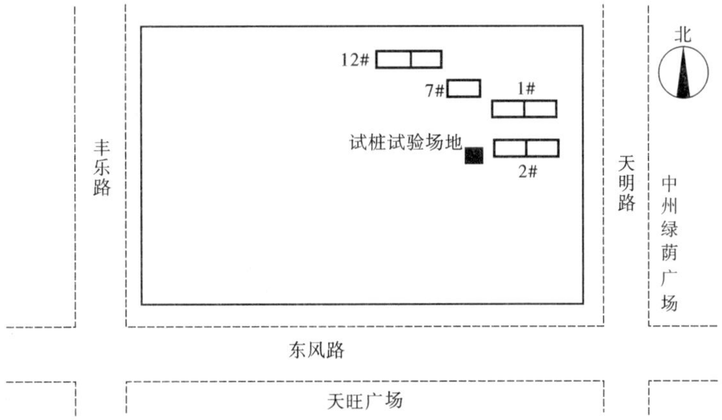

图 3-9　试桩试验场地及周边环境

现场长短桩布置示意图如图 3-10 所示。依据岩土工程勘察报告，地基土按岩性及力学特征分层，具体见表 3-1。

根据含水层的埋藏条件和水理特征，场地内勘探深度范围内地下水类型为潜水。主要赋存为 7.0 ~ 29.0 m 深度范围内的粉土、粉质黏土、粉砂和细砂层中。粉土、粉质黏土和粉砂层为弱透水层，中砂层为强透水层。

现场试验中 CFG 桩、PHC 管桩的试验参数如表 3-2、表 3-3 所示。

3.4.3.2　试验目的及布桩方案

该工程力求通过现场 CFG 桩、PHC 管桩组合式长短桩复合地基试验，研究复合地基的承载力、受力沉降及卸载回弹规律、应力分布及演化规律、应力扩散范围，为刚性基础下 CFG 桩、PHC 管桩组合式长短桩复合地基设计方案提出合理化建议。试桩试验现场布桩与示意图如图 3-11 所示。

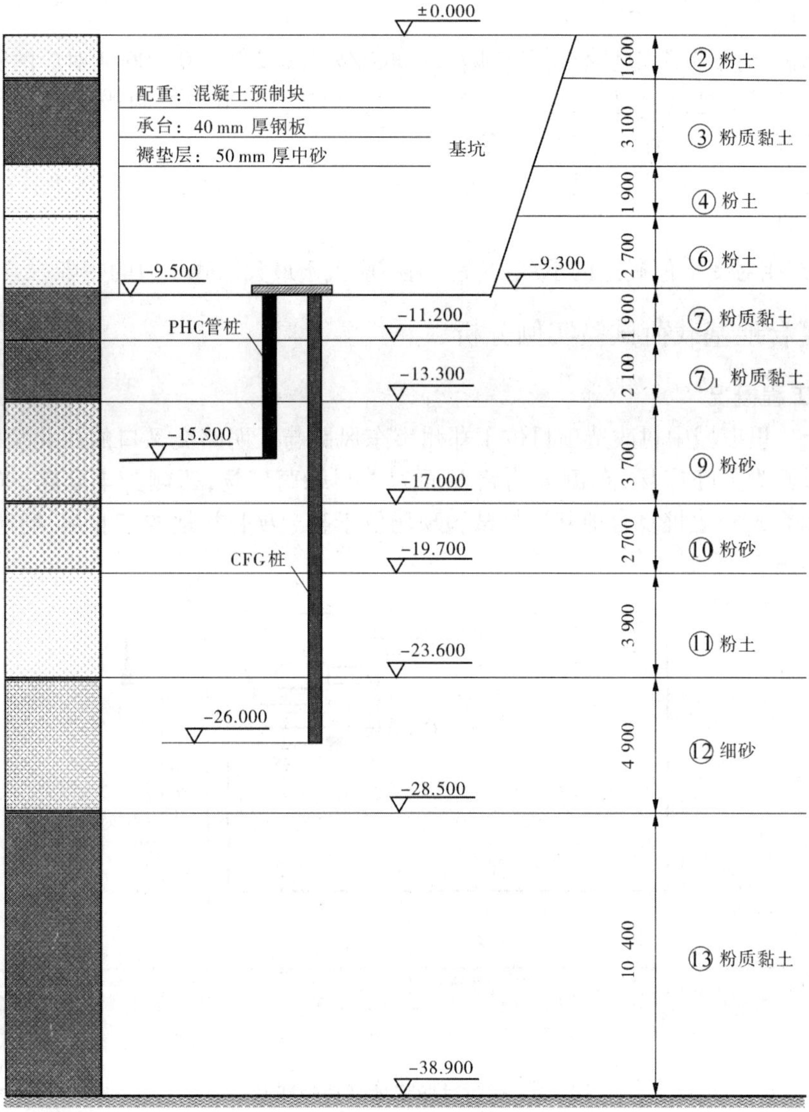

图 3-10　试桩试验现场长短桩布置示意图　（尺寸单位：mm；高程单位：m）

表 3-1　试桩试验现场土层分布及其参数

层号	类别	层底深度(m)	平均厚度(m)	承载力特征值(kPa)	压缩模量(MPa)	压缩性评价
②	粉土	-1.60	1.60	125	7.7	中
③	粉质黏土	-4.70	3.10	110	4.2	高
④	粉土	-6.60	1.90	150	10.2	中
⑥	粉土	-9.30	2.70	180	13.3	中
⑦	粉质黏土	-11.20	1.90	120	4.6	高
$⑦_1$	粉质黏土	-13.30	2.10	120	7.1	中

续表 3-1

层号	类别	层底深度(m)	平均厚度(m)	承载力特征值(kPa)	压缩模量(MPa)	压缩性评价
⑨	粉砂	-17.00	3.70	280	24.0	低
⑩	粉砂	-19.70	2.70	300	26.0	低
⑪	粉土	-23.60	3.90	280	20.0	低
⑫	细砂	-28.50	4.90	310	28.0	低
⑬	粉质黏土	-38.90	10.40	310	12.4	中
⑭	粉质黏土	-48.40	9.50	320	12.7	中

表 3-2　组合式长短桩复合地基试件参数

类别	桩型	编号	混凝土强度等级	桩长(m)	桩径(mm)	褥垫层厚度(mm)
短桩	PHC 管桩	PHC1	C80	6.0	400	50
		PHC2	C80	6.0	400	50
长桩	CFG 桩	CFG1	C30	16.5	400	50
		CFG2	C30	16.5	400	50

表 3-3　CFG 桩侧阻力特征值与端阻力特征值

桩型	特征值	层数											
		③	④	⑤	⑥	⑦	$⑦_1$	⑧	⑨	⑩	⑪	⑫	⑬
CFG 桩	q_{sia}(kPa)	30	18	28	23	18	28	27	32	36	32	38	33
	q_{pa}(kPa)										450	500	480
PHC 管桩	q_{sia}(kPa)	22.0	32.5	23.0	32.5	17.0	26.0	41.5	43.5	49.0	47.0	50.0	
	q_{pa}(kPa)								3 500	4 200	3 800	4 800	

3.4.3.3　静载荷试验

现场试验照片和加载系统如图 3-12 和图 3-13 所示。试验加荷分为 10 级。根据承载力与变形测量等综合确定最终加载量,试验的最大加载量为 7 436 kN,每级荷载 740 kN。在加载至 7 436 kN 时,复合地基没有破坏,又加两级荷载,仍未破坏,试验至此结束。

3.4.3.4　试验数据分析

试验共进行了两组,分别得到了 4 桩(CFG 桩和 PHC 管桩)组合式长短桩复合地基的 $Q \sim s$ 曲线、承载力特征值、桩土应力比及桩周土变形规律。依据《复合地基技术规范》(GB/T 50783—2012),复合地基承载力特征值为 $f_{spk}=550$ kPa,如图 3-14 所示。

组合式长短桩复合地基的承载力特征值 f_{spk} 与桩身范围内天然土层的承载力特征值 $f_{a,i}$ 对比表明,组合式长短桩复合地基承载力明显高于天然地基承载力,具有良好的技术效益,能够有效地提高地基承载力,如图 3-15 所示。

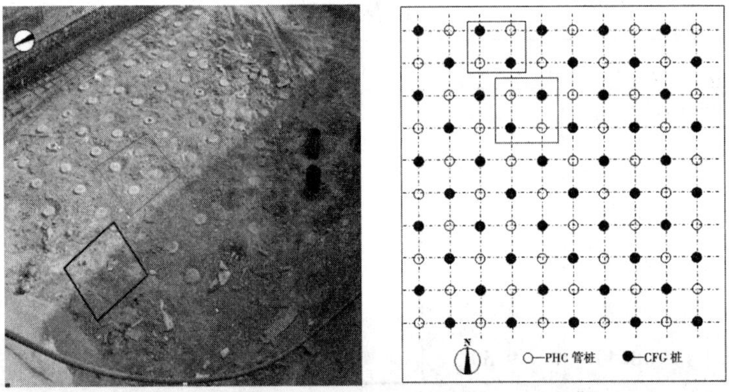

(a)　　　　(b)

红色为第一组现场试验布桩图,黑色为第二组现场试验布桩图

图 3-11　试桩试验现场布桩与示意图

(a)　　　　(b)

图 3-12　静载荷试验现场加载系统

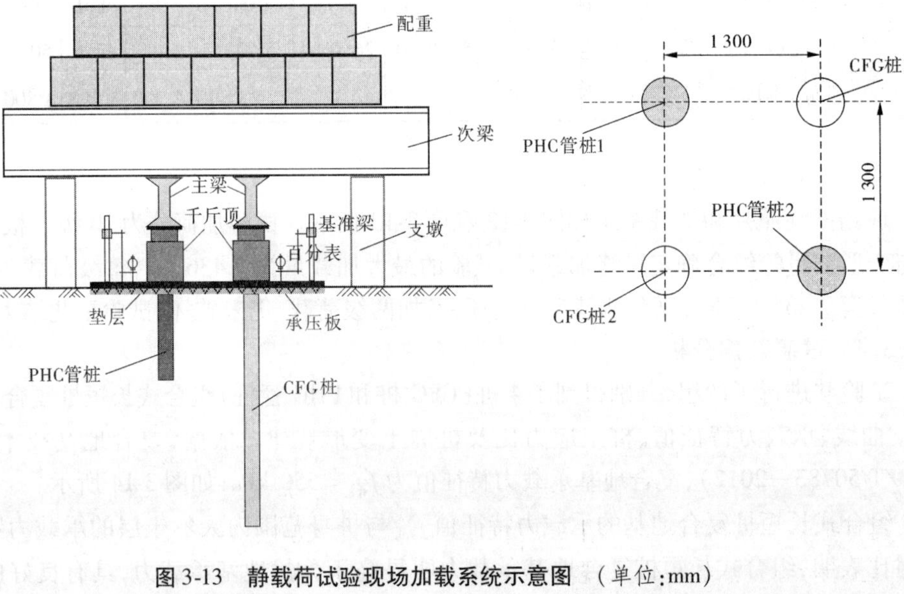

图 3-13　静载荷试验现场加载系统示意图　（单位:mm）

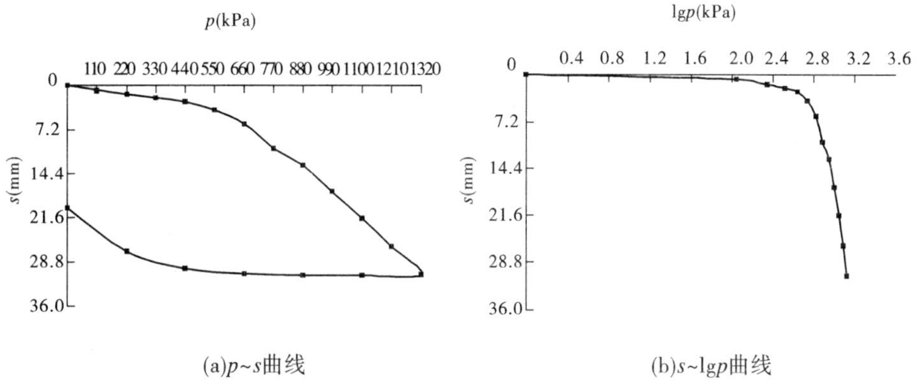

图 3-14 第一组 4 桩组合式长短桩复合地基静载荷试验曲线

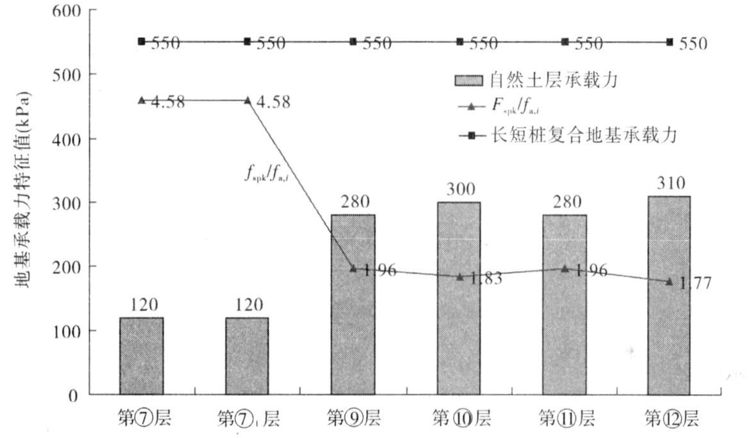

图 3-15 组合式长短桩复合地基、天然地基承载力特征值对比图

长桩(16.5 m CFG 桩)的桩土应力比 $n=120\sim130$,短桩(6 m PHC 管桩)的桩土应力比 $n=40\sim45$。在荷载达到复合地基承载力特征值时,长桩的桩土应力比 $n=45\sim50$,短桩的桩土应力比 $n=25\sim30$。长桩的桩土应力比明显大于短桩的桩土应力比,见图 3-16。

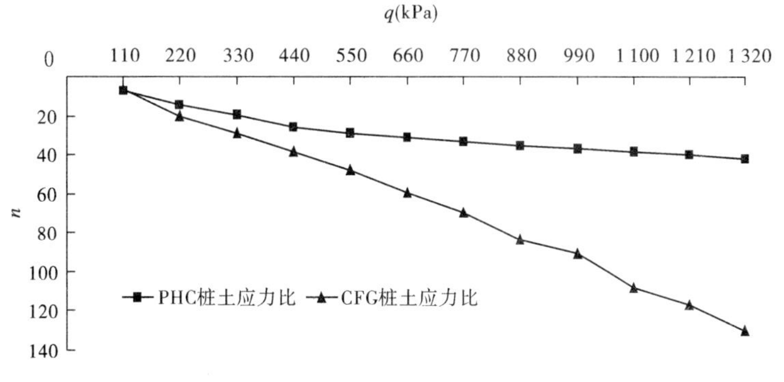

图 3-16 组合式长短桩复合地基 $q\sim n$ 曲线图

复合地基在外荷载的作用下,附近土体向偏离承台方向水平移动。距离承台越近,桩顶附近土体受桩的侧向约束越强,承台周围土体的深层水平位移如图 3-17 所示。

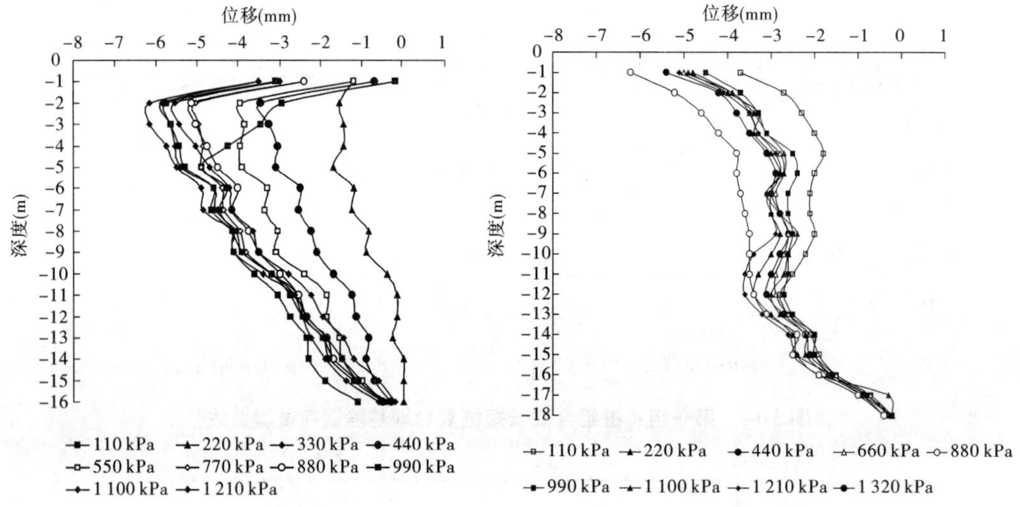

(a)离承台边1.3 m　　(b)离承台边3.6 m

图 3-17　组合式长短桩复合地基深层水平位移曲线图

3.5　复合地基技术理论的发展

近年来,随着复合地基理论和技术的不断发展,在等长桩复合地基理论基础上分别考虑竖向增强体和水平增强体的组合,桩长、桩径、桩体材料的变化,先后形成桩-网复合地基理论和长短桩复合地基理论。这两种理论均属于多桩型复合地基理论的研究范畴。

3.5.1　桩-网复合地基

3.5.1.1　桩-网复合地基概念

桩-网复合地基是指在地基处理过程中,在竖向增强体(桩)复合地基中桩顶上铺设水平向增强体,形成加筋复合地基,使网、桩和天然地基协同作用,共同承担上部荷载。

3.5.1.2　土工合成材料的应用

复合地基中竖向增强体主要为桩,水平向增强体主要为土工合成材料。土工合成材料是以人工合成的聚合物,如纤维、塑料、合成橡胶等为原材料制成的新型岩土工程材料,将其置于土体内部、表面或土、砂、碎石等之间,发挥排水、反滤、隔离、加筋、保护或防渗等作用。

20 世纪 70 年代土工合成材料分为两大类,即土工织物(也叫土工布)和土工膜,分别代表透水和不透水的土工合成材料。进入 80 年代,为了更好地满足岩土工程的需要,土工合成材料的应用逐渐增多,同时大量特种合成材料不断涌现,出现了两大类分法难以互含,国际土工织物学会提出了土工织物、土工膜及其相关产品的分类体系,1983 年 Giroud 和 Caroll 提出的分类方法就是其中典型的代表。目前分类方法的趋势是抛弃以土工织物为分类主线的思路,建立便于工程应用的分类方法,通常将土工合成材料分为四大类:土工织物、土工膜、土工复合材料和土工特种材料,它们又各分为数种,见图 3-18。

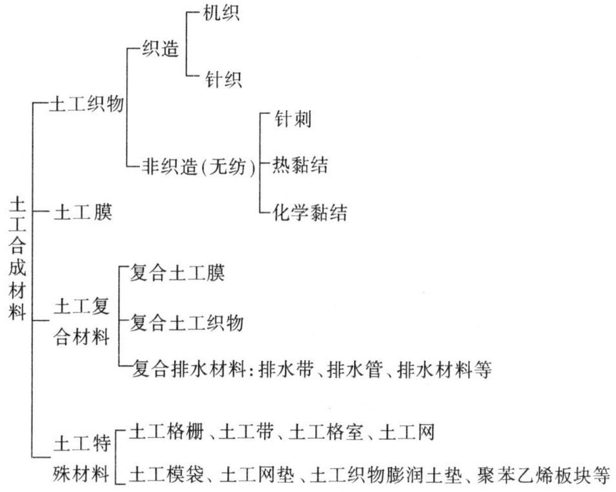

图3-18　土工合成材料分类

3.5.1.3　桩网复合地基组成

桩网复合地基结构一般由五部分组成(见图3-19):①上部路堤填土;②网;③砂石垫层;④桩土复合地基加固区;⑤桩底下卧软土层;⑥持力层。

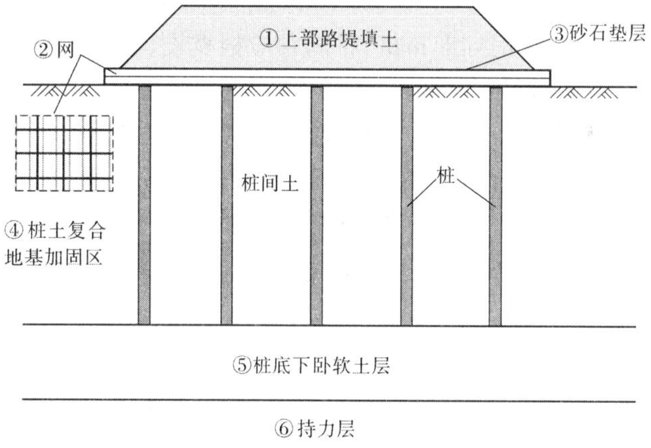

图3-19　桩网复合地基组成示意图

3.5.1.4　桩网复合地基的适用范围

桩网复合地基适用于处理黏性土、粉土、砂土、淤泥、淤泥质土地基,也可用于处理新近填土、湿陷性土和欠固结淤泥等地基。当桩土共同作用形成复合地基时,桩网复合地基的工作机制与刚性桩复合地基基本一致。对于大面积新近填土的软土层、未完成自重固结的新近填土层、可液化的粉细砂层和湿陷性土层,均有可能产生较大的工后沉降,此时桩间土不能与桩共同作用承担上覆荷载,桩帽以上的填土荷载、使用荷载通过填土层、垫层和加筋层共同作用形成土拱,将桩帽以上的荷载全部转移至桩帽由桩承担。此时,桩网地基是填土路堤下桩承堤的一种形式。

桩网复合地基的应用范围主要包括:①路堤软土地基加固,尤其是低填土路基的软土地基加固,包括公路和铁路路基;②桥台后过渡段软土地基加固以防止出现桥头跳车现象;③高填土分段挡土墙的软土地基加固;④旧路改造中扩建的新路堤的软土地基加固以防止新老路基过大的差异沉降；⑤房屋建筑软土地基加固；⑥贮藏油罐软土地基加固；⑦柔性面层堆场和机场跑道等构筑物的地基加固与处理等。

3.5.1.5 桩网复合地基设计要求及原则

(1)桩网复合地基以桩承担大部分或全部桩顶以上的填土荷载和使用荷载，桩的竖向抗压承载力、变形性能直接影响复合地基的承载力和变形性状，以致桩网复合地基在正式施工前应进行现场试桩，确定桩的竖向抗压承载力和 $p\sim s$ 曲线。

(2)为了充分发挥桩网复合地基刚性桩桩体强度，宜采用较大的布桩间距。但是，加大桩间距时，需加大桩长、增加桩帽尺寸和配筋量，加筋体应具有更高的性能，以及加大填土高度以满足土拱高度要求，结果有可能导致总体造价升高。以致桩网复合地基的桩间距、桩帽尺寸、加筋层的性能、垫层及填土层厚度，应根据地质条件、设计荷载和试桩结果综合分析确定。

(3)应该根据桩的设计承载力、桩型和施工可行性等因素选用经济合理的桩径，根据国内的施工经验，桩径宜取 200～500 mm，加固土层厚、软土性质差时宜取较大值。就地灌注桩的桩径不宜小于 300 mm，预应力管桩直径宜选 300～400 mm，桩体强度较低的桩型可以选用较大的桩径。桩穿过原位十字板强度小于 10 kPa 的软弱土层时，应考虑压曲影响。

(4)桩网复合地基宜按正方形布桩，桩间距应根据设计荷载、单桩竖向抗压承载力计算确定，方案设计时可取桩径或边长的 5～8 倍。正方形布桩并采用正方形桩帽时，桩帽和加筋层的设计计算较方便。同时加筋层的经向或纬向正交于填方边坡走向时，加筋层对增强边界稳定性最有利。正方形布桩时，可采用正方形桩帽，桩帽上边缘应设 20 mm 宽的 45°倒角。三角形布桩一般采用圆形桩帽，采取等代边长参照正方形桩帽设计方法。

采用正方形布桩和正方形桩帽时，桩帽之间的土拱高度可按下式计算：

$$h = 0.707(S - a)/\tan\varphi \tag{3-8}$$

式中 h——土拱高度，m；

S——桩间距，m；

a——桩帽边长，m；

φ——填土的摩擦角，黏性土取综合摩擦角，(°)。

(5)桩帽以上的最小填土设计高度应按下式计算：

$$h_2 = 1.2(h - h_1) \tag{3-9}$$

式中 h_2——垫层之上最小填土设计高度，m；

h_1——垫层厚度，m。

(6)加筋层设置在桩帽顶部，加筋的经纬方向宜分别平行于布桩的纵横方向，应选用双向抗拉同强度、低蠕变性、耐老化型的土工格栅类材料。

(7)当桩与地基土共同作用形成复合地基时，桩帽上部加筋体性能应按边坡稳定需要确定。当处理松散填土层、欠固结软土层、自重湿陷性土等有明显工后沉降的地基时，加筋体的性能应符合下列规定：

①加筋体的抗拉强度设计值(T)可按下式计算：

$$T = \frac{1.35\gamma_{cm}(S^2 - a^2)\sqrt{(S-a)^2 + 4\Delta^2}}{32\Delta a} \tag{3-10}$$

式中　T——加筋体抗拉强度设计值,kN/m;

γ_{cm}——桩帽之上填土的平均重度,kN/m^3;

Δa——加筋体的下垂高度,m,可取桩间距的 1/10,最大不宜超过 0.2 m。

②加筋体的强度和对应的应变率应与允许下垂高度值相匹配,宜选取加筋体设计抗拉强度对应应变率为 4% ~6% ,蠕变应变率应小于 2% 。

③当需要铺设双层加筋体时,两层加筋应选同种材料,铺设竖向间距宜取 0.1 ~0.2 m,两层加筋体之间应铺设垫层同种材料,两层加筋体的抗拉强度宜按下式计算:

$$T = T_1 + 0.6T_2 \tag{3-11}$$

式中　T_1——桩帽之上第一层加筋体的抗拉强度设计值,kN/m;

T_2——第二层加筋体的抗拉强度设计值,kN/m。

(8)垫层应铺设在加筋体之上,应选用碎石、卵石、砾石,最小粒径应大于加筋体的孔径,最大粒径应小于 50 mm;垫层厚度(h_1)宜取 200 ~300 mm。垫层之上的填土材料可选用碎石、无黏性土、砂质土等,不得采用塑性指数大于 17 的黏性土、垃圾土、混有有机质或淤泥的土类。当桩间土发生较大沉降时,加筋层和桩间土可能脱开,为了避免垫层材料漏到加筋层之下,填料的最小粒径不应小于加筋体的孔径尺寸。如果加筋体的孔径较大,垫层材料粒径不能满足要求时,可在加筋层之上铺设土工布,或者采用复合型的土工格栅。

3.5.1.6　桩网复合地基施工要求及原则

(1)桩型可采用预制桩、就地灌注素混凝土桩、套管灌注桩等,应根据施工可行性、经济性等因素综合比较确定桩型。在饱和软黏土地层,不宜采用沉管灌注桩;采用打(压)入预制桩时,应采取合理的施工顺序和必要的孔压消散措施。填土、粉细砂、湿陷性土等松散的土层宜采用挤土桩。塑料套管桩是专门开发用于桩网复合地基的一种塑料套管就地灌注混凝土桩,桩径为 150 ~250 mm,先由专门的机具将带铁靴的塑料套管压入地基土层中,后灌注混凝土,桩帽可一次浇筑,具有施工速度快、饱和软土地层施工影响小等特点。

(2)持力层位置和设计桩长应根据地质资料和试桩结果确定,灌注桩施工应根据揭示的地层和工艺试桩结果综合判断控制施工桩长。饱和黏土地层预制桩沉桩施工时,应以设计桩长控制为主,工艺试桩确定的收锤标准或压桩力控制为辅的方法控制施工桩长。

(3)饱和软土地层挤土桩施工应选择合适的施工顺序,并应减少挤土效应,应加强对相邻已施工桩及施工场地周围环境的监测。饱和软土地层采用挤土桩施工时,可以采取较长间隔时间跳打、由中间往两侧施工等办法,减小超静孔隙水压力升高对成桩质量和周边环境的影响。必要时在饱和软土层中插塑料排水板或打设砂井等竖向排水通道,促使超静孔隙水压力消散。

(4)加筋层的施工应符合下列要求:

①材料的运输、储存和铺设应避免阳光曝晒。聚合物土工材料在紫外线强烈曝晒下,都会有一定的强度损失,即发生老化现象。

②应选用较大幅宽的加筋体,两幅拼接时接头强度不应小于原有强度的70%。接头宜布置在桩帽上,重叠宽度不得小于300 mm。加筋层的接头可采用锁扣连接、拼接或缝接,加筋层接头的强度不应低于材料抗拉强度设计值的70%。

③铺设时地面应平整,不得有尖锐物体。

④加筋体铺设应平整,应用编织袋装砂(土)压住。

⑤加筋体的经纬方向与布桩的纵横方向应相同。

(5)桩帽宜现浇,预制时,应采取对中措施。桩帽之间应采用砂土、石屑等回填。现浇桩帽施工时,要注意桩帽和桩的对中,桩头与桩帽的连接,必要时可在桩顶设构造钢筋与桩帽连接。预制桩帽一定要有可靠的对中措施,安装时桩帽和桩对中,两者密贴。桩帽之间土压实困难,故应采用砂土、石屑等回填。

(6)加筋体之上铺设的垫层应选用强度较高的碎石、卵砾石填料,不得混有泥土和石屑,碎石最小粒径应大于加筋体孔径,应铺设平整。铺设厚度小于300 mm时,可不作碾压;300 mm以上时应分层静压压实。当加筋层以上铺设碎石垫层时,采用振动碾压很容易损伤加筋层。垫层应选用强度高、变形小的填料,铺设平整后可不作压实处理。

(7)垫层以上的填土,应分层压实,压实度应达到设计要求。

3.5.2 长短桩复合地基

3.5.2.1 概述

长短桩复合地基理论是在等长桩复合地基(复合地基)理论上发展起来的。通过在天然地基内植入不同长度的桩体组成长短桩复合地基,在荷载作用下,利用地基中附加应力随深度增加而减小的特征,充分发挥复合地基中各桩的承载力。长短桩复合地基适用于深厚淤泥、淤泥质土、黏性土、粉土、砂土、湿陷性黄土、可液化土等土层。

长短桩复合地基的竖向增强体由长桩和短桩组成,长桩和短桩可采用同一桩型或不同桩型。长桩常采用刚性桩,如钻孔或沉管灌注桩、钢管桩、大直径现浇混凝土筒桩或预制桩(包括预制方桩、先张法预应力混凝土管桩)等;短桩常采用散体材料桩或柔性桩,如深层搅拌桩、高压旋喷桩、石灰桩以及砂石桩等。长短桩的空间布置形式如图3-20所示。图3-20(a)中长短桩相间,两长桩之间也可布置2根或更多的短桩;图3-20(b)、(c)中,长桩和短桩常采用同一桩型;图3-20中(b)的布桩形式比图3-20(c)更有利于减小沉降,图3-20(c)的布桩形式可减小基础中的弯矩。

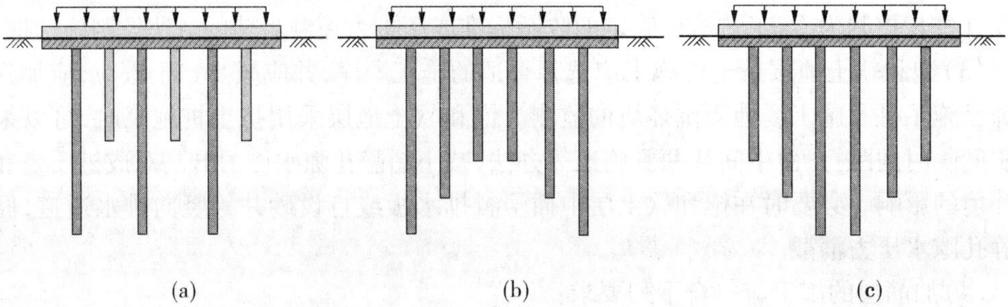
(a) (b) (c)

图3-20 长短桩复合地基布桩示意图

3.5.2.2　长短桩复合地基的作用机制

长短桩复合地基中长桩宜支承在较好的土层上，短桩宜穿过浅层最软弱土层。长短桩复合地基因长桩和短桩的间作设置，在复合地基中形成三个不同作用的工作区域，即以提高承载力为主的长、短桩联合工作区（Ⅰ区），以减少沉降为目的的长桩工作区（Ⅱ区），承受桩体荷载的持力土层（Ⅲ区），三者共同作用，以提高浅层地基承载力、减少地基沉降量，形成良好的长短桩复合地基，如图 3-21 所示。

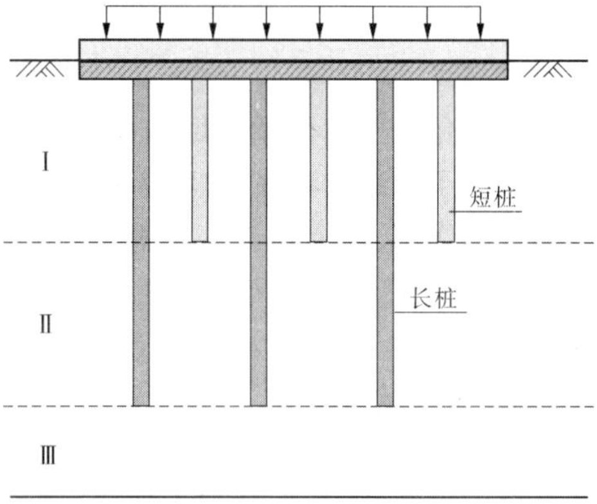

图 3-21　长短桩复合地基作用机制

1. 长桩的作用机制

在长短桩复合地基中，长桩的主要作用是提高承载力，控制沉降量，它将荷载通过桩身向地基深处传递，减少压缩层变形，同时对柔性短桩起到“护桩”作用，并与短桩一起抑制地基周围土体的隆起。在Ⅰ区深度范围内，各桩间具有较明显的“挟持”和“遮挡”效应，桩间土和桩共同沉降；而在Ⅱ区的长桩，由于土体和桩体不能同时沉降，其桩尖对桩端土体将有相当的刺入量。

2. 短柱的作用机制

当基底以下存在较厚的软弱土层时，采用短桩对该区域土层进行加固，可提高基底软弱土层的承载力；若基底以下存在上、下两层较为理想的桩端持力层，将长、短桩分别落在下、上两层桩端持力层，充分发挥上下两层桩端持力层的特性，利用短桩提高复合地基的承载力，通过长桩减少变形，在满足设计要求的同时减少地基处理的工作量，达到经济合理的效果。

3. 褥垫层的作用机制

褥垫层在复合地基中可以有效地调整复合地基的桩土荷载分配，充分发挥土体的承载能力特别是发挥浅层土体的承载作用。由于垫层的流动性，桩在荷载作用下产生的应力集中使垫层发生侧向流动而产生向上刺入，结果让桩土间的应力重新分配，从而提高地基的承载性能，调节变形。

3.5.2.3　长短桩复合地基承载性能

1. 桩应力特性

长短桩复合地基的长桩应力分布，和一般刚性桩复合地基分布相同，桩身最大应力不在桩顶，而在桩顶以下一定深度处。在复合地基中，承台与桩顶之间设置了褥垫层，在承受上部荷载时,因长短桩变形模量大于桩间土,应力集中明显,桩顶在褥垫层中产生应力塑性区,随着荷载增加,桩将产生向褥垫层的“上刺入”,造成在复合地基桩土上部某一深度范围内竖向方向上,土体位移大于桩顶位移。

2. 桩顶应力、桩土应力比

长桩和短桩的桩顶应力和桩土应力比一般均随总荷载的增加而增加,并且变形刚度大的长桩的桩顶应力和桩土应力比明显大于短柱桩土应力比。在加载过程中,长短桩桩顶应力比变化不大。

3. 桩土荷载分担比

桩间土的荷载分担比随着复合地基总荷载的增加而逐渐减少,而桩的荷载分担比则随总荷载的增加而逐渐增加。由于褥垫层存在,桩间土在加载初期就发挥了较大的作用,桩的承载力及其在复合地基中的作用,需要达到一定荷载后才逐渐发挥出来。变形刚度较大的长桩的荷载分担比较大,而变形刚度较小的短桩的荷载分担比较小,两类桩的荷载分担比均随荷载的增加逐渐增加。

3.5.2.4 长短桩复合地基设计要求及原则

(1)为充分发挥桩间土地基承载力和短桩竖向抗压承载力,长短桩复合地基与基础间应设置垫层。垫层厚度可根据桩端持力层、桩间土性质、场地载荷情况综合确定,宜为100~300 mm。垫层材料宜采用最大粒径不大于20 mm的中砂、粗砂、级配良好的砂石等。

(2)长短桩复合地基中桩的中心距应根据土质条件、复合地基承载力及沉降要求,以及施工工艺等综合确定,宜取桩径的3~6倍;当长桩或短桩采用刚性桩,且采用挤土工艺成桩时,桩的最小中心距应根据基础形式、复合地基承载力、土性、施工工艺及周边环境条件等确定。短桩宜在各长桩中间及周边均匀布置。如果长短桩复合地基中长桩为刚性桩、短桩为柔性桩,为了充分发挥柔性桩的作用,使刚性长桩与柔性短桩共同作用形成复合地基,要合理选择刚性桩的桩距。对挤土型刚性桩,应严格控制布桩密度,特别是对于深厚软土地区,应尽量减少成桩施工对桩间土的扰动。

(3)长桩的持力层选择是复合地基沉降控制的关键因素,大量工程实践表明,选择较好土层作为持力层可明显减少沉降,但应避免长桩成为端承桩,否则不利于发挥桩间土及短桩的作用,甚至造成破坏。

(4)在短桩的桩端平面,复合地基承载力产生突变,当短桩桩端位于软弱土层时,应验算此深度的软弱下卧层承载力,这也是确定短桩桩长的一个关键因素(另一关键因素是复合地基的沉降控制要求)。短桩桩端平面的附加压力值可根据短桩的类型,由其荷载扩散或传递机制确定。对散体材料桩或柔性桩,按压力扩散法确定,对刚性桩采用等效实体法计算。

(5)复合地基沉降采用分层总合法计算时,主要作了两个假设:①长短桩复合地基中的附加应力分布计算采用均质土地基的计算方法,不考虑长桩、短桩的存在对附加应力分布的影响;②在复合地基产生沉降时,忽略长、短桩与桩间土之间因刚度、长度不同产生的相对滑移,采用复合压缩模量来考虑桩的作用。上述假设带来的误差通过复合土层压缩量计算经验系数来调整。在计算时,需要根据当地经验,选择适当的经验系数。

3.5.2.5　长短桩复合地基施工要求及原则

(1)长、短桩的施工顺序应根据所采用桩型的施工工艺、加固机制、挤土效应等确定。长桩与短桩的施工顺序可遵守下列原则:

①挤土桩应先于非挤土桩施工。如果先施工非挤土桩,当挤土桩施工时,挤土效应易使已经施工的非挤土桩偏位、断裂甚至上浮,深厚软土地基上这样施工的后果尤为严重。

②当两种桩型均为挤土桩时,长桩宜先于短桩施工。当先施工短桩,长桩施工时易使短桩上浮,影响其端阻力的发挥。

(2)垫层材料应通过级配试验进行试配。垫层厚度、铺设范围和夯填度应符合设计要求。垫层施工不得在浸水条件下进行,当地下水位较高影响施工时,应采取降低地下水位的措施。当基础底面桩间土含水量较大时,应进行试验确定是否采用动力夯实法,避免桩间土地基承载力降低,出现弹簧土现象。对较干的砂石材料,虚铺后可适当洒水再进行碾压或夯实。

(3)铺设垫层前应保证预留约200 mm的土层,并应待铺设垫层时再人工开挖到设计标高。垫层底面应在同一标高上,深度不同时,应挖成阶梯或斜坡搭接,并也按先深后浅的顺序施工,搭接处应夯实。垫层竣工验收合格后,应及时进行基础施工与回填。基础埋深较浅时宜采用人工开挖,基础埋深较深时,可先采用机械开挖,并严格均衡开挖,留一定深度采用人工开挖,以围扩桩头质量。

参 考 文 献

[1] 中华人民共和国住房和城乡建设部. GB/T 50783—2012 复合地基技术规范[S]. 北京:中国计划出版社,2012.

[2] 中华人民共和国住房和城乡建设部. JGJ/T 210—2010 刚柔性桩复合地基技术规程[S]. 北京:中国建筑工业出版社,2010.

[3] 龚晓南. 复合地基设计和施工指南[M]. 北京:人民交通出版社,2003.

[4] 牛志荣,李宏,穆建春,等. 复合地基处理及其工程实例[M]. 北京:中国建材工业出版社,2000.

[5] 闫明礼,张东刚. CFG桩复合地基技术及工程实践[M].2版. 北京:中国水利水电出版社,2006.

[6] 龚晓南. 复合地基理论及工程应用[M]. 北京:中国建筑工业出版社,2002.

[7] 饶为国. 桩网复合地基原理及实践[M]. 北京:中国水利水电出版社,2004.

[8] 徐至钧. 水泥粉煤灰碎石桩复合地基[M]. 北京:机械工业出版社,2004.

[9] 张振拴,王占雷,杨志红,等. 夯实水泥土桩复合地基技术新进展[M]. 北京:中国建材工业出版社,2007.

[10] 中华人民共和国住房和城乡建设部. JGJ 79—2012 建筑地基处理技术规范[S]. 北京:中国建筑工业出版社,2012.

[11] 任建喜. 岩土工程测试技术[M]. 武汉:武汉理工大学出版社,2009.

[12] 牛建东. 高速铁路桩网复合地基性状及设计方法研究[D]. 长沙:中南大学,2006.

[13] 李明宇. 静压刚性长短桩复合地基承载性状研究[D]. 郑州:郑州大学,2007.

[14] 许红. 刚性基础下长短桩复合地基承载力试验研究[D]. 郑州:郑州大学,2007.

第4章　基坑支护工程概论

当今城市地下空间开发利用的快速发展与基坑工程技术的进步密不可分。为满足大中型城市人民经济文化生活和出行的需要,缓解地面交通和城市空间的压力,构建以轨道交通为连线的集商业、文化、生活一体化的城市地下空间综合体,已成为一种必然。如上海市地下空间开发面积达10万~30万 m^2 的地下综合体项目近年来多达几十个。随着大规模、多功能地下空间综合体和超高层建筑的发展,基坑工程的建设规模也由原有的浅、小向深、大发展。例如,上海仲盛广场基坑开挖面积为5万 m^2,天津市117大厦基坑面积为9.6万 m^2,上海虹桥综合交通枢纽工程开挖面积达35万 m^2,天津津塔基坑开挖深度为23.5 m,苏州东方之门最大基坑开挖深度22 m,上海世界博览会500 kV地下变电站基坑开挖深度34 m,上海地铁四号线董家渡修复基坑深达41 m。

地下空间开发的目的是为了缓解地面空间的压力,因此深大基坑建设多数出现在经济繁荣、人口密集、交通网纵横交错、建筑林立、管线密布的密集城区。复杂的设施环境限定了基坑工程的施工场地,同时限制了施工条件,并对基坑工程的设计和施工提出了更高的要求。在整个基坑工程施工过程中,在满足本体工程质量要求的情况下,如何保障人民的生活不受影响,减少甚至避免对周边地质、生态环境的扰动或破坏,是目前地下空间工程施工最关注的问题。强调信息化施工,加强工程监测,改进原有施工技术、工法及工艺,探索新的变形控制技术,探讨和研究基坑工程施工力学新课题,优化设计和施工方案,提出科学合理的基坑工程变形控制措施,是目前解决地下空间施工与环境保护之间矛盾的最有效途径。本章统计分析了大量的研究成果和归纳总结了诸多工程的实践经验,将简要介绍基坑支护的形式及适用范围、基坑工程的特点及设计要求、基坑工程监测与信息化施工、基坑工程变形控制技术及应急措施以及新型复合支护体系等内容。

4.1　基坑支护形式及适用范围

基坑是指为进行建筑物(包括构筑物)基础与地下室的施工所开挖的地面以下空间。基坑围护结构主要承受基坑开挖卸荷所产生的水压力和土压力,并将此压力传递到支撑,是稳定基坑的一种施工临时挡墙结构。基坑支护是指为保证地下结构施工及基坑周边环境的安全,对基坑侧壁及周边环境采用的支挡、加固与保护措施。

高层、超高层建筑物和城市地下空间的开发利用的发展促进了基坑工程的设计和施工的进步。基坑在早期一直是作为一种地下工程施工措施而存在,它是施工单位为了便于地下工程敞开开挖施工而采用的临时性的施工措施,正如要浇捣钢筋混凝土构件必须要立模板一样。但随着基坑的开挖越来越深,面积越来越大,基坑围护结构的设计和施工越来越复杂,所需要的理论和技术越来越高,远远超越了作为施工辅助措施的范畴,施工单位没有足够的技术力量来解决复杂的基坑稳定、变形和环境保护问题,研究和设计单位的介入解决了基坑工程的理论计算和设计问题，由此逐步形成了一门独立的学科分支——基坑工程。

4.1.1　常见基坑支护形式

图 4-1 给出了目前国内基坑工程中常采用的支护形式。

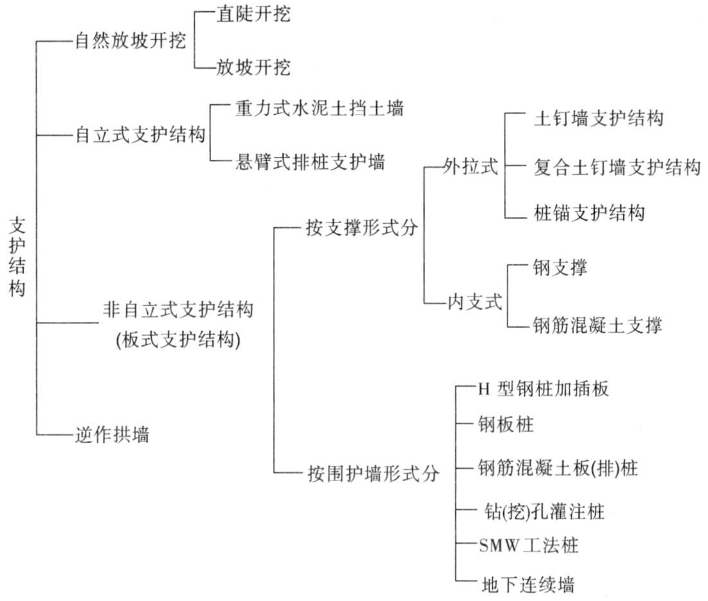

图 4-1　基坑工程中常采用的支护形式

4.1.2　常见基坑支护形式适用范围

4.1.2.1　土钉墙

1. 基本概念

土钉墙是一种原位土体加筋技术。将基坑边坡通过由钢筋制成的土钉进行加固，边坡表面铺设一道钢筋网再喷射一层混凝土面层和土方边坡相结合的边坡加固型支护施工方法。其构造为设置在坡体中的加筋杆件（即土钉或锚杆）与其周围土体牢固黏结形成的复合体，以及面层所构成的类似重力挡土墙的支护结构。

2. 基本结构

除被加固的原位土体外，土钉墙由土钉、面层及必要的防排水系统组成，其结构参数与土体特性、地下水状况、支护面角度、周边环境（建构筑物、市政管线等）、使用年限、使用要求等因素相关。

土钉置放于原位土体中的细长杆件，是土钉墙支护结构中的主要受力构件。常用的土钉有以下几种类型：①钻孔注浆型。先用钻机等机械设备在土体中钻孔，成孔后置入杆体（一般采用 HRB335 带肋钢筋制作），然后沿全长注水泥浆。钻孔注浆钉几乎适用于各种土层，抗拔力较高，质量较可靠，造价较低，是最常用的土钉类型。②直接打入型。在土体中直接打入钢管、角钢等型钢、钢筋、毛竹、圆木等，不再注浆。由于打入式土钉直径小，与土体间的黏结摩阻强度低,承载力低,钉长又受限制,所以布置较密,可用人力或振动冲击钻、液压锤等机具打入。直接打入土钉的优点是不需预先钻孔,对原位土的扰动较小,施工速度快,但在坚硬黏性土中很难打入,不适用于服务年限大于 2 年的永久支护工程,杆体采用金属材料时造价稍高,国内应用很少。③打入注浆型。在钢管中部及尾部设置注浆孔成为钢花管,直接打入土中后压灌水泥浆形成土钉。钢花管注浆土钉具有直接打入钉的优点且抗拔力较高,特别适合于成孔困难的淤泥、淤泥质土等软弱土层、各种填土及砂土,应用较为广泛,缺点是造价比钻孔注浆土钉略高,防腐性能较差,不适用于永久性工程。

土钉墙的面层不是主要受力构件。面层通常采用钢筋混凝土结构,混凝土一般采用喷射工艺,偶尔也采用现浇,或用水泥砂浆代替混凝土。

连接件是面层的一部分,不仅要把面层与土钉可靠地连接在一起,也要使土钉之间相互连接。面层与土钉的连接方式大体有钉头筋连接及垫板连接两类,土钉之间的连接一般采用加强筋。

地下水对土钉墙的施工及长期工作性能有着重要影响,土钉墙要设置防排水系统。

3. 特点

与其他支护类型相比,土钉墙具有以下一些特点或优点:

(1)能合理利用土体的自稳能力,将土体作为支护结构不可分割的部分,结构合理。

(2)结构轻型,柔性大,有良好的抗震性和延性,破坏前有变形发展过程。

(3)密封性好,完全将土坡表面覆盖,没有裸露土方,阻止或限制了地下水从边坡表面渗出,防止了水土流失及雨水、地下水对边坡的冲刷侵蚀。

(4)土钉数量众多,靠群体作用,即便个别土钉有质量问题或失效对整体影响不大。

(5)施工所需场地小,移动灵活,支护结构基本不单独占用空间,能贴近已有建筑物开挖,这是桩、墙等支护难以做到的,故在施工场地狭小、建筑距离近、大型护坡施工设备没有足够工作面等情况下,显示出独特的优越性。

(6)施工速度快。土钉墙随土方开挖施工,分层分段进行,与土方开挖基本能同步,不需养护或单独占用施工工期,故多数情况下施工速度较其他支护结构快。

(7)施工设备及工艺简单,不需要复杂的技术和大型机具,施工对周围环境干扰小。

(8)由于孔径小,与桩等施工方法相比,穿透卵石、漂石及填石层的能力更强一些,且施工方便灵活,开挖面形状不规则、坡面倾斜等情况下施工不受影响。

(9)边开挖边支护,便于信息化施工,能够根据现场监测数据及开挖暴露的地质条件及时调整土钉参数,一旦发现异常或实际地质条件与原勘察报告不符时能及时调整设计参数,避免出现大的事故,从而提高了工程的安全可靠性。

(10)材料用量及工程量较少,工程造价较低。据国内外资料分析,土钉墙工程造价比其他类型支挡结构一般低 1/3 ~ 1/5。

4. 适用范围

土钉墙适用于地下水位以上或经人工降水后的人工填土、黏性土和弱胶结砂土的基坑支护或边坡加固。土钉墙宜用于深度不大于 12 m 的基坑支护或边坡加固,当土钉墙与有限放坡、预应力锚杆联合使用时,深度可增加。

土钉墙不适合以下土层：

(1)含水丰富的粉细砂、中细砂及含水丰富且较为松散的中粗砂、砾砂及卵石层等。丰富的地下水易造成开挖面不稳定且与喷射混凝土面层黏接不牢固。

(2)缺少黏聚力的、过于干燥的砂层及相对密度较小的均匀度较好的砂层。这些砂层中易产生开挖面不稳定现象。

(3)淤泥质土、淤泥等软弱土层。这类土层的开挖面通常没有足够的自稳时间，易于流鼓破坏。

(4)膨胀土。水分渗入后会造成土钉的荷载加大，易产生超载破坏。

(5)强度过低的土，如新近填土等。新近填土往往无法为土钉提供足够的锚固力，且自重固结等原因增加了土钉的荷载，易使土钉墙结构产生破坏。

除地质条件外，土钉墙不适于以下条件：

(1)对变形要求较为严格的场所。土钉墙属于轻型支护结构，土钉、面层的刚度较小，支护体系变形较大。土钉墙不适合用于一级基坑支护。

(2)较深的基坑。通常认为，土钉墙适用于深度不大于 12 m 的基坑支护。

(3)建筑物地基为灵敏度较高的土层。土钉易引起水土流失，在施工过程中对土层有扰动，易引起地基沉降。

(4)对用地红线有严格要求的场地。土钉沿基坑四周几近水平布设，需占用基坑外的地下空间，一般都会超出红线。如果不允许超红线使用或红线外有地下室等结构物，土钉无法施工或长度太短很难满足安全要求。随着《中华人民共和国物权法》的实施，人们对地下空间的维权意识越来越强，这将影响土钉墙的使用。

(5)如果作为永久性结构，需进行专门的耐久性处理。

4.1.2.2　复合土钉墙

1. 基本概念

复合土钉墙是将土钉墙与一种或几种单项支护技术或截水技术有机组合成的复合支护体系，它的构成要素主要有土钉、预应力锚杆、截水帷幕、微型桩、挂网喷射混凝土面层、原位土体等。

2. 类型

与土钉墙复合的构件主要有预应力锚杆、止水帷幕及微型桩 3 类，单独或组合与土钉墙复合，形成了 7 种形式：土钉墙 + 预应力锚杆、土钉墙 + 止水帷幕、土钉墙 + 微型桩、土钉墙 + 止水帷幕 + 预应力锚杆、土钉墙 + 微型桩 + 预应力锚杆、土钉墙 + 搅拌桩 + 微型桩、土钉墙 + 止水帷幕 + 微型桩 + 预应力锚杆。

3. 适用范围

复合土钉墙宜用于淤泥质土、人工填土、砂性土、粉土、黏性土等土层中开挖深度不超过 15 m 的基坑或边坡工程。复合土钉墙需谨慎用于以下条件：①淤泥质土、淤泥等软弱土层太过深厚时；②超过 20 m 的基坑；③灵敏度较高的土层；④对变形要求非常严格的场地。

4.1.2.3　锚杆支护结构

1. 基本概念

锚杆支护是在边坡、岩土深基坑等地表工程及隧道、采场等地下洞室施工中采用的一种加固支护方式。用金属件、木件、聚合物件或其他材料制成杆柱，打入地表岩体或洞室周围岩体预先钻好的孔中，利用其头部、杆体的特殊构造和尾部托板（亦可不用），或依赖于黏结作用将围岩与稳定岩体结合在一起而产生悬吊效果、组合梁效果、补强效果，以达到支护的目的。具有成本低、支护效果好、操作简便、使用灵活、占用施工净空少等优点。锚杆的力学作用主要有悬吊作用、组合梁作用、组合拱作用、减跨作用、加固作用。

2. 锚杆构造

从力的传递机制来看，土层锚杆一般由锚头、拉杆及锚固体三个部分组成，如图 4-2 所示。

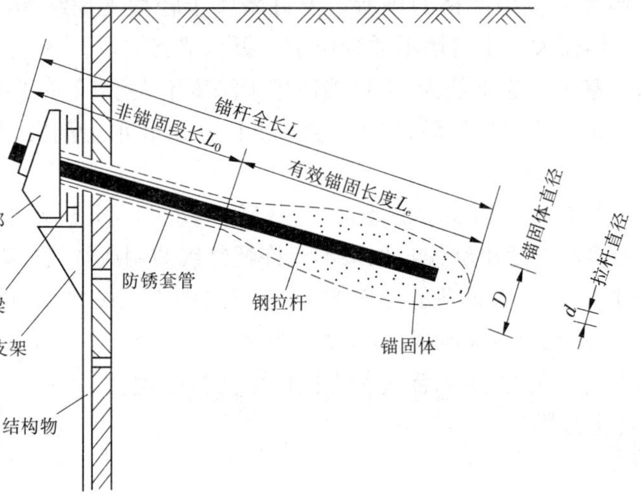

图 4-2　锚杆组成

锚杆头部：承受来自支护结构的力并传递给拉杆。

拉杆：将来自锚杆头部的拉力传递给锚固体。

锚固体：将来自拉杆的力传递到稳定土层中。

3. 锚杆的类型

锚杆常见类型，如图 4-3 所示。

4. 锚杆支护的特点

岩土锚固通过埋设在地层中的锚杆，将结构物与地层紧紧地联系在一起，依赖锚杆与周围地层的抗剪强度传递结构物的拉力或使地层自身得到加固，以保持结构物和岩土体稳定。与其他支护形式相比，锚杆支护具有以下特点：

（1）提供开阔的施工空间，极大地方便了土方开挖和主体结构施工。锚杆施工机械及设备的作业空间不大，适合各种地形及场地，对岩土体的扰动小。

（2）在地层开挖后，能立即提供抗力，且可施加预应力，控制变形发展。

（3）锚杆的作用部位、方向、间距、密度和施工时间可以根据需要灵活调整；用锚杆代

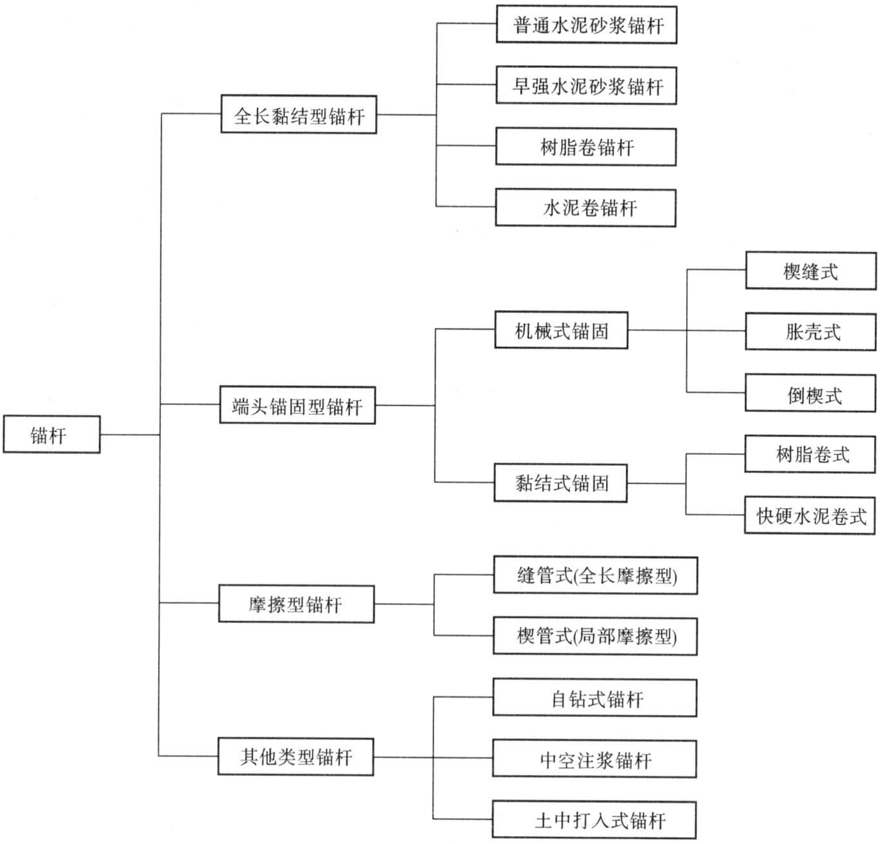

图4-3　锚杆分类

替钢或钢筋混凝土支撑，可以节省大量钢材，减少土方开挖量，改善施工条件，尤其对于面积很大、支撑布置困难的基坑。

（4）锚杆的抗拔力可通过试验来确定，可保证设计有足够的安全度。

4.1.2.4　重力式水泥土挡土墙

1. 基本概念

重力式水泥土挡土墙是以水泥系材料为固化剂，通过搅拌机械采用喷浆施工将固化剂和地基土强行搅拌，形成连续搭接的水泥土柱状加固体挡墙，是深基坑支护的一种，依靠其本身自重和刚度保护基坑土壁安全。一般不设支撑，特殊情况下经采取措施后可局部加设支撑。

2. 类型

重力式水泥土挡土墙根据施工工艺分为深层搅拌水泥土挡土墙和高压旋喷挡土墙等。

根据搅拌机械类型分为双轴水泥土搅拌桩和三轴水泥土搅拌桩。

根据是否加筋或加劲分为加筋（劲）水泥土搅拌桩和非加筋（劲）水泥土搅拌桩。目前在我国除型钢水泥土（SMW）工法为加筋（劲）工法外，其余各种工法均为非加筋（劲）工法。

按平面布置区分为满堂布置、格栅型布置和宽窄结合的锯齿形布置等形式，常见的布置形式为格栅型布置。

按竖向布置区分为等断面布置、台阶形布置等形式，常见的布置形式为台阶形布置。

3. 特点

重力式水泥土挡土墙是无支撑自立式挡土墙，依靠墙体自重、墙底摩阻力和墙前基坑开挖面以下土体的被动土压力稳定墙体，以满足围护墙的整体稳定、抗倾稳定、抗滑稳定和控制墙体变形等要求。

重力式水泥土挡土墙可近似看作软土地基中的刚性墙体，其变形主要表现为墙体水平平移、墙顶前倾、墙底前滑以及几种变形的叠加等。

重力式水泥土挡土墙的破坏形式主要有以下几种：

(1) 由于墙体入土深度不够，或由于墙底土体太软弱、抗剪强度不够等原因，导致墙体及附近土体整体滑移破坏，基底土体隆起。

(2) 由于墙体后侧发生挤土施工、基坑边堆载、重型施工机械作用等引起墙后土压力增加，或者由于墙体抗倾覆稳定性不够，导致墙体倾覆。

(3) 由于墙前被动区土体强度较低、设计抗滑稳定性不够，导致墙体变形过大或整体刚性移动。

(4) 当设计墙体抗压强度、抗剪强度或抗拉强度不够，或者由于施工质量达不到设计要求时，导致墙体压、剪或拉等破坏。

4. 适用范围

重力式水泥土挡土墙宜用于开挖深度在 5 m 范围以内的基坑，适用于加固淤泥质土、含水量较高而地基承载力小于 120 kPa 的黏土、粉土、砂土等软土地基。对于地基承载力较高、黏性较大或较密实的黏土或砂土，可采用先行钻孔套打、添加外加剂或其他辅助方法施工。当土中含高岭石、多水高岭石、蒙脱石等矿物时，加固效果较好；土中含伊利石、氯化物和水铝英石等矿物时，加固效果较差；土的原始抗剪强度小于 20 ~ 30 kPa 时，加固效果也较差。水泥土搅拌桩当用于泥炭土或土中有机质含量较高、酸碱度较低（$pH < 7$）及地下水有侵蚀性时，宜通过试验确定其适用性。当地表杂填土层厚度大或土层中含直径大于 100 mm 的石块，或在基坑周边距离 1 ~ 2 倍开挖深度范围内存在对沉降和变形较敏感的建（构）筑物时，宜慎重采用搅拌桩。

4.1.2.5 悬臂式排桩支护墙

1. 基本概念

排桩是以某种桩型按队列式布置组成的基坑支护结构。最常用的桩型是钢筋混凝土钻孔灌注桩和挖孔桩，此外还有工字钢桩或 H 型钢桩。

2. 种类和特点

按照单个桩体成桩工艺的不同，排桩围护体桩型大致有以下几种：钻孔灌注桩、预制混凝土桩、挖孔桩、压浆桩、SMW 工法（型钢水泥土搅拌桩）等。这些单个桩体可在平面布置上采取不同的排列形式形成挡土结构，来支挡不同地质和施工条件下基坑开挖时的侧向水土压力。图 4-4 中列举了几种常用排桩围护体形式。

其中，分离式排列适用于无地下水位较深，土质较好的情况。在地下水位较高时应与其他防水措施结合使用,例如在排桩后面另行设置止水帷幕。一字形相切或搭接排列式,往往因在施工中桩的垂直度不能保证及桩体扩颈等原因影响桩体搭接施工,从而达不到防水要求。当为了增大排桩围护体的整体抗弯刚度时,可把桩体交错排列,如图 4-4(c)所示。有时因场地狭窄等原因,无法同时设置排桩和止水帷幕时,可采用桩与桩之间咬合的形式,形成可起到止水作用的排桩围护体,如图 4-4(d)所示。相对于交错式排列,当需要进一步增大排桩的整体抗弯刚度和抗侧移能力时,可将桩设置成为前后双排,将前后排桩桩顶的帽梁用横向连梁连接,就形成了双排门架式挡土结构,如图 4-4(e)所示。有时还将双排桩式排桩进一步发展为格栅式排列,在前后排桩之间每隔一定的距离设置横隔式的桩墙,以寻求进一步增大排桩的整体抗弯刚度和抗侧移能力设置。

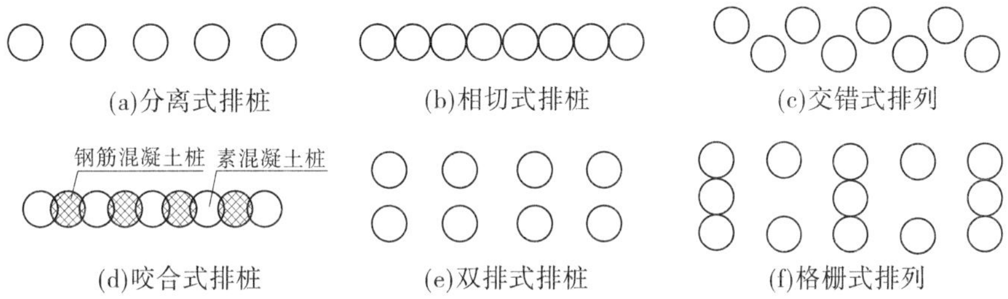

图 4-4　排桩围护体的常见形式

因此,除具有自身防水的 SMW 桩型挡墙外,常采用间隔排列与防水措施结合,具有施工方便,防水可靠,成为地下水位较高软土地层中最常用的排桩围护体形式。

3. 适用范围

排桩围护体与地下连续墙相比,其优点在于施工工艺简单,成本低,平面布置灵活;缺点是防渗和整体性较差,一般适用于中等深度(6 ~ 10 m)的基坑围护,但近年来也应用于开挖深度 20 m 以内的基坑。其中,压浆桩适用的开挖深度一般在 6 m 以下,在深基坑工程中,有时与钻孔灌注桩结合,作为防水抗渗措施。采用分离式、交错式排列布桩以及双排桩时,当需要隔离地下水时,需要另行设置止水帷幕。

非打入式排桩围护体与预制式板桩围护相比,有无噪声、无振害、无挤土等许多优点,从而日益成为国内城区软弱地层中等深度基坑(6 ~ 15 m)围护的主要形式。

钻孔灌注桩排桩围护体最早在北京、广州、武汉等地使用,以后随着防渗技术的提高,钻孔灌注桩排桩围护体适用的深度范围已逐渐被突破。例如,上海港汇广场基坑工程,开挖最深达 15 m 之多,采用ϕ 1 000 钻孔围护桩及两排深层搅拌桩止水的复合式围护,取得了较好的效果。

SMW 工法在日本东京大阪等软弱地层中的应用非常普遍,适应的开挖深度已达几十米,与装配式钢结构支撑体系相结合,工效较高。目前,国内施工深度可达 35 m 左右,近期引进了日本的新设备,成墙深度可达 60 m。

挖孔桩常用于软土层不厚的地区,由于常用的挖孔桩直径较大,在基坑开挖时往往不设支撑。当桩下部有坚硬基岩时,常采用在挖孔桩底部加设岩石锚杆使基岩受力为一体,这类工程实例在我国东南沿海地区也有报道。

压浆桩也称树根桩,其直径常小于 400 mm,有时也称为小口径混凝土灌注桩,它除了具有一定的强度外,还具有一定的抗渗漏能力。

4.1.2.6　SMW 工法连续墙

1. 基本概念

SMW 工法连续墙,是 Soil Mixing Wall 的缩写,于 1976 年在日本问世,现占全日本地下连续墙的 50% 左右,该工法现已在东南亚国家和美国、法国许多地方广泛应用,近几年在我国的上海、杭州、南京等地推广非常迅速,受到广泛的欢迎。SMW 工法是利用专门的多轴搅拌机就地钻进切削土体,同时在钻头端部将水泥浆液注入土体,经充分搅拌混合后,再将 H 型钢或其他型材插入搅拌桩体内,形成地下连续墙体,利用该墙体直接作为挡土和止水结构,见图 4-5,最常用的是三轴型钻掘搅拌机。

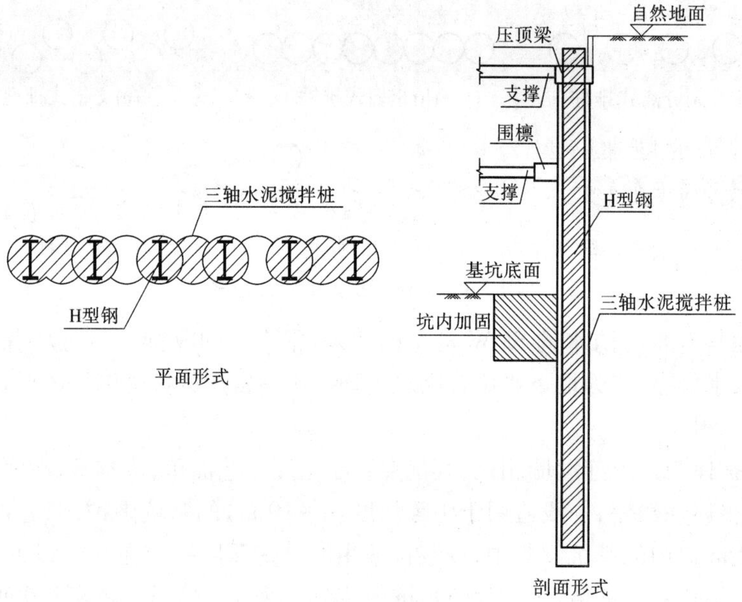

图 4-5　型钢水泥土搅拌墙

2. 特点

型钢水泥土搅拌墙是一种由水泥土搅拌桩柱列式挡墙和型钢(一般采用 H 型钢)组成的复合围护结构,同时具有截水和承担水土侧压力的功能。型钢水泥土搅拌墙与基坑围护设计中经常采用的钻孔灌注桩排桩相比,具有下面几方面的不同:第一,型钢水泥土搅拌墙由 H 型钢和水泥土组成,一种是力学特性复杂的水泥土,一种是近似线弹性材料的型钢,两者相互作用,工作机制非常复杂;第二,针对这种复合围护结构,从经济角度考虑,H 型钢在地下室施工完成后可以回收利用是该工法的一个特色,从变形控制的角度看,H 型钢可以通过跳插、密插调整围护体刚度,是该工法的另一特色;第三,在地下水水位较高的软土地区,钻孔灌注桩围护结构尚需在外侧施工一排截水帷幕,截水帷幕可以采用双轴水泥土搅拌桩也可以采用三轴水泥土搅拌桩。当基坑开挖较深,搅拌桩入土深度较深时(一般超过 18 m),为保证截水效果,常常采用三轴水泥土搅拌桩截水。型钢水泥土搅拌墙是在三轴水泥土搅拌桩中内插 H 型钢,本身就已经具有较好的截水效果,不需额外施工截水帷幕,因此造价一般相对于钻孔灌注桩要经济。

与其他围护形式相比，型钢水泥土搅拌墙还具有以下特点：

(1)对周围环境影响小。型钢水泥土搅拌墙施工采用三轴水泥土搅拌桩机就地切削土体、使土体与水泥浆液充分搅拌混合形成水泥土，并用低压持续注入的水泥浆液置换处于流动状态的水泥土，保持地下水泥土总量平衡。该工法无须开槽或钻孔，不存在槽(孔)壁坍塌现象，从而可以减少对邻近土体的扰动，降低对邻近地面、道路、建筑物、地下设施的危害。

(2)防渗性能好。由于搅拌桩采用套接成孔施工，实现了相邻桩体完全无缝衔接。钻削与搅拌反复进行，使浆液与土体得以充分混合形成较为均匀的水泥土，与传统的围护形式相比具有更好的截水性，水泥土渗透系数很小，一般可以达到(10^{-7} ~ 10^{-8})cm/s。

(3)环保节能。三轴水泥土搅拌桩施工过程无须回收处理泥浆。少量水泥土浮浆可以存放至事先设置的基槽中，限制其溢流污染，待自然固结后运出场外。如果将其处理后还可以用于敷设场地道路，达到降低造价、消除建筑垃圾公害的目的。型钢在地下室施工完毕后可以回收利用，避免遗留在地下形成永久障碍物，是一种绿色工法。

(4)适用土层范围广。三轴水泥土搅拌桩施工时采用三轴螺旋钻机，适用土层范围较广，包括填土、淤泥质土、黏性土、粉土、砂性土、饱和黄土等。如果采用预钻孔工艺，还可以用于较硬质地层。

(5)工期短，投资省。型钢水泥土搅拌墙与地下连续墙、钻孔灌注桩等围护形式相比，工艺简单、成桩速度快，工期缩短近一半。在一般入土深度 20 ~ 25 m 情况下，日平均施工长度达 8 ~ 10 m，最高可达 12 m；造价方面，除特殊情况由于受到周边环境条件的限制，型钢在地下室施工完毕后不能拔除外，绝大多数情况下插型钢可以拔除，实现型钢的重复利用，降低工程造价。型钢水泥土搅拌墙如果考虑型钢回收，当租赁期在半年以内时，围护结构本身成本为钻孔灌注桩的 70% ~ 80%，为地下连续墙的 50% ~ 60%。

3. 适用范围

从广义上讲，型钢水泥土搅拌墙以水泥土搅拌桩为基础，凡是能够施工三轴水泥土搅拌桩的场地都可以考虑使用该工法。从黏性土到砂性土，从软弱的淤泥和淤泥质土到较硬、较密实的砂性土，甚至在含有砂卵石的地层中经过适当的处理都能够进行施工，适用土质范围较广。从型钢水泥土搅拌墙在实际工程中的应用来看，基坑围护设计方案选用型钢水泥土搅拌墙主要考虑以下几点因素：

(1)型钢水泥土搅拌墙的适用条件与基坑的开挖深度、基坑周边环境条件、场地土层条件、基坑规模等因素有关，另外与基坑内支撑的设置也密切相关。从基坑安全的角度看，型钢水泥土搅拌墙的选型主要是由基坑周边环境条件所确定的容许变形值控制的，即型钢水泥土搅拌墙的选型及参数设计首先要能够满足周边环境的保护要求。

(2)型钢水泥土搅拌墙的选择也受到基坑开挖深度的影响。根据上海及周边软土地区近些年的工程经验，在常规支撑设置下，搅拌桩直径为 650 mm 的型钢水泥土搅拌墙，一般开挖深度不大于 8.0 m；搅拌桩直径为 850 mm 的型钢水泥土搅拌墙，一般开挖深度不大于 11.0 m；搅拌桩直径为 1 000 mm 的型钢水泥土搅拌墙，一般开挖深度不大于 13.0 m。当然这不是意味着不同截面尺寸的型钢水泥土搅拌墙只能被限定应用于此类开挖深度的基坑，而是表明当用于超过此类开挖深度的基坑时，工程风险将增大，需要采取一定的技术措施,确保安全。

(3)当施工场地狭小或距离用地红线、建筑物等较近时,采用钻孔灌注桩+截水帷幕等围护方案常常不具备足够的施工空间,而型钢水泥土搅拌墙只需在三轴水泥土搅拌桩中内插型钢,所需施工空间仅为三轴水泥搅拌桩的厚度和施工机械必要的操作空间,具有较明显的优势。

(4)与地下连续墙、钻孔灌注桩相比,型钢水泥土搅拌墙的刚度较低,因此常常会产生相对较大的变形,在对周边环境保护要求较高的工程中,例如基坑紧邻运营中的地铁隧道、历史保护建筑、重要地下管线时,应慎重选用。

(5)当基坑周边环境对地下水位变化较为敏感,搅拌桩桩身范围内大部分为砂(粉)性土等透水性较强的土层时,若型钢水泥土搅拌墙变形较大,搅拌桩桩身易产生裂缝、造成渗漏,后果较为严重。这种情况,如果围护设计采用型钢水泥土搅拌墙,围护结构的整体刚度应该适当加强,并控制内支撑水平及竖向间距,必要时应选用刚度更大的围护方案。

4.1.2.7 钢板桩支护结构

1. 概述

钢板桩支护结构属板式支护结构之一,适于地下工程施工因受场地等条件的限制,基坑或基槽不能采用放坡开挖,而必需进行垂直土方开挖及地下工程施工时采用。

钢板桩是一种带锁口或钳口的热轧(或冷弯)型钢,靠锁口或钳口相互连接咬合,形成连续的钢板桩墙,用来挡土和挡水。具有高强、轻型、施工快捷、环保、美观、可循环利用等优点。钢板桩断面形式很多,英、法、德、美、日本、卢森堡、印度等国的钢铁集团都制定有各自的规格标准。常用的钢板桩截面形式有U型、Z型、直线型及组合型等,见图4-6。

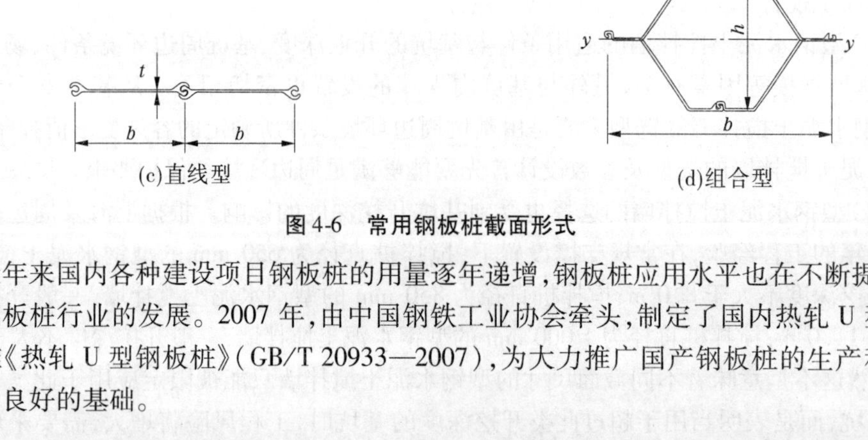

(a)U型 (b)Z型 (c)直线型 (d)组合型

图4-6 常用钢板桩截面形式

近年来国内各种建设项目钢板桩的用量逐年递增,钢板桩应用水平也在不断提高,带动了钢板桩行业的发展。2007年,由中国钢铁工业协会牵头,制定了国内热轧U型钢板桩标准《热轧U型钢板桩》(GB/T 20933—2007),为大力推广国产钢板桩的生产和应用打下了良好的基础。

近年来钢板桩朝着宽、深、薄的方向发展,使得钢板桩的效率(截面模量/重量)不断提高,此外还可采用高强度钢材代替传统的低碳钢或是采用大截面模量的组合型钢板桩,这都极大地拓展了钢板桩的应用领域。

2.分类和适用范围

钢板桩支护结构由打入土层中的钢板桩和必要的支撑或拉锚体系组成,以抵抗水、土压力并保持周围地层的稳定,确保地下工程施工的安全。从使用的角度可分为永久性结构和临时性结构两大类,永久性结构主要应用于码头、船坞坞壁、河道护岸、道路护坡等工程中;临时性结构则多用于高层建筑、桥梁、水利等工程的基础施工中,施工完成后钢板桩可拔除。本章中主要述及后者,重点介绍作为临时工程的钢板桩支护结构的设计和施工的要点。

根据基坑开挖深度、水文地质条件、施工方法以及邻近建筑和管线分布等情况,钢板桩支护结构型式主要可分为悬臂板桩、单撑(单锚)板桩和多撑(多锚)板桩等,此外常见的围护(挡土、挡水)结构还有桩板式结构、双排或格型钢板桩围堰等。

1)悬臂式结构

悬臂式钢板桩挡墙无撑无锚,完全依靠板桩的结构强度和入土深度保持挡墙的稳定和整体的安全。坑侧土体易于产生变形,围护结构的桩顶位移和弯矩值均较大。此外,该结构形式要求坑底及板桩底部土体有足够的强度以抵抗产生的反力。因此,在基坑底部被动区土体地质条件不良时,可考虑采用土体加固的方式以提高被动区土压力。

2)单撑(单锚)式及多撑(多锚)式结构

单撑(单锚)式钢板桩支护结构由钢板桩围护体系和单道内支撑(或墙后锚拉结构)组成。内支撑可以采用钢筋混凝土支撑或钢支撑,墙后锚拉结构根据地基条件的不同可以采用锚杆或(钢或钢筋混凝土)拉杆连接锚桩(或锚锭墙)构成。单锚式钢板桩支护结构同一般的板式内支撑结构类似,但它属于无内支撑支护结构,后方须有足够的场地条件以设置锚拉结构。

多撑(多锚)式钢板桩支护结构由钢板桩围护体系和多道内支撑(或墙后锚拉结构)组成。内支撑或锚拉结构的增多使得该结构形式可适用于较大开挖深度的基坑围护中。

由于钢板桩间锁口相互咬合,锁口处止水技术的发展使得单撑式或多撑式的钢板桩支护结构也可应用于临水的基坑工程中,临水基坑钢板桩支护结构是在水上施打钢板桩,钢板桩自身(或与陆域结构)形成封闭的围护体系,并通过设置单道(或多道)钢(或钢筋混凝土)内支撑(或圆形环梁)形成的支护结构。

3)桩板式支护结构

桩板式支护结构是采用工字钢、钢管桩或箱型钢板桩等结合横档板构成,根据需要设内支撑体系或拉锚结构。该支护结构主要由钢桩承受土压力,由于不能挡水,只能用于干施工的情况下。该结构形式曾常用于浅埋地下铁道、箱涵等施工中。

4)其他钢板桩结构形式

双排钢板桩围堰结构是将钢板桩围护结构呈两排打入地基中,顶部依靠(钢筋混凝土或钢)拉杆相连,内部填充砂土形成一定宽度的墙体。格型钢板桩围堰则是将直线型钢板桩打设成圆形或圆弧形,在其中间充填砂土以形成连续墙体。两者均可视为一种

“自力式”的重力体，以钢板桩结构强度和内部填充物的自重和抗剪能力来抵抗外力。常用于水利基坑开挖的临时支护、码头岸壁结构或圈围造地的围护结构。

4.1.2.8 钢筋混凝土板桩支护结构

1. 概述

钢筋混凝土板桩不仅仅是单独的板桩式构件，而是指由钢筋混凝土板桩构件沉桩后形成的组合桩体，是一种易工厂化、装配化的基坑围护结构。

钢筋混凝土板桩具有强度高、刚度大、取材方便、施工简易等优点，其外形可以根据需要设计制作，槽榫结构可以解决接缝防水，与钢板桩相比不必考虑拔桩问题，因此在基坑工程中占有一席之地，在地下连续墙、钻孔灌注桩排桩式挡墙尚未发展以前，基坑围护结构基本采用钢板桩和混凝土板桩。由于国内长期以来仅限于锤击沉桩，且锤击设备能力有限，桩的尺寸、长度受到一定限制，基坑适用深度有限，钢筋混凝土板桩应用和发展一度低迷。近年来，随着沉桩设备的发展，且沉桩方法除锤击外又增加了液压沉桩、高压水沉桩，支撑方式从简单的悬臂式、锚碇式发展到斜地锚和多层内支撑等各种形式，给钢筋混凝土板桩带来了广泛的应用前景。如目前板桩的厚度已达到50 cm，长度达到20 m，配筋方式有普通钢筋及预应力配筋，截面形式由单一的矩形截面发展到薄壁工字形等截面，又与深层搅拌桩以及地下连续墙结合，弥补了钢筋混凝土板桩在较深基坑支护中的缺陷，钢筋混凝土板桩以其独特的优越性而再度备受青睐。作为深基坑围护结构，在上海虹桥太平洋大饭店深基坑工程中，其支护开挖深度已达到12.6 m；通过与搅拌桩结合，形成以钢筋混凝土板桩为劲性构件的SMW工法支护，在宝钢某冷轧工程中支护开挖深度已达到9.5 m；作为地下连续墙预制接头桩，在宝钢某热轧厂深基坑工程支护开挖深度已达到35.4 m。当前钢筋混凝土板桩已与地下连续墙、钻孔灌注桩、SMW工法等成为深基坑开挖支护的主要手段之一。此外，钢筋混凝土板桩利用水力插板技术在港务水利工程中也得到了广泛应用，如松花江防洪堤坝，采用了厚0.24 m、长8 m的钢筋混凝土板桩，在黄河取水工程中还广泛用于水闸、泵站和输水渠道等。

2. 适用范围

钢筋混凝土板桩适用范围包括：开挖深度小于10 m的中小型基坑工程，作为地下结构的一部分，则更为经济；大面积基坑内的小基坑即“坑中坑”工程，不必坑内拔桩，降低作业难度；较复杂环境下的管道沟槽支护工程，可替代不便拔除的钢板桩；水利工程中的临水基坑工程，内河驳岸、小港码头、港口航道、船坞船闸、河口防汛墙、防浪堤及其他河道海塘治理工程。

4.1.2.9 地下连续墙

1. 概念

地下连续墙是远方基础工程在地面上采用一种挖槽机械，沿着深开挖工程的周边轴线，在泥浆护壁条件下，开挖出一条狭长的深槽，清槽后，在槽内吊放钢筋笼，然后用导管法灌筑水下混凝土筑成一个单元槽段，如此逐段进行，在地下筑成一道连续的钢筋混凝土墙壁，作为截水、防渗、承重、挡水结构。本法特点是：施工振动小，墙体刚度大，整体性好，施工速度快，可省土石方，可用于密集建筑群中建造深基坑支护及进行逆作法施工，可用于各种地质条件下，包括砂性土层、粒径50 mm以下的砂砾层中施工等。适用于建造建筑物的地下室、地下商场、停车场、地下油库、挡土墙、高层建筑的深基础、逆作法施工围护结构，工业建筑的深池、坑、竖井等。

2. 结构形式

目前，在工程中应用的地下连续墙的结构形式主要有壁板式、T 形和 Π 形地下连续墙、格形地下连续墙、预应力或非预应力 U 形折板地下连续墙等几种形式。

1) 壁板式

该形式又可分为直线壁板式（如图 4-7(a) 所示）和折线壁板式（如图 4-7(b) 所示），折线壁板式多用于模拟弧形段和转角位置。壁板式在地下连续墙工程中应用得最多，适用于各种直线段和圆弧段墙段，例如，在上海世界博览会 500 kV 地下变电站直径 130 m 的圆筒形基坑地下连续墙设计中，就采用了 80 幅直线壁板式地下连续墙来模拟圆弧段。

2) T 形和 Π 形地下连续墙

T 形（如图 4-7(c) 所示）和 Π 形地下连续墙（如图 4-7(d) 所示）适用于基坑开挖深度较大、支撑竖向间距较大、受到条件限制墙厚无法增加的情况下，采用加肋的方式增加墙体的抗弯刚度。

3) 格形地下连续墙

格形地下连续墙（如图 4-7(e) 所示）是一种将壁板式和 T 形地下连续墙两种形式组合在一起的结构形式。格形地下连续墙结构型式的构思出自格形钢板桩岸壁的概念，是靠其自身重量稳定的半重力式结构，是一种用于建（构）筑物地基开挖的无支撑空间坑壁结构。格形地下连续墙多用于船坞及特殊条件下无法设置水平支撑的基坑工程，目前也有应用于大型的工业基坑，如上海耀华 - 皮尔金顿二期熔窑坑工程，熔窑建成后坑内不允许有任何永久性支撑和隔墙结构，而且要保护邻近一期工程的正常使用。该工程采用了重力式格形地下连续墙方案，利用格形地下连续墙作为基坑支护结构，同时作为永久结构。格形地下连续墙在特殊条件下具有不可替代的优势，但由于受到自身施工工艺的约束，一般槽段数量较多。

预应力或非预应力 U 形折板地下连续墙。这是一种新形式的地下连续墙，已应用于上海某地下车库工程。折板是一种空间受力结构，有良好的受力特性，还具有抗侧刚度大、变形小、节省材料等特点。

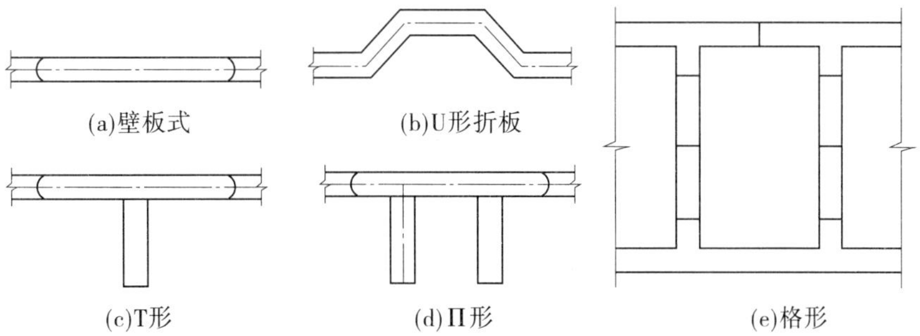

图 4-7　地下连续墙平面结构形式

3. 特点

在工程应用中地下连续墙已被公认为是深基坑工程中最佳的挡土结构之一，它具有如下显著的优点：

（1）施工具有低噪声、低震动等优点，工程施工对环境的影响小。

（2）连续墙刚度大、整体性好，基坑开挖过程中安全性高，支护结构变形较小。

（3）墙身具有良好的抗渗能力，坑内降水时对坑外的影响较小。

（4）可作为地下室结构的外墙，可配合逆作法施工，以缩短工程的工期，降低工程造价。

但地下连续墙也存在弃土和废泥浆处理、粉砂地层易引起槽壁坍塌及渗漏等问题，因而需采取相关的措施来保证连续墙施工的质量。

4. 适用范围

由于受到施工机械的限制，地下连续墙的厚度具有固定的模数，不能像灌注桩一样对桩径和刚度进行灵活调整。因此，地下连续墙只有在一定深度的基坑工程或其他特殊条件下才能显示其经济性和特有的优势。对地下连续墙的选用必须经过技术经济比较，确实认为是经济合理时才可采用。一般情况下地下连续墙适用于如下条件的基坑工程：

（1）深度较大的基坑工程，一般开挖深度大于 10 m 才有较好的经济性。

（2）邻近存在保护要求较高的建（构）筑物，对基坑本身的变形和防水要求较高的工程。

（3）基坑内空间有限，地下室外墙与红线距离极近，采用其他围护形式无法满足留设施工操作空间要求的工程。

（4）围护结构亦作为主体结构的一部分，且对防水、抗渗有较严格要求的工程。

（5）采用逆作法施工，地上和地下同步施工时，一般采用地下连续墙作为围护墙。

（6）在超深基坑中，如 30～50 m 的深基坑工程，采用其他围护体无法满足要求时，常采用地下连续墙作为围护体。

除上述支护形式外，还有桩锚与土钉、复合土钉联合支护，复合桩墙支护，挡土止水二合一支护（钻孔后注浆连续墙）等支护形式。

4.2　基坑工程的特点及设计基本要求

4.2.1　基坑工程的特点

4.2.1.1　安全储备小、风险大

一般情况下，基坑工程作为临时性措施，基坑围护体系在设计计算时某些荷载如地震荷载不加考虑，相对于永久性结构而言，在强度、变形、防渗、耐久性等方面的要求较低一些，安全储备要求可小一些，加上建设方对基坑工程认识上的偏差，为降低工程费用，对设计提出一些不合理的要求，实际的安全储备可能会更小一些。因此，基坑工程具有较大的风险性，必须要有合理的应对措施。

4.2.1.2　制约因素多

基坑工程与自然条件的关系较为密切，设计施工中必须全面考虑气象、工程地质及水文地质条件及其在施工中的变化，充分了解工程所处的工程地质及水文地质、周围环境与

基坑开挖的关系及相互影响。基坑工程作为一种岩土工程,受到工程地质和水文地质条件的影响很大,区域性强。我国幅员辽阔,地质条件变化很大,有软土、砂性土、砾石土、黄土、膨胀土、红土、风化土、岩石等,不同地层中的基坑工程所采用的围护结构体系差异很大,即使是在同一个城市,不同的区域也有差异,因此围护结构体系的设计、基坑的施工均要根据具体的地质条件因地制宜,不同地区的经验可以参考借鉴,但不可照搬照抄。

另外,基坑工程围护结构体系除受地质条件制约以外,还要受到相邻的建筑物、地下构筑物和地下管线等的影响,周边环境的容许变形量、重要性等也会成为基坑工程设计和施工的制约因素,甚至成为基坑工程成败的关键。因此,基坑工程的设计和施工应根据基本的原理和规律灵活应用,不能简单引用。基坑支护开挖所提供的空间是为主体结构的地下室施工所用,因此任何基坑设计,在满足基坑安全及周围环境保护的前提下,要合理地满足施工的易操作性和工期要求。

4.2.1.3 计算理论不完善

基坑工程作为地下工程,所处的地质条件复杂,影响因素众多,人们对岩土力学性质的了解还不深入,很多设计计算理论,如岩土压力、岩土的本构关系等,还不完善,还是一门发展中的学科。

作用在基坑围护结构上的土压力不仅与位移等大小、方向有关,还与时间有关。目前,土压力理论还很不完善,实际设计计算中往往采用经验取值,或者按照朗肯土压力理论或库仑土压力理论计算,然后根据经验进行修正。在考虑地下水对土压力的影响时,是采用水土压力合算还是分算更符合实际情况,在学术界和工程界认识还不一致,各地制定的技术规程或规范中的规定也不尽相同。至于时间对土压力的影响,即考虑土体的蠕变性,目前在实际应用中较少顾及。

实践发现,基坑工程具有明显的时空效应,基坑的深度和平面形状对基坑围护体系的稳定性和变形有较大的影响,土体所具有的流变性对作用于围护结构上的土压力、土坡的稳定性和围护结构变形等有很大的影响。这种规律尽管已被初步的认识和利用,形成了一种新的设计和施工方法,但离完善还是有较大的差距。

岩土的本构模型目前已多得数以百计,但真正能获得实际应用的模型寥寥无几,即使获得了实际应用,但和实际情况还是有较大的差距。

基坑工程的设计计算理论的不完善,直接导致了工程中的许多不确定性,因此要和监测、监控相配合,更要有相应的应急措施。

4.2.1.4 综合性知识及经验要求高

基坑工程的设计和施工不仅需要岩土工程方面的知识,也需要结构工程方面的知识。同时,基坑工程中设计和施工是密不可分的,设计计算的工况必须和施工实际的工况一致才能确保设计的可靠性。所有设计人员必须了解施工,施工人员必须了解设计。设计计算理论的不完善和施工中的不确定因素会增加基坑工程失效的风险,所以需要设计施工人员具有丰富的现场实践经验。

从事基坑工程的设计施工人员需要具备及综合运用以下各方面知识:

(1)岩土工程知识和经验。按工程需要提出勘察任务并能对地质勘探报告提供的描述和各类参数进行研究、分析以合理选用参数进行支护结构的土压力计算,对基坑开挖带来的环境影响进行较为精确的预估，以及对地质条件变化带来的问题做出正确的判断和处理。

（2）建筑结构和力学知识。能够了解主体结构的设计要求、掌握其与基坑围护结构的相互关系、处理好临时围护结构与永久性主体结构的相互关系，以及围护结构和支撑作永久性结构的技术问题。熟练应用钢筋混凝土结构和钢结构的设计理论与方法，设计各类支撑体系。

（3）施工经验。熟悉各种地基加固、防水、降水等特种工艺的施工方法、施工流程及相关设备的选择，能够对各种支护方案进行质量、工期、造价的对比。

（4）工程所在地的施工条件和经验。为根据各地区地质、环境、施工条件的特点因地制宜地选择合理的设计施工方案，在支护结构设计计算时，要充分吸取当地施工技术以及工程成功和失败的经验。

4.2.1.5　环境效应要考虑

基坑开挖必将引起基坑周围地层中地下水位的变化和应力场的改变，导致周围地基中土体的变形，对临近基坑的建筑物、地下构筑物和地下管线等产生影响，影响严重的将危及相邻建筑物、地下构筑物和地下管线的安全和正常使用，必须引起足够的重视。另外，基坑工程施工产生的噪声、粉尘、废弃的泥浆、渣土等也会对周围环境产生影响，大量的土方运输也会对交通产生影响，因此必须考虑基坑工程的环境效应。

4.2.2　基坑工程设计基本要求

4.2.2.1　安全可靠

基坑工程的作用是为地下工程的敞开开挖施工创造条件，首先必须确保基坑工程本体的安全，为地下结构的施工提供安全的施工空间；其次，基坑施工必然会产生变形，可能会影响周边的建筑物、地下构筑物和管线的正常使用，甚至会危机周边环境的安全，所以基坑工程施工必须要确保周围环境的安全。

4.2.2.2　经济合理

基坑围护结构体系作为一种临时性结构，在地下结构施工完成后即完成使命，因此在确保基坑本体安全和周边环境安全的前提条件下，尽可能降低工程费用，要从工期、材料、设备、人工以及环境保护等多方面综合研究经济合理性。

4.2.2.3　技术可行

基坑围护结构设计不仅要符合基本的力学原理，而且要能够经济、便利的实施，如设计方案是否与施工机械相匹配（如地下连续墙的分幅宽度是否与成槽设备的宽度相匹配）？如施工机械是否具有足够施工能力（如地下连续墙成槽机械的成槽深度、搅拌桩施工机械的有效施工深度）？费用是否经济？支撑是否可以租赁？等等。

4.2.2.4　施工便利

基坑的作用既然是为地下结构提供施工空间，就必须在安全可靠、经济合理的原则下，最大限度地满足便利施工的要求，尽可能采用合理的围护结构方案减少对施工的影响，保证施工工期（如在由塔楼和裙房组成的建筑物群的基坑工程设计中，采用边桁架方式在塔楼处营造较大的施工空间，便于控制总工期的塔楼快速出地面，减少总工期）。

4.2.3　基坑工程施工基本要求

4.2.3.1　环境保护

基坑开挖卸载带来地层的沉降和水平位移会给周围建筑物、构筑物、道路、管线及地下设施带来影响。因此,在基坑围护结构、支撑及开挖施工设计时,必须对周围环境进行周密调查,采取措施将基坑施工对周围环境的影响限制在允许范围内。

4.2.3.2　风险管理

在地下结构施工的过程中,均存在着各种风险,必须在施工前进行风险界定、风险辨识、风险分析、风险评价,对各种等级的风险分别采取风险消除、风险降低、风险转移和风险自留的处置方式解决。在施工中进行动态风险评估、动态跟踪、动态处理。

4.2.3.3　安全控制

在施工过程中,可以采用安全监控手段、安全管理体系、应急处置措施来确保基坑工程的安全,为地下结构的施工创造一个安全的施工环境,减少工程事故。

4.2.3.4　工期保证

采用合理的施工组织设计,提高施工效率,协调与主体结构的施工关系,满足主体结构施工工期要求。

4.3　基坑工程变形控制技术及应急措施

4.3.1　导致基坑工程变形的主要因素

贯穿规划、勘察、设计和施工全过程,导致基坑围护结构体系和周边环境变形过大,损伤或破坏的因素众多,大体可分为两类。

4.3.1.1　固有因素

1. 地质条件的影响

地质条件的影响包括土性参数变化、地质分布不均及地下水分布等。如在软、硬土层中基坑开挖,相同设计和施工条件下,前者围护结构变形小于后者。基坑开挖范围内有承压水层,施工和降水不当,会诱发围护墙(桩)渗漏、涌水和涌砂,坑底隆起和突涌,导致周边地层损失过大,最终造成建(构)筑物、隧道、道路等结构损伤或破坏。

2. 周边环境的影响

既有建(构)筑物超载,道路、桥梁和隧道等行车振动和荷载,邻近工程超载或卸载,邻近工程降水等。如既有建(构)筑物超载会导致基坑围护结构变形过大,或发生非对称变形,造成围护结构损伤和破坏,或倾斜和整体失稳。

4.3.1.2　人为因素

1. 规划、设计和勘察阶段

(1)规划选址。确定拟建基坑工程周围地质条件和周边环境,是影响基坑变形的重要因素之一。

(2)围护结构选型。一旦确定选择何种围护结构,相关设计参数和后续施工方法都会对基坑变形产生影响,如围护结构刚度和插入深度越小,结构变形越大。

(3)支撑体系选型。支撑刚度越大,围护结构变形越小。如在其他设计条件不变的情况下,内支撑的变形控制效果优于锚杆或土钉。

(4)加固设计。加固方法、形式及加固体尺寸决定了加固效果。如相同施工工艺下,满堂加固控制基底隆起变形的效果优于抽条加固。

(5)降水设计。不同的地层条件和周边环境对降水的要求不同。不同的降水方法决定了降水效果。降水效果的好坏直接影响基坑的变形和安全。如在富水砂层中基坑开挖时,随着基坑开挖深度增加,当承压水头压力大于承压水层顶板至坑底的土层重度时,坑底会发生突涌,最终导致基坑失稳破坏。

(6)工程勘察。勘察的结果对基坑工程设计选型和施工方法有着直接的影响。

2. 施工阶段

(1)围护桩(墙)施工。施工工艺、工法不同对周边地层的扰动程度不同。如高压旋喷桩施工时,注浆压力过大,会造成周围地表隆起。施工结束后,随着土中孔隙水压力消散,地面逐渐沉降。

(2)支撑体系施工。如钢支撑、锚杆和土钉等安装不及时,预加轴力不满足设计要求,均会导致围护结构变形增大或突变。实际工程中支撑架设不及时和超挖现象是导致基坑变形过大,甚至破坏的两大主要因素。

(3)开挖施工。超挖是导致基坑围护结构变形增大的两大主要因素之一。

(4)降水和防水施工。如止水帷幕或降水施工不当,会造成围护结构漏水和漏砂,导致周边地层损失增大,引发周边地面、道路、管线、建构筑物、隧道等沉降和开裂。因基坑漏水、漏砂,坑底涌水和涌砂导致基坑坍塌的事故时有发生。

(5)临时机械和材料堆载。在实际工程中,为了方便施工,许多施工方将材料和设备堆放在基坑边,造成基坑边超载过大。当临时堆载量超过设计值时,过大超载会导致围护结构变形增大,地面沉降和开裂,严重时危及基坑安全。

(6)降雨和排水。在一些基坑工程中,过大降雨和排水不当,导致水流入坑外土层中,改变土中孔土压力,破坏土中结构,造成地层损失,严重时导致基坑发生滑坡。如在围护结构采用土钉墙的基坑工程中,降水、防水、排水对基坑开挖稳定性至关重要。

上面仅仅列举了部分主要影响因素。实际上,影响基坑工程变形,甚至导致基坑事故最关键的因素是施工不规范和监管疏忽。如目前大多数基坑工程,开挖施工过程中,均存在超挖和支撑架设不及时现象,究其根源是施工管理不当。

4.3.2 基坑变形控制设计流程

基坑的变形控制设计以基坑的环境保护为核心,通过设计、变形分析,再设计、再变形分析的反复过程,使设计的支护结构在基坑施工过程中所引起的基坑周围的建(构)筑物、地下管线和设施的变形在允许的范围之内,从而保证其正常使用要求。

图 4-8 为基坑变形控制设计的一般流程。一般先根据基坑本身的规模与挖深、基坑的地质条件、基坑周边的环境等因素选择合适的基坑支护结构类型,并确定初步的支护设计方案。然后预估基坑施工对周边环境可能产生的影响,可以采用前面提到的经验方法

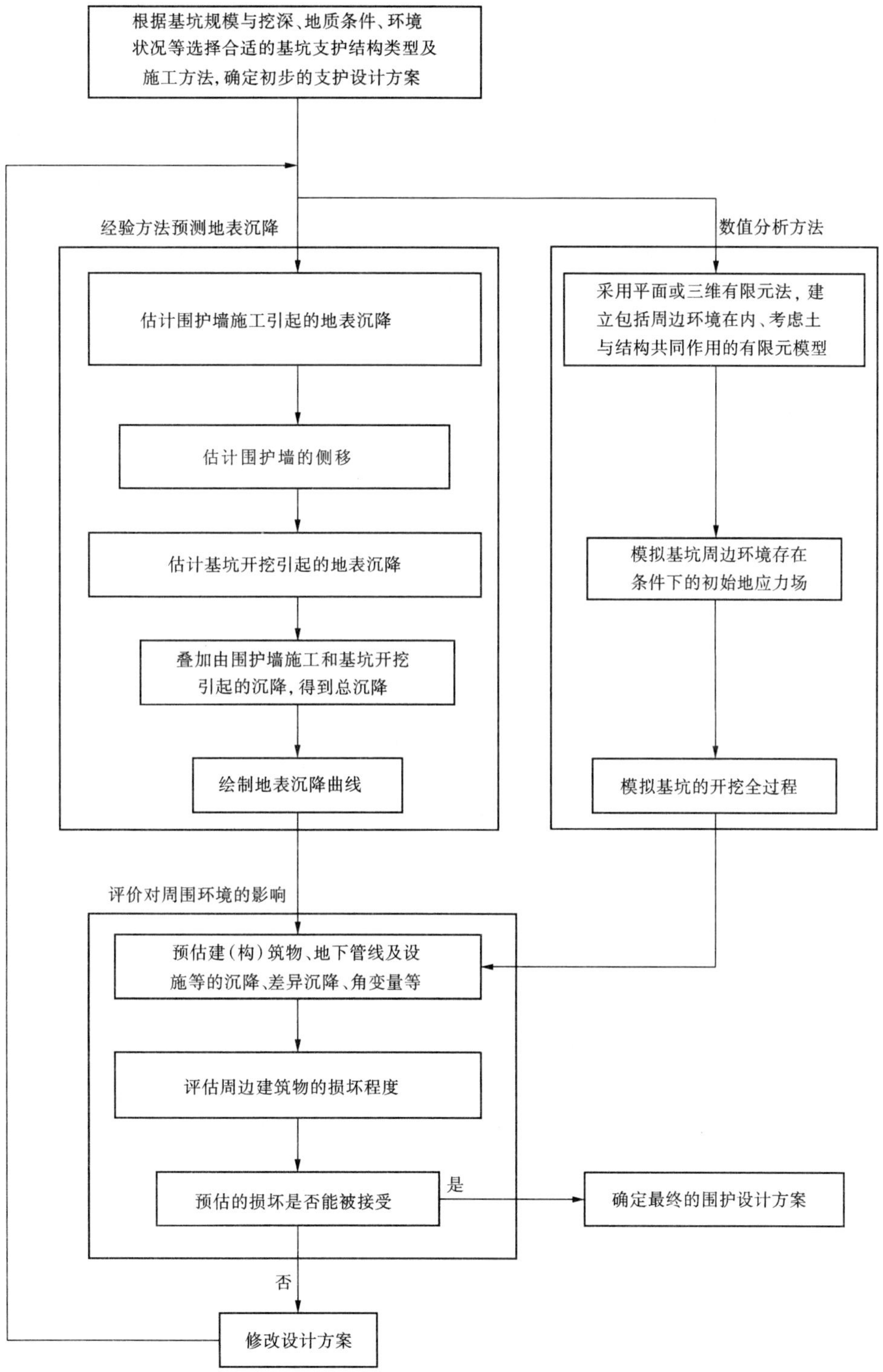

图 4-8　基坑变形控制设计流程

和数值分析方法。采用经验方法时，先预估基坑施工引起的地表沉降，包括由围护结构施工引起的地表沉降和由基坑开挖施工引起的地表沉降，将这两个阶段得到的地表沉降叠加即得到总的地表沉降,需指出的是,这里预测的地表沉降是在不考虑基坑周围环境存在的条件下得到的。在此基础上即可预估基坑周围建(构)筑物、地下管线及设施等的沉降、差异沉降、角变量等变形量,并根据有关准则评价周边环境的损坏程度。若周边环境的损坏程度可以接受,则设计能满足基坑周边环境的保护要求,从而可以确定最终的基坑支护方案。若周边环境的损坏程度不可接受,则应修改设计方案,例如调整围护墙的刚度、支撑刚度等设计参数或采取地基加固、托换等措施,并重新评估基坑施工对周围环境的影响,直至能满足基坑周边环境的变形控制要求。当采用数值分析方法时,可直接得到基坑周围建(构)筑物、地下管线及设施等的沉降、差异沉降、角变量等变形量。但需指出的是,采用数值分析方法最好是有类似工程可靠的监测数据的校验,以提高其预测结果的可靠性。

4.3.3　变形控制技术措施

基坑工程是支护结构、降水以及基坑开挖的系统工程,其对环境的影响主要分为:围护结构施工过程中产生的挤土效应或土体损失引起的相邻地面隆起或沉降;长时间、大幅度降低地下水可能引起地面沉降,从而引起邻近建(构)筑物及地下管线的变形及开裂;基坑开挖时产生的不平衡力、软黏土发生蠕变和坑外水土流失而导致周围土体及围护墙向开挖区发生侧移动、地面沉降及坑底隆起,从而引起紧邻建(构)筑物及地下管线的侧移、沉降或倾斜。基坑工程的支护结构施工、降水以及基坑开挖是影响周边环境的“源头”,因此保护基坑周边的环境应首先从“源头”上采取措施减小基坑的变形,从而减小基坑工程施工对周边环境的影响。其次,可从基坑变形的传播途径上采取措施,切断或减小土体变形对周边环境的影响。再次,还可从提高基坑周边环境的抵抗变形能力方面采取措施,减小建(构)筑物、地下管线或设施的变形。

4.3.3.1　从引起变形的“源头”上采取措施减小基坑的变形

1. 围护桩(墙)施工措施

围护墙的施工可能会涉及打桩、钻孔、槽段开挖及水泥土搅拌,打桩会引起振动及挤土效应,钻孔或槽段开挖导致土体中的应力释放而引起周围土体变形,水泥土搅拌则可能产生挤土效应。因此,围护墙施工时,必须考虑其施工阶段可能对周围环境产生的不利影响,并根据监测情况及时调整施工方法和施工工艺,以保护邻近建(构)筑物、地下管线及设施不受损害。针对不同的围护墙的施工,可分别采取如下措施:

(1)板桩(钢筋混凝土板桩或钢板桩)施工时,应采用适当的工艺和方法减少沉桩时的挤土、振动影响;板桩拔出时可采用边拔边注浆的措施控制由于土体损失而引起邻近建(构)筑物、地下管线及设施下沉的不利影响。

(2)钻孔灌注桩施工中可采用套打、提高泥浆比重、采用优质泥浆护壁、适当提高泥浆液面高度等措施提高灌注桩成孔质量、控制孔壁坍塌、减小孔周土体变形。

(3)粉土或砂土地基中地下连续墙施工前可采用槽壁预加固、降水、调整泥浆配比、适当提高泥浆液面高度等措施;同时可适当缩短地下连续墙单幅槽段宽度,以减少槽壁坍塌的可能性,并加快单幅槽段施工速度。

(4)搅拌桩施工过程中应通过控制施工速度、优化施工流程,减少由于搅拌桩挤土效应对周围环境的影响。

2. 降水施工措施

在降水系统的布置和施工方面，应考虑尽量减少保护对象下地下水位变化的幅度。井点降水系统宜远离保护对象，相距较远时，应采取适当布置方式减少降水深度。

降水井施工时，应避免采用可能危害邻近设施的施工方法，如在相邻基础旁用水冲法沉设井点等。

设置隔水帷幕以隔断降水系统降水对邻近设施的影响。坑内预降水实施过程中可结合坑外设置水位观测井，以检验隔水帷幕的封闭可靠性。

当基坑底层有承压水并经验算抗承压水稳定性不满足要求时，可视具体情况采用隔水帷幕隔断承压水、水平封底加固隔渗以及降压等措施。基坑工程开挖之前宜针对承压水进行群井抽水试验，以确定降压施工参数以及评价降压对周围环境的影响程度。

降水运行过程中随开挖深度逐步降低承压水头，以控制承压水头与上覆土压力满足开挖基坑稳定性要求为原则确定抽水量，不宜过量抽取承压水以减少降承压水对邻近环境的影响。必要时可设置回灌水系统以保持邻近设施下的地下水位。

3. 开挖施工措施

基坑工程开挖方法、支撑和拆撑顺序应与设计工况相一致，并遵循“先撑后挖、及时支护、分段分层开挖、严禁超挖”的原则。

应根据基坑周边的环境条件、支撑形式和场内条件等因素，合理确定基坑开挖的分区及其顺序。一般宜先设置对撑，且宜先开挖周边环境保护要求较低的一侧的土方，然后采用抽条对称开挖、限时完成支撑或垫层的方式开挖环境保护要求高的一侧的土方。

对面积较大的基坑，土方宜采用分区、对称开挖和分区安装支撑的施工方法，尽量缩短基坑无支撑暴露时间。

对于面积较大的基坑，可根据支撑的布置形式等因素，采用盆式开挖或岛式开挖的方式施工，并结合开挖方式及时形成支撑和基础底板。

对于饱和软黏土地层中的基坑工程，每个阶段挖土结束后应立即架设支撑等挡土设施，以避免流变的发生。一般而言，开挖完成时及时浇筑垫层能较有效地防止流变。

同一基坑内不同区域的开挖深度有较大差异时，可先挖至浅基坑标高，施工浅基坑的垫层、有条件时宜先浇筑形成浅基坑基础底板，然后开挖较深基坑的土方。

基坑开挖过程中如出现围护墙渗漏，应采取相关措施及时进行封堵处理。工程实践表明，因围护墙渗漏造成的墙后水土流失，引起邻近建筑物或地下管线的沉降量一般难以估计，且往往比墙体的变形大得多。因此，当出现渗漏时必须引起重视。

支撑与围护墙之间应有可靠的连接。采用钢支撑时应及时施加预应力，必要时可采用复加预应力的方式进一步控制围护结构的变形。

机械挖土极易超挖，且挖土机械在坑内行走会导致坑底土体的扰动，从而降低了被动区土体的强度，进而引起基坑变形的增大。因此，采用机械挖土时，为防止坑底土体的扰动，应保留 200 ~ 300 mm 厚的土采用人工挖平。

严格控制坑外地表超载。

当采用爆破方法拆除钢筋混凝土支撑时，宜先将支撑端部与围檩交接处的混凝土凿除，使支撑端部与围檩、围护桩割离，以避免支撑爆破时的冲击波通过围檩和围护桩直接传至坑外，从而对周围环境产生不利影响。

4.3.3.2　**从基坑变形的传播途径上采取措施减小对周边环境的影响**

从基坑变形的传播路径上，可采取隔断方法来减小基坑施工对周边环境的影响。隔断法可以采用钢板桩、地下连续墙、树根桩、深层搅拌桩、注浆加固等构成墙体，墙体主要承受施工引起的侧向土压力和差异沉降产生的摩阻力，亦可用以隔断地下水降落曲线，如图4-9(a)、(b)所示。国外和台湾地区还有采用微型桩的方式，如图4-9(c)所示，其施工一般是先以套管或其他方式钻孔至预定深度，然后放入加劲型材(如钢筋、钢轨、型钢或钢筋笼等)，再以压力灌浆的方式注入水泥砂浆，然后逐渐拔出套管，最后进行补浆。这种方式是使微型桩通过可能的滑动面，当此滑动面产生时，微型桩的抗剪和抗拔力可以抑制地层滑动，从而减小地表沉降的可能。

在上海地区的基坑工程中，利用上述原理也进行一些过尝试。例如，上海市区某工程基坑开挖深度7.4 m，一道支撑。基坑旁边的一栋医院建筑年代久远且加过一层，为保护该建筑物，紧贴其基础边打了三排ϕ200 mm、长11 m的树根桩，并采取一些措施与老基础及墙面作适当连接，结果围护体的侧移仅20～3 mm，而该医院建筑几乎没有沉降。

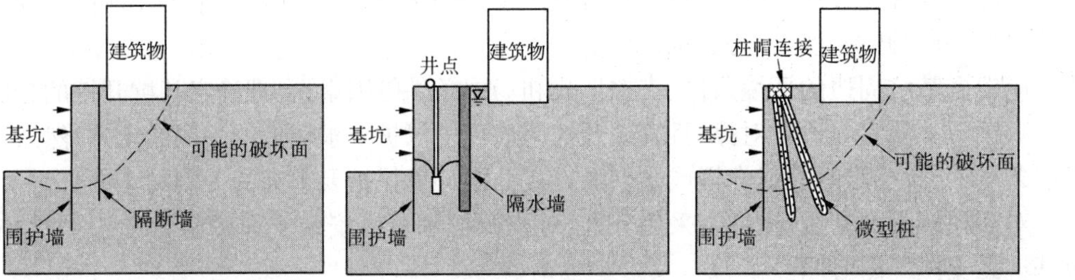

(a)隔断墙法保护示意图　(b)隔水墙法保护示意图　(c)微型桩保护法示意图

图4-9　隔断法示意图

又如，上海市南京路某商厦原来沉降已较大，室内地坪已与马路齐平。现离其2 m多远处施工地下连续墙并开挖约11 m深的基坑，为保护该商厦，在地下连续墙施工前采用两排劈裂注浆并插入大直径钢筋，最后基坑开挖完成时该商厦仅下沉10 mm。

需指出的是，隔断法保护基坑邻近建(构)筑物的机制并不直接，目前对其作用机制的研究尚较少，虽然已有一些工程应用实例，但大部分是依靠经验设计，尚缺乏理论基础。

4.3.3.3　**从提高基坑周边环境的抵抗变形能力方面采取措施**

基坑开挖后，要求支护结构绝对不变形是不可能的。即使大幅度提高围护体系的结构刚度(这往往代价很高)也不一定能相应地大幅减小基坑的变形。在某些情况下，对被保护对象事先采取加固措施，以下几点可以提高其抵抗变形的能力，往往可取得更直接的效果。常用的措施包括以下几点。

1. 基础托换

基础托换是在基坑开挖前，采用钻孔灌注桩或锚杆静压桩等方式，在建筑物下方进行基础补强或替代基础，将建筑物荷载传至深处刚度较大的土层，减小建筑物基础沉降的方法。图4-10为采用锚杆静压桩托换建筑物基础示意图。

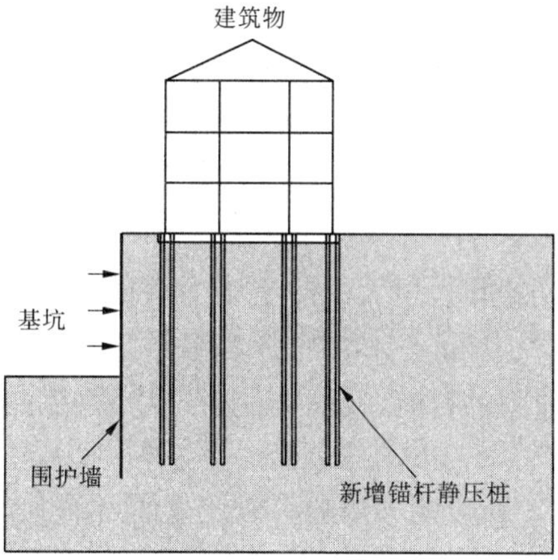

图4-10 锚杆静压桩托换建筑物基础示意图

图4-11为新加坡捷运隧道过河段的基坑开挖工程中,对旁边政府大厦基础补强的剖面图。该工程开挖深度约27 m,采用钢板桩及兵桩作为围护结构,竖向设置7道支撑。距基坑3 m处即为政府大厦的外侧支柱,该大厦为建于第二次世界大战前的3层砌体结构,其下采用长4.5 m、直径50~100 mm不等的木桩。基坑开挖前,在外侧支柱的四角各设置一微型桩,穿过桩帽伸至地面以下26~28 m,并采用水泥土砂浆充填密实。

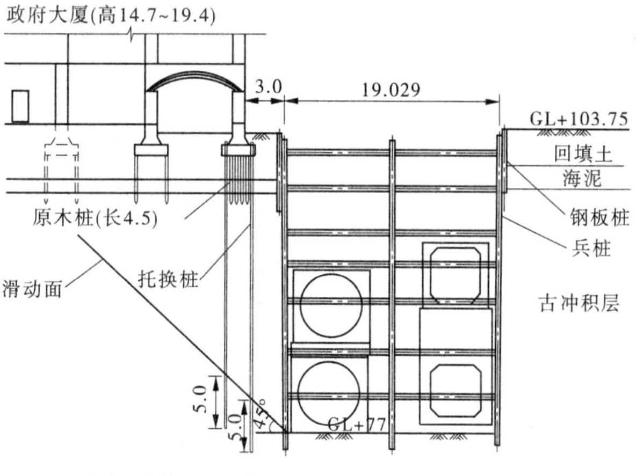

图4-11 新加坡捷运隧道开挖与建筑物基础补强剖面图 (单位:m)

上海太平洋广场的基坑工程,其旁边的大阪俱乐部建筑;汇金广场开挖时,距基坑0.5 m的市百六店;黄浦区体育馆旁边金融大厦开挖造成邻近倾斜的过街楼等,均采用锚杆静压桩进行了托换,取得了较好的效果。

2. 注浆加固

基坑开挖前在邻近房屋基础下预先作注浆加固也是常用方法之一。一般在保护对象的侧面和底部设置注浆管,对其土体进行注浆加固。注浆加固实际上是一种地基处理措施。当基坑开挖时,基坑外侧的土体逐渐进入主动状态,围护墙的最大侧移一般发生于基坑开挖面附近,因此开挖区外可能的滑动面会沿着开挖面下方附近开始发展,因此要使既有建筑物注浆加固能取得较好的效果,注浆加固的深度一般应从建筑物的基础下方延伸到滑动面以下。

例如某地铁车站施工时,邻近的商业大楼(新中国成立前建造的老建筑物)发生了沉降。不久,紧邻该大楼又要开挖深度约 7 m 的基坑,于是在围护桩完成后,基坑开挖前,采用与垂线成 14°倾角的注浆管深入到老大楼基底下,进行注浆加固。基坑施工结束后,该商业大楼沉降控制在 10 mm 左右。

需注意的是,采用注浆加固时,过大的注浆压力会使得地面或建筑物隆起,而注浆开始时也会破坏土的微观结构,使得土体的抗剪强度降低。因此,注浆施工的质量尤其重要,稍有不慎,不但起不到加固的目的,反而会使建筑物的沉降或倾斜更严重。

3. 跟踪注浆

基坑开挖过程中,当邻近建筑物变形超过容许值时可对其进行注浆加固,并根据变形的发展情况,实时调整注浆位置和注浆量,使保护对象的变形处于控制范围内,确保其正常运行。跟踪注浆可采用双液注浆,需注意的是,注浆期间必须加强监测,严格控制注浆压力和注浆量,以免引起结构损坏。

4.4 新型复合支护体系

实际工程中,由于工程地质条件和水文地质条件的复杂性,以及基坑周边建(构)筑物和地埋管线系统等环境条件的复杂性,传统的基坑支护结构在设计和施工过程中常难以开展合理有效的环境保护,因此将不同构造特点、不同施工方法、不同受力变形特点的基坑支护结构复合形成新的支护体系,即成为一种新的发展趋势和合理选择。近年来,经过科研人员和工程技术界的通力合作,已形成多种刚柔性和主被动支护结构的复合支护体系,并已在实际工程中得到良好应用和验证。

4.4.1 水泥土桩复合土钉支护体系

4.4.1.1 基本概念

水泥土桩复合土钉支护体系是将降水工程中的水泥土截水帷幕墙与土钉支护复合而成的一种新型支护体系,如图 4-12 所示。

4.4.1.2 技术特点

水泥土桩复合土钉支护体系同时具有止水帷幕和基坑边壁支护双重作用,与土钉支护相比,在减小坑壁侧移、加大施工开挖速度、均匀土钉拉力以及改善环境影响等方面均具有显著效益。其中,水泥土桩墙的复合使土钉支护体系部分的受力和变形性状与传统土钉支护体系相比得到了显著的改善。水泥土桩墙的工作机制主要包括:

(1)基坑边壁自立临空高度提高机制。

(2)墙后摩擦传力机制。

(3)水平变形曲线的整合机制。

(4)优势滑裂面的前移机制。

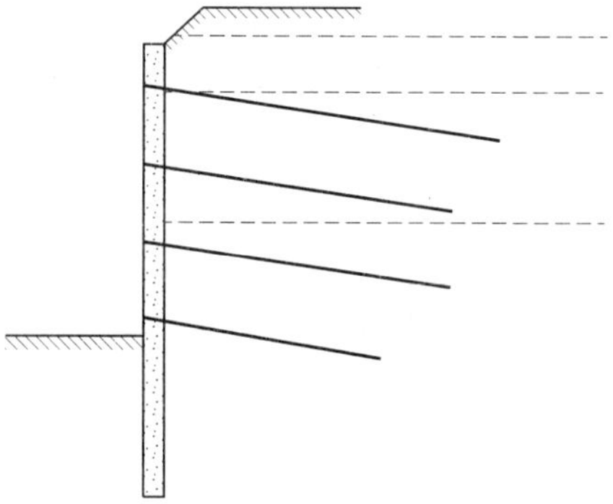

图 4-12　水泥土桩复合土钉支护体系

4.4.1.3　适用范围

此类复合支护体系主要适用于基坑深度在 10 ~ 12 m 以内,饱和地层条件下的基坑工程。

4.4.2　预应力锚杆复合土钉支护体系

4.4.2.1　基本概念

预应力锚杆复合土钉支护体系是将预应力锚杆与土钉支护体系复合形成的一种新型支护体系,如图 4-13 所示。

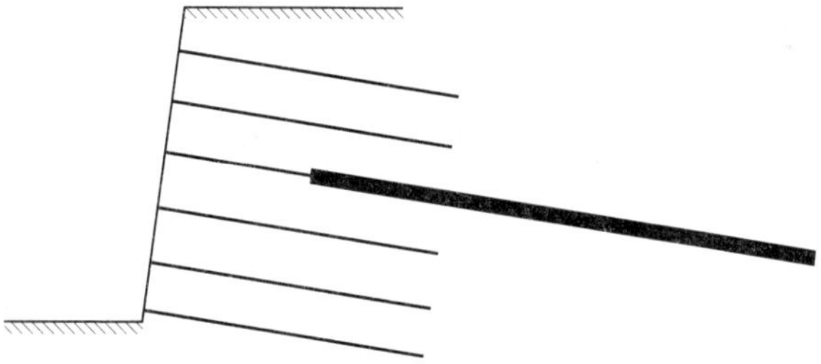

图 4-13　预应力锚杆复合土钉支护体系

4.4.2.2　技术特点

预应力锚杆复合土钉墙支护结构由土钉和预应力锚杆构成,两者分属不同工作机制的支护构件,在构造和受力变形特点方面存在较大差异。土钉施工并形成强度后,在下一步开挖过程中产生变形并受力,提供稳定边壁土体的约束力,以控制边壁土体的过大侧移,因此在优势滑裂面前后部分土体内的土钉所产生轴力方向相反,土钉最大轴拉力发生在优势滑裂面上;预应力锚杆在施工并形成强度后预先施加拉力,以主动控制基坑边壁侧移和对进一步开挖卸载过程主动提供平衡约束力,在锚杆自由段范围内产生压应力区,导致上层位于压应力区的土钉的轴拉应力显著降低,优势滑裂面位置发生迁移,并可能限制下层土钉的约束作用。预应力锚杆设置后,在随后的开挖过程中,土体开挖卸载所产生的不平衡土压力要在支护刚度不同的预应力锚杆和土钉之间分配,使得锚杆力和土钉力增加。可见,预应力锚杆复合土钉支护体系工作性状的关键就是土钉与预应力锚杆的相互作用和协同工作问题。

4.4.2.3　适用范围

适用于深度不超过 15 m,基坑周边环境有一定保护要求的基坑工程。

4.4.3　排桩复合土钉支护体系

4.4.3.1　基本概念

排桩复合土钉支护体系由钢筋混凝土排桩和土钉支护体系复合而成,如图 4-14 所示。

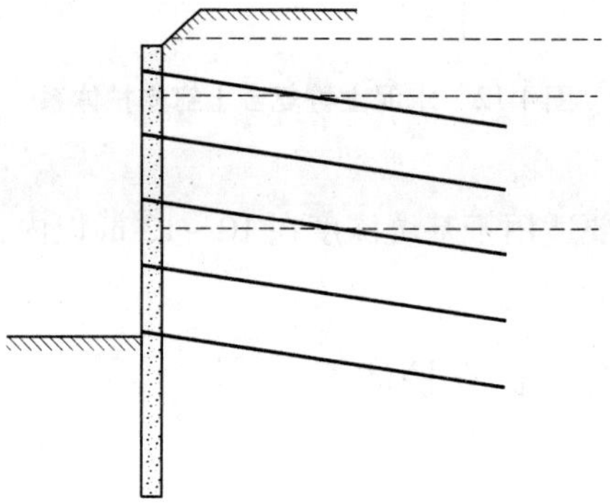

图 4-14　排桩复合土钉支护体系

4.4.3.2　技术特点

排桩复合土钉支护体系将弯曲变形为主的悬臂桩支护结构与土钉支护体系复合成整体,通过土钉支护体系的重力式挡墙效应将大部分土压力直接向下传递,仅将部分土压力传至排桩上,从而大大减小了排桩的荷载以及内力和水平位移,有效改善了排桩复合土钉支护体系的受力性能。

4.4.3.3　适用范围

适用于杂填土或新填土工程地质条件,且基坑周边环境要求一般的基坑工程。

4.4.4　桩锚复合土钉支护体系

4.4.4.1　基本概念

桩锚复合土钉支护体系是由桩锚支护结构和土钉支护体系复合而成的一种新型支护体系,如图 4-15 所示。

4.4.4.2　技术特点

桩锚支护结构在基坑内外土压力作用下,桩体处于受弯状态,锚杆处于受拉状态,通过预先施加锚杆预应力,使桩锚支护结构在基坑开挖过程中,显著降低坑壁水平侧移,有效提高抗倾覆稳定性,缩短桩体在土中的嵌固深度,降低施工难度和工程投资。土钉支护结构的特点是通过对基坑边壁土体强度的加强和提高,使基坑产生荷载的土体成为支护结构的一部分。在开挖支护过程中,边壁土体强度得到最大限度的应用。将桩锚与土钉支护结构联合使用,构成一个整体共同受力,可充分发挥桩锚和土钉各自的技术优势。土钉支护结构部分使作用于桩锚结构上的水平侧压力的分布特征发生改变,土钉底部水平摩擦阻力的存在还可有效地降低桩锚结构中桩体嵌入深度和锚杆预应力水平;此外,桩锚

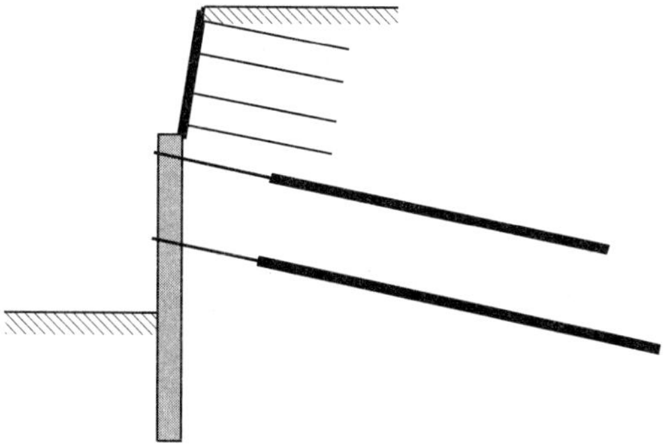

图 4-15　桩锚复合土钉支护体系

结构强度的预先形成，可显著提高土钉支护结构的施工进度，并有效提高土钉结构的内部稳定性。

4.4.4.3　适用范围

适用于有一定结构性土层地质条件下的一级基坑工程。

4.4.5　双排桩复合预应力锚杆支护结构

4.4.5.1　基本概念

双排桩复合预应力锚杆支护结构由双排桩支护结构和预应力锚杆复合而成，如图 4-16所示。

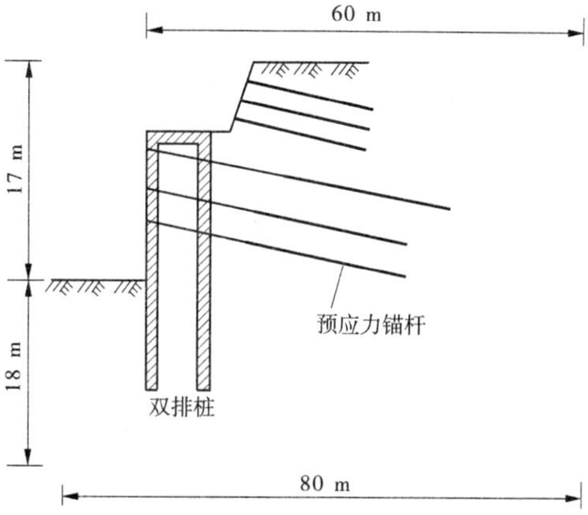

图 4-16　双排桩复合预应力锚杆支护结构

4.4.5.2　技术特点

双排桩支护结构是在地基土中设置两排平行桩，在桩顶用刚性连梁连接，形成门字形空间结构，通过前后排桩共同工作提供较大的侧向刚度，有效地控制侧移，如果能与预应力锚杆联合应用，更易于控制基坑的侧移。与单排悬臂桩支护相比，双排桩支护结构有很多优点：

（1）双排桩支护由刚性冠梁和连梁把前后排桩组成一个空间超静定结构，整体刚度大，可以根据工况实时调整自身的变形以适应复杂多变的外荷载作用。

（2）双排桩结构无须太多的场地，能应对密集建筑区的施工环境。

(3)在采用锚杆的情况下,双排桩复合锚杆比桩锚要经济得多,因为双排桩的直径较小,施工方便并且造价较低。随着基坑深度的增加,前排桩正负弯矩和后排桩负弯矩在开挖面附近均增大,且变化趋势基本相同。前后排桩桩身正负弯矩值可以相接近,锚杆和连梁的存在协调了双排桩的受力和变形,改善了其工作性能。后排桩最大正负弯矩值点的变化规律和前排桩不太一样,这主要是因为锚杆作用在前排桩上,对前排桩直接产生作用,而对后排桩的作用是通过连梁和排桩桩间土而产生的,所以后排桩的弯矩曲线和单纯双排桩支护结构中后排桩的弯矩曲线相似。

4.4.5.3　适用范围

适用于较深基坑工程。

4.4.6　复合拱形支护体系

4.4.6.1　基本概念

由拱形结构与其他结构共同组成,能充分发挥拱形结构受力性能特点的复合支护结构,如图 4-17、图 4-18 所示。

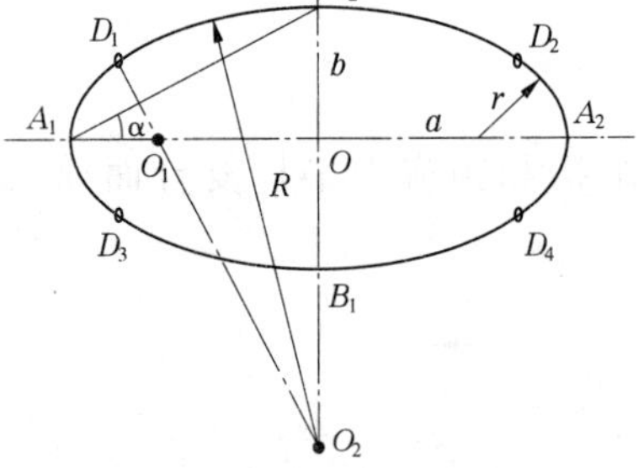

图 4-17　椭圆形支护结构

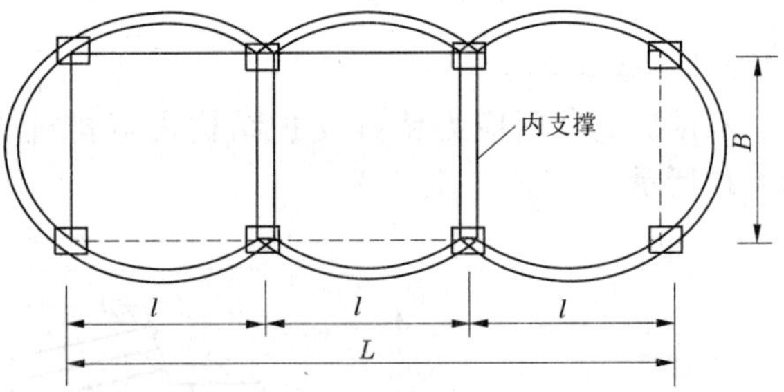

图 4-18　连拱内支撑支护结构平面示意图

4.4.6.2　技术特点

拱形支护结构是一种近年来快速发展的新型支护形式。该结构是由大直径的钢筋混凝土钻孔灌注桩作拱脚,多排水泥土桩或小直径的钻孔灌注桩排列呈拱形作拱身,组合成一个组合截面的挡土止水支护结构。在实际工程应用中,由于水泥土搅拌桩具有施工干扰少、工效高、对软土地基适应性强、造价低等优点,拱身小直径灌注桩通常用水泥土桩代替。该结构将水土压力产生的弯矩和剪力转化为沿拱轴方向的轴向压力,受力合理,充分发挥了水泥土抗压强度较高的技术优势;同时,拱形结构还减少了因变形而开裂的情况,从而提高了水泥土拱壁的防渗性能;由于受力性能的改善,在同等深度下,拱形支护结构设计出来的墙厚比桩(墙)式结构要小,其产生的水平位移也小。结构顶部用钢筋混凝土圈梁连接成整体,在不加撑锚条件下比桩墙式结构能支护更深的基坑,如果开挖深度较大,可沿深度方向适当距离增加钢筋混凝土加劲肋、预应力锚杆或内支撑,是一种新的支护结构型式,技术经济效益显著。

其工作原理是:将桩墙式结构的垂直受力状态转化为拱结构的水平受力状态,即将垂直于拱截面的水土压力产生的弯拉力转化为沿拱轴方向的轴压力，因而可以利用水泥土受压强度高的特性，充分发挥材料的作用。在竖直方向，虽然仍存在剪力和倾覆力矩，但可通过调整拱结构的跨度或矢高来改变拱的空间效应以和被动区土压力来平衡。如果开挖深度过深，而提高拱矢高有困难时（场地限制），在拱脚大桩适当加设支撑以平衡水土压力引起的不平衡力并减薄拱壁厚度。

椭圆可采用4心法绘制，也即椭圆轨迹可由4个半径分别为R和r的部分圆弧线共同构成，如图4-18所示。D_1、D_2、D_3、D_4分别为大小圆弧的连接点（相切），则D_2点的位置坐标为（$R\sin\alpha$，$r\cos\alpha$），在外部土压力作用下，壳体内力计算则可近似简化为分别圆弧内力的合成。使椭圆形水泥土搅拌桩墙支护结构成为具有截水帷幕和环形支护结构双重作用，主要适用于深度不超过10 m、需要降水的长方形基坑支护工程中。

连拱内支撑复合支护结构中的连拱支护部分由于内支撑的作用，使连拱支护部分变成仅在水平向受力变形的体系，受力明确，计算方法简单；另外，内部水平内支撑部分由于连拱支护的作用，而显著增大了其水平间距，为后续施工提供了便利的可用空间。如图4-19所示，连拱复合内支撑支护结构的受力变形主要决定于拱跨和内支撑的长度。连拱复合内支撑支护结构中，由于内支撑的存在，限制了连拱部分的竖向变形和传力，水平土压力作用下，连拱只在水平向产生变形，全部土压力均由连拱承担，并仅在水平向传递。实际工程中，为方便定位常采用圆形拱形式，在土压力作用下，主要产生环向压力和环向弯矩。

4.4.6.3　适用范围

可适用于需要降水的条形深基坑工程中。

4.4.7　双排桩复合拱形支护体系

4.4.7.1　基本概念

双排桩复合拱形支护体系由双排桩支护结构和连拱复合而成的新型支护体系，如图4-19所示。

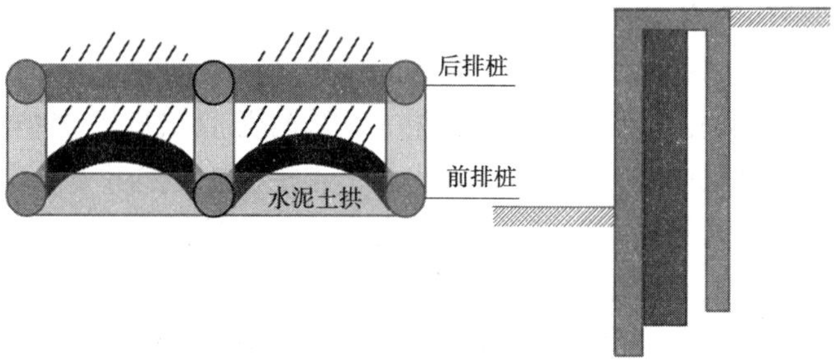

图4-19　双排桩复合拱形支护结构示意图

4.4.7.2　技术特点

双排桩复合连拱支护结构的受力特点类似于普通双排桩结构，不过由于双排桩复合连拱支护结构的桩间距较大，导致桩身受力大于普通双排桩，而且因为水泥土拱的存在，拱体承担了部分土压力，改变了前排桩的受力状态，桩与拱承担的土压力比例可由水平拱单元体土压力分担系数 ξ 来确定。所谓的水平拱单元体土压力分担系数，就是指传递到拱脚桩的土压力与总土压力的比值。另外，由于双排桩复合连拱支护结构的桩距较大，故土压力的分配也有所不同。如图4-20所示，可以将桩体之间的土设为三个区域：A区，B区，C区。其中，A区土体水平压力完全由水泥土拱及前排桩承担，按朗肯主动土压力计算；B区为后排桩桩后区，其主动土压力由后排桩承担，可按朗肯主动土压力计算；C区为前后排桩之间的土体，由于桩顶连梁刚度较大，前后排桩之间相对位移很小，可以近似地认为C区土体为受侧向约束的无限长土体，认为深度 Z 处相对于水平位移而引起的横向应变为零，按弹性力学的平面应变问题求解。

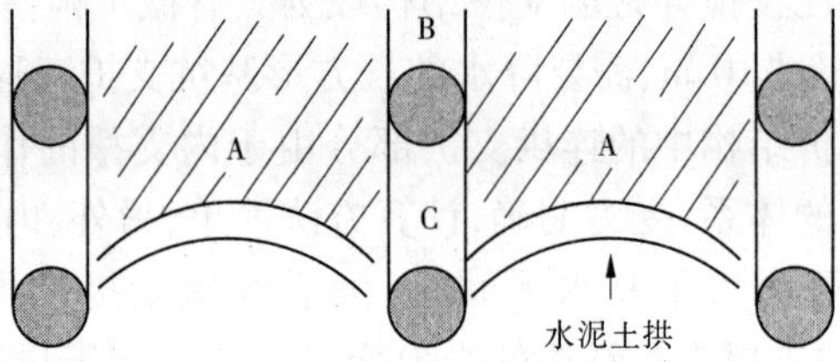

图4-20　双排桩复合连拱支护结构受力示意图

双排桩复合连拱支护结构其实质是将普通双排桩支护结构中常见的水泥土止水帷幕做成拱形，充分利用了拱形结构以受压为主的承载特性。可以有效地增大桩距，降低成本。其技术特点主要包括：

(1)与连拱支护结构相比，复合支护结构可以有效地限制桩体上部位移，支护结构的侧移从以转动为主向以平动为主转化，坑外下沉呈整体下沉趋势，但坑内土体的竖向隆起特点基本一致。

(2)复合支护结构拱冠处主动土压力与后排桩主动土压力沿深度均呈线性分布，与朗肯土压力一致，但土压力值稍小于朗肯土压力值。前排桩所受土压力完全由水泥土拱墙传递，水平拱体土压力分担系数 ξ 沿深度增加呈现先增大后减小的趋势。

(3)复合支护结构的水泥土拱身所产生内力以压应力为主，且远远小于水泥土抗压强度和抗拉强度，设计计算时可以不考虑拱体的应力容许值问题。

(4)复合支护结构前排桩侧移大于后排桩侧移，与普通双排桩支护结构的承载和变形特性差异较大；前后排桩的协同工作大大改善了连拱支护结构中拱脚桩的受力模型，有效降低了支护结构的最大侧移，并均匀了控制内力的分布特征。

(5)双排桩复合连拱支护结构合理受力变形的关键是两者刚度的合理配置，本项目采用有限元法进行优化分析，并得到了各个参数的最优值，验证了有限元优化方法对复合支护结构合理受力并协同工作的科学合理性和工程适用性。

4.4.7.3　适用范围

适用于有降水要求的较深基坑支护工程。

4.4.8　双排桩复合重力拱支护体系

4.4.8.1　基本概念

双排桩－重力拱联合支护结构是一种新型的地铁车站基坑支护形式，由双排桩和水泥土桩形成厚拱形结构复合而成，如图 4-21 所示。

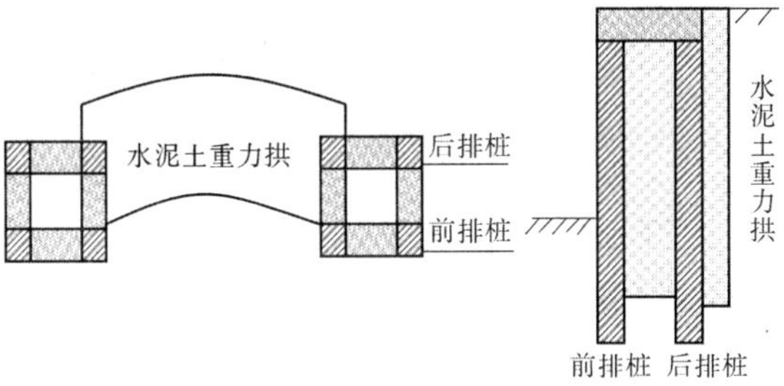

图 4-21　双排桩复合重力拱支护结构示意图

4.4.8.2　技术特点

双排桩和重力拱都具有较大的抗侧移刚度，适用于开挖深度比较大的基坑；同时水泥土重力拱可以兼作止水帷幕，拱形支护结构可以将土压力产生的截面弯剪应力转化为沿拱环向的压力，这样可以充分发挥材料的性能；拱后土压力水平向和竖向传递可以使整个支护体系受力更加合理，变形协调。主要技术如下：

(1) 双排桩呈现弯剪型变形，重力拱呈弯曲型变形，联合结构在控制基坑侧移方面效果显著；开挖过程中土体和支护结构接触位置位移连续，土压力始终可以传递到支护结构上，坑后土体整体下沉，开挖过程中双排桩和重力拱变形一致，协同工作性好。

(2) 前排桩和后排桩水平侧移相差不大，前后排桩桩身弯矩的分布相对均匀，这不同于普通双排桩受力变形特点，说明联合支护中双排桩的受力性能发生了改变，内力分布趋于均匀，受力更加合理，后排桩不仅起拉锚作用，也成为主要的受力构件。

(3) 重力拱拱身竖向和环向应力以压应力为主，最大拉压应力均小于材料的极限抗拉压强度，这样可以充分发挥水泥土材料本身抗压强度大的特点，说明联合支护中重力拱受力性能良好。

(4) 拱后土压力的变化规律和朗肯主动土压力的规律基本一致，在开挖面 3 m 以上由于土体自立高度的存在土压力很小，随深度的加大逐渐增加。

(5) 土压力存在水平向和竖向传递，在基坑开挖较浅时，土压力主要由重力拱自身的重力效应和截面抗弯剪效应抵消；开挖较大时，中上部土压力逐渐传递到双排桩上，下部土压力则由重力拱传递到被动区土体，开挖至坑底时水平拱单元土压力系数呈先增大后减小的变化规律。

4.4.8.3　适用范围

适用于较深基坑支护工程。

4.4.9 复合桩墙支护体系

4.4.9.1 基本概念

复合桩墙支护体系是由加筋水泥土搅拌桩墙与竖向加筋土墙复合而成,或由水泥土搅拌桩墙与无砂混凝土小桩和预应力锚杆复合而成,见图4-22。

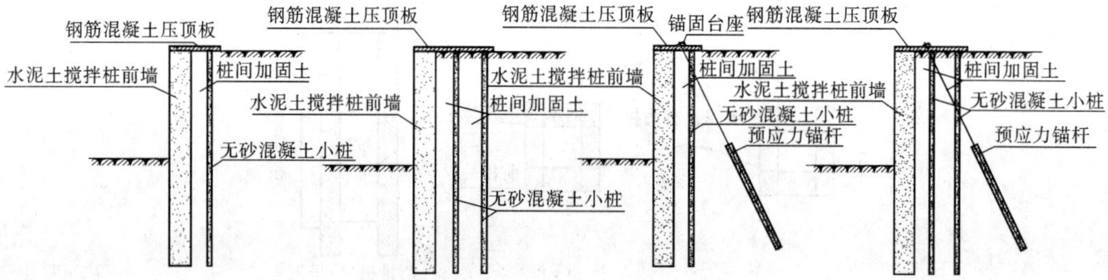

图4-22　复合桩墙支护体系

4.4.9.2 技术特点

对于复合桩墙支护体系,它利用了水泥土搅拌桩墙的抗渗止水功能,同时又通过复合桩墙的整体结构性使水泥土搅拌桩墙用于承载挡土的作用得到充分发挥,集支护、止水以及阻渗等多种功能于一体。复合桩墙支护体系特征介于地下连续墙与水泥土重力式挡墙、水平土钉墙、竖向加筋土墙之间,属于半刚半柔性支护,区别于门架式加筋水泥土桩锚支护。

复合桩墙支护技术将复合土钉墙支护结构中的水平向土钉调整为竖向小桩(可以将其看作竖向土钉),解决了土钉施工过程中可能存在的流土、流砂或流水等问题,并且对于竖向无砂混凝土小桩,其施工质量也更加容易控制。因此,复合桩墙支护技术可以有较好的施工质量和基坑安全保证。

复合桩墙支护体系水泥土搅拌桩墙的水平位移模式与基坑开挖深度有关。坑深较浅时其变位曲线类似于悬臂梁,顶部位移最大;超过某一深度后,其线型发生改变,变为上部前凸或中间鼓肚。无砂混凝土小桩由于抗弯刚度较小,对土体水平位移的直接约束作用很小,主要是通过压顶板与水泥土搅拌桩墙形成有效结构来达到控制水平位移的目的。

水泥土搅拌桩墙背主动土压力随基坑开挖深度(支护结构水平位移)的增加而逐渐减小,其大小介于静止土压力和朗肯极限主动土压力之间,局部范围内由于水泥土墙背和小桩的侧摩阻力作用,其主动土压力比朗肯极限主动土压力略小。

水泥土搅拌桩墙开挖面以上部分坑内侧受拉,开挖面以下部分坑外侧受拉;开挖较浅时(深度小于6 m),复合桩墙支护体系通过无砂混凝土小桩上部受拉来约束水泥土墙顶位移,开挖深度超过6 m时,小桩更主要的是类似于竖向土钉对水泥土墙后土体的竖向加筋作用。

采用双排小桩复合桩墙支护体系可以更好地控制坑壁的水平位移,并使坑外地面最大沉降点远离坑壁,最大沉降值有所降低。采用单排小桩复合桩墙联合斜向预应力锚杆支护形式对坑壁水平位移有很强的约束作用,并且使作用在支护结构上的主动土压力趋于"均匀化",但对于坑外地面沉降,只有在基坑较深是才有效果。

对无砂混凝土小桩采用压力注浆的方法，能够有效地控制坑壁水平位移与坑外沉降。

4.4.9.3　适用范围

适用于深度不超过 12 m、需要进行基坑降水，且坑外地下空间有限的基坑支护工程。

参 考 文 献

[1] 中华人民共和国住房和城乡建设部. JGJ 120—2012 建筑基坑支护技术规程[S]. 北京:中国建筑工业出版社,2012.
[2] 中华人民共和国建设部. JGJ 8—2007 建筑变形测量规范[S]. 北京:中国建筑工业出版社,2007.
[3] 刘国彬,王卫东. 基坑工程手册[M]. 2 版. 北京:中国建筑工业出版社,2009.
[4] 陈忠汉,程丽萍. 深基坑工程[M]. 北京: 机械工业出版社,1999.
[5] 林鸣,徐伟. 深基坑工程信息化施工技术[M]. 北京:中国建筑工业出版社,2006.
[6] 秦四清,等. 深基坑工程优化设计[M]. 北京:地震出版社,1998.
[7] 任建喜. 岩土工程测试技术[M]. 武汉:武汉理工大学出版社,2009.
[8] 张永波,孙新忠. 基坑降水工程[M]. 北京:地震出版社,2000.
[9] 王树理. 地下建筑结构设计[M]. 北京:清华大学出版社,2007.
[10] 中华人民共和国住房和城乡建设部. GB 50497—2009 建筑基坑工程监测技术规范[S]. 北京:中国建筑工业出版社,2009.
[11] 秦会来. 水泥土桩复合土钉支护体系受力变形计算分析[D]. 郑州:郑州大学,2005.
[12] 李峰. 桩锚土钉复合支护体系施工过程的时变力学研究[D]. 郑州:郑州大学,2010.
[13] 宋卫康. 桩锚复合土钉支护结构工作性能的数值分析[D]. 郑州:郑州大学,2008.
[14] 李红霞. 连拱内支撑组合支护体系的设计方法研究[D]. 郑州:郑州大学,2007.
[15] 杨文. 水泥土连拱支护结构工作性能研究[D]. 郑州:郑州大学,2007.
[16] 商继伟. 双排桩与水泥土连拱墙组合支护结构的优化设计[D]. 郑州:郑州大学, 2008.
[17] 方高奎. 双排桩复合锚杆支护结构的数值模拟分析[D]. 郑州:郑州大学,2011.
[18] 薛强. 双排桩复合水泥土重力拱支护体系工作性能研究[D]. 郑州:郑州大学,2010.
[19] 袁志波. 复合桩墙支护结构工作性状研究[D]. 郑州:郑州大学,2008.

第 5 章　暗挖技术

5.1　暗挖技术发展概况

5.1.1　暗挖法简介

地下工程施工时,应先开挖出相应的空间,然后在其中修筑衬砌。施工方法的选择,应以地质、地形、环境条件以及埋置深度为主要依据。在诸多因素中,对施工方法起决定影响的是埋置深度。对于埋置较浅的工程,可采用明挖法,即施工时从地表开挖基坑或堑壕,修筑完衬砌回填恢复路面。但当埋置深度超过一定限度后,明挖法不再适用,而应改用暗挖法。

所谓暗挖法,即不开挖地面,采用地下挖洞的方式施工,例如钻爆法、浅埋暗挖法、TBM 法、盾构法、沉管法、免开挖顶管法等均属于暗挖法。暗挖法施工地下工程具有诸多特点:受工程地质和水文地质条件的影响较大;工作面少而狭窄,工作条件及环境差;有大量废土、碎石须妥善处理;暗挖法施工对地面影响较小,但埋置较浅时可能导致地面沉陷。

5.1.2　暗挖技术发展概况

5.1.2.1　钻爆法

钻爆法主要是用钻眼爆破方法开挖断面而修筑地下工程的施工方法。这一方法从早期由人工手把钎、锤击凿孔,用火雷管逐个引爆单个药包,发展到用凿岩台车或多臂钻车钻孔,应用毫秒爆破、预裂爆破及光面爆破等爆破技术。此法应用范围很广,已应用于各种隧道与地下工程中,例如 20 世纪 80 年代采用液压钻孔台车钻孔的钻爆法和复合衬砌技术,修建我国最长的大瑶山双线铁路隧道、南昆线米花岭隧道等。随着岩体力学的发展,在结合现场经验的基础上,20 世纪又创造了新奥法,主旨是充分发挥围岩的自承能力,用喷锚支护控制围岩的变形及应力重分布,使之达到新的平衡。

5.1.2.2　浅埋暗挖法

修建浅埋地段地下工程时因周围环境等要求须采用暗挖法施工,称为浅埋暗挖法。1987 年北京地铁首次采用浅埋暗挖法建成了复兴门车站折返线工程,由于其灵活多变、设备简单、不干扰交通及周边环境等优点,在全国广泛推广应用。如今,此项技术已在全国各主要大城市,如广州地铁一号线、郑州电力管线、徐州地下通道等普遍使用。

5.1.2.3　TBM 掘进机施工技术

地下工程的开挖工作很繁重,施工机械化要求特别迫切。20 世纪 50 年代制造出用硬合金刀具直接破岩的隧道掘进机,实现了开挖工作的综合机械化。国外应用掘进机曾达到月掘进 2 000 m 以上,日掘进突破 70 m 的记录。

20 世纪 90 年代，在西安线（西安—安康）18.4 km 秦岭双线铁路隧道 1 号线使用了 TBM（直径 8.8 m）法，标志着我国山岭隧道施工机械化水平又上了一个台阶。在引滦工程南线引滦入唐工程中，使用 SJ－58A 型隧道掘进机达到了月进尺 201.53 m 的最高记录。

5.1.2.4　盾构法

1818 年，为修筑水底隧道发明了盾构，并于 1925 年首先在泰晤士河下修建第一条水底隧道。经过 100 多年的改进，盾构法成为在松软地层中常用的方法之一。我国于 1963 年开始在上海试验性地采用盾构法掘进隧道，最初为直径 4.2 m 的开胸盾构干挖法，后发展为干出土的网格式盾构和水力出土的盾构施工法。1991 年，上海地铁 1 号线引进 7 台土压平衡盾构机，采用大刀盘开挖，螺旋输送机排土，同时备有同步注浆、计算机控制系统等，性能比较完善。

5.1.2.5　沉管法

为避免在水下施工，19 世纪末又出现了沉管法，此法主要工序在地面上进行，优点显著，应用日益广泛。广州珠江隧道是我国首次采用沉管法修建的大型水下隧道。隧道全长 1 238 m，水下段长 457 m，由 5 节预制钢筋混凝土箱管连接而成，隧道外宽 33 m、高 8 m，内部为汽车与地铁合用的三孔通道，并设有专门的管线廊道。目前，世界各国的水底隧道建设，大多数采用比较经济、合理的沉管法。

5.1.2.6　顶管法

在敷设管道时，为了不影响地面房屋和其他工程，用千斤顶将预制的管段配合挖土向前顶进，即为顶管法。用这种方法穿过街道、路堤等障碍物是有效的。美国于 1980 年创造 9.5 h 顶进 49 m 的记录。我国从 1978 年开始，由上海基础工程公司研制成功三段双铰型工具头，解决了百米长度的顶管问题；1996 年年底在上海黄浦江上游引水工程中，将直径 3.5 m 的钢管一次顶进 1 743 m，创世界之最。目前超千米的顶管施工，已将计算机、激光、陀螺仪等先进技术有机地结合应用。

5.1.2.7　盖挖技术

盖挖技术兼有暗挖法的特点，是当今世界各国在交通繁忙的城市中心修建地铁车站普遍采用的一种方法。北京地铁复八线有 3 座车站是采用盖挖逆作法修建的。上海地铁也有不少车站采用盖挖法修建。

5.1.2.8　辅助施工技术

辅助施工技术是地下工程施工时，采用常规的施工方法存在困难，难以实施的情况下，采取一定的辅助措施和手段的方法，包括冻结法、注浆法、降低水位法等，目的为堵水和加固。1883 年德国工程师将冻结法用于煤矿矿井建设获得专利技术趋于成熟，现在已广泛应用于地铁、深基坑、矿井建设等工程中。在地下工程中遇到不良地层或含水地层时，采用注浆堵水与加固围岩取得了长足进步。北京地铁复八线工程遇到粉细砂层，采用改性水玻璃注浆保证了工程顺利进行。在降水方面，1952 年，我国在上海将井点系统首先用于实际工程，国内最大的深井泵降水的深度已达到 150 m。

尽管目前地下工程施工技术与施工工艺得到发展，但仍然存在一些问题：比如对工程地质勘探的认识不足、施工质量存在问题、防水问题突出、施工事故问题以及混凝土衬砌的耐久性问题等。

暗挖技术的发展,除科技人员对地下工程受周围介质的复杂影响逐渐加深认识外,还有赖于系列化、自动化施工机械的研制和新材料的创造,使在开挖、运输和衬砌等作业中能综合运用,并形成新的施工方法,以缩短施工工期和保证工程质量。

5.2　钻爆法施工技术

5.2.1　概述

钻爆法是通过钻孔、装药、爆破开挖岩石的方法。有时也称钻爆法为矿山法,因借鉴矿山开拓巷道的方法而得名。随着喷锚支护的出现,使分部数目得以减少,并进而发展成新奥法。

作为常规、传统的开挖方法,钻爆法优点表现在:

(1)适用于各种地质和水文条件,可以适应坚硬完整的围岩,也可以适应较为软弱破碎的围岩。

(2)具有适合各种断面形式和变化断面的高度灵活性。

(3)不影响地面交通与正常生产,通过分部开挖和辅助工法,可有效控制地表下沉。

但是钻爆法也有一定的局限性或缺点,体现在技术要求高,造价高,炸药爆炸产生有害气体,对通风要求高等。

5.2.2　钻爆法分类

钻爆法可从开挖分部情况和衬砌顺序两个角度进行分类。若按开挖分部情况进行分类,可分为全断面开挖法、台阶法(长、短、超短台阶)、台阶分部开挖法(环形开挖预留核心土法)、单侧壁导坑法、双侧壁导坑法(或称眼镜工法)、中洞法、中隔壁法(CD法)、交叉中隔墙法(CRD法)等。

钻爆法按衬砌施工顺序,可分为先墙后拱和先拱后墙两大类。先墙后拱法按分部情况又可分为全断面法、台阶法、中央下导坑先墙后拱法和侧壁导坑先墙后拱法等。先拱后墙法可分为中央下导坑先拱后墙法、中央上导坑先拱后墙法、上下导坑先拱后墙法、品字形导坑先拱后墙法及蘑菇形先拱后墙法等。以下从衬砌顺序的角度,对钻爆法的各种类型进行介绍。

5.2.2.1　先墙后拱法

1. 全断面法

整个开挖断面一次钻孔爆破,开挖成型,全面推进。在地质条件和施工条件允许的情况下,优先采用此方法。此法能使用凿岩台车、大型装渣机、模板台车等大型设备。

2. 台阶法

台阶法有正台阶和反台阶之分。正台阶法是指在稳定性较差的岩层中施工时,将整个开挖断面分为几层,由上向下分部进行开挖,每层开挖面的前后距离较小而形成几个正台阶。全断面完全开挖后,再由边墙到顶拱砌筑衬砌,如图5-1所示。

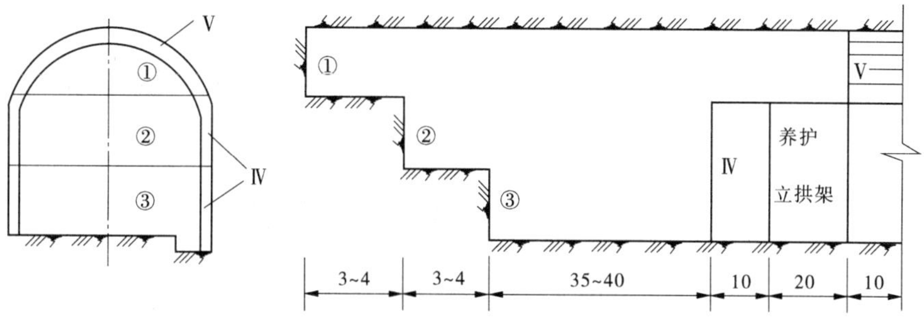

图 5-1　正台阶法　（单位：m）

反台阶法用于稳定性较好的岩层中施工，也将整个开挖断面分为几层，先开挖底层部分，再由下向上分部扩大开挖，如图 5-2 所示。

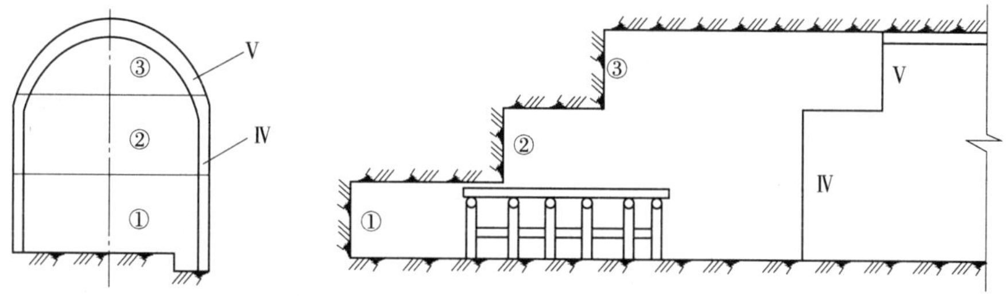

图 5-2　反台阶法

3. 中央下导坑先墙后拱法

中央下导坑先墙后拱法，也称漏斗棚架法。适用于较坚硬稳定的岩层。施工时先在中央开挖下导坑，在导坑上方开始由下向上作反台阶式的扩大开挖，直至拱顶；随后在两侧由上向下作正台阶式的扩大开挖，直至边墙底；全断面完全开挖后，再由边墙到顶拱修筑衬砌，如图 5-3 所示。在向上扩大开挖时，棚架作工作平台和装渣之用。

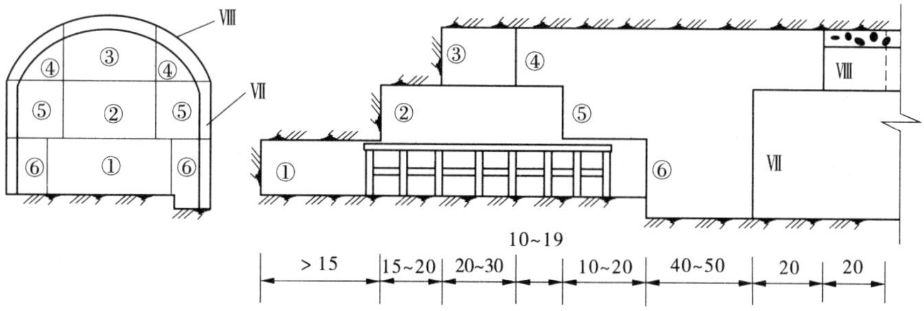

图 5-3　中央下导坑先墙后拱法　（单位：m）

4. 侧壁导坑先墙后拱法

在很松软、不稳定地层中修筑大跨度隧道时，先沿断面周边分部开挖，随即逐步由边墙到顶拱修筑衬砌，开挖时可将临时支撑和拱架都支撑于断面中间未被开挖的大块核心地层上，在衬砌保护下最后将此核心挖除，必要时砌筑仰拱，如图 5-4 所示。

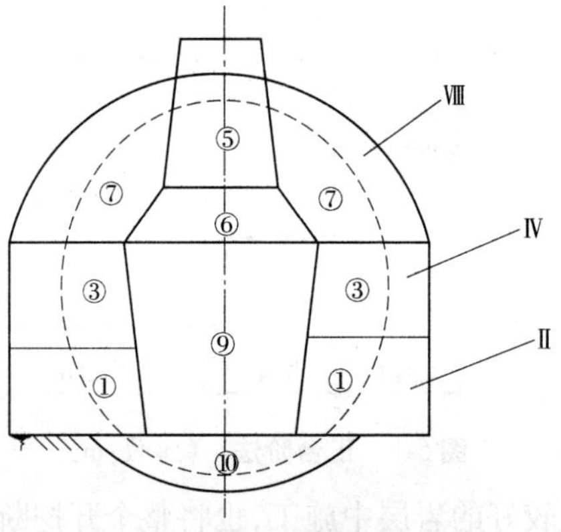

图 5-4　侧壁导坑先墙后拱法

5.2.2.2　先拱后墙法

先拱后墙法，也称支承顶拱法。在稳定性较差的松软岩层中，为保证施工安全，拱部断面开挖后应立即砌筑顶拱用以支护顶部围岩，然后在顶拱保护下开挖下部所留断面和砌筑边墙。

1. 中央下导坑先拱后墙法

中央下导坑先拱后墙法施工程序如图 5-5 所示，其中③、④部开挖后可立即用锚杆进行支护。扩大开挖后，应立即灌注拱部混凝土。最后拆除棚架，开挖⑥部，并立即砌墙。

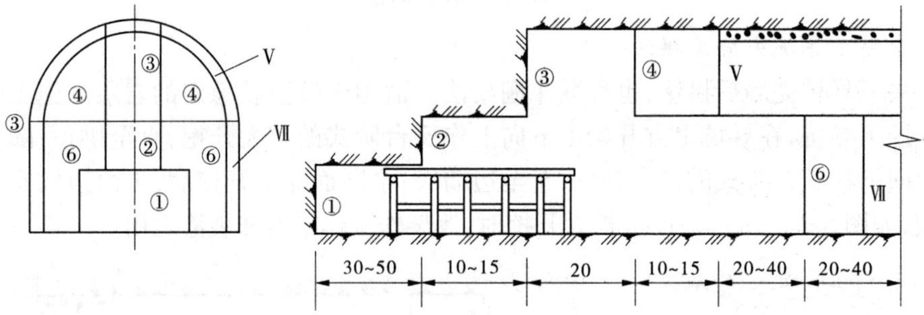

图 5-5　中央下导坑先拱后墙法　（单位：m）

2. 中央上导坑先拱后墙法

中央上导坑先拱后墙法施工程序为：导坑①超前开挖并架设临时支撑，随后落底②，更换导坑支撑。最后依次扩大两侧③，并立即进行砌筑拱部混凝土，开挖中间部分⑤，为防止两侧内移，根据需要可设支撑。两侧墙⑥、⑧采用马口开挖，每侧开挖完成后立即砌墙，如图 5-6 所示。

3. 上下导坑先拱后墙法

上下导坑先拱后墙法，施工程序如图 5-7 所示。下导坑①超前上导坑②30 ~ 50 m。两个导坑挖好后，先扩大上半断面，并把拱圈修筑好，然后在拱圈保护下开挖下部断面，最后修筑边墙。上下导坑之间以漏斗孔连通，以利于上部导坑出渣、进料和通风。

4. 品字形导坑先拱后墙法

品字形导坑先拱后墙法，施工程序如图 5-8 所示。先开挖品字形布置的导坑①、②，

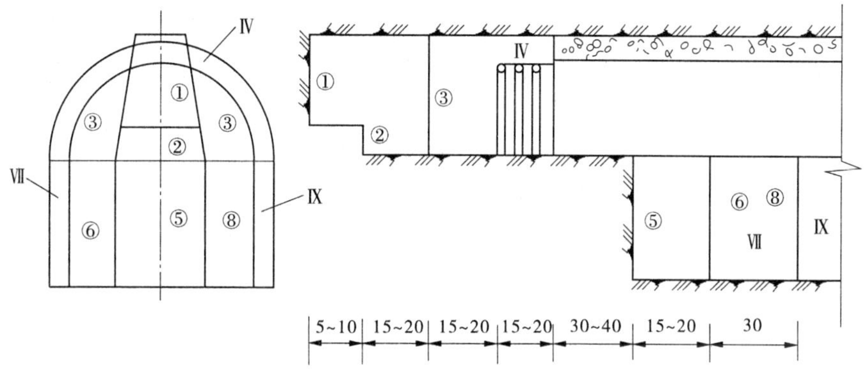

图 5-6　中央上导坑先拱后墙法　（单位:m）

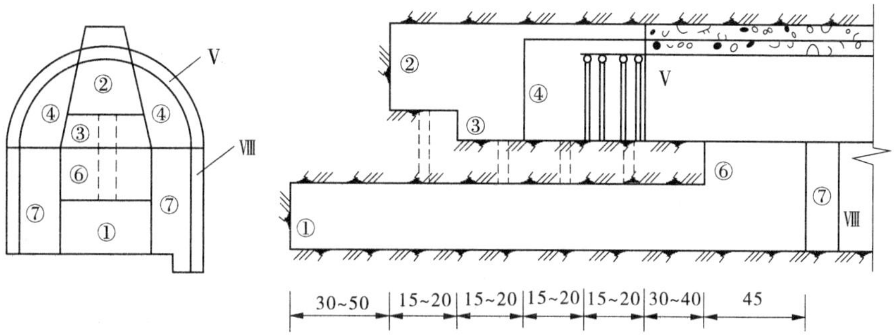

图 5-7　上下导坑先拱后墙法　（单位:m）

再在上导坑②扩大拱部③、④,砰石从漏斗漏至①中的斗车内运出,挖完拱部岩石后立即砌筑拱圈Ⅴ,在拱圈保护下开挖边墙部分⑥,并砌筑边墙Ⅶ。最后开挖核心⑧部和⑨部。

5. *蘑菇形先拱后墙法*

开挖①~④部后呈现蘑菇状的断面,故称为蘑菇形法,施工程序如图 5-9 所示。在下导坑中设立漏斗棚架,供向上扩大开挖时装渣之用。

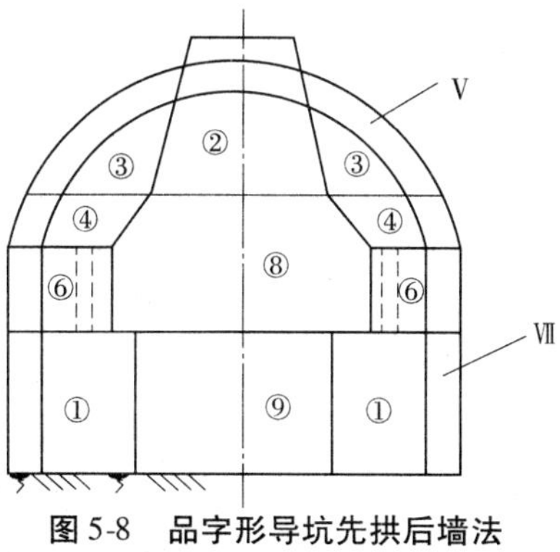

图 5-8　品字形导坑先拱后墙法

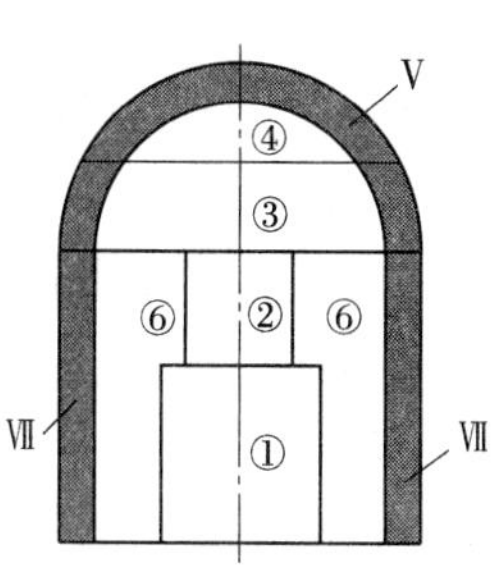

图 5-9　蘑菇形法

5.2.3　钻爆法施工的基本工序与要求

钻爆法的基本工序为:钻孔、装药、放炮、散烟、清撬、出渣、支护、衬砌。它的辅助工作还有测量放线、通风、排水，以及必要的监测、记录工作和后勤支持工作。以上各工序中，钻孔、出渣是开挖过程中需时最多的主要工序；支护是保证施工安全、顺利、快速进行的重要手段。开挖工作的机械化和先进与否，主要体现在这三个工序中。

5.2.3.1 钻孔

常用的钻孔机具有凿岩机和凿岩台车。凿岩机主要有手持式风钻、支架式风钻和液压凿岩机。凿岩台车主要是轮胎式四臂液压凿岩台车。凿岩机钻孔深度一般为 3 m 左右，凿岩台车钻孔深度一般为 5 m 左右。

钻孔深度取决于每一循环进尺深度。岩石稳定情况很差，每次进尺不能太大，甚至小到 1 m；岩体质量良好，一次进尺可达 4 m。一次钻孔越深，每一循环出渣量越大，所需时间越长。

为了在爆破时开辟新的自由面，不论是在导坑开挖还是在全断面开挖时，通常在开挖面上布置位于中央的掏槽眼，及其周围以扩大爆破范围的辅助眼，和控制开挖面轮廓的周边眼等三类炮眼。各孔之间的距离取决于岩石坚固情况以及要求爆破后石渣块度等条件，一般孔距 70 ~ 100 cm。

掏槽眼的布置形式一般有直眼掏槽和斜眼掏槽。直眼掏槽的炮眼轴线与开挖面垂直，可将几个掏槽眼布置成一字形、梅花形和螺旋形；斜眼的轴线则与开挖面斜交，随地质构造的不同，布置成楔形、锥形或扇形等。

5.2.3.2 装药

装药就其结构而言，分为正向起爆装药、反向起爆装药、双向起爆装药。装药前要检查炮眼位置和长度是否符合设计要求，并进行清渣排水。过去多采用正向装药结构，经多年来国内外实践证明，反向装药能提高炮眼利用率，减少瞎炮，减小岩石破损块度，增大抛渣距离和降低炸药消耗量。炮眼越深，效果越好。

爆破所用炸药大多采用威力较低、价格低廉的硝铵炸药，有水的情况需采用抗水炸药。装药时，一定要用木棍操作，若用铁棒，有时会因撞击而引起事故。

在炮孔孔口应填塞炮泥。炮泥通常用黏土或黏土加砂混合制作，也可采用装有水的聚乙烯塑料袋做充填材料，即水泡泥。填塞长度常取装药长度的 0.35 ~ 0.50 倍。

5.2.3.3 连线

在爆破过程中，电爆网路可以设计成串联、并联和串并联三种形式。串联的优点是消耗电能小，接线简单，易于操作，便于检查，导线消耗少；并联的优点是不致因为其中一个雷管断路而引起其余雷管拒爆。

5.2.3.4 起爆

在工程爆破中，根据起爆的原理及使用器材的不同，一般分为非电起爆和电起爆。非电起爆是指采用非电的能量起爆工业炸药，包括导火索起爆法、导爆索起爆法和导爆管起爆法；电起爆是用电能来起爆工业炸药，所用的电雷管即发电雷管、秒延期和毫秒延期电雷管。在起爆顺序上，除预裂爆破的周边眼最先起爆外，在一个开挖面上，起爆顺序是由内向外逐层起爆，同圈眼必须同时起爆。

5.2.3.5 通风

爆破后通风的目的是排走洞内因为爆破产生的废气，以及由于施工机械、人员等其他原因产生的废气，并向洞内提供新鲜空气。

地下洞室的主要通风方式包括压入式、吸出式及混合式。压入式，即新鲜空气从洞外用鼓风机一直送到工作面附近；吸出式是用抽风机将混浊空气由洞内排向洞外。前者风管为柔性的管壁，一般是加强的塑料布之类；后者则需采用刚性的排气管，一般是薄钢板卷制而成。

5.2.3.6　处理哑炮和悬石

放炮通风后接好照明线路，作业班组负责人进入工作面后，首先要处理哑炮和悬石，修复和设置临时支撑，确认工作面无危险隐患后，方可进行排渣和测量布眼等作业。

5.2.3.7　出渣

出渣是钻爆法施工基本作业中一项费工费时的作业。石渣装车和运出的作业时间往往占开挖循环时间的 33% ~50%。特别是全断面开挖法，一次爆下的石渣量相当大，要及时运出更是掘进工作的关键问题，因此应注意选择适当的装渣机械和足够数量的运输设备。

常用的装车机械有侧卸式轮式装载机和蟹爪式扒料机或气动式翻斗装料机。常用的运输设备一类是无轨运输，即自卸卡车之类；另一类是有轨运输，铺设轻型窄轨线路，轨距一般为 600 mm、750 mm 或 900 mm，用专门的出渣车辆装渣，小型机车牵引。

出渣工作主要包括装渣、运输、卸渣三项作业。其中，装渣和运输对出渣速度影响最大。

5.2.3.8　临时支护与永久支护

为防止地下工程开挖后因围岩松动而引起的坍塌，以往需要及时架设临时支护。支护类型包括木支撑、钢支撑、锚杆支撑、喷射混凝土支撑等形式。

钢支撑和锚喷支护的作用机制不同，钢支撑是依靠被动支撑来维持围岩稳定的，而锚喷支护是依赖主动加固来保持围岩稳定的。前者是传统的支护方式，后者是现代的支护方式。但任何一类支护方法，都不是万能的，都是有利有弊的，锚喷支护虽然施工快速、经济，但它对围岩条件依赖较强，钢支撑虽施工速度较慢，成本稍高，但它对围岩条件依赖较低，因此在地下空间施工中，不能偏颇，要把两者有机的结合起来。目前，我国常用的钢支撑有钢格栅、型钢支撑（H、I、U 型）、钢管支撑。

支护方式包括先挖后支（适用于Ⅳ类以上围岩）、随挖随支（适用于Ⅱ、Ⅲ类围岩）及先支后挖（适用于Ⅰ、Ⅱ类围岩）等几种。支撑基本要求能及时架设，适用可靠，构造简单，便于拆装，运输方便；能防止突然失效，便于修筑永久支护，经济安全，能多次周转使用等。

在初次支护变形稳定后，根据需要施作防水层。防水层采用的材料很多，如高密度 PVC 防水板、PE 卷材等。在开挖洞室进行临时支护后，为防止围岩不致因暴露时间过长而引起风化、松动和塌落的发展而降低围岩稳定性，需要尽快修筑永久性的支护，材料主要有石砌衬砌、模筑混凝土衬砌、喷射混凝土衬砌和锚喷衬砌等。对于采用喷锚技术施工的地下洞室，一般为了饰面和增加安全度的需要，也需要作喷锚支护（称作一次衬砌），且在围岩变形基本稳定后浇筑整体混凝土衬砌，称作二次衬砌。二次衬砌除起饰面和增加安全度的作用外，实际上承受了在其施工后发生的外部水压、软弱围岩的蠕变压力、膨胀性地压和浅埋隧道所受的附加荷载等。目前，推广采用的模板台车泵送混凝土施工技术，可以提高施工质量，并加快施工进度。

5.2.3.9 施工辅助作业

在地下工程洞室开挖过程中，钻爆、出渣、支护、衬砌等称为基本作业；为基本作业提供必要的施工条件，并直接为基本作业服务的作业称为辅助作业。主要包括施工通风与防尘、施工排水与供水、施工供电与照明、压缩空气供应等。

5.2.4 新奥法

新奥法是新奥地利隧道施工方法的简称，简写为 NATM（原文是 New Austria Tunneling Method）。它是奥地利拉布西维兹教授等在长期从事隧道施工实践中，应用岩体力学的理论，以维护和利用围岩的自承能力为基点，采用锚杆和喷射混凝土为主要支护手段，适时地进行支护，控制围岩的变形和松弛，使围岩成为支护体系的组成部分，并通过对围岩和支护的量测、监控来指导隧道和地下工程设计施工的方法与原则。

新奥法的优点体现在能较好利用岩体力学特性，充分发挥围岩自身的承载能力，合理设计支护结构和施工顺序，使经济效果达到最佳。各种地质（甚至是土层）和埋深条件，不同形状和大小的洞室均能采用新奥法。光面爆破、锚喷支护和现场量测是新奥法施工的三大支柱。

5.2.4.1 新奥法的三大支柱

1. 光面爆破

采用钻爆法开挖地下洞室时，为了使周边轮廓线能较好地达到设计要求，减少超挖和欠挖，严格控制对围岩的扰动，必须采用特定的控制爆破即光面爆破技术。

光面爆破的实质，是在地下洞室开挖设计断面轮廓线上布置间距较小、相互平行的炮眼，控制每个炮眼的装药量，选用低密度和低爆速的炸药，采用不耦合装药，同时起爆，使炸药的爆炸作用刚好产生炮眼连线上的贯通裂缝，并沿各炮眼的连线——开挖轮廓线，将岩石崩落下来。

光面爆破的设计原则是尽量不损坏围岩。保证能形成炮孔间贯穿裂缝，克服岩石孔底黏结力，将岩石从岩层中分割下来，并形成大致完整的轮廓面。

2. 锚喷支护

新奥法与锚喷支护既有密切联系又有原则区别。锚喷支护的快速有效的支护施工手段，才有可能使新奥法的基本原则得以体现。但不把围岩看成自承结构，不充分发挥围岩本身的作用，即使大量采用锚喷支护，也不能认为是应用了新奥法。为及时有效地控制围岩变形、维护和调动围岩的自承能力，采用与围岩紧密结合的柔性混凝土层和锚杆是一种理想的支护形式。

1）锚杆支护

锚杆的作用和效果有支承、加固围岩，提高围岩层间阻力，形成“组合梁”及悬吊作用。锚杆的种类有机械式锚杆、黏结式锚杆（全长黏结式和端部黏结式）、摩擦式锚杆以及注浆锚杆等。

2）喷射混凝土支护

喷射混凝土支护是使用特定的机械，把掺有速凝剂的细骨料混凝土以一定压力喷射到洞室壁上，迅速固结，形成一层支护结构。喷射方式有干喷、湿喷、潮喷及混合式喷射几种。

喷射混凝土的作用与效果有：支承围岩；"卸载"作用，即由于喷层属柔性支护，能与围岩协调变形，从而使围岩卸载，同时喷层中的弯曲应力减小，有利于混凝土承载力的发挥；填平补强围岩；覆盖围岩表面，阻止围岩松动；分配外力，即通过喷层把外力传给锚杆、钢拱架等，使支护结构各部受力均匀。

钢筋网宜在岩面喷射一层混凝土后铺设。在围岩自稳性很差时，也可先挂网后喷混凝土，钢筋网需靠锚杆或专用栓钉固定在围岩上，并使各片网连接好，喷射时钢筋不得晃动。开始喷射混凝土时，应减小喷头至受喷面的距离，并调整喷射角度，以保证钢筋与岩壁面之间混凝土的密实性。

3）现场测量

新奥法的安全性和经济性是通过把测量结果及时地反馈到下一阶段的设计和施工中来实现的。因此，快速、准确地进行现场量测和数据处理，已成为成功应用新奥法的关键。

新奥法的临时支护设计包括一个详细周密的量测布置，以便系统地控制围岩和衬砌的变形和应力。围岩变形的量测采用伸长计和收敛仪，径向应力和切向应力量测采用压力盒。量测变形点可同时装有长型伸长计和短型伸长计两种。洞顶和洞底的变形采用一般水准仪或全站仪量测。

5.2.4.2　新奥法施工的基本原则

新奥法施工的基本原则可以归纳为少扰动、早支护、勤量测、紧封闭。

1. 少扰动

少扰动，是指在进行地下洞室开挖时，要尽量减少对围岩的扰动次数、扰动强度、扰动范围和扰动持续时间。所以，要求能用机械开挖的就不用钻爆法开挖；采用钻爆法开挖时，要严格进行控制爆破；尽量采用大断面开挖；根据围岩类别、开挖方法、支护条件选择合理的循环掘进进尺；自稳性差的围岩，循环掘进进尺应短一些；支护要尽量紧跟开挖面，缩短围岩应力松弛时间。

2. 早支护

早支护，是指开挖后及时施作初期锚喷支护，使围岩的变形进入受控状态。一方面是为了使围岩不致因变形过度而产生坍塌失稳；另一方面是使围岩变形适度发展，以充分发挥围岩的自承能力。必要时采取超前预支护措施。

3. 勤量测

勤量测，是指以直观、可靠的量测方法和量测数据来准确评价围岩（或围岩加支护）的稳定状态，或判断其动态发展趋势，以便及时调整支护形式、开挖方法，确保施工安全和顺利进行。量测是掌握围岩动态变化过程的手段和进行工程设计、施工的依据。

4. 紧封闭

紧封闭，一方面是指采取喷射混凝土等防护措施，避免围岩因长时间暴露而导致强度和稳定性的衰减，尤其是对易风化的软弱围岩；另一方面是适时对围岩施作封闭形支护，这样做不仅可以及时阻止围岩变形，而且可以使支护围岩能进入良好的共同工作体系。

5.2.4.3　新奥法设计与施工程序

新奥法设计与施工程序，如图 5-10 所示。

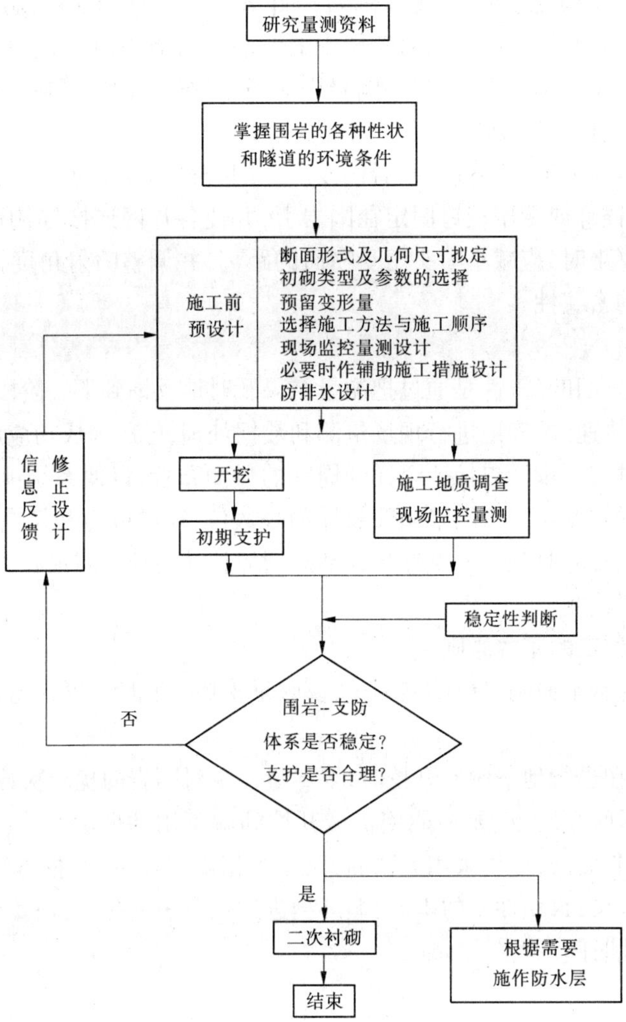

图 5-10　新奥法设计与施工程序

5.3　浅埋、超浅埋暗挖法施工技术

5.3.1　概述

浅埋暗挖法是在距离地表较近的地下进行各种地下洞室暗挖施工的一种方法。在城市地下工程施工方法中，浅埋暗挖法占有很大的比重，其工艺流程和技术要求主要是针对埋深较浅、松散不稳定的地层和软弱破碎岩层的施工提出来的。我国继 1984 年在军都山隧道黄土段试验成功的基础上于 1986 年在具有风险性和复杂性的北京复兴门地铁折返

线工程中应用,在拆迁少、不扰民、不破坏环境下获得成功。浅埋暗挖法已在国家计委地下停车场、长安街地下过街通道、广州地铁一号线等地下工程中得到了推广应用,并形成了一套完整的综合配套技术。北京地铁4号线、5号线和10号线也有53%的区间隧道采用浅埋暗挖法施工。随着许多工程的成功实施,浅埋暗挖法应用范围进一步扩大,由只适用于第四纪地层、无水、地面无建筑物等简单条件,拓广到了非第四纪地层、超浅埋、大跨度、高水位等复杂地层及环境条件的地下工程中。采用浅埋暗挖法应与明挖法、盖挖法、盾构法等施工方法,进行经济、技术及环境因素等方面的比较分析。

有关深、浅埋的分界问题,观点各异。一种观点是从松弛荷载角度出发,认为施工中不能保证形成承载拱的深度,就可以定义为深浅埋分界深度,分界深度大致在松弛荷载高度的2.0~2.5倍。另一种观点是根据地下洞室开挖所造成的围岩松弛影响范围不能达到地表的深度来定义深浅埋分界深度,分界深度大致在地下洞室开挖宽度的2.0~2.5倍。

根据国内外近50个试验段的试验资料和工程实例,将覆土厚度和隧道开挖宽度的比值等于或大于2.0,作为深浅埋分界深度较为合适。根据工程特点,浅埋又可分为浅埋和超浅埋。当上覆土层有发生整体下沉的可能,或当覆土厚度与地下洞室开挖宽度之比小于0.4时,可认为属于超浅埋。在修建超浅埋和浅埋地下工程时,由于埋深的不同,其辅助施工法会有很大差异。

浅埋暗挖法的技术核心是依据新奥法的基本原理,施工中采用多种辅助措施加固围岩,充分调动围岩的自承能力,开挖后及时支护、封闭成环,使其与围岩共同作用形成联合支护体系,是一种抑制围岩过大变形的综合配套施工技术。

5.3.2　浅埋暗挖法的特点

浅埋暗挖法施工的地下洞室具有以下特点:埋深浅(最小覆跨比可达0.2)、地层岩性差(通常为第四纪软弱地层)、存在地下水、周围环境复杂等特点。但由于其适用性强、造价低、拆迁少、灵活多变、无须太多专用设备以及不干扰地面交通和影响周围环境等特点,在我国各种地下工程中得到广泛应用。

信息化计算的实施,实现了浅埋暗挖技术的全过程控制,有效减小了由于地层损失而引起的地表移动变形等环境问题,不但使施工对周边环境的影响降低到最低程度,而且由于及时调整、优化支护参数,提高了施工质量和速度,使浅埋暗挖法的特点得到更进一步的发挥,为地下工程设计与施工提供了一种非常好的方法。

5.3.3　开挖方法及支护方式

5.3.3.1　开挖方法选用

浅埋暗挖法施工地下洞室时,洞室断面较大时不宜采用全断面开挖,应根据工程特点、围岩情况、环境要求及施工单位自身条件等因素,选择适宜的开挖方法。目前,在地下洞室工程的浅埋暗挖法施工中,根据地表沉降的控制要求、地层条件及开挖断面大小,主要施工方法有正台阶法、上台阶分部开挖法、中隔墙法(CD法)、单侧壁导坑法、柱洞法等诸多方法,如图5-11所示。

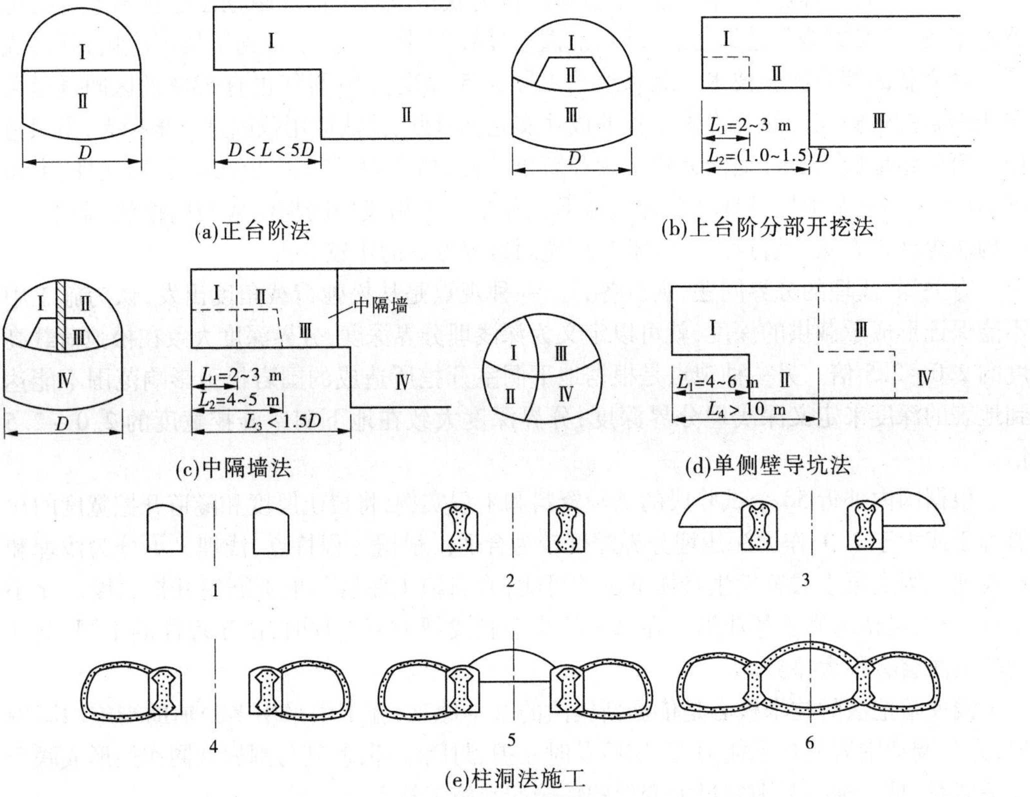

图 5-11　浅埋暗挖主要施工方法示意

一般山岭隧道可采用正台阶法施工。城市及附近地区的一般隧道可采用上台阶分部开挖法或短台阶法施工。大断面的城市或山岭隧道可采用中隔墙法、单侧壁导坑法或双侧壁导坑法、城市地铁车站、地下停车场等多跨隧道多采用柱洞法、侧洞法或中洞法施工。

施工中应尽量减少对围岩的扰动,优先采用掘进机或人工开挖。采用爆破开挖时,应采用短进尺、弱爆破,必要时要对爆破振动进行监控。爆破进尺一般不超过 1.0 m。

5.3.3.2　支护方式

浅埋暗挖法施工的隧道多采用复合式衬砌,支护设计分为三种情况:初期支护承受全部荷载,二次支护仅作为安全贮备;初期支护与二次支护共同承担荷载;初期支护仅作为施工期间的临时支护,二次支护作为主要承载结构。

在进行支护设计时应将结构设计、施工方式、支护方式以及辅助施工方法等进行综合研究,并经试验段进行验证,施工过程中根据量测数据不断进行完善。

5.3.3.3　辅助施工方法

浅埋暗挖法所采用的辅助施工方法可以按下列次序进行选用:①上半断面留核心土环形开挖;②喷射混凝土封闭开挖工作面;③超前锚杆或超前小导管支护;④超前小导管周边注浆;⑤设置临时仰拱;⑥深孔注浆加固及堵水;⑦长管棚超前支护与注浆。

5.3.4 浅埋暗挖法的施工原则

根据国内外的工程实践,浅埋暗挖法的施工原则为,严格执行“管超前、严注浆、短进尺、强支护、快封闭、勤量测”的 18 字方针,突出时空效应对防塌的重要作用,在施工工序上坚持“开挖一段,支护一段,封闭一段”的基本工艺。

(1)管超前。即在工作面开挖前,沿隧道拱部周边按设计要求打入超前导管,采用超前支护的手段,提高工作面的稳定性,防止围岩松弛和坍塌。

(2)严注浆。即在导管超前支护后,立即压注水泥浆或其他化学浆液加固地层,使地下洞室周围形成一个具有一定强度的壳体,增强围岩或土体的自稳能力。此外,严注浆还包括初次支护背后注浆和二次衬砌背后注浆。

(3)短进尺。是指限制一次进尺的长度,开挖和支护时间尽可能缩短。

(4)强支护。是指在浅埋的松软地层中进行施工时,初期支护必须十分牢固。可采用格栅钢架和喷射混凝土进行较强的早期支护,以控制开挖初期的地层变形。

(5)快封闭。开挖后初期支护要尽早封闭成环,以改善受力条件。如在台阶法施工时,若上台阶过长,为及时控制围岩松弛,必须采用临时仰拱封闭,开挖一环,封闭一环,提高初期支护的承载能力。

(6)勤量测。是浅埋暗挖法施工成败的关键,即对地下洞室施工过程进行经常性的量测,掌握施工动态,及时反馈信息。

5.4 TBM 全断面掘进机施工技术

5.4.1 概述

TBM 是一种机械化的隧道掘进设备,能够实现破岩、出渣和支护连续作业,用此种机械修筑隧道的方法,称为 TBM 法。

TBM 是由在盾构技术的基础上发展而来的,1881 年波蒙特开发出压缩空气式 TBM,成功用于英吉利海峡隧道直径 2.1 m 的勘探导坑。1952 年美国罗宾斯(Robbins)公司研制出第一台软岩 TBM,1956 年又成功研制中硬岩 TBM。国外应用 TBM 曾创造 2 000 m 以上、日掘进突破 70 m 的记录。所制造的 TBM 最大直径达 12 m。国外英吉利海峡隧道、我国引大入秦总干渠 38 号隧道、兰渝铁路西秦岭隧道均采用 TBM 法施工。图 5-12 为秦岭特长铁路隧道首次引进世界最先进的 TBM 进行施工的场面。

TBM 就是隧道掘进机的英文“Tunnel Boring Machine”的缩写,但通常定义中的 TBM 是指全断面岩石隧道掘进机,即为 Full Face Rock Tunneling Boring Machine。隧道掘进机的分类如图 5-13 所示。

5.4.2 TBM 法施工特点

在岩石地质条件下,选择 TBM 施工方法时,应考虑其施工特点并结合工程特性,以便与爆破法进行比较研究来决定是否采用此施工方法。

图 5-12　TBM 法施工

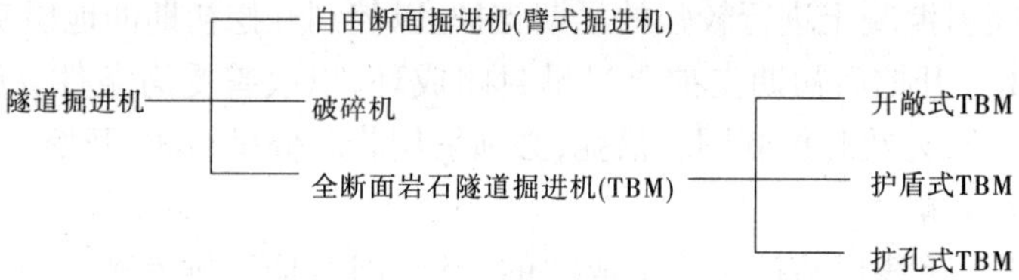

图 5-13　隧道掘进机的分类

5.4.2.1　TBM 施工方法的优点

(1)开挖作业能连续进行,能保证破岩、出渣、支护一条龙作业。因此,施工速度快,工期得以缩短,长距离施工时,此特征尤其明显,特别是在稳定的围岩中。

(2)对围岩的损坏小,几乎不产生松弛、掉块、崩塌的危险,减少支护工作量。用爆破法使围岩的损伤范围为 2 ~ 3 m,在机械掘进的情况仅为 1 m。

(3)开挖洞壁比较光滑,超挖量少,降低工程费用。

(4)机械化施工安全、作业人员少。近期的 TBM 机可以在防护棚内进行刀具的更换,密闭式操作室、高性能的集尘机等的采用,使安全性和作业环境有了较大的改善。

(5)震动、噪声小,对周围的居民和结构物的影响小。

5.4.2.2　TBM 施工方法的缺点

(1)机械的设计制造时间长,购置费和运输、组装、解体等费用高。机械设备太大,准备好进洞场所后,要一件件的组装机器,一般需要二至三个月才能完成场地准备和设备组装工作。因此,很难用于短隧道施工,一次性连续开挖长度不宜短于 1 km。

(2)施工途中不能改变开挖直径。断面的大小、形状改变更难,在应用上受到一定的制约。

(3)掘进机施工方式一旦确定,不可能像钻爆法那样自由变更施工方法,地质的适应性受到一定限制。

(4)TBM 运行费也较高,切刀要经常更换,有时零部件也要更换,因此单位岩石的开挖成本一般比钻爆法高。有的单位统计结果认为,要高 20% ~30%。

目前虽然正在开发全地质型的机种,但很难满足这种要求。因为 TBM 不仅受地质条件约束,还受到开挖直径、开挖机构的约束。对于软弱围岩,还存在不少问题;而在硬岩中开挖大直径隧道也很困难。

5.4.3　TBM 型式及特点

5.4.3.1　开敞式 TBM

开敞式 TBM(见图 5-14)需配置钢拱架安装器与喷锚等辅助设备。常用于硬岩等良好地质条件,采取有效支护手段时也可用于软岩隧道。

图 5-14　开敞式 TBM

5.4.3.2　护盾式 TBM

护盾式 TBM 有单护盾、双护盾和三护盾之分,其中以双护盾式为多。双护盾 TBM(见图 5-15)适用于各种地质条件,既能适应软岩,也能适应硬岩或软硬岩交互地层。

1—可伸缩护盾;2—刀盘;3—活动支撑鞋;4—辅助推进油缸;5—管片

图 5-15　双护盾 TBM

单护盾 TBM(见图 5-16),常用于地质情况较差的地层。推进时利用管片作为支撑(原理类似盾构),相比双护盾 TBM,掘进与安装管片不能同时进行。单护盾 TBM 与盾构的区别主要体现在:前者采用皮带机出渣,而盾构则采用螺旋输送机或泥浆泵通过管道出渣;前者不具备平衡掌子面的功能,而盾构则采用土压力或泥水压力平衡开挖面水土压力。

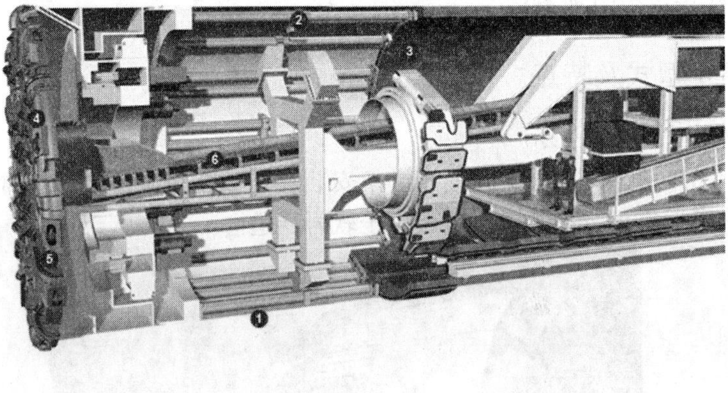

1—护盾;2—液压推进油缸;3—管片;4—刀盘;5—装渣斗;6—皮带输送机

图 5-16　单护盾 TBM

5.4.3.3　扩孔式 TBM

开挖大口径隧道的方法,首先是用小直径 TBM 开挖小断面的导洞,以此为前导,用扩孔型 TBM 扩挖隧道。

5.4.4　TBM 施工工艺

常用的 TBM 全断面掘进机,刀盘直径 3 ~ 12 m 不等。刀盘上设有刀具,刀盘旋转时,这些刀具在掌子面上挤压旋转而将岩石破碎。破碎的岩块落入皮带输送机上,向后输送,装入出渣车中运出洞外。

Robbins 开敞式 TBM 循环作业流程如下:

(1)作业开始。主支撑靴前位撑紧洞壁,后支撑靴提起。刀盘转动,推进油缸伸出,TBM 前部前移一个作业行程。

(2)刀盘停转,后支撑靴抵住仰拱承重。

(3)主支撑回缩。推进油缸回缩将自由态主支撑靴前拉回位,TBM 找正。

(4)返回第一步,TBM 准备下一循环掘进。

5.4.5　TBM 基本构造

TBM 由破岩机构、推进机构、岩渣装运机构、导向调向机构以及通风、吸尘装置等几部分组成。

5.4.5.1　破岩机构

滚刀或削刀在强大推力的作用下旋转,切削与剪切破碎岩石。

5.4.5.2　推进机构

主要使用推进千斤顶,推进按下述动作反复进行:

(1)扩张支撑靴,固定机体在隧道壁上。

(2)回转刀盘,开动千斤顶前进。

(3)推进一个行程后,缩回支撑靴,把支撑靴移置到前方,返回(2)的状态。

5.4.5.3　出渣装运机构

破岩形成的片状石渣,由安装在刀盘上的铲渣斗铲起,铲斗旋转到顶部卸入集料斗,经皮带机装车运出洞外。

5.4.5.4　导向调向机构

导向机构是用来指示和校核掘进机推进的方向,使其保证符合设计的轴线和坡度的要求。

5.4.5.5　通风及吸尘装置

掘进机工作时将产生大量的热量与粉尘,故对通风、降尘要求较高。一般在刀盘头部安装有吸尘设备和喷水装置,掘进时连续喷水降尘。机房内专设通风降温设备。

5.4.6　TBM 法衬砌施工技术要点

衬砌结构一般是由临时或初期支护以及二次衬砌组成。目前,引水隧道大都采用护盾式 TBM 进行管片衬砌的结构形式。公、铁路隧道除进行临时支护外,一般视地质情况采用二次喷射混凝土或二次模筑混凝土作为永久衬砌。

5.4.6.1　管片式衬砌

护盾式 TBM 一般采用圆形全周管片式衬砌。该类衬砌适合于软弱围岩。管片间应安装止水条,并在管片外圆与洞壁间隙间压入豆石并注浆,如图 5-17 所示。

5.4.6.2　二次模筑混凝土衬砌

开敞式掘进机一般随开挖先施作临时或初期支护,再进行二次模筑混凝土衬砌,亦可采用二次喷射混凝土作为永久衬砌,加钢筋网或钢纤维,如图 5-18 所示。

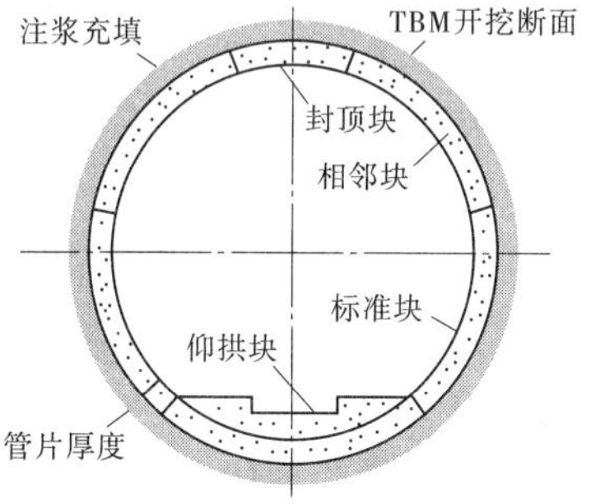

图 5-17　预制钢筋混凝土管片衬砌

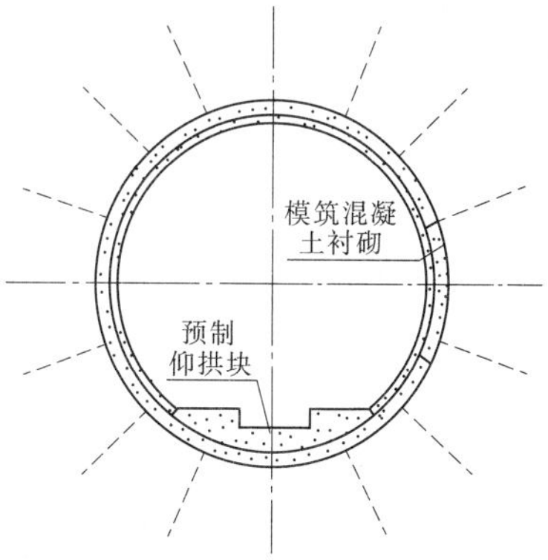

图 5-18　复合式衬砌

5.4.7　TBM 法的主要技术流程

TBM 法的研究和主要技术流程,如图 5-19 所示。

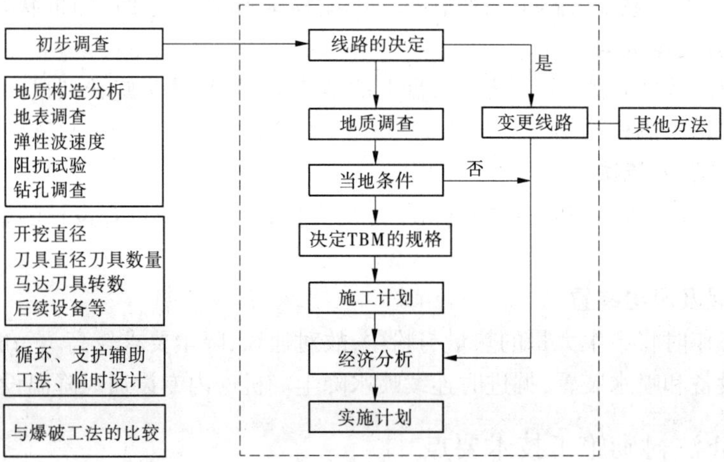

图 5-19　TBM 法的研究和主要技术流程

5.5　盾构法施工技术

5.5.1　概述

盾构法是指在地表以下土层中或松软岩层中利用盾构进行隧道开挖、衬砌等作业的施工方法。此种方法主要施工机械为盾构机(或称盾构),是一个既能承受围岩压力又能在地层中前进的隧道工程机械。

盾构法最早是在 1818 年法国工程师布鲁诺尔由一种蛀虫从船的木板中钻出孔道,并用它分泌的黏液加固洞穴得到启发而研制出的,并于 1925 年开始用一个宽 11.58 m、高 6.7 m 的矩形盾构,在英国伦敦的泰晤士河下面修建世界第一条水底隧道。

我国于 1956 年在海州露天矿用直径 2.66 m 的盾构在砂土层开凿了疏水巷道,1957 年起北京采用直径 2.0 m、2.6 m 的盾构施工下水道工程,上海从 1960 年起在第四纪软弱饱和土层中用不同类型盾构完成了一批地铁区间隧道、地下人防通道、引水隧道等地下工程。

盾构法施工经百余年的发展、改进、完善,技术已日趋成熟。现代盾构类型很多,能适应于在任何水文地质条件下施工。与其他施工方法相比,具有其突出的优越性,主要体现在:

(1)施工安全性有保障,可在盾构设备的掩护下安全地进行土层开挖及衬砌支护工作。

(2)施工机械化程度高,施工人员少,管理方便。在工程条件差、水位高、埋深大的隧道施工,盾构法有较高的技术经济优越性。

(3)作为一种暗挖法,施工时不影响地表交通,尤其在城市建筑密集和交通繁忙地段更显示其优越性,同时施工不受气候条件影响。

(4)施工时振动和噪声小,对施工区域环境及附近居民几乎没有什么干扰。

(5)可控制地表沉陷。采用合适的盾构施工机械,控制正面超挖,充填好衬砌背面的环形间隙,则可控制地表沉降,减少对地下管线及地表建筑物的影响。

(6)适宜在不同土层中施工,若穿越水底施工,不影响航道通航。

但采用盾构法施工,也存在一些主要问题,主要体现在:

(1)盾构作为一种机械,施工一旦开始,是不可后退的。

(2)当覆土较浅和曲线半径较小时,施工难度较大,而在水下施工时,盾构法施工需采用措施保证安全。

(3)在饱和含土层中,盾构法施工在拼装衬砌时对整体结构防水技术要求高。

(4)不能完全防止盾构施工地区的地表沉降,只能采取严密措施把沉降控制在最小限度。

(5)盾构法施工所用的盾构机是一种价格昂贵、针对性很强的专用施工机械。

5.5.2　盾构的基本构造

盾构的标准外形是圆形,也有矩形、椭圆形、马蹄形、半圆、双圆等特殊形状(如图 5-20)。但其基本构造则是由盾壳、开挖系统、推进机构系统、衬砌拼装系统及附属设备五部分组成的。

(a)矩形盾构　(b)双圆盾构

图 5-20　特殊形状盾构

5.5.2.1　**盾壳**

盾壳由切口环、支承环和盾尾三部分组成。一般为钢制圆筒体,在其掩护下,进行土体开挖、衬砌拼装等工作。

1. 切口环

切口环位于盾构的最前端,施工时切入地层并掩护开挖作业。切口环前端制成刃口,以减少切口阻力和对地层的扰动。切口环的长度是由开挖方法、挖土机具、人员活动空间和工作面的支撑形式来确定的。

大部分手掘式盾构,切口环顶部较下部长,以掩护下面安全施工。机械式盾构的切口环中,设置有各种挖土设备。在局部气压式、泥水加压式和土压平衡式盾构中,由于切口环部分的压力高于常压,故切口环与支承环之间需用密封隔板分隔开。

2. 支承环部分

支承环紧接于切口环之后,且与后部的盾尾相连。作为盾构结构中的主体,具有较强刚性。作用在盾构上的主要力,包括地层土压力、千斤顶的顶力以及切口、盾尾、衬砌拼装时传来的施工荷载等,均由支承环承担。它的外沿布置盾构推进千斤顶。

3. 盾尾

盾尾由盾构外壳钢板延长所构成,主要用于掩护隧道衬砌的拼装工作。在盾尾末端设有密封装置(见图 5-21),以防止地下水、外层土、衬砌背面压浆浆液等流入隧道内。

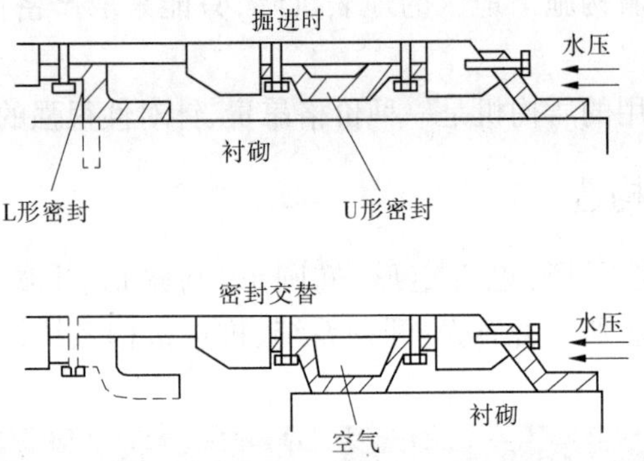

图 5-21　盾尾密封

盾尾密封除要求材料富有弹性、耐磨损、耐撕裂外,还要求其具有抗泥水压力的性能和强度。一般采用多道弹簧钢板和钢丝刷、可更换的盾尾密封装置。

5.5.2.2　开挖系统

1. 切削刀盘与切口环的位置

盾构开挖系统设于切口环中。

切削刀盘与切口环的位置有三种,如图 5-22 所示。

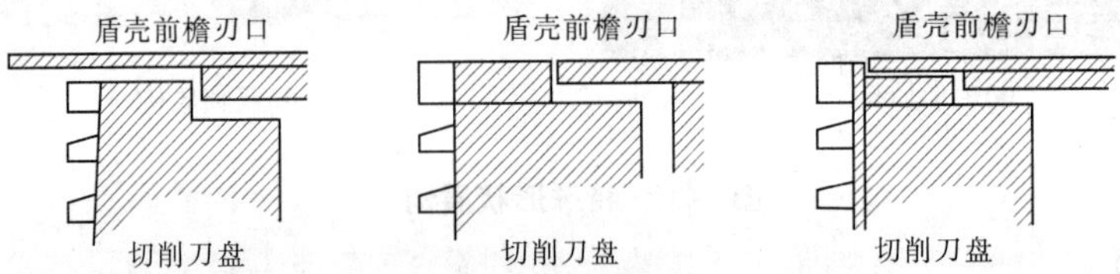

图 5-22　切削刀盘与切口环的位置

(1)切削刀盘在切口环内,该形式适用于软弱地层,切口环往往是插入地层。

(2)切削刀盘的外圈突出于切口环,该型式的盾构采用的最多,超挖刀容易安装,方向也容易控制。

(3)切削刀盘与切口环几乎为同一位置,这是上述两种型式的中间型式。

2. 切削刀盘的正面形状

对于切削刀盘的外形,圆形盾构均采用圆形,非圆形盾构刀盘形状根据其结构可采取不同形式。切削刀盘的正面形状如图5-23所示。

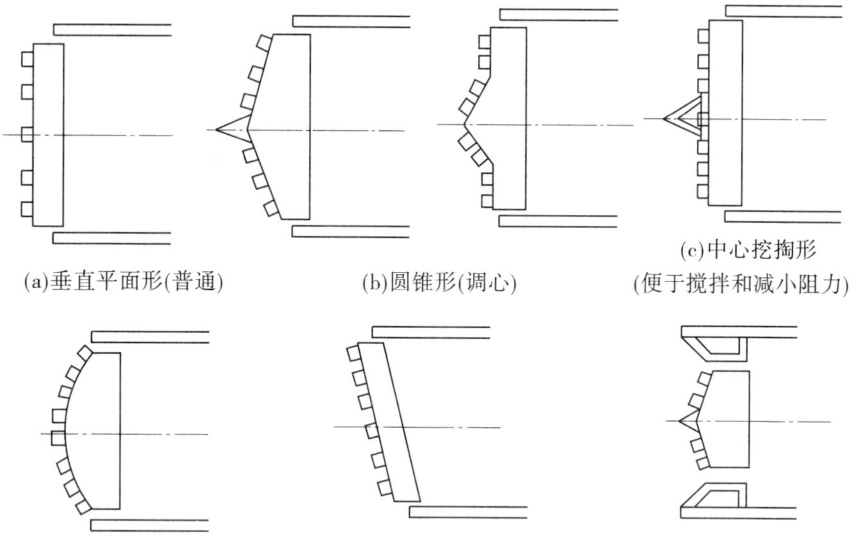

(a)垂直平面形(普通)　(b)圆锥形(调心)　(c)中心挖掏形(便于搅拌和减小阻力)

(d)半球形(岩体用挖掘机)　(e)倾斜形(接近于土层内摩擦角)　(f)缩小形(挤压式盾构)

图5-23　切削刀盘的正面形状

3.螺旋输送机

对于土压平衡式盾构,螺旋输送机主要功能是将切削下来的土运出,其内充满着与添加材料混合后的切削土。土体在机内形成螺旋状连续体,通过调整输送机的转速可对出土量进行控制。一般螺旋输送机由翼片和轴构成。翼片和轴之间通过的螺旋形通道的最大断面就是最大出土通过断面。螺旋输送机有一般式和特殊型。特殊型包括带式、扩大翼轮式、搅拌式。其中,为了加大可运送砾石的尺寸,而省去中心轴仅留有翼轮的带式螺旋输送机;赋于搅拌砂土功能而将密封舱内翼轮直径加大的是扩大翼轮螺旋输送机。

5.5.2.3　盾构推进系统

盾构推进系统由液压设备和盾构千斤顶组成。

工作原理为:启动输油泵,将油箱中的油供给高压泵,通过溢流阀或调压阀使油压升高至要求值;起动控制油泵,待控制油压升至额定压力后,由电磁控制阀将总管内高压油输入千斤顶,使千斤顶按指令伸出或缩回,驱动盾构。在小型盾构中可采用直接手动的高压操纵阀,直接控制千斤顶动作,省去控制油路及电磁阀等一套控制系统,但其安全性差。

千斤顶要均匀地布置在靠近盾构外壳,其轴线和盾构轴线平行。

5.5.2.4　衬砌拼装系统

衬砌拼装系统是为了能把管片按照设计的形状,安全迅速地进行拼装的机械装置。它必须具有夹钳、使管片位置伸缩、前后滑动、旋转等四个功能。常用的有以下几种。

1.杠杆式拼装机

由举重臂和驱动部分组成。举重臂是一个杠杆装置,其一端用以夹住管片或砌块,另一端是配重使举重臂易于转动,从而将衬砌送到拼装位置就位,该装置能作平面旋转,轴向移动和径向移动。这些动作的动力驱动部分是由液压设备系统及千斤顶组成的。

2. 环式拼装机

近年来广泛应用的环式举重臂,是一个把可自由伸缩的支架装在具有支承滚轮的中空圆环上的机械手。它装在支承环后部或盾构千斤顶撑板附近的盾尾部。该形式工作面大,出土设备容易安装,并且拼装管片和出土可同时进行。

5.5.2.5 附属设备

不同的盾构类型有不同的附属设备,主要包括操作控制设备、动力变电设备、后续台车设备及真圆保持器等。

5.5.3 盾构的类型

盾构可以从各个角度进行分类,若根据其构造和施工方法可分为以下几类:手掘式盾构、挤压式盾构、网格式盾构、半机械式盾构和机械式盾构等多种。

5.5.3.1 手掘式盾构

手掘式盾构(见图5-24)构造简单,配套设备少,容易制造且价格低廉,多用于地质条件较好的小型隧道开挖。开挖面可以根据地质条件全部敞开,也可以采取正面支撑,随挖随撑。

优点主要体现在:由于开挖面敞开,施工人员可随时观察地层变化情况和清除地下障碍物;可向需要方向超挖,容易进行盾构纠偏,也便于曲线段施工,因此这种是最为经济的盾构。

主要缺点就是:劳动强度大,施工速度慢,效率低,尤其在大直径盾构中尤为突出;施工安全差性,如遇正面坍方,易危及人身安全及工程安全。在含水不稳定地层中施工时,需采用压气、降水、化学注浆等辅助方法稳定和加固地层。

5.5.3.2 挤压式盾构

当手掘式盾构在地质条件很差的地层,如粉砂土质地层、黏土层中施工时,极易引起工作面坍塌。这时可在盾构的前面设置胸板来封闭开挖面及挡住正面土体,即为挤压式盾构。这种盾构分为全挤压式和半挤压式两种。

全挤压式盾构是将开挖工作面用胸板全部封闭,把土层挡在胸板外,没有水土涌入及土体坍塌危险,安全可靠,并省去了出土工序。由于其工作面胸板全部封闭而不出土,从而将盾构经过区域的土挤压向外部,以此将引起较大的地表隆起,一般只适用于空旷地带、河底海滩等处。

半挤压式盾构(见图5-25)是在封闭胸板上局部开孔,盾构推进时,土体从孔中挤入盾构,装车外运。其胸板上开口率的大小应根据地质条件、盾构的外径和长度及推进速度确定。

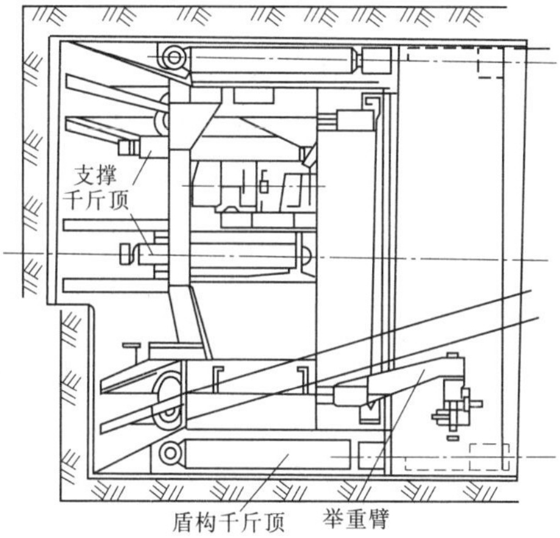

图5-24 手掘式盾构

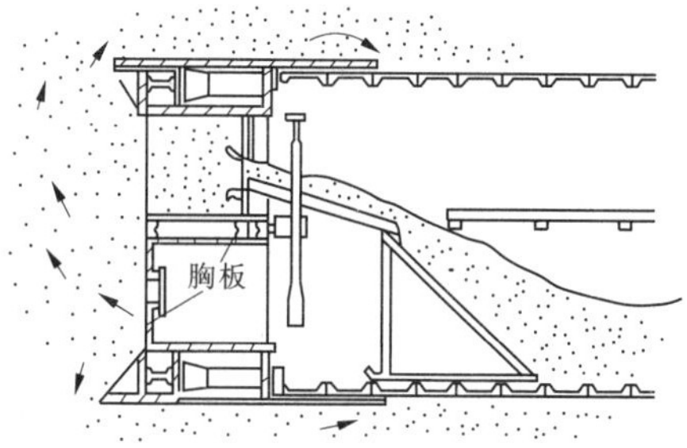

图5-25 半挤压式盾构

挤压式盾构仅适用于松软可塑的黏土层,适用范围较为狭窄。

5.5.3.3 网格式盾构

网格式盾构(见图5-26)是一种介于手掘式和半挤压式之间的盾构形式。其盾构正面用钢制的开口格栅代替胸板。盾构推进时,网格切入土层,将土体切成条状进入盾构内通过输送机运走。当盾构停止推进时,网格起到挡土作用,有效地防止了开挖面坍塌,并使地面变形相应较小。

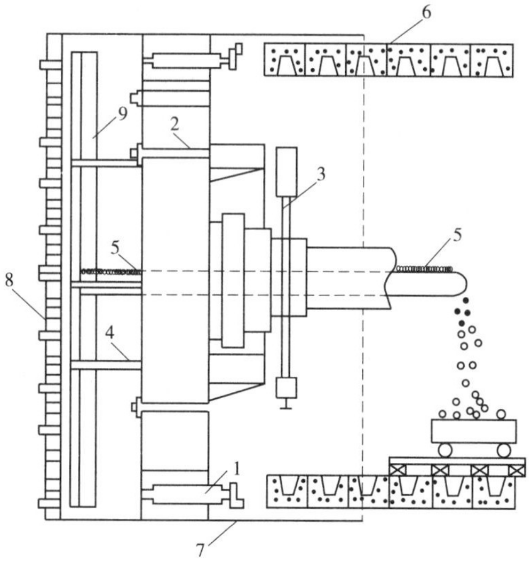

1—盾构千斤顶;2—开挖面支撑千斤顶;3—举重臂;4—堆土平台;
5—刮板输送机;6—装配式衬砌;7—盾构钢壳;8—开挖面钢网格;9—转盘

图5-26 网格式盾构

网格式盾构也只适用于松软可塑的黏土层,地层若含水,尚需辅以降水和压气等措施。

5.5.3.4　半机械式盾构

半机械式盾构是在手掘式盾构的正面装上挖土机械，以代替人工开挖。这种盾构造价比机械化盾构低廉得多，效率也较高。采用何种掘进机械(如反向铲挖掘机、螺旋切削机或软岩掘进机)应根据地质条件确定。为使开挖工作面保持稳定，应考虑配合使用其他的地层加固措施。

5.5.3.5　机械式盾构

机械式盾构是在盾构切口环外安装与盾构直径相适应的旋转切削刀盘，进行全断面开挖的盾构。根据地质条件好坏，全机械式盾构分开胸式和闭胸式。闭胸式机械化盾构又可分为局部气压盾构、泥水加压盾构和土压平衡盾构等。机械式盾构优点是除了能改善作业环境，还能显著地提高推进速度，缩短工期。目前，世界各国机械化盾构施工技术发展迅速，在闭胸式机械化盾构施工技术方面发展更快。

1. 开胸式机械切削盾构

开胸式机械切削盾构是在盾构切口环部分安装与盾构直径相适应的大刀盘，以进行全断面开胸机械切削。星形的刀盘辐条后面没有胸板封闭。适用于地层能够自立，或采用辅助措施能够自立的情况。

2. 局部气压盾构

局部气压盾构(见图5-27)是在开胸式机械盾构的切口环和支承环之间装有密封隔板，使切口与此隔板之间形成一个密封舱。舱内通入压缩空气，以平衡开挖面的土压力，达到稳定开挖的作用。它是相对于在盾构隧道内全部通入压气的施工方法而言的，因此可以免除施工人员在压气下工作的弊病。但也存在盾构工作条件较差，在密封舱、盾尾及管片接缝处容易漏气的技术问题。一直未被推广应用，已被现代的泥水加压盾构和土压平衡系列盾构所代替。

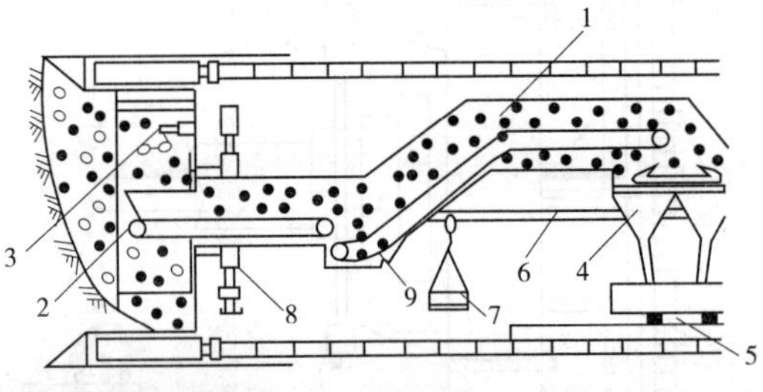

1—气压内出土运输系统;2—胶带输送机;3—排土抓斗;4—出土斗;
5—运土车;6—运送管片单轨;7—管片;8—衬砌拼装器;9—伸缩接头

图5-27　局部气压盾构

3. 泥水加压盾构

此种方法施工，就是在盾构开挖面的密封隔舱内注入泥水，通过泥水加压和正面土压平衡，以稳定开挖面土体(见图5-28)。盾构推进时开挖下来的土进入盾构前部的泥水室并进行搅拌，并由泥浆泵输送至地面。泥水在地面经过水土分离，然后送入地下盾构的泥水室，不断地排渣净化循环使用。

泥水加压盾构在其内部不能直接用肉眼观察到开挖工作面，因此要求盾构从推进、排

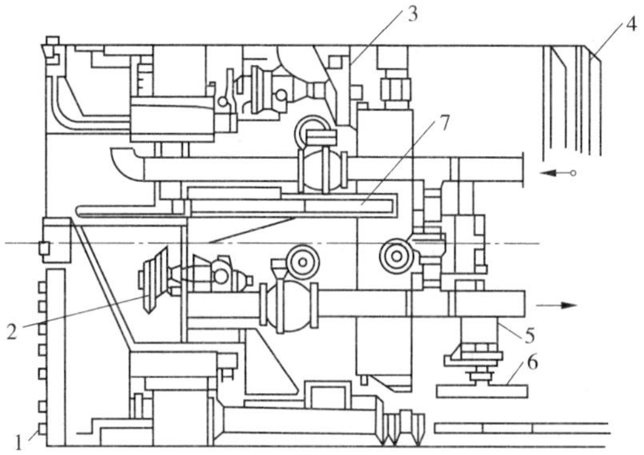

1—切削刀盘;2—旋转搅动器;3—环式拼装机旋转驱动机构;
4—盾尾密封;5—衬砌拼装机;6—衬砌;7—千斤顶

图5-28　泥水加压盾构

泥到泥水处理全部按系统化作业。最大特点是通过有压泥水使开挖面保持稳定,施工时对土体扰动较小,实现了管道连续出土,且泥水可循环使用。

4. 土压平衡盾构

土压平衡盾构(见图5-29)是在局部气压及泥水加压盾构基础上发展起来的,适用于含水饱和软弱地层中施工的新型盾构。其头部装有全断面切削刀盘,在切口环与支承环间设有密封隔板形成密封舱。其基本原理是,盾构推进时,由旋转刀盘切削下来的土体进入密封舱内,在舱内的土砂中注入一种具有流动性和不透水性的"作浆材料",经刀盘后的叶片强制搅拌,使切削下来的土拌成为一种具有可流动、又不透水的浆化泥土,充满密封舱及与之相连的长筒形螺旋输送机。盾构推进时,浆化泥土产生压力作用于开挖面与土体静压和水压平衡,同时由通过螺旋输送机出土。螺旋输送机的出土量要密切配合刀盘的切削速度,以保证密封舱内始终充满泥土,而又不过于饱满。

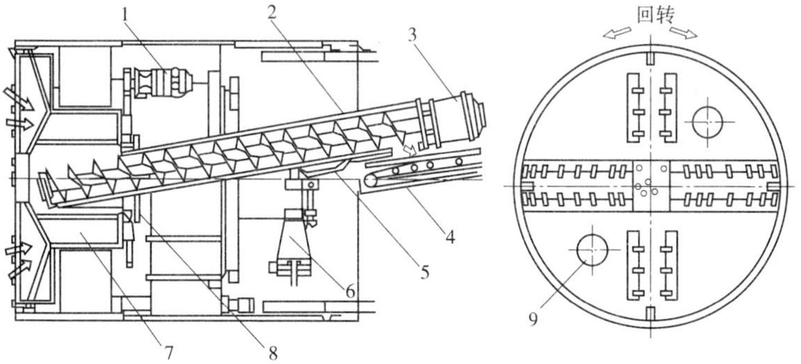

1—刀盘用油马达;2—螺旋输送机;3—螺旋输送机马达;4—胶带输送机;
5—闸门千斤顶;6—管片拼装器;7—刀盘支架;8—隔壁;9—紧急用出入口

图5-29　土压平衡盾构

土压平衡盾构避免了局部气压盾构的主要缺点,也省略了投资较大的泥水盾构所需的输送和处理设备,因此应用比较广泛。

土压平衡盾构种类也比较多,根据工艺特点可分为削土加压式盾构、加泥式盾构、土压平衡型加水式盾构、高浓度泥水加压式盾构等。即使是开挖面稳定措施根本不同,只要是用螺旋输送机从切削密封舱内直接排土的机械挖掘盾构,都有别于泥水加压盾构而称为土压平衡盾构(或土压系盾构)。

5.5.3.6 微型盾构

微型盾构是指在2.0 m以下的小直径盾构。自1970年以来,由于上下水道、电缆隧道等小直径地下隧道工程不断增加,促使微型盾构迅速发展。尤其在大城市中地下管线密集,开槽埋管无法施工时,用微型盾构施工更显示其优越性。

5.5.4 盾构施工若干参数确定

采用盾构法施工时,应根据地下工程隧道尺寸、地层条件和工程质量要求等确定盾构壳体参数及其他施工参数。具体包括盾构外径、盾构长度、盾构灵敏度、盾构千斤顶推力的确定、刀盘扭矩、开挖面的稳定性估计及盾构衬砌内力计算等。

5.5.5 盾构法的施工工艺

盾构法施工主要由稳定开挖面、挖掘及排土、衬砌(包括壁后注浆)三大要素组成。施工工艺如图5-30所示。

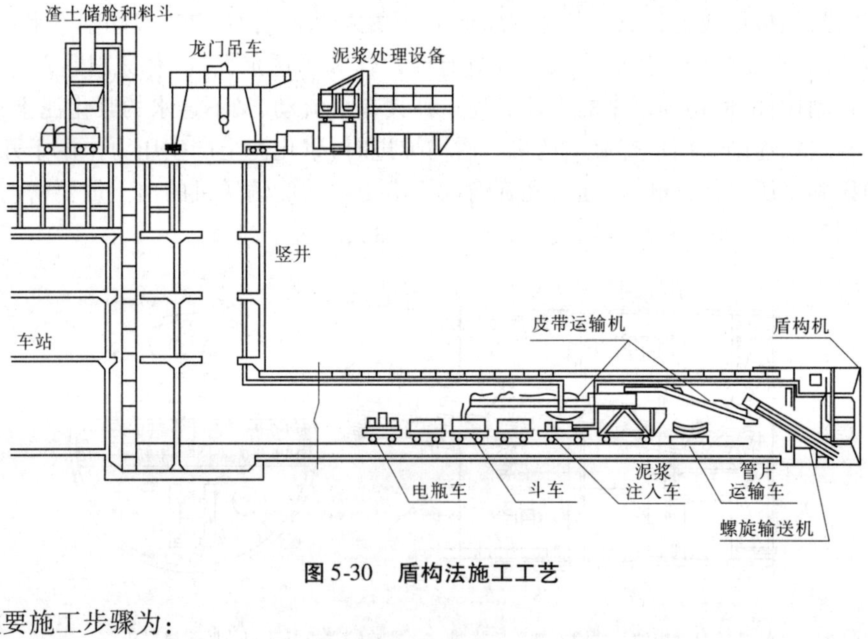

图5-30 盾构法施工工艺

主要施工步骤为:

(1)修建工作井。

在盾构法施工隧道的起始端和终端各建一个工作井(也称始发井和到达井),用以进行盾构的安装和拆卸工作。到达井要满足起吊和拆卸工作的方便,其要求一般比始发井稍低。工作井多数为矩形,其平面净空尺寸应根据盾构直径、长度等要求而定。施工时可采用地下连续墙、沉井等方法。在盾构始发井的端墙上应预留出盾构通过的开口(或称封门）。封门最初起挡土和防止渗漏的作用，一旦盾构安装调试结束，盾构刀盘抵住端墙，要求封门能尽快拆除或打开。当盾构工作井周围地层为自稳能力差、透水性强的松散砂土或饱和含水黏土时，应进行洞口地层加固；否则在凿除封门后，必将会有大量土体和地下水向工作井内塌陷，导致洞周大面积地表下沉，从而危及附近建筑物和地下管线。常用的加固方法有注浆、旋喷、深层搅拌等。加固后的土体应有一定的强度、自立性和防水性。

（2）盾构拼装。

盾构在起始端工作井内安装就位。在盾构拼装前，先在始发井底部铺设 50 cm 厚的混凝土垫层，在垫层内埋设钢轨，可作为盾构推进时的导向轨，并能防止盾构旋转；也可采用由型钢拼成的盾构支承平台，其上亦需有导向和防止旋转的装置。

受起重设备和运输条件的限制，通常盾构都拆卸成切口环、支承环、盾尾三节运到工地，然后通过起重机将其逐一放入井下的垫层或支承平台上。切口环与支承环用螺栓连成整体，并在螺栓连接面外墙加薄层电焊，以保持其密封性。盾尾与支承环之间则采用对接焊连接。在拼装好的盾构后面，尚需设置由型钢拼成的、刚度很大的反力支架和传力管片。根据推出盾构需要开动的千斤顶数目和总推力进行反力支架的设计和传力管片的排列。一般来说，这种传力管片都不封闭成环，故两侧都要将其支撑住。

（3）盾构掘进和管片拼装。

依靠盾构千斤顶推力将盾构从起始工作的墙壁开孔处推出，盾构在地层中沿着设计轴线推进，在推进的同时不断出土和安装衬砌管片。

为使盾构沿设计轴线推进，可通过一整套测量系统随时掌握正在掘进中的盾构的位置和姿态，并通过计算机将盾构的位置和姿态与隧道设计轴线比较，找出偏差数值和原因，启动调整盾构姿态的千斤顶模式，从而使前进曲线尽可能接近于隧道轴线。

管片拼装形式通常采用错缝拼装，拼装好的管片环一般由数块 A 型管片、2 块 B 型管片和 1 块 K 型管片组成，其中 A、B、K 分别代表标准块、邻接块和封顶块。

（4）及时地向衬砌背后的空隙注浆，防止地层移动和固定衬砌环位置。注入的浆体应满足一定要求，如能充分填满间隙的流动性，在规定时间内必须硬化；注入的浆体应具有一定动强度，以满足抗震要求等。

（5）盾构进入终端工作井并被拆除，如施工需要，也可穿越工作井再向前推进。

5.6　沉管法施工技术

5.6.1　概述

沉管法是先在隧址以外的预制场制作隧道管段（每节长 60 ~ 140 m，多数为 100 m 左右，最长达 268 m），管段两端用临时封墙密闭，待达到设计强度后将其拖运到制定位置；此时，在设计位置上已预先进行了沟槽浚挖，设置了临时支座，然后通过向管段灌水的方式沉放管段，待沉放完毕后，进行管段水下连接，处理管段接头及基础并覆土回填，最后进行内部装修及设备安装，以完成隧道。此种水底隧道施工方法称为沉管法，也称为预制管段沉放法。

沉管法的使用历史始于1910年美国的底特律河隧道。迄今为止,世界上已有100多条沉管隧道,其中沉埋长度最长的为美国海湾地区交通隧道,长度为5 825 m;横截面宽度最大的为比利时亚珀尔隧道,宽53.1 m。我国是世界上隧道数量最多的国家之一,但是用沉管方法建筑的隧道较少。我国的第一座沉管隧道是于1992年建成运行的广东珠江过江隧道,该隧道总长度1 238.5 m,其中435 m为沉管隧道,由四节组成,设计横断面宽33 m,高8.05 m,4车道。珠江过江隧道的建成标志着我国在沉管隧道建设中的起步。图5-31为一般沉埋管段水底隧道的纵断面图。

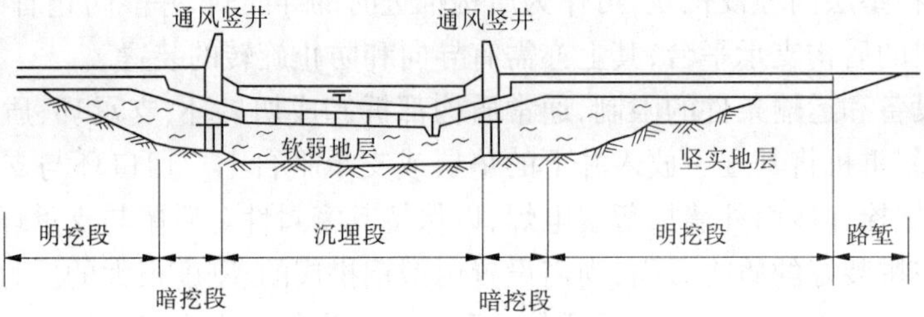

图5-31　水底隧道纵断面图

水底隧道有五种主要施工方法,即围堤明挖法、气压沉箱法、矿山法、盾构法及沉管法。其中,围堤明挖法对水路交通的干扰较大,气压沉箱法适用于较窄的河道,矿山法不适用于软土地层。因此,水底隧道的建设大多采用盾构法和沉管法施工。

沉管法与其他地下工程施工方法等相比,具有以下特点:

(1)基本上不受地质条件限制,可适用于流砂等不稳定土层施工。

(2)在一个隧道断面内可同时容纳多个车道(4~6个),而若采用盾构法,在一个隧道断面内只能容纳2个车道,遇到4~6车道,须建多条隧道。

(3)因一半以上工程量是在临时预制场地完成,不仅可以制作出质量均匀且防水性能好的隧道结构,而且现场工期以及水上交通管制时间短。

(4)管段较长,接头较少,对防水有利。

(5)单位工程造价低。但在水流很急时,须用水上作业平台施工;必须在一定时间内采取一些局部的巷道管制;还存在着一旦渗漏补救困难等问题。

沉管隧道按其管段制作方式分为两大类,即船台型和干坞型。

(1)船台型。施工时,先在造船厂的船台上预制钢壳,制成后沿着滑道滑行下水,然后漂浮状态下进行水上钢筋混凝土作业。这类沉管的断面,内截面一概为圆形,外截面则有圆形、八角形或花篮形等,如图5-32所示。此外,还有半圆形、椭圆形以及组合形沉管断面,这类管道,也称为圆形沉管。圆形结构断面受力合理;钢壳既是浇筑混凝土的外模,又是隧道的防水层,在浮运过程中不易碰损;当具备利用船厂设备条件时,可缩短工期。但也存在空间利用率不高、耗钢量大、抗蚀能力差、手工焊接焊缝质量难以保证等缺点。

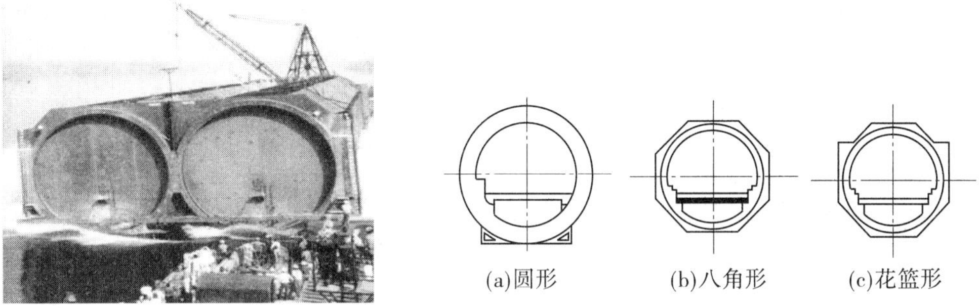

图 5-32　圆形管道

(2)干坞型。在临时干坞中制作钢筋混凝土管段,制成后往坞内灌水使之浮起并拖运至隧址沉放。这类沉管多为矩形断面,故也称为矩形沉管。矩形管段可以在一个断面内同时容纳 2 ~8 个车道,如图 5-33 所示。

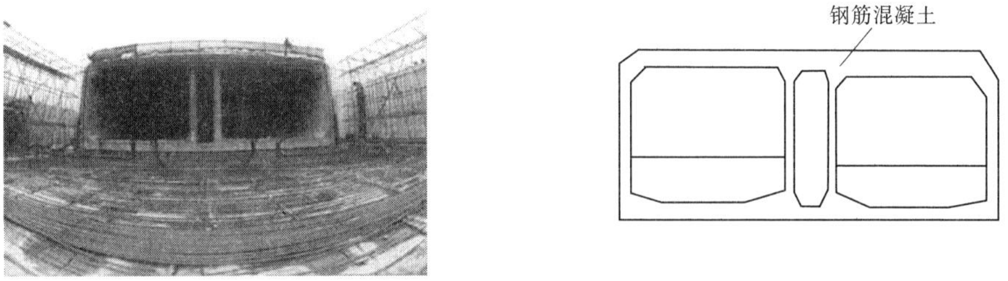

图 5-33　矩形沉管

5.6.2　沉管隧道设计

沉管隧道设计涉及面广,内容多,设计指导思想必须考虑先进性、合理性、安全性及经济性等,同时隧道的设计还必须考虑所用材料、施工设备、施工机械、施工技术和施工工艺等因素,此外对于不同地理位置的隧道,还要考虑周围环境的影响。

设计的主要内容包括几何设计(截面尺寸及长度)、结构设计(荷载分析、浮力设计、结构分析与配筋)、通风设计、照明设计、内装设计、给排水设计、供电设计、运营与安全设施设计等。对于兼有其他特殊要求的隧道,还要进行其他设计。

5.6.3　沉管施工技术要点

预制管段达到设计强度后,便可浮运至沉放地点进行沉放。在沉管隧道施工中,有一套通用的沉放方法。施工时,必须根据不同的自然条件、航道条件、沉管本身的规模及设备条件等,因地制宜地选择合适的沉放方法。

沉管隧道的沉放方法大体上可分为吊沉法和拉沉法。吊沉法中根据施工方法和主要起吊设备的不同又分为分吊法、抗吊法和骑吊法。

5.6.3.1　分吊法

沉放作业时用 2 ~4 艘起重船或浮箱提着管段预制时预埋的 3 ~4 个吊点,将管段沉放到规定位置。早期主要采用起重船分吊法,如图 5-34 所示。到了 20 世纪 60 年代末期,人们用大型浮筒代替起重船,后来又用浮箱代替了浮筒,称为浮箱吊沉法,如图5-35所示。

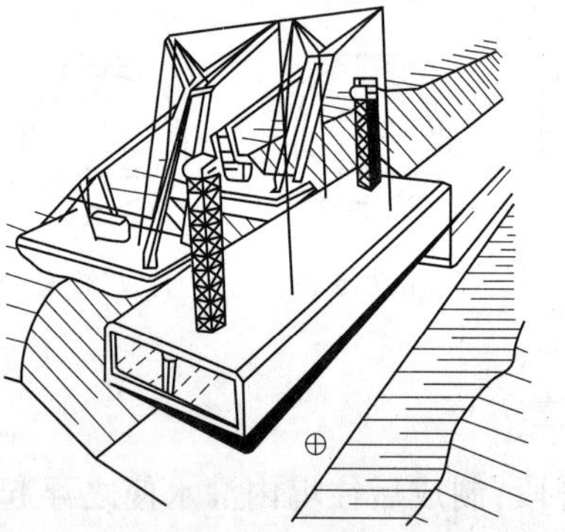

图5-34　驳船起重吊沉

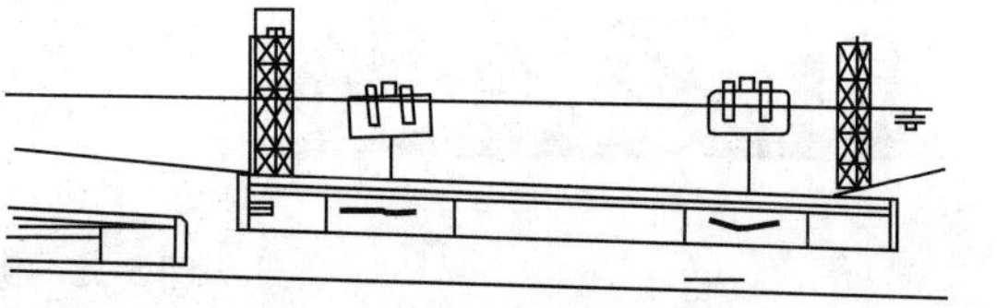

图5-35　浮箱吊沉

浮箱吊沉法设备简单,水上作业简化,尤其适用于大型沉管,所以被各国广泛采用。

5.6.3.2　抗吊法

抗吊法,也可称为方驳扛沉法,即为左右方驳之间加设两根"抗棒"(一般是型钢梁或组合梁),"抗棒"下吊设沉管,然后进行沉放。

用两艘方驳构成作业船组的吊沉方法也称作"双驳抗沉法",用四艘方驳构成作业船组的吊沉法称为"四驳抗沉法"。如图5-36所示为"双驳抗沉法"。

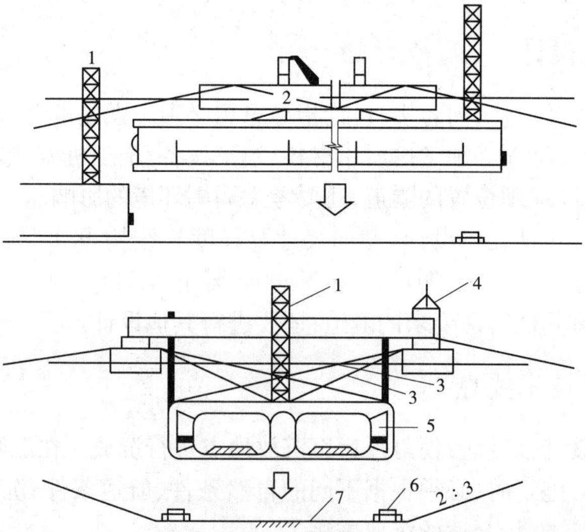

1—定位塔;2—方驳;3—定位索;4—操作室;5—沉管;6—地垄;7—基础

图5-36　双驳抗沉法

5.6.3.3　骑吊法

骑吊法系用水上作业平台(自升式作业平台)"骑"于管段上方,将其慢慢的吊放沉没,如图5-37所示。所用水上作业平台是个矩形钢浮箱。就位时,可向浮箱内灌水加荷压载,使四条钢腿插入海底或河底,到设计要求为止。移位时,排出箱内贮水使之上浮,将钢腿拔出。

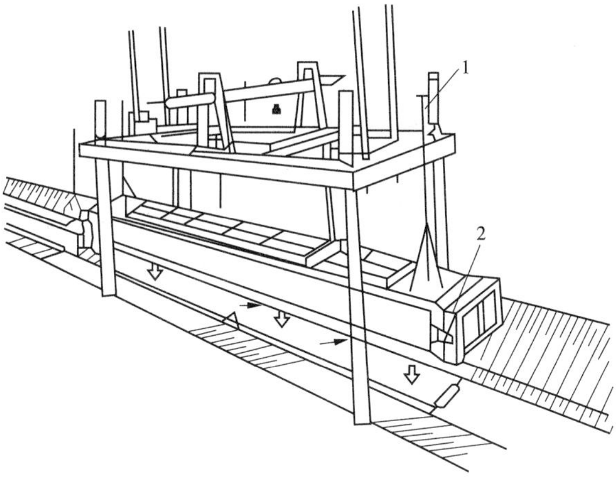

1—定位杆;2—拉合千斤顶

图 5-37　骑吊法

在外海风浪较大或港湾内河水流较大时,用此法比较有利,由于不需抛设锚索,对航道影响较小,但其设备费用大,采用不多。

5.6.3.4　**拉沉法**

拉沉法是利用预先设置在沟槽底面上的水下桩墩作为地垄,通过架在管段上面钢桁架顶上的卷扬机和扣在地垄上的钢索,将具有 2 000 ~ 3 000 kN 浮力的管段缓缓地拉下水,沉没到桩墩上,如图 5-38 所示,管段在水底连接时,以斜拉方式使之靠向前节已设管段。此法必须在水底设置桩墩,费用较大,应用很少。

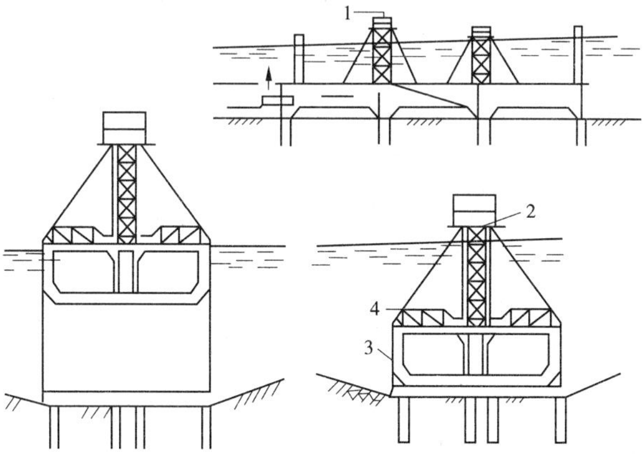

1—拉合千斤顶;2—拉沉卷扬机;3—拉沉索;4—压载水

图 5-38　拉沉法

5.7　免开挖顶管技术

5.7.1　概述

免开挖技术是利用少开挖(即工作井与接收井要开挖)以及不开挖(即管道不开挖)技术来进行地下管线的铺设或更换。

敷设地下管道传统采用开槽方法,施工时要开挖大量土方,占用临时场地,且管道安装后尚需进行覆土回填;而采用顶管技术敷设管道,无须挖槽或在水下开挖土方,能够穿越交通繁忙的道路、地下管网和建筑物等障碍物的地区及富含水松软地层;不影响交通,不污染环境,施工时噪声小,几乎没有地表沉降;在较深的埋深情况下施工成本要小于开槽式敷设管道。

顶管法(见图5-39)是用千斤顶将预制的钢筋混凝土管分节推进,并利用最前面的工具头进行挖土的一项地下掘进技术,是一种免开挖敷设地下管道的施工方法。它是继盾构法之后发展起来的,主要用于土质条件下进水管、排水管、煤气管、电信电缆管的施工。

图5-39　顶管法施工

顶管施工技术最早始于1896年美国的北太平洋铁路铺设工程的施工中。1948年日本第一次采用顶管施工方法,在尼崎市的铁路下顶进了一根内径600 mm的铸铁管,顶距只有6 m。美国1980年曾创造9.5 h顶进49 m的记录。我国较早的顶管施工约在20世纪50年代,初期主要是手掘式顶管。我国在1981年4月完成的浙江镇海穿越甬江工程,ϕ2.6 m的管道采用五只中继环从甬江的一岸单向顶进581 m,终点偏位上下左右均小于10 mm。我国顶管技术真正较大的发展是从20世纪80年代中期开始。1988年上海研制成功我国第一台土压平衡掘进机。1997年上海黄浦江上游引水工程的长桥支线顶管(管径为3.5 m),一次最大顶进距离为1 743 m,创造钢管顶管世界记录。2001年浙江嘉兴污水顶管(管径为2 m),一次最大顶进距离为2 050 m,创造混凝土顶管世界纪录。国内最长的顶管隧道是西气东输工程穿越黄河的隧道,长度近3 000 m,直径约2 m。以往对地下较小的管道可采用顶管法施工,目前随着技术的进步较大的管道也可用顶管法施工。

5.7.2　顶管技术分类

(1)根据顶进的管子口径大小,可分为:

①大口径。管径≥2 000 mm,人可以在其中直立行走。

②中口径。管径为 1 200 ~ 2 000 mm,人在其中需弯腰行走,大多数顶管为此类。

③小口径。管径为 500 ~ 1 200 mm,人只能在其中爬行,有时甚至爬行都比较困难。

④微型顶管。管径通常≤500 mm,最小的只有 75 mm。

(2)根据一次顶进长度,可分为普通距离顶管、长距离顶管、长大距离顶管。

一次顶进的长度是指顶进工作坑和接收工作坑之间的距离。

顶进距离长短的划分目前尚无明确规定,过去多指 100 m 左右的顶管,无中继环,(现在某些专家认为可能提高到 300 m)。目前,千米以上的顶管已屡见不鲜,可把 1 000 m 以上的顶管称为长大距离顶管。

(3)根据顶管材料,可分为钢筋混凝土顶管、钢管顶管、其他管材顶管。

(4)根据顶进管子轨迹的曲直,可分为直线顶管、曲线顶管。

(5)根据顶管机的类型,可分为手掘式人工顶管、挤压顶管、水射流顶管、机械顶管。

5.7.3　顶管机及其选型

根据挖土方式和平衡土体方式不同,顶管机有多种形式,下面简单介绍几种类型。

5.7.3.1　手掘式顶管机

手掘式顶管机即非机械的开放(敞口)式顶管机,最前端是一个钢制的带刃口的管子(称为工具管),施工时采用人工的方法开挖工作面的土层,破碎辅助工具主要有镐、锹以及冲击锤等,适用于能自稳的土体中。

5.7.3.2　泥水平衡式顶管机

泥水平衡式顶管机的主要特征是在施工过程中,利用进排泥浆管道在顶管机泥水仓内建立的泥水压力来平衡顶管机前的土压力和地下水压力。泥水平衡工具管正面设刀盘,并在其后设密封舱,在密封舱内注入稳定正面土体的泥浆,刀盘切下的泥土沉在密封舱下部的泥水中而被水力运输管道运至地面泥水处理装置。优点体现在适用的土质范围较广,尤其适用于施工难度极大的粉砂质土层中;可保持挖掘面的稳定,对周围土层的影响小,可连续出土,施工进度快。但缺点是施工场地大,设备费用高,需在地面设置泥水处理、输送装置。

5.7.3.3　土压平衡顶管机

土压平衡顶管机由土压平衡盾构机移植而来,其平衡原理与盾构相同,即用土仓内的压力和螺旋出土器出土来平衡顶管机前的土压力和地下水压力。与泥水顶管施工相比,最大的特点是排出的土或泥浆一般不需再进行二次处理,具有刀盘切削土体、开挖面土压平衡、对土体扰动小、地面和建筑的沉降较小等特点。

5.7.3.4　局部气压平衡顶管机

局部气压平衡顶管机的特征是只在挖掘面上充满一定压力的压缩空气,达到支承工作面土体和疏干挖掘面土体中地下水的作用,机械取代人工挖土,操作人员不在气压条件下作业。该机构造简单,维修容易;顶进面不会产生塌陷;顶管机操作人员可以通过密封的观察窗直接观测到顶近面的土质情况以及变化,避免盲目操作。

5.7.3.5 微型顶管

微型顶管一般指口径在500 mm以下,人无法进入管内进行作业,是一种遥控、可导向的顶管。广泛用于地下管线的敷设。微型顶管施工设备主要由切削系统、激光导向系统、出渣系统、顶进系统、控制系统等组成。微型顶管的一次顶进长度大多为50~60 m,也有的达到百米及以上。微型顶管的类型很多,按其工作原理和取土方式分有压入式、螺旋钻式、泥水式、土压式、空心钻式等,其中压入式和螺旋钻式应用较多。

5.7.4 顶管技术施工工艺

顶管施工的具体工艺是:在管线的一端施工一个工作井,另一端施工接收井(见图5-40)。以工作井作为顶管机及安放所有顶进设备的场所,借助工作井主顶油缸等的顶力,将工具管或掘进机及紧随其后的管道顶进,同时挖除并运走管道正面的泥土。依次将管段逐级顶入土层内,直到顶至设计长度为止,并在接收井中对工具管或掘进机进行接收。在长距离顶管施工中,可在管道中间设置一至几个中继环作为接力顶进,并在管道外周压注润滑泥浆。

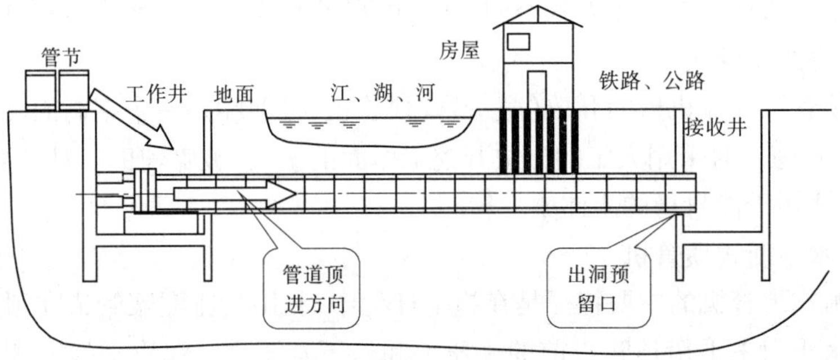

图5-40 顶管施工简图

顶进井也是承受主顶油缸推力的反作用力的构筑物,供工具管出洞、下管节、挖掘土砂的运出、材料设备的吊装、操纵人员的上下等使用。在其内布置主顶千斤顶、顶铁、基坑导轨、洞口止水圈以及照明装置和井内排水设备等。在顶进井的地面上,布置行车或其他类型的起吊运输设备。接收井与顶进井相比布置比较简单。在顶进井的出洞洞口和接收井的进洞洞口安装有洞口止水圈,具有制止地下水和泥沙流到井内的功能。

5.8 地铁车站的盖挖技术

5.8.1 概述

盖挖法由地面向下开挖至一定深度后,将顶部封闭,先盖后挖,即先以临时路面或结构顶板维持地面畅通,其余的下部的工程在封闭的顶盖下进行施工。因此,盖挖法是一种半明挖法。其主体结构可以顺作,也可逆作。

最早运用盖挖法的工程是20世纪60年代西班牙马德里城市隧道。由于这一方法曾用来修建布鲁塞尔地铁米蒂车站,并曾用在意大利米兰的地铁工程中,因此有人称盖挖法为"布鲁塞尔法"。国内盖挖法是 20 世纪 80 年代中期,由哈尔滨人防系统创造性发展起来的。90 年代中后期,随着北京、上海等市等大规模地铁建设兴起,盖挖技术得到了大规模的应用。目前,盖挖法作为一种成熟的施工方法,正与其他技术不断结合,在诸多领域得到更为广泛的应用。如图 5-41 所示为上海轨道交通 7 号线肇嘉浜路车站盖挖法施工现场。

图 5-41　盖挖法施工现场

5.8.2　盖挖技术主要特点

盖挖法施工的主要优点体现在以下几方面:

(1)结构的水平位移小,安全系数高。

(2)盖挖法施工,占地宽度比一般明挖法小,受外界气候影响小。

(3)盖挖法可缩短占道时间,对居民生活影响小,可最大限度地减少对地面交通的干扰,适用于市区高层建筑密集区。

(4)盖挖法先施工的顶盖成为基坑内的一道水平支撑,如为多层结构,则盖板均将起到支撑的作用,从而可免去或减少施工时的临时支撑。

(5)盖挖法的边墙既为结构的永久性边墙,又兼有基坑支护的作用,因而可简化施工程序,降低工程造价。

(6)边墙用混凝土等刚性材料修筑,其变形量极小,因而可靠近地面建筑物的基础施工,而不致对其产生影响。

不足之处是:出土不方便;板墙柱施工接头多,需进行防水处理;作业空间小,施工速度较明挖法慢,工期长;结构框架形成之前,中间立柱能够支承的上部荷载有限。

5.8.3　地铁车站盖挖法施工类型

在城市繁忙地带修建地铁车站时,往往占用道路,影响交通。当地铁车站设在主干道上,而交通不能中断,且需要确保一定交通流量要求时,可选用盖挖法。

盖挖法施工主要有几种类型:盖挖顺作法、盖挖逆作法、盖挖半逆作法、盖挖顺作法与盖挖逆作法的组合、盖挖法与暗挖法的组合、盖挖法与盾构法组合。

5.8.3.1 盖挖顺作法

盖挖顺作法是在现有道路上按照所需宽度，由地表作业完成挡土结构后，以定型的预制标准覆盖结构（包括纵、横梁和路面板）置于挡土结构上维持交通，往下反复进行开挖和架设支撑，直至设计标高。然后依序由下而上，施工主体结构和防水措施，回填土并恢复管线路或埋设新的管线路。最后，视需要拆除挡土结构外露部分并恢复道路，如图5-42所示。

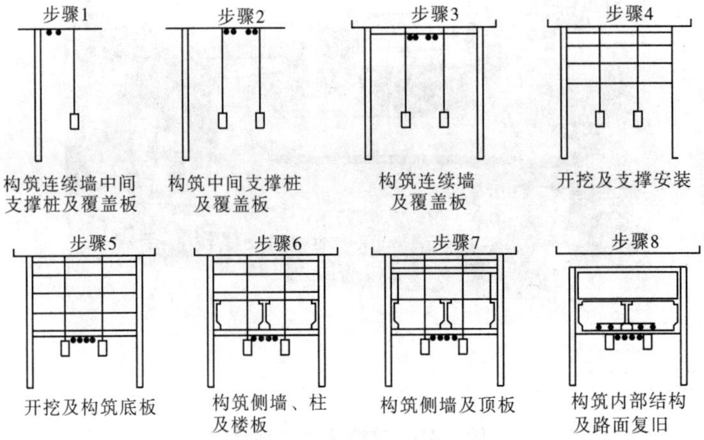

图5-42 盖挖顺作法施工步骤示意

5.8.3.2 盖挖逆作法

盖挖逆作法是在明挖内支撑基坑基础上发展起来的。该法施工是先修筑地铁车站围护结构（可采用下连续墙或帷幕桩）和支承柱（多利用主体结构本身的中间立柱）以及结构顶板，然后利用出入口、通风道或单独设置竖井，用自上而下逐层开挖并建造主体结构直至底板，如图5-43所示。

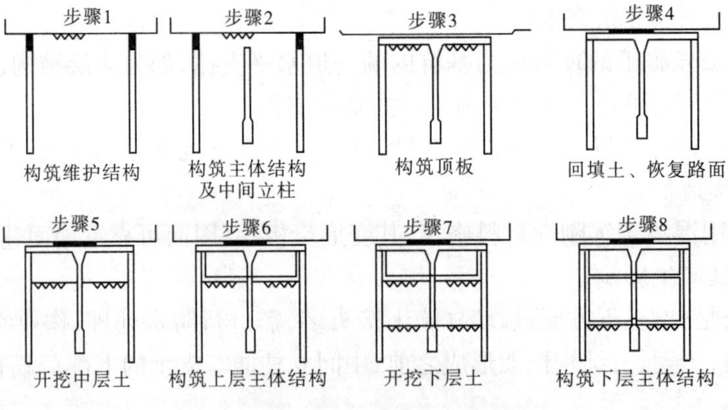

图5-43 盖挖逆作法施工步骤示意

5.8.3.3 盖挖半逆作法

盖挖半逆作法与逆作法的区别仅在于顶板完成及恢复路面交通后，向下挖土至设计标高后先浇筑底板，再依次向上逐层浇筑侧墙、楼板。在半逆作法施工中，一般都必须设置横撑并施加预应力，如图5-44所示。

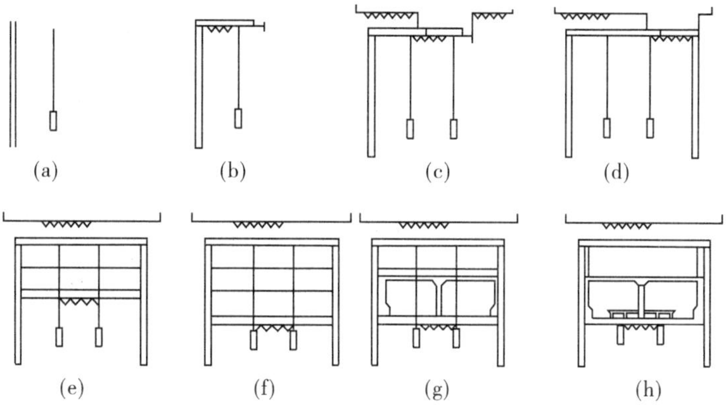

图 5-44　盖挖半逆作法施工示意

5.8.3.4　盖挖顺作法与盖挖逆作法组合

盖挖顺作法与盖挖逆作法组合施工程序如图 5-45 所示。

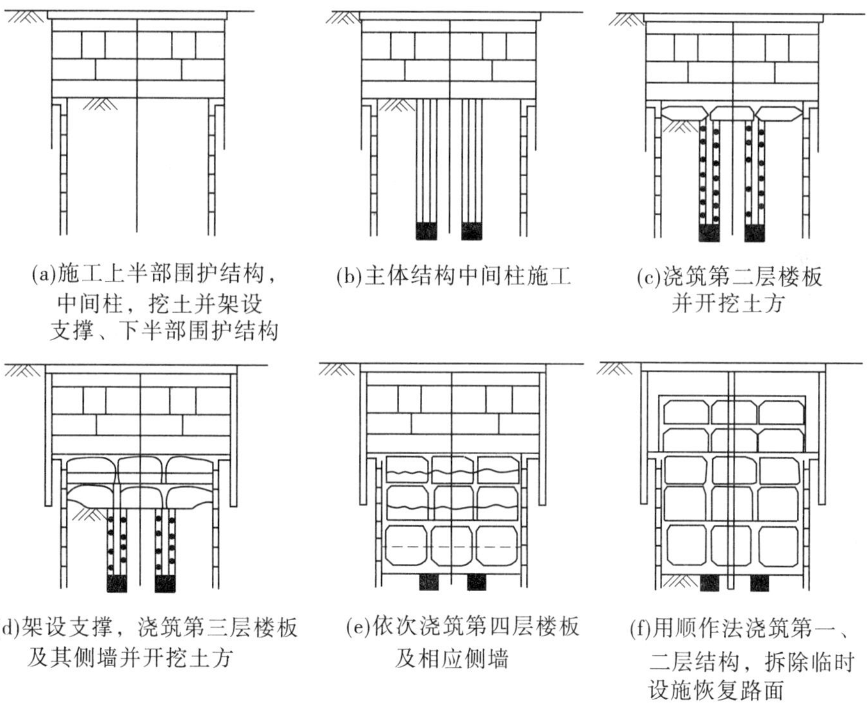

图 5-45　盖挖顺作法与盖挖逆作法组合施工程序

5.8.3.5　盖挖法与暗挖法组合

盖挖法与暗挖法组合施工程序如图 5-46 所示。

5.8.3.6　盖挖法与盾构法的组合

施工程序是:开挖覆盖层→架设混凝土盖板及回填→盾构法上半部开挖→架设上半部支撑→盾构法下半部开挖→架设下半部支撑。

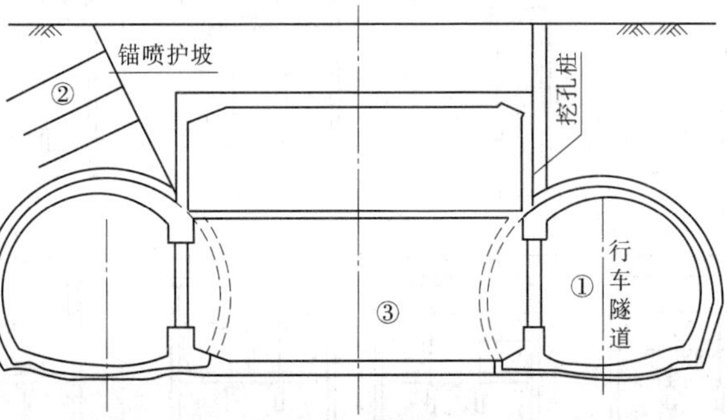

①—用暗挖法修筑两个行车隧道及梁柱；②—锚喷护坡、挖孔桩；③—用盖挖法完成其他部分

图 5-46　盖挖法与暗挖法组合施工程序图

5.8.4　盖挖法施工措施

5.8.4.1　施工期间地面的处理

盖挖法施工期间地面的处理有以下基本方式：①部分或全部占用地面；②分部施工临时路面和结构顶板，维持部分交通；③夜间施工，白天恢复交通。

5.8.4.2　围护结构

盖挖法施工的围护结构型式基本可分为由桩和内衬墙组成的柱墙结构以及地下连续墙或地下连续墙与内衬墙组合结构两大类。根据传力方式不同，围护结构与内衬墙之间的构造又可分为两种，即分离式结构和复合式结构。前者为保证防水效果，围护结构与内衬墙和板之间一般不用钢筋拉结。后者在围护结构与内衬墙设置拉结钢筋，使两者结合为整体，共同受力，但防水效果较差。

5.8.4.3　中间临时柱

盖挖顺作法大多采用在永久柱两侧单独设置临时柱，而盖挖逆作法多使临时柱与永久柱合二为一。临时柱通常采用格构柱或 H 型钢柱。柱下基础可采用桩基和条基。若采用桩基，一般采用钻孔灌注桩，直径应与格构柱尺寸相适应，通常为 800 ~ 1 000 mm；桩深除满足竖向承载力要求外，应符合沉降控制要求。立柱与支承桩间应有可靠的连接，连接长度一般为 2 ~ 3 m。条基用于地质条件较好的地段，可通过暗挖小隧道来完成。

5.8.4.4　土方挖运

根据基坑的空间和地质条件，可选择是人工挖运或是小型挖掘机挖运。一般是以顶板底面作为明、暗挖土方的分界线。条件许可时，应尽可能增加明挖土方量，以便利用土模浇筑顶板。难以利用土模时，明挖土方可延续到顶板下，按要求架设支撑，立模浇筑顶板。

暗挖土方时可先挖出支撑设计位置土体，架设支撑，再挖两侧土体。材料机具运送、挖运的土方均通过临时出口。临时出口可单独设置或利用隧道的出入口和风道。

5.8.4.5　混凝土施工缝处理

盖挖逆作法施工时，由于结构的内衬墙及立柱是由上而下分段施作，施工缝一般多在立柱设 V 形接头，在内衬墙上设 L 形接头进行处理。根据结构对强度及防水的要求，有三种处理的方法可供选择，如图 5-47 所示。

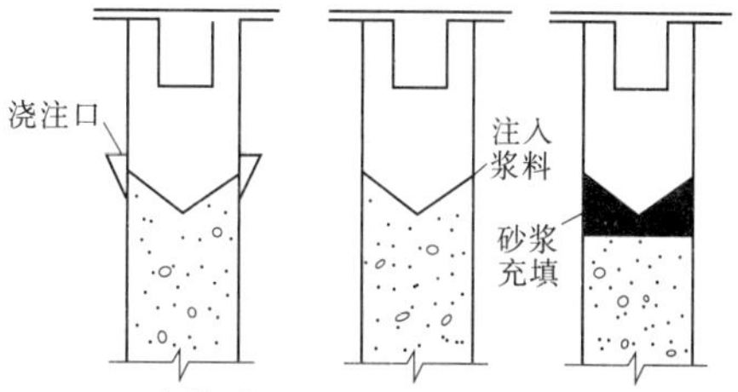

(a)直接法　(b)注入法　(c)充填法

图 5-47　施工缝的处理

(1)直接法。在先浇筑混凝土的下方继续浇筑，浇筑口应高出施工缝，利用混凝土的自重使其密实，再对接缝处实行二次振捣。

(2)注入法。在先浇和后浇混凝土之间的缝隙压入水泥浆或环氧树脂使其密实。

(3)充填法。在先浇和后浇混凝土之间留一个充填接头带，清除浮浆后再用膨胀的混凝土或砂浆充填。

5.9　辅助工法

地下工程施工在饱和含水、松软、破碎等不良地层中进行时，往往很难保证施工安全，有时甚至根本无法进行。如此需要采取一些辅助工法，如冻结法、注浆法、降低水位法、超前预加固法等来进行加固和处理这些不良地层，然后进行正常的施工作业。这些方法都有各自的专门技术工艺和要求，故可称之为辅助工法。

5.9.1　冻结法

5.9.1.1　**概述**

冻结法是利用人工制冷的方法，将低温冷媒送入地层，把要开挖土体周围的地层冻结成封闭的连续冻结壁的一种特殊地层加固方法。以此达到抵抗地压并隔绝地下水和开挖体之间的联系，然后在冻结壁的保护下进行开挖和做永久支护的目的。

当遇到涌水、流砂淤泥等复杂不稳定地质条件时，通过技术经济分析比较，可以考虑技术可靠的冻结法进行施工。

冻结法源于自然冻结现象。早在 1862 年冻结法就用在英国的威尔士基础工程中，但其施工技术真正实现规模发展是在凿井工程中。1883 年，德国用于煤矿立井并获得发明专利。随后比利时、荷兰、苏联、美国、加拿大等国也主要用此法开挖竖井。我国于 1955 年首次在开滦林西煤矿开凿风井中采用冻结法施工，到 1982 年为止，应用此法已开凿 190 多个井筒，最大冻结深度达 415 m。自 1992 年起，冻结法工艺被广泛应用于上海、北京、南京等城市地铁工程施工中。

冻结法加固地层分为直接式和间接式。典型间接式冻结法加固地层的系统主要包括冷冻站系统和地层冻结系统两部分。此种系统的制冷介质一般为液氨和氟利昂。为了环保及安全，在市政工程中一般用氟利昂制冷剂，通常冷媒剂多用氯化钙(或氯化钠)溶液。盾构(顶管)进出工作井土体加固、地铁区间隧道连接通道施工、盾构水对接等遇到含水流砂地层时常用间接冻结法。直接式冻结法所用制冷剂主要有液氮和固体二氧化碳溶于酒精后的液体两种。它们既是制冷剂，又是冷媒剂。用泵直接把这种液体注入地层里的冻结管内,另一端排出已同地层发生过热交换的尾气。直接式冻结法中的冻结管内温度一般较低,液氮可达 -190 ℃左右,而固体二氧化碳也可达 -70 ℃左右。在高大建筑物地下施工和处理一些工程事故(如流砂、管涌、塌陷)进行抢险时,采用直接式冻结法操作方便且速度快。

5.9.1.2　冻结法施工原理

冻结法是在地下工程开挖之前,从地面沿其外围一定距离的同心圆周上按等间距向下打一定数量的钻孔,孔底深入不透水层,然后向每个钻孔中沉放冻结管(用无缝钢管制作,下端封闭)。在地面安装冷冻设备,采用氨(NH_3)为制冷剂,将冷媒剂氯化钙($CaCl_2$)溶液(习称盐水)冷却到 -20 ~ -30 ℃,用循环泵和插至冻结管深处的聚氯乙烯供液管将盐水送入冻结管,经低温盐水长时间连续地吸取管外的热量,使周围地层冻结。盐水吸取地层的热量后温度上升,在循环泵的作用下,经回路管回到冷冻设备和制冷剂接触而重新冷却。原为液态的氨,在减压的条件下蒸发时摄取盐水的热量后,经压缩和冷凝又使其液化。在管道内循环流动,重复使用。在每一冻结管周围形成的冻土圆柱体,其直径随时间而增大。这些冻土圆柱体互相交接成密实而闭合的冻结壁,能承受水、土压力并阻隔地下水,在它的保护下开挖地层和修筑衬砌。图 5-48 所示为煤矿井筒冻结法施工示意图。

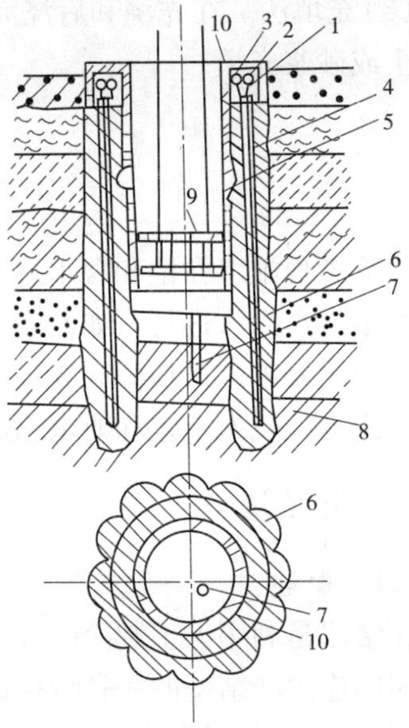

1—冷冻沟槽;2—配液管;3—回液管;
4—供液管;5—冻结管;
6—冻土墙;7—水文观测孔;8—不透水层;
9—吊平台;10—井壁

图 5-48　煤矿井筒冻结法施工示意图

形成冻结壁是冻结法的中心环节。冻结壁的形成依赖于冻结系统的三大循环:盐水循环、氨循环和冷却水循环,如图 5-49 所示。

(1)盐水循环系统。在制冷过程中起着冷量传递作用,以泵为动力驱动盐水进行循环,由盐水箱、盐水泵、去路盐水干管、配液圈、供液管、冻结管、回液管、集液圈及回路盐水干管组成。其中,供液管、冻结管、回液管组合称为冻结器。低温盐水(-25 ~ -35 ℃)在冻结器中流动,吸收其周围

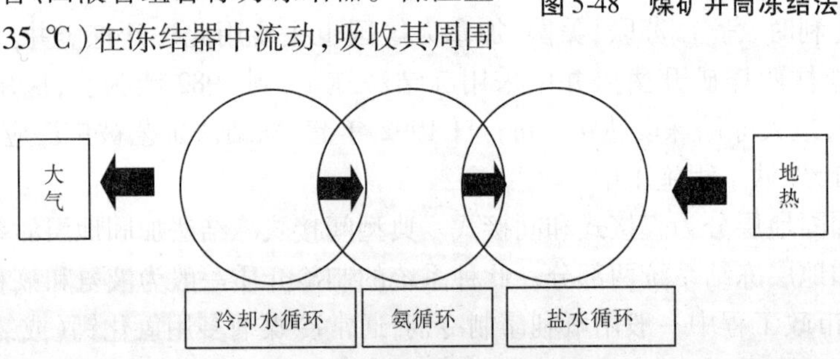

图 5-49　冻结系统三大循环

地层之热量,形成冻结圆柱,冻结圆柱逐渐扩大并连接成封闭的冻结壁,直至达到其设计

厚度和强度为止。工程中使用的盐水通常为 $CaCl_2$ 溶液或 $NaCl_2$ 溶液。

(2)氨循环系统。工程中一般用氨作为制冷剂。吸收了地层热量的盐水返回到盐水箱,在盐水箱内将热量传递给蒸发器中的液氨(蒸发器中氨的蒸发温度比周围盐水温度低5~7 ℃,其标准蒸发温度为-33.3 ℃),使液氨变为饱和蒸气氨,再被氨压缩机压缩成高温高压的过热蒸气氨,进入冷凝器等压冷却,将地热和压缩机产生的热量传递给冷却水。冷却后的高压常温液氨,经储氨器、节流阀变为低压液态氨,进入盐水箱中的蒸发器进行蒸发,吸收周围盐水之热量,又变为饱和蒸气氨。如此,周而复始,构成氨循环。

(3)冷却水循环系统。在制冷过程中的作用是将压缩机排出的过热蒸气冷却成液态氨。冷却水循环以水泵为动力,通过冷凝器进行热交换。冷却水把氨蒸气中的热量释放给大气。冷却水越低,制冷系数就越高。冷却水温度一般较氨的冷凝温度低5~10 ℃。冷却水由水泵、冷却塔、冷却水池以及管路组成。

5.9.1.3 冻结施工方案

冻结方案是指根据地下工程所穿过的工程地质和水文地质条件所确立的冻结深度、冻结时期、冻结范围等技术性策略,是冻结施工前首先要解决的技术问题。

1. 一次冻全深方案

一次冻全深方案是集中在一段时间内将冻结孔全深一次冻好,然后掘砌地下工程的方法。这种方案应用广泛,适应性强,能通过多层含水层。可采用单圈(排)同径布置冻结管、多圈(排)管冻结方案和异径管冻结方案。

2. 分段(期)冻结方案

当一次冻结深度很大时(如矿山立井冻结),为避免使用过多的制冷设备,可将全深分为数段,从上而下依次冻结,叫分段冻结,又叫分期冻结。

分段冻结一般分为上下两段,先冻上段,后冻下段,待上段转入维护冻结时,再冻下段。上段掘砌完毕后下段再转入维护冻结。分段冻结要求在分段处一定要有较厚的隔水层(黏土层)搭接,分段尽量要均匀,使每段供冷均衡。实施分段冻结时,冻结管内需布置长、短两根供液管,冻结上部时,关闭长管阀门,由短管输送低温盐水;冻结深部时则相反,关闭短管阀门,开启长管阀门,由长管输送低温盐水,这样即可实现分段冻结的目的。

3. 长短管冻结方案

长短管冻结又叫差异冻结,即冻结管分长、短管间隔布置,长管进入不透水层5~10 m,短管则进入风化带或裂隙岩层5 m以上。下部孔距比上部大一倍,因而上部供冷量比下部供冷量大一倍。上部冻结壁形成很快,有利于早日进行上部掘砌工作。待上部掘砌完后,下部恰好冻好。因深部积极冻结和浅部掘砌工作单行,可避免深部地下工程冻实,减少冷量消耗,有利提高掘砌速度,降低凿井成本。

长短管冻结方案适用于岩土层很厚(200 m以上)而需要较长时间冻结的情况;或浅部和深部需要冻结的含水层相隔较远,中间有较厚的隔水层的情况;或表土层下部有较厚且含水丰富的风化基岩或裂隙岩层的情况,这样可避免在表土冻结后再用注浆法处理基岩段的涌水问题。

采用长短管冻结方案能缩短冲积层的冻结时间,可以提前开挖,节约钻孔和冻结费用。长、短管一般沿地下工程周围在同一圈径上一隔一交替布置。

4. 局部冻结方案

局部地段突然涌水冒砂，冻结设备不足；或当冻结段上部或中部有较厚的黏土层，而下部或两头需要冻结时；或上部已掘砌，下部因冻结深度不够或其他原因，出现涌水事故时；或在采用普通法、插板法或沉井法施工不够时，均可采用局部冻结方案。实施局部冻结主要是改变冻结器的结构。

5.9.1.4 冻结法工艺参数

(1)冻结深度：主要取决于工程地质和水文地质条件。

(2)冻结壁厚度：冻结壁在掘砌施工中起临时支护作用，根据地压大小、冻土强度及冻结壁变形特征验算冻结壁厚度。冻结壁厚度，在矿山立井中一般为 2 ~ 10 m；在城市地下工程中，一般为 2 ~ 3 m。

(3)钻孔布置：根据冻结壁结构和打钻技术水平选取开孔距离，钻孔应控制偏斜率。冻结法施工所需钻孔按用途分为三种：冻结孔、水位观测孔和测温孔。

(4)冻结站制冷设计：根据冻结孔数、冻结孔间距、盐水温度、盐水流量、管路保温等，计算冻结需冷量；根据需冷量、设备新旧水平、工作条件，计算冻结站装备的制冷量。

(5)冻结时间计算：分为积极冻结期和消极冻结期(或称维护冻结期)。积极冻结期为冻结壁扩展到设计厚度时所需要的时间，冻结器进出口温差一般为 3 ~ 7 ℃。消极冻结期为从冻结壁达到设计厚度到冻结结束时所需要的时间(维护冻结壁的时间)，冻结器进出口温差为 1 ~ 3 ℃。冻结时间和施工计划、制冷技术和装备水平等有关。

5.9.2 注浆法

5.9.2.1 概述

注浆法是将某些能固化的浆液用注浆设备注入岩土地基的裂缝或孔隙中，浆液以填充、切割和渗透等方式，赶走土粒间的或岩石裂缝中的水分和空气并占据其位置。经一定时间浆液凝固，把原来松散的土粒或裂隙固结在一起，形成一种高强防水防渗的“人造石”结构，达到改善其物理力学性质的目的。注浆的目的是防渗、堵漏、加固和纠正建筑物偏斜。

1802 年，法国利用石灰、黏土浆液加固迪普港的砖石砌壁，被称为注浆的开始，并在 19 世纪中叶，应用此种方法对建筑物的地基进行加固。此后相继传入英国和埃及。1824 年波特兰水泥问世以后，水泥注浆在工程中作为主要注浆方法。英国在 1856 ~ 1858 年间，用水泥做为注浆材料进行了一系列注浆试验，并获得成功。1864 年，巴洛利用水泥浆液在隧洞衬砌背后充填注浆并用于伦敦巴黎地铁。1876 年，美国利用浆液下流方式向水坝的岩石地基注入硅酸盐水泥浆液。日本最早于 1915 年在长崎县松岛煤矿的立井施工中，采用水泥注浆。1920 年荷兰首次论证了化学注浆的可靠性，采用了水玻璃、氯化钙双液双系统的两次压注法，并于 1926 年取得了专利。注浆技术的进一步发展和广泛应用是在矿井建设工程中，1978 年，苏联在煤矿中，注浆法占特殊施工总进尺的 75%。到 1998 年，中国煤矿 104 个井筒采用地面预注浆，87 个井筒采用了工作面预注浆。目前注浆法在各个行业都得到了应用。

5.9.2.2　注浆类型

注浆的分类可以从各个角度进行,按注浆时间是在工程开挖之前或之后可以分为预注浆和后注浆;按被注体的性质可分为岩石注浆和土层注浆;按注浆设备的位置可分为地面注浆和工作面注浆;按工艺流程可分为单液注浆和双液注浆等。

1. 注浆工艺机制

按注浆工艺所依据的机制,可分为渗透注浆、劈裂注浆、压密注浆和喷射注浆,如图 5-50所示。

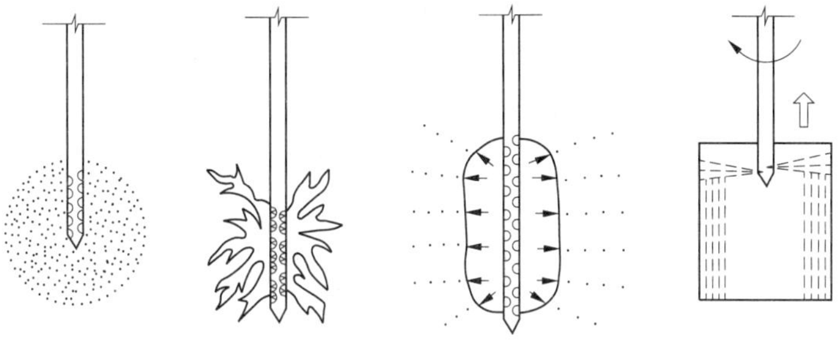

图 5-50　注浆法的注入模式

1)渗透注浆

浆液在压力作用下,渗入土体的天然孔隙和土粒骨架产生固化反应,在土层结构不受扰动和破坏的情况下对土体进行加固。浆液的颗粒尺寸必须小于土体中孔隙尺寸。注浆压力一般为 0.3 ~0.5 MPa。

2)劈裂注浆

当土层的渗透系数小于 1.0 ~4.0 cm/s 时,采用劈裂注浆法。注浆管出口浆液对地层施加附加压应力,使土体产生剪切裂缝,浆液则沿着裂缝面注入。注浆过程中,产生超孔隙水压力。孔隙水压力的消散使地基土固结,浆液硬结和土层再固结,较大地提高了土体强度和刚性。

3)压密注浆

压密注浆法是通过钻孔插入注浆管或直接打入的注浆管,把极浓的惰性浆液加压注入地基土层中,在形成均匀凝固胶结体的同时,压密周围土体的方法。采用此法可用于建筑物的地基处理。

4)喷射注浆

喷射注浆是利用工程钻机钻孔至设计处理的深度后,在钻杆旋转徐徐上升时,通过喷射注浆泵将预先配置的浆液以一定压力从喷嘴喷出,使一定范围内的土体结构破坏,并强制与固化浆液混合。凝固后便在土体中形成具有一定性能和形状的固结体。

2. 注浆材料

注浆材料的种类繁多,浆液的性质取决于组成成分及温度、时间和渗透速度。根据注浆的目的、土质条件、工程性质、施工技术及造价高低等因素来选择适宜的浆材及合适的浆液配比。其主要包括:单液水泥浆、水泥 - 水玻璃浆液(C - S 浆液)、水玻璃类浆液。

5.9.2.3 注浆设计

注浆的设计内容包括注浆区域、注浆材料、注入方式、注浆孔布置及注浆量、注浆压力的确定和检验标准等。

注浆设计时,通常把技术上的可行性和经济上的合理性综合起来考虑。第一是注浆的目的。第二是注浆的标准,注浆标准的高低关系到注浆工程的质量、进度、造价和建筑物的安全。第三是选择适宜的注浆材料,依照注浆目的、标准不同,所采用的材料也有区别,还应特别考虑到对人类和自然环境的影响。第四是注浆参数确定,主要有注浆压力、浆液扩散半径、浆液浓度及凝胶时间、浆液注入量、浆液段高等。

1. 注浆压力

注浆压力的大小决定着注浆效果的好坏及费用的高低。较高的注浆压力可增加浆液的扩散能力,使钻孔数尽可能地减少,从而降低注浆费用。但注浆压力超过某一界限时,可导致地基土产生剪切破坏。注浆压力的大小与土的密度、强度、渗透性、钻孔的深度、位置、注浆顺序及注浆材料的性质有关,因而难于理论上准确计算,常常通过现场注浆试验确定。

2. 浆液扩散半径

浆液扩散半径是一个重要参数,其值可用理论公式估算。浆液的实际扩散半径一般都小于各种理论值。当地基条件复杂或计算参数不易准确选定时,应通过现场注浆试验来确定。

在注浆压力作用下浆液在岩层裂隙或砂层孔隙间扩散。浆液流动扩散的范围称为扩散半径,而浆液充塞胶结后起堵水或加固作用的有效范围称为有效扩散半径。在裂隙岩层或其他不均匀地层中,扩散半径和有效扩散半径的数据相差很大。有效扩散半径的大小与被注地层裂隙或孔隙的大小、浆液的凝胶时间、浆液的黏度及浓度都有关。

3. 浆液浓度和凝胶时间

浆液浓度和凝胶时间也是重要的注浆参数。在注浆过程中,浆液的浓度是根据注浆压力及吸浆量的变化而改变的。通常可采用高压、浓浆来改进注浆效果、缩短注浆时间、避免浆液的浪费。凝胶时间的确定同所要求的浆液渗透范围有关,可加入不同的外加剂来调整凝胶时间。

4. 浆液注入量降水

浆液注入量是指一个注浆孔的受注段注入的浆液量,其计算以浆液扩散范围为依据。由于地质情况复杂,很难精确计算,只能估算。

5. 浆液段高

注浆段高指一次注浆的长度。注浆段高的划分应以保证注浆质量、降低材料消耗及加快施工速度为原则。

5.9.3 降低水位法

降低水位法是基坑加固的一种方法。基坑开挖时,常采用的两种降排水方法是表面排水法和井点降水法。

5.9.3.1 表面排水法

表面排水法(见图5-51)是在基坑整个开挖过程及基础砌筑和养护期间,在基坑四侧(或一侧、两侧、中部)开挖排水沟汇集坑壁及基底的渗水,并引向一个或数个比排水沟挖得更深一些的集水坑(可设在四角或每隔20～30 m设一集水坑)。排水沟和集水坑应设置在基础范围以外,在基坑每次下挖之前,必须先挖排水沟和集水坑,用抽水设备抽水。

基坑外侧地面排水沟应有可靠的防渗措施,排水沟开裂损坏时应及时进行维修。多级放坡开挖时,宜在分级平台上设置排水沟。排水系统应能满足明水、地下水排放要求,应保持畅通,并应及时排除积水。

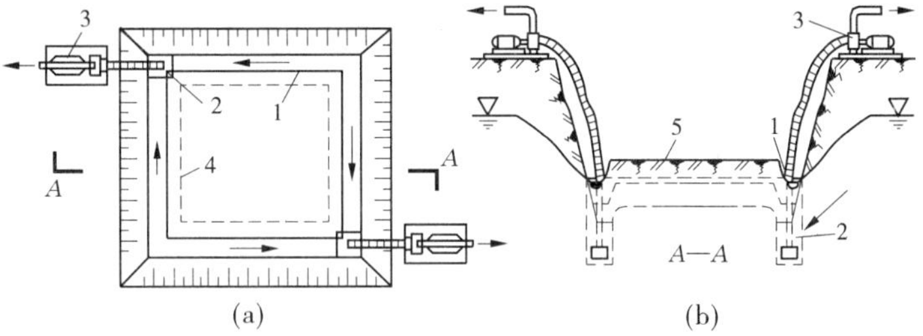

1—排水沟;2—集水坑;3—水泵;4—基础外缘线;5—地下水位线

图5-51 集水坑降水

表面排水法在一般土质条件下均可采用。但当地基土为饱和粉细砂土等黏聚力较小的细粒土层时,由于抽水会引起流砂现象,造成基坑的破坏和坍塌,因此施工时遇到此类土时,应避免采用表面排水法。

5.9.3.2 井点降水法

当开挖土质条件不好且地下水位较高的深基坑时,应采用井点降水法。

井点降水法即在基坑开挖前,预先在基坑四周埋设一定数量的滤水管(井)。在基坑开挖前和开挖过程中,从管(井)内不间断抽水排出,使其四周地下水位下降而形成水位降落曲线,各管(井)所形成的水位降落曲线互相衔接,最终使大面积的水位降落至基底以下(0.5～1.0 m)。抽水工作要持续到基础完工之后。

采用此种降水方法时,井管范围内的地下水不从基坑的四周边缘和底面流出,而是以相反的方向流向井管,且流水压力对土层还有一定的压密作用,因而可以避免发生流砂和边坡坍塌现象,防止基底隆起,提高了工程质量;同时土内水分排除后,边坡可改陡,从而减少了挖土量。

井点降水法有多种类型,可分为轻型井点、喷射井点、管井井点与深井井点、电渗井点等,可根据土的渗透系数,要求降低水位的深度及工程特点选用。

1. 轻型井点降水

轻型井点设备由井点管、过滤器、集水总管、支管、阀门等组成。抽水时,启动抽水设备,在井点管系统中形成真空,并在井点管周围一定范围内形成一个真空区。在真空吸力的作用下,井点附加的地下水被强制地吸入井点系统内排除,从而降低地下水位,如图5-52所示。井点管一般长5～8 m,用直径38～55 mm的钢管做成。滤管管壁上钻有直径 12 ~ 18 mm 的滤孔。集水总管每节长度 4 m,直径 100 ~ 150 mm。顶部每隔 0.8 m 设一个与井点管连接的短接头,用橡皮或塑料软管与各井点管连接,并设阀门可随时关闭。

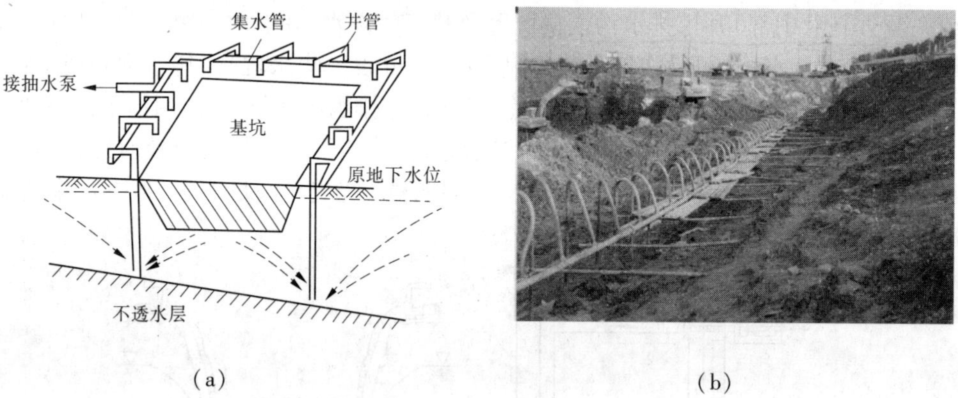

图 5-52　轻型井点降水

2. 喷射井点降水

喷射井点降水的工作原理为:循环水从水箱经过进水管和阀门再进入离心泵,造成高压工作水。通过送水管压入射流器,高速水流从射流器的喷嘴喷出,带走喷嘴附近以及井管中的空气形成真空。地下水在大气压力作用下沿着井点管被吸起,通过地下水进水管和阀门流入射流器与工作循环水相混合进入循环水箱。多余的地下水通过溢水口流入集水箱,通过潜水泵将水排到地面的市政排水干管排走。

3. 管井井点与深井井点降水

管井井点与深井井点系统均由深入土中的管井、吸水管和水泵组成,原理是利用专用泵将渗入管井的地下水抽至地面,达到降水的目的。普通管井井点深约 15 m,使用普通离心泵或潜水泵可降低水位达 10 m。当降水深度较深,使用深井泵时称为深井降水,可降低水位达 15 m 以上。

4. 电渗井点降水

电渗井点降水原理是:以轻型井点或管井井点作为阴极,在土层一侧插入金属材料作阳极并通入直流电。土中水会在电场作用下向井点汇聚,再用轻型井点或管井井点法将水抽到地面。

降水井施工完成后,应试运转,检验其降水效果;如不能满足要求,应采取措施或重新设置降水系统。降水过程中,应对地下水位变化和地表变形进行动态监测,根据监测数据信息化施工。

以上各种降排水方法均有各自的适用范围,如表 5-1 所示。通常根据要求的降水深度、土层渗透系数、工程特点和设备条件等选择降排水类型,制订出合理的降水方案。

5.9.4　超前预加固法

在软弱破碎围岩中进行开挖时,即使进行短开挖也难以保证开挖面和开挖后的坑道稳定。地下洞室施工中常用的地层稳定措施包括超前锚杆、超前小导管及管棚法。

表 5-1　常用降排水方法及适用条件

<table>
<tr><th colspan="2">方法名称</th><th>土粒</th><th>渗透系数(cm/s)</th><th>降水深度(m)</th><th>水文地质特征</th></tr>
<tr><td colspan="2">集水明排</td><td rowspan="6">填土、粉土、黏性土、砂土</td><td rowspan="2">$1\times10^{-7}\sim2\times10^{-4}$</td><td>≤3</td><td rowspan="6">上层滞水或潜水</td></tr>
<tr><td rowspan="5">降水</td><td>轻型井点
多级轻型井点</td><td>≤6
6～10</td></tr>
<tr><td>喷射井点</td><td>$1\times10^{-7}\sim2\times10^{-4}$</td><td>8～20</td></tr>
<tr><td>电渗井点</td><td>$<1\times10^{-7}$</td><td>6～10</td></tr>
<tr><td>真空降水管井</td><td>$>1\times10^{-6}$</td><td>>6</td></tr>
<tr><td>降水管井</td><td>粉土、砂土、碎石土、破碎带</td><td>$>1\times10^{-5}$</td><td>>6</td><td>含水丰富的潜水、承压水和裂隙水</td></tr>
</table>

5.9.4.1　超前锚杆

超前锚杆指开挖前沿开挖轮廓线，以一定的外插角向开挖面前方钻孔安装锚杆，形成对前方围岩的预锚固，在围岩锚固圈的保护下进行开挖等作业。

采用超前锚杆支护的整体刚度较小，主要适用于地下水较少的破碎、软弱围岩的地下洞室工程中。

5.9.4.2　超前小导管

超前小导管是在开挖前，沿地下洞室周边向前方围岩打入带孔的小导管，并通过小导管向围岩压注水泥浆或其他浆液，待其硬化后，在地下洞室周围岩体形成一定厚度的加固圈，在其保护下进行开挖等作业，可用于含水的软弱破碎围岩，如图 5-53 所示。

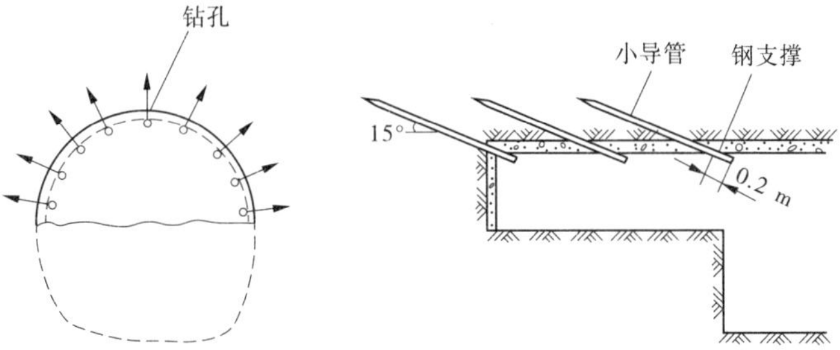

图 5-53　超前小导管注浆预加固围岩

5.9.4.3　管棚法

管棚法是指在掘进前在工作面架好钢支撑，然后沿开挖轮廓线以较小的外插角，向开挖面前方打入若干根均布的纵向钢管，形成管棚在其保护下进行地下洞室开挖。管棚法主要适用于围岩压力来得快，对围岩变形及地表下沉有严格要求的软弱、破碎围岩地下洞室工程中。管棚法分为大管棚法、小管棚法、大小管棚法以及注浆管棚法。小管棚法是在工作面顶板打入直径 25～50 mm、长 3～7 m 的钢管。钢管间距 0.3～0.5 m，倾角 10°～18°，每隔 1～2 m 打一排管棚。大管棚法钢管直径一般为 76～127 mm，管棚长度为 10～30 m(以 15～20 m 为多)。对于开挖断面比较大、对地表沉降控制标准高的隧道或者隧道拱顶有市政管线时，一般采用大管棚对地层进行加固。图 5-54 为管棚支护示意图。

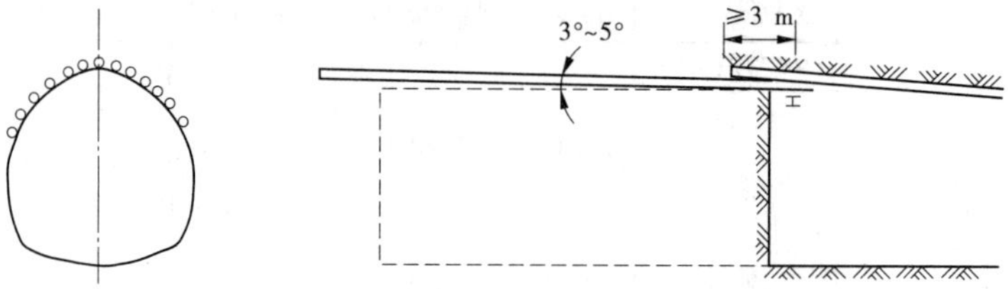

图 5-54　管棚支护

参 考 文 献

[1] 郑刚. 地下工程[M]. 北京:机械工业出版社,2010.

[2] 张彬,郝凤山. 地下工程施工技术[M]. 徐州:中国矿业大学出版社,2009.

[3] 徐辉,李向东. 地下工程[M]. 武汉:武汉理工大学出版社,2009.

[4] 贺少辉. 地下工程[M]. 北京:清华大学出版社,2008.

[5] 高谦,罗旭,吴顺川,等. 现代岩土施工技术[M]. 北京:中国建材工业出版社,2006.

[6] 张庆贺. 地下工程[M]. 上海:同济大学出版社,2005.

[7] 黄小广,郭健卿,张生华,等. 现代地下工程[M]. 徐州:中国矿业大学出版社,2003.

[8] 李相然,岳同助. 城市地下工程实用技术[M]. 北京:中国建筑工业出版社,2000.

[9] 王毅才. 隧道工程[M]. 北京:人民交通出版社,2000.

[10] 贺永年,刘志强. 隧道工程[M]. 徐州:中国矿业大学出版社,2000.

[11] 陶龙光,巴肇伦. 城市地下工程[M]. 北京:科学出版社,1999.

[12] 高尔新,杨仁树. 爆破工程[M]. 徐州:中国矿业大学出版社,1999.

[13] 翁家杰. 地下工程[M]. 北京:煤炭工业出版社,1995.

第 6 章　地下建筑结构设计概论

6.1　地下主体建筑结构概念与特点

6.1.1　地下主体建筑结构概念

传统地下结构理论认为,地下建筑结构是建筑在岩土体内的人工结构;而地下结构工程新理论,如新奥法理念则认为,地下建筑结构可以看成是建筑在岩土体内的人工结构与围岩(土)体结构共同构成的结构物。因为在岩体中开挖不支护或以锚杆支护为主体的地下结构物,如在土体中开挖的窑洞及地道等,均可看作是地下建筑结构。所以,现代理念的地下建筑结构应该是由地下支护结构与地层(或岩土体)结构组合。含有地下建筑结构的工程称为地下建筑工程。

地下建筑结构涵盖各种隧道、隧洞、地下洞室(含地下厂房)、矿山巷道及地下采场、地下通道、基坑等。

6.1.2　地下主体建筑结构工程特点

地下建筑结构设计不同于地上建筑结构设计,其设计的工程特点表现如下:

(1)地下空间内建筑结构替代了原来的地层,建筑结构承受了原本由地层承受的负荷。在设计和施工中,要最大限度地发挥地层自承载能力,以便控制地下建筑结构的变形,降低工程造价。

(2)在受荷状态下构建地下空间结构物,地层荷载随着施工进程发生变化,因此设计要考虑最不利的荷载工况。

(3)作用在地下建筑结构上的地层荷载,应视地层介质的地质情况合理概化确定。对于土体一般可按松散连续体计算;而对岩体,首先查清岩体的结构、构造、节理、裂隙等发育情况,然后确定按连续或非连续介质处理。

(4)地下水状态对地下建筑结构的设计和施工影响较大。设计前必须弄清地下水的静水压力、动水压力、地下水的水质对结构物的腐蚀影响等。

(5)地下建筑结构设计要考虑结构物从开始构建到正常使用以及长期运营过程的受力工况,注意合理利用结构反力作用,节省造价。

(6)在设计阶段获得的地质资料,有可能与实际施工揭露的地质情况不一样,因此在地下建筑结构施工过程中,应根据施工的实施工况,动态修改设计。

(7)地下建筑结构的围岩既是荷载的来源,在某些情况下又与结构共同构成承重体系。

(8)当地下建筑结构的埋设深度足够大时,由于地层的成拱效应,结构所承受的围岩垂直压力总是小于其上覆地层自重压力，地下结构的荷载与众多的自然和工程因素有关，它们随机性和时空效应明显而且往往难以量化。

6.1.3 地下主体建筑结构设计特点

地下建筑结构的设计方法与地上建筑结构的设计方法相比，其设计特点有以下几个方面。

6.1.3.1 基础设计

(1)深基础沉降计算要考虑土的回弹再压缩的应力—应变特性。

(2)处于高水位地区的地下工程应考虑基础底板的抗浮问题。

(3)厚板基础设计，如筏板基础的板厚设计，应根据建筑荷载和建筑物上部结构状况以及地层的性能，按照上部结构与地基基础协同工作的方法确定其厚度及配筋。

6.1.3.2 墙板结构设计

地下建筑结构的墙板设计比地上建筑结构要复杂的多，作用在地下建筑结构外墙板上的荷载分为垂直荷载、水平荷载、变形内力，设计工作应根据不同的施工阶段和最后使用阶段，采用最不利荷载组合和板底边界条件，进行结构设计。

6.1.3.3 明挖和暗挖结构设计

地下建筑结构的明挖可采用钢筋混凝土预制件或现浇钢筋混凝土结构，而暗挖施工一般采用现浇钢筋混凝土拱形结构。

6.1.3.4 变形缝的设置

地下建筑结构设计中设变形缝最难处理的是防水问题，所以地下建筑结构一般尽量避免设变形缝。即使在建筑荷载不均匀可能引起建筑物不均匀沉降的情况下，设计上也尽可能不采用沉降缝，而是通过局部加强地基、用整片刚性较大的基础、局部加大基础压力增加沉降或调整施工顺序等来得到整体平衡的设计方法，使沉降协调一致。地下结构环境温差变化较地上结构小，温度伸缩缝间距可放宽，也可以通过采用结构措施来控制温差变形和裂缝，以避免设置伸缩缝出现的防水难题。

6.1.3.5 其他特殊要求

地下建筑结构设计还应考虑防水、防腐、防火、防霉等特殊要求的设计。

6.2 地下主体建筑结构型式与选型

地下建筑结构有附建式、浅埋式、地道式、沉井、盾构、沉管等结构型式，还有近年来兴起的地下商业街、地下停车场、地下综合体等结构型式。

与地面建筑不同的是，地下建筑与地层接触，两者构成共同的相互作用的受力体系。因此地下结构的形式受地质条件、使用要求、施工方法等因素的影响，尤其是地下结构中与地层相接处部分的衬砌结构断面形式的选取，更是受这三个因素的制约。显然地下建筑的结构形式除了应满足使用要求外，还必须考虑与周围地层的相互作用以及施工方法等因素。

6.2.1　岩层地下建筑结构

岩层中的地下建筑结构通称为衬砌结构,常见的有以下几种形式。

6.2.1.1　半衬砌结构

只做拱圈,不做边墙的衬砌结构称为半衬砌结构。在岩石较坚硬,整体性较好的岩层中,可以采用半衬砌结构。图 6-1(a)为半衬砌结构示意图,图 6-1(b)为落地拱,也可按半衬砌结构设计。

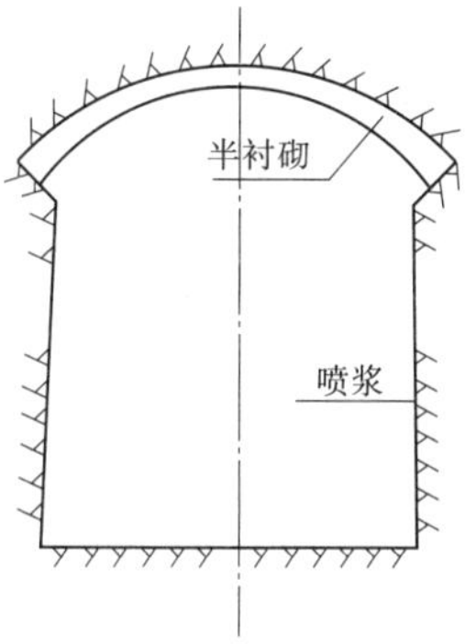

(a)半衬砌结构

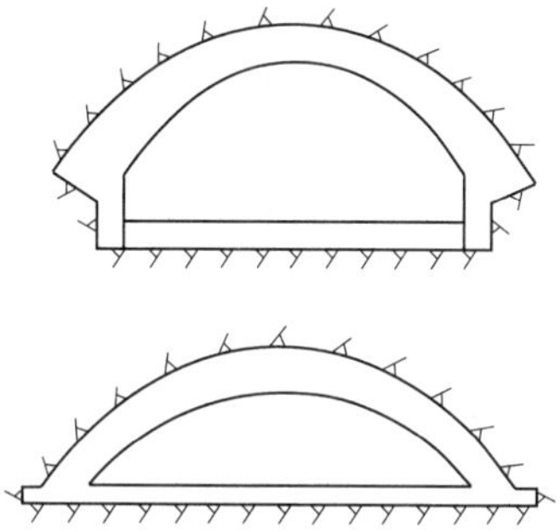

(b)落地拱

图 6-1　半衬砌结构和落地拱示意图

6.2.1.2　贴壁式衬砌结构

衬砌结构与围岩紧密接触,常在施工时将衬砌与围岩间的空隙进行密实回填。根据岩层条件,可做成厚拱薄墙衬砌结构、直墙拱形衬砌结构和曲墙拱形衬砌结构等形式,见图 6-2。

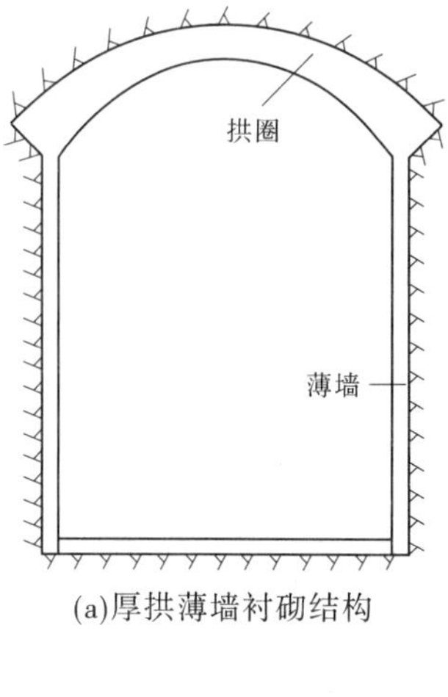

(a)厚拱薄墙衬砌结构

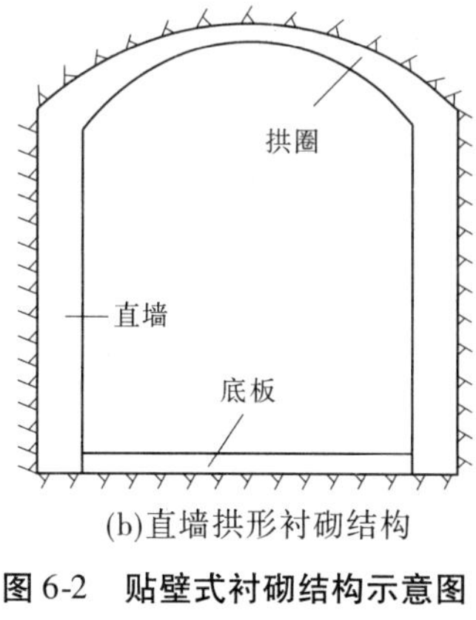

(b)直墙拱形衬砌结构

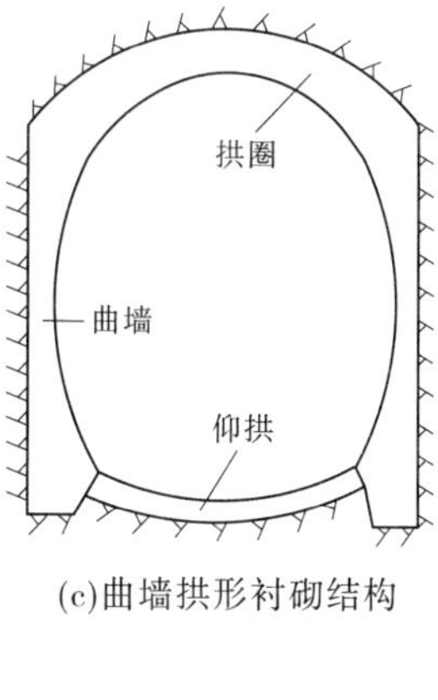

(c)曲墙拱形衬砌结构

图 6-2　贴壁式衬砌结构示意图

6.2.1.3　离壁式衬砌结构

离壁式衬砌结构的拱圈及边墙都不必与围岩接触紧密,其间空隙不作回填,只是在拱脚处局部支撑于岩壁上。使围岩基本稳定时,可以采用离壁式衬砌结构,见图 6-3。

6.2.1.4　锚喷支护结构

在岩层地质条件较差的地下工程中开挖地下洞室时,采用喷混凝土、钢筋网喷混凝土、锚杆喷混凝土或锚杆钢筋网喷混凝土对围岩进行加固的结构,称为锚喷支护结构,见图 6-4。

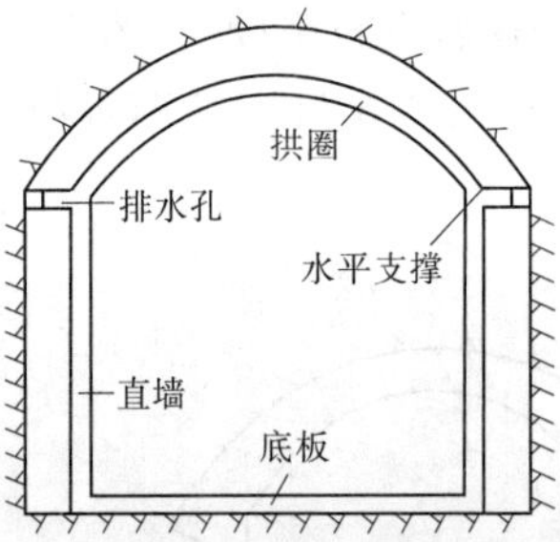

图 6-3　离壁式衬砌结构示意图

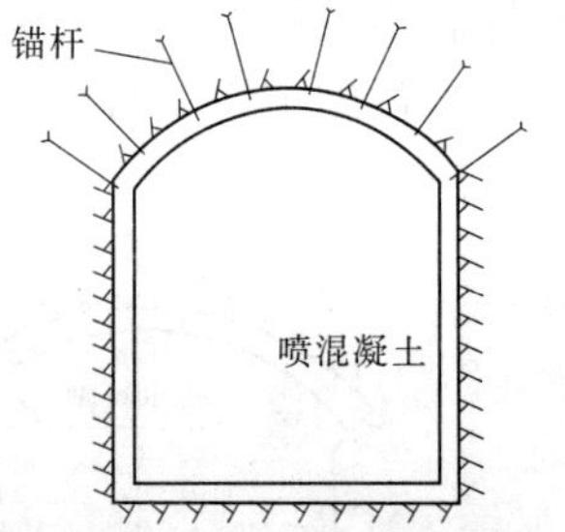

图 6-4　喷锚支护结构示意图

由于锚喷支护是一种"柔性"结构,同时能对围岩及时支护,故能更有效利用围岩的"自承"能力维护围岩洞室稳定,是软岩中地下洞室常见的地下建筑结构型式。

6.2.1.5　穹顶直墙衬砌结构

穹顶直墙衬砌结构是一种圆底空间薄壁结构。该结构可以做成顶、底整体联结的整体式结构,也可以做成顶、墙互不相联系的分离式结构。在我国,多采用后者,其基本构造如图 6-5 所示。

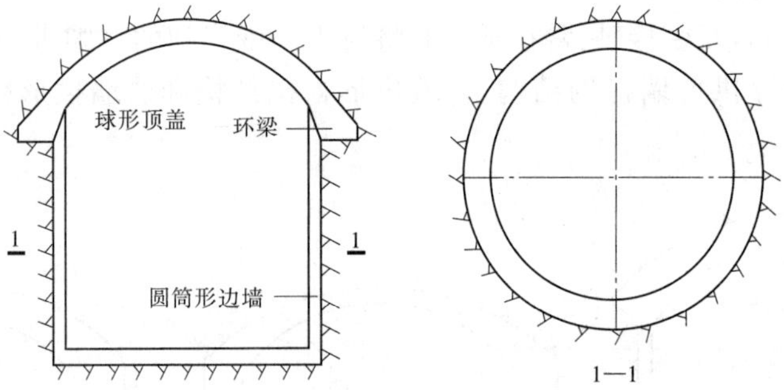

图 6-5　分离式穹顶直墙衬砌结构示意图

6.2.2　土层地下建筑结构

6.2.2.1　浅埋式地下结构

一般是指覆土厚度仅 5 ~ 10 m,通常采用明挖填埋法修建的地下结构。这种结构的平面呈长方形或条形,其形式常为梁板式结构或框架结构,也可以做成多跨的连续直墙拱形结构,见图 6-6。

6.2.2.2　地道式地下结构

土层中采用暗挖法施工的直墙或曲墙拱形结构,见图 6-7。

6.2.2.3　装配式圆形管片地下结构

结构断面为圆形,由装配式管片拼接而成。这种结构适用于中等埋深以上的软弱土层中盾构法施工的地下结构,见图 6-8。

(a) 多跨连续直墙拱形结构　　(b) 梁板式结构

图6-6 浅埋式地下结构示意图

图6-7 地道式地下结构示意图

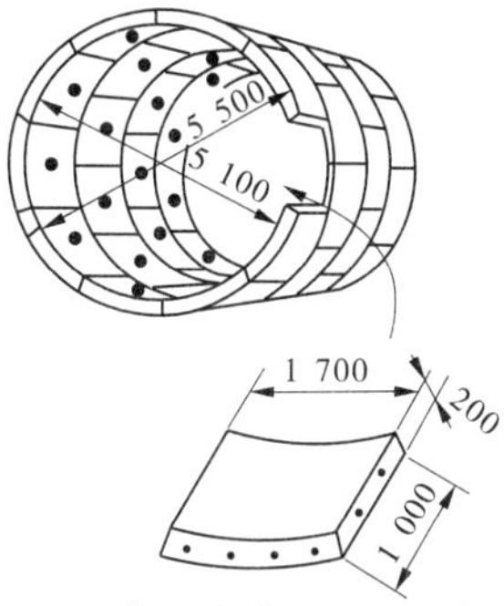

图6-8 装配式地下结构示意图

6.2.2.4 **沉井式地下结构**

利用结构自重作用而下沉入土的井筒状地下结构,见图6-9。沉井式结构是土层地下结构中常用的结构形式之一,用途十分广泛。

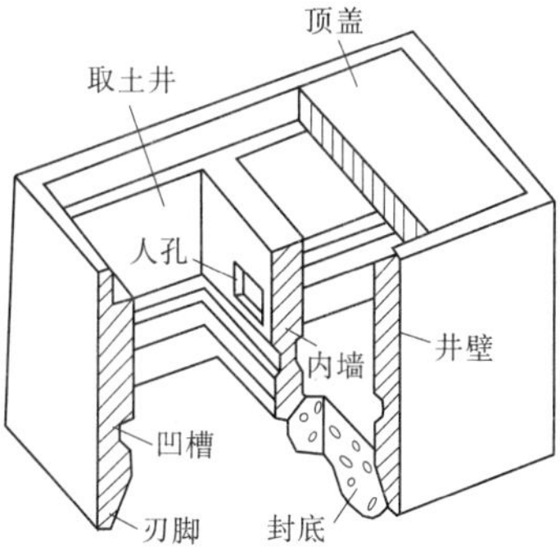

图6-9 沉井式地下结构示意图

6.2.2.5 **顶管式地下结构**

顶管式地下结构为以千斤顶顶进就位的地下结构。通常在立体交叉的情况下为了不影响上部交通或建筑物安全而采用这种结构或采用顶管法施工,其断面形式一般为圆形、矩形或多跨箱涵结构,见图6-10。

6.2.2.6 **沉管式地下结构**

沉管式地下结构为适用于建造过江隧道和城市地下铁道等的一种地下结构,一般作成箱形结构,两端加以临时封门,施工时在预先开挖的沟堑或河槽内将预制好的管段测定放置就位,再连接成整体,见图6-11。

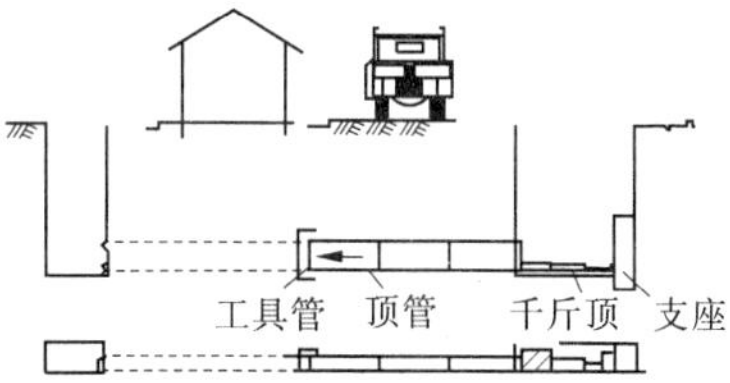

图6-10 顶管式地下结构示意图

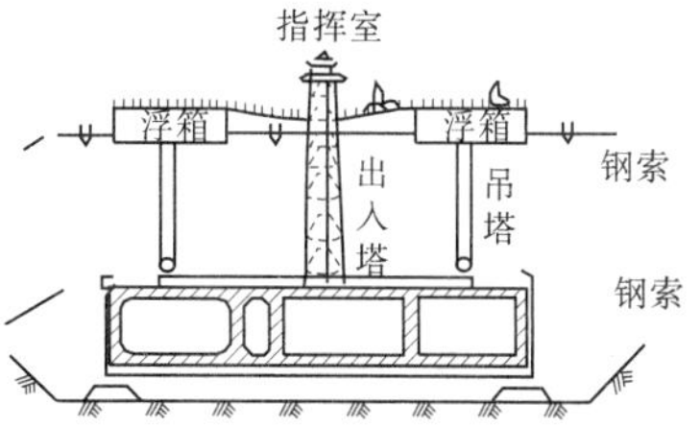

图6-11 沉管式地下结构示意图

6.2.2.7　基坑支护结构

基坑是由于建筑需要而由地面向下开挖的一个地下空间,四周一般为垂直的挡土结构,称为基坑支护结构,见图 6-12。

6.2.2.8　附建式地下结构

附建式地下结构指房屋下面地下室,一般有承重的外墙、内墙和板或梁板式结构,见图 6-13。

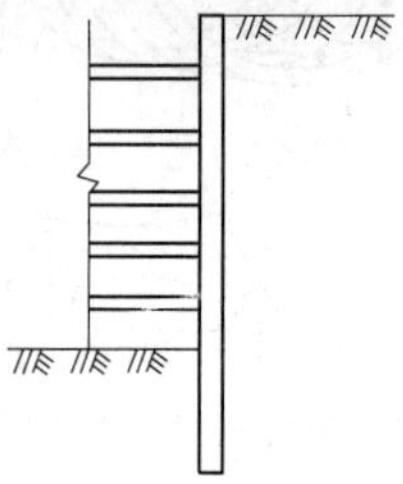

图 6-12　基坑支护结构示意图

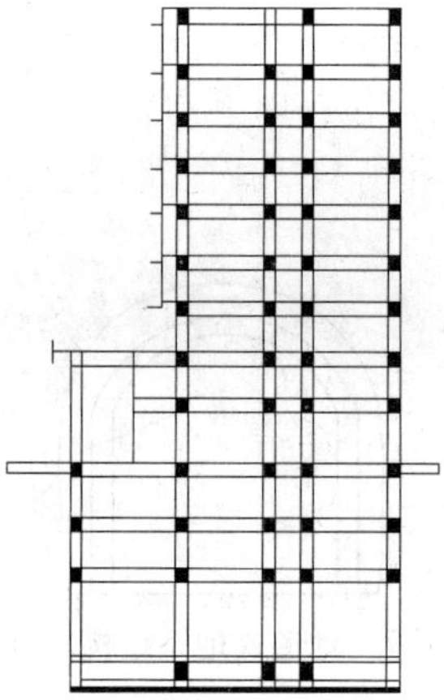

图 6-13　附建式地下结构示意图

6.3　地下建筑结构设计条件与要求

修建地下工程,必须遵循勘察→设计→施工的基本建设程序。其中设计分为:工艺设计、规划设计、建筑设计、防护设计、结构设计、设备设计、概预算等。每一个工程经过结构方案比较,选定了结构型式和结构平面布置图后,地下结构设计还需完成:确定横断面尺寸和横向配筋的结构横向框架设计、确定纵向分段长度和纵向配筋的结构纵向设计以及地下工程的出入口设计。这三个方面的设计,与地面结构设计相比,构成了明显的区别。

设计分初步设计和技术设计(包括施工图设计)两阶段。

6.3.1　初步设计

初步设计的主要任务是满足使用要求下,解决设计方案技术上的可能性与经济上的合理性,并提出投资、材料、施工等指标。

初步设计包括以下内容:

(1)工程防护等级、三防要求与动载标准的确定;

(2)确定埋置深度与施工方法;

(3)简算荷载值;

(4)选择建筑材料;

(5)选定结构型式和结构布置;

(6)估算结构跨度、高度、顶底板及边墙厚度等主要尺寸;

(7)绘制初步设计结构图;

(8)估算工程材料书及财务概算。

6.3.2　技术设计

初步设计经主管部门审批后,就可进行技术设计。

技术设计的主要任务是解决结构的强度、刚度和稳定性、抗震性等问题,并提供施工时结构各部件的具体细节及连接大样。

技术设计包括以下内容:

(1)计算荷载。按建筑用途、防护等级、地震级别、埋置深度和土层情况等求出作用在结构上的荷载值。

荷载种类主要包括如下几种:

①静荷载,又称恒载。指长期作用在结构上且大小、方向与作用点不变的荷载(结构自重、土壤压力、地下水压力)。

②动荷载。要求具有一定防护能力的地下建筑物,需考虑原子武器和常规武器所产生的爆炸冲击力波压力荷载;抗震区需考虑地震作用。此两者均为瞬时作用的动荷载。

③活荷载。在建筑物结构施工和使用期间可能存在的变动荷载,其大小和作用位置都可能变化。如地下建筑物内部的楼地面荷载(人群、物件与设备重量)、车间的吊车荷载、地面堆积物、车辆行走荷载、施工安装过程中的临时荷载等。

④其他作用。主要指材料收缩、温度变化、结构沉陷、装配式结构尺寸制作上的误差等在结构上所引起的内力。

(2)计算简图。根据实际结构和计算工具具体情况,拟定出恰当的计算图式。

如隧道的横向、纵向设计中,隧道结构沿纵向较长,一方面横断面沿纵向相同,沿纵向在一定区段上作用的荷载均应不变;另一方面,结构的横向尺寸相对于纵长来说较小。按照力总是向短向传递的规律,可认为荷载主要由横向框架承受。综合这两方面原因,在横向框架设计时,通常沿纵向截取 1 m 的长度作为计算单元,从而构成横向框架的计算简图(见图 6-14)。在隧道纵向设计中,按变形缝划分区段,每一变形缝间的区段长度 L,可视作长度为 L、截面为箱形的弹性地基梁进行内力分析和截面设计(见图 6-15)。

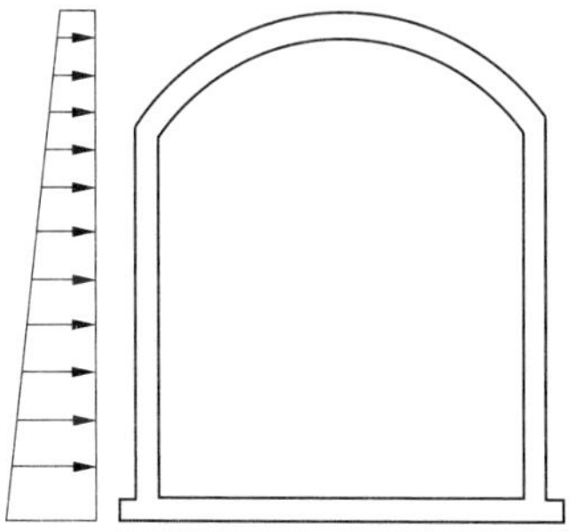

图 6-14　横向框架计算简图

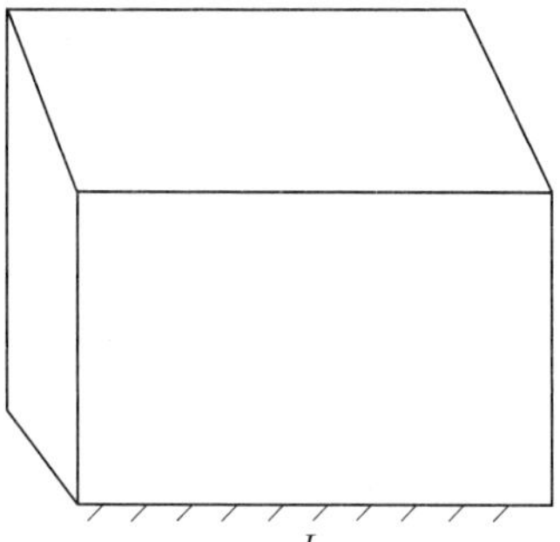

图 6-15　隧道纵向设计计算简图

(3)内力分析。选择结构内力计算方法,得出结构可控制设计截面的内力。关于结构内力计算方法,大致区分为两类:荷载结构法和地层结构法。

①荷载结构法。认为地层对结构(衬砌)的作用只是产生作用在地下结构上的荷载(包括主动的地层压力和被动的地层抗力),以计算结构在荷载作用下产生的内力和变形的方法称为荷载结构法。弹性连续框架(含拱形)法、假定抗力法和弹性地基梁(含曲梁和圆环)法等可归属于荷载结构法。

②地层结构法。认为衬砌与地层一起构成受力变形的整体,并可按连续介质力学原理来计算衬砌和周边地层的计算方法称为地层结构法。常见的关于圆形衬砌的弹性解、黏弹性解和弹塑性解等都归属于地层结构法。

荷载结构法和地层结构法都可按数值解计算。有限元法、有限差分法、加权余量法和边界单元法都归属于数值计算方法。

(4)内力组合。在各种荷载内力计算的基础上,对最不利的可能情况进行内力组合,求出各控制界面的最大设计内力值。

最不利的荷载组合一般有以下几种情况:①静载;②静载+活载;③静载+原子爆炸动载;④静载+炮(炸)弹动载。

(5)配筋设计。通过截面强度和裂缝及变形计算得出受力钢筋,并确定必要的分布钢筋和架立钢筋。

配筋主要包括沿横断面的横向配筋和沿隧道纵向的纵向配筋。其中,横向配筋由横向框架设计就可得到。对于纵向配筋,如隧道这种地下结构,沿纵向需设置伸缩缝。隧道过长或施工养护不够时,混凝土会产生收缩,沿纵向产生环向裂缝和沉降缝(地基不均匀,两段结构的刚度或荷载悬殊产生相对沉降)。伸缩缝和沉降缝统称为变形缝。结构纵向配筋计算时,就将变形缝间的隧道区段 L,视作长度为 L,截面为箱形的弹性地基梁。按此弹性地基梁产生纵向弯矩,使结构底板和侧墙下部受拉考虑计算纵向配筋。

(6)绘制结构施工详图。如结构平面图,结构构件配筋图,节点详图,还有风、水、电和其他内部设备的预埋件图。

(7)材料、工程数量和工程财务预算。

6.3.3 地下结构设计的原理和方法

地下结构设计理论较多的应用以文克勒假定为基础的局部变形理论以及弹性理论为基础的共同变形理论。

地下结构与地面结构不同点在于地下结构周围都被土层包围着,在外部主动荷载作用下,衬砌发生变形,由于衬砌外围与地层紧密接触,因此衬砌向地层方向变形的部分会受到来自地层的抗力。这种抗力称为地层弹性抗力,属于被动性质,其数值大小和分布规律与衬砌的变形有关(见图 6-16),因而与其他主动荷载不同。弹性抗力限制了结构的变形,故改善了结构的受力情况。地下结构既承受主动荷载又承受被动荷载的这个特性,形成了地下结构设计的重要特点。

地下结构的计算方法主要有结构力学分析法、弹性地基梁法、矩阵分析法、连续介质力学的有限元法、弹塑性、非线性、黏弹性、黏弹塑性等。这些方法都可用数值计算方法进

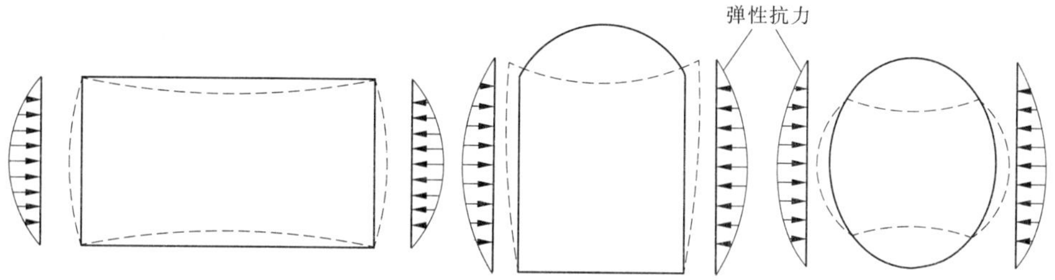

图6-16　土层被动抗力

行分析，有限单元法、有限差分法、加权余量法和边界单元法都归属于数值计算方法。

6.4　地下工程的防水设计

地下结构是在含水岩土环境中修建的结构物，在其设计、施工和使用当中，必须考虑水对地下结构的影响。如在地下结构的使用过程中，由于地下水的渗透和侵蚀作用，使工程产生病害，轻者影响使用，严重者使工程报废，造成巨大的经济损失和严重的社会影响。因此，在地下结构的设计、施工阶段、甚至运营维护阶段，必须做好地下建筑物的防水工作。

6.4.1　地下建筑工程的防水设计

6.4.1.1　设计原则

《地下工程防水技术规范》(GB 50108—2008)规定：地下工程防水的设计与施工应遵循“防、排、截、堵相结合，刚柔相济，因地制宜，综合治理”的原则。

“防”即要求隧道衬砌结构具有一定的防水能力，能防止地下水渗入，如采用防水混凝土或塑料防水板等。

“排”即隧道应有排水设施并充分利用，以减少渗水压力盒渗水量；但必须注意大量排水后引起的后果，如围岩颗粒流失，降低围岩稳定性或造成当地农田灌溉和生活用水困难等。要求设计时应事先了解当地环境要求，以“限量排放”为原则，结合注浆堵水制订设计方案和措施，妥善处理排水问题。

“截”即隧道顶部如有地表水易于渗漏处或有坑洼积水，应设置截、排水沟和采取消除地下水的措施。

“堵”即在隧道施工过程中有渗透水时，可采用注浆、喷涂等方法堵住；运营后渗漏水地段也可采用注浆、喷涂或用嵌填材料、防水抹面等方法堵水。

地下工程防排水工作应结合水文地质条件、施工技术水平、工程防水等级、材料来源和成本等，因地制宜地选择合适的方法，以达到防水可靠、排水通畅、线路基床底部无积水、经济合理的目的，最终保障结构物和设备的正常使用及行车安全。

地下工程一般属于大型构筑物，长期处于地下，时刻受到地下水的渗透作用，防水问题能否有效地解决不仅影响工程本身的坚固性和耐久性，而且直接影响工程的正常使用。防排结合的提法仅限隧道处于少水稳定的地层、围岩渗透系数小、可允许限排、因结构排水不致对周围环境造成不良影响的情况；反之，当围岩渗透系数大，使用机械排除工程内部渗漏水需要耗费大量能源和费用，且大量的排水还可能引起地面和地面建筑物不均匀沉降和破坏，这种情况则不允许排。“刚柔结合，多道防线”，其出发点是从材料角度要求在地下工程中刚性防水材料和柔性防水材料相结合使用。多道设防是针对地下工程的特点与要求，通过防水材料和构造措施，在各道设防中发挥各自的作用，达到优势互补、综合设防的要求，以确保地下工程防水和防腐的可靠性，从而提高结构的使用寿命。实际上，目前地下工程结构主体不仅采用了防水混凝土，同时也采用了柔性防水材料。“因地制宜，综合治理”，是指勘察、设计、施工、管理和维护保养各个环节都要考虑防水要求，应根据工程水文地质条件、隧道衬砌的形式、施工技术水平、工程防水等级、材料来源和价格等因素，因地制宜地选择相适应的防水措施。

总之，地下工程因其种类、使用功能、所处的区域和环境保护要求等不同，防水设计原则有所不同。

6.4.1.2　设计要求

(1)防水设计应定级准确、方案可靠、施工简便、经济合理。

(2)地下工程防水必须从工程规划、结构设计、材料选择、施工工艺等方面统筹考虑。

(3)地下工程的钢筋混凝土结构应采用防水混凝土。

(4)地下工程的变形缝、施工缝、诱导缝、后浇带、穿墙管(盒)、预埋件、预留通道接头、桩头等细部构造应加强防水措施。

(5)地下工程排水管沟、地漏、出入口、窗井、风井等，应有防倒灌措施，寒冷及严寒地区的排水沟应有防冻措施。

(6)地下工程防水设计，应根据工程的特点和需要收集下列资料：

①最高地下水位的高程及出现的年代，近几年的实际水位高程和随季节变化的情况；

②地下水类型、补给来源、水质、流量、流向、压力；

③工程地质构造，包括岩层走向、倾角、节理及裂隙，含水地层的特性、分布情况和渗透系数，溶洞及陷穴、填土区、湿陷性土和膨胀土层等情况；

④历年气温变化情况、降水量、地层冻结深度；

⑤区域地形、地貌、天然水流、水库、废弃坑井及地表水、洪水和给水排水系统资料；

⑥工程所在区域的地质烈度、地热、含瓦斯等有害物质的资料；

⑦施工技术水平和材料来源。

(7)地下工程防水设计应包括以下五方面的内容：

①防水等级和设防要求；

②防水混凝土抗渗等级和其他技术指标、质量保证措施；

③柔性防水层选用的材料及其技术指标、质量保证措施；

④工程细部构造的防水措施，选用的材料及其技术指标，质量保证措施；

⑤工程的防排水系统，地面挡水、截水系统及工程各种洞口的防倒灌措施。

6.4.1.3　地下工程防水等级与设防要求

1. 地下工程的防水等级

《地下工程防水技术规范》(GB 50108—2008)规定：地下工程的防水等级分为四级，

各级的标准应符合表 6-1 中的规定。

表 6-1　地下工程防水等级标准

防水等级	标准
一级	不允许渗水，结构表面无湿渍
二级	不允许漏水，结构表面可有少量湿渍。 工业与民用建筑：总湿渍面积不应大于总防水面积（包括顶板、墙面、地面）的 1/1 000；任意 100 m^2 防水面积上的湿渍不超过 2 处，单个湿渍的最大面积不大于 0.1 m^2。 其他地下工程：总湿渍面积不应大于总防水面积的 2/1 000；任意 100 m^2 防水面积上的湿渍不超过 3 处，单个湿渍的最大面积不大于 0.2 m^2
三级	有少量的漏水点，不得有线流和漏泥沙。 任意 100 m^2 防水面积上的漏水或湿渍点数不超过 7 处，单个漏水点的最大漏水量不大于 2.5 L/d，单个湿渍的最大面积不大于 0.3 m^2
四级	有漏水点，不得有线流和漏泥沙。 整个工程平均漏水量不大于 2 L/(m^2 · d)，任意 100 m^2 防水面积上的平均漏水量不大于 4 L/(m^2 · d)

各类工程的防水等级，应根据工程的重要性和使用中对防水的要求按表 6-2 选定。

表 6-2　不同防水等级的适用范围

防水等级	适用范围
一级	人员长期停留的场所，因有少量湿渍会使物品变质、失效的贮物场所及严重影响设备正常运转和危及工程安全运营的部位，极重要的战备工程、地铁车站
二级	人员经常活动的场所，在有少量湿渍的情况下不会使物品变质、失效的贮物场所及基本不影响设备正常运转和工程安全运营的部位，重要的战备工程
三级	人员临时活动场所，一般战备工程
四级	对渗漏水无严格要求的工程

2. 地下工程的防水设防要求

地下工程的防水设防要求应根据使用功能、结构型式、环境条件、施工方法及材料性能等因素合理确定。

（1）明挖法地下工程的防水设防要求应按表 6-3 选用。

表 6-3 明挖法地下工程防水设防要求

工程部位		主体结构							施工缝							后浇带					变形缝（诱导缝）					
防水措施		防水混凝土	防水卷材	防水涂料	塑料防水板	膨润土防水材料	防水砂浆	金属防水板	遇水膨胀止水条（胶）	外贴式止水带	中埋式止水带	外抹防水砂浆	外涂防水涂料	水泥基渗透结晶型防水涂料	预埋注浆管	补偿收缩混凝土	外贴式止水带	预埋注浆管	遇水膨胀止水条（胶）	防水密封材料	中埋式止水带	外贴式止水带	可卸式止水带	防水密封材料	外贴防水卷材	外涂防水涂料
防水等级	一级	应选	应选一至二种						应选二种							应选	应选二种				应选	应选一至二种				
	二级	应选	应选一种						应选一至二种							应选	应选一至二种				应选	应选一至二种				
	三级	应选	宜选一种						宜选一至二种							应选	宜选一至二种				应选	宜选一至二种				
	四级	宜选	—						宜选一种							应选	宜选一种				应选	宜选一种				

（2）暗挖法地下工程的防水设防要求应按表 6-4 选用。

表 6-4 暗挖法地下工程防水设防要求

工程部位		衬砌结构						内衬砌施工缝						内衬砌变形缝（诱导缝）				
防水措施		防水混凝土	塑料防水板	防水砂浆	防水涂料	防水卷材	金属防水层	外贴式止水带	预埋注浆管	遇水膨胀止水条（胶）	防水密封材料	中埋式止水带	水泥基渗透结晶型防水涂料	中埋式止水带	外贴式止水带	可卸式止水带	防水密封材料	遇水膨胀止水条（胶）
防水等级	一级	必选	应选一至二种					应选一至二种						应选	应选一至二种			
	二级	应选	应选一种					应选一种						应选	应选一种			
	三级	宜选	宜选一种					宜选一种						应选	宜选一种			
	四级	宜选	宜选一种					宜选一种						应选	宜选一种			

(3)处于侵蚀性介质中的地下工程,应采用耐侵蚀的防水混凝土、防水砂浆、防水卷材或防水涂料等防水材料。

(4)处于冻融侵蚀环境中的地下工程,其混凝土抗冻融循环不得少于300次。

(5)结构刚度较差或受振动作用的工程,宜采用延伸率较大的卷材、涂料等柔性防水材料。

6.4.2　地下建筑防水材料

地下建筑防水材料主要是指地下建筑的柔性防水层,主要包括卷材防水层、涂料防水层、塑料防水板防水层和膨润土板(毯)防水层。

6.4.2.1　卷材防水层

卷材防水层使用与受侵蚀介质作用或受振动作用的地下工程。卷材防水层应铺设在混凝土结构主体的迎水面上;用于建筑物地下室的卷材防水层应铺设在主体底板垫层至墙体顶端的基面上,在外围形成封闭的防水层。

卷材防水层为一层或两层,高聚物改性沥青防水卷材厚度不应小于3 mm,单层使用时,厚度不应小于4 mm;双层使用时,总厚度不应小于6 mm。合成高分子防水卷材单层使用时,厚度不应小于1.5 mm;双层使用时,总厚度不应小于2.4 mm。

卷材防水层应选用高聚物改性沥青类或合成高分子类防水卷材并符合下列规定:

(1)卷材外观质量、品种规格应符合现行国家标准的规定。

(2)卷材及其胶黏剂应具有良好的耐水性、耐久性、耐刺穿性、耐腐蚀性和耐菌性。

6.4.2.2　涂料防水层

涂料防水层包括无机防水涂料和有机防水涂料。无机防水涂料可选用水泥基防水涂料、水泥基渗透结晶型涂料。有机防水涂料可选用反应型、水乳型、聚合物水泥防水涂料。

无机防水涂料宜用于结构主体的背水面,有机防水涂料宜用于结构主体的迎水面。用于背水面的有机防水涂料应具有较高的抗渗性,且与基层有较强的黏结性。

水泥基防水涂料的厚度不得小于3.0 mm;水泥基渗透结晶型防水涂料的厚度不应小于1.0 mm;有机防水涂料根据材料的性能,厚度宜为1.2~2.0 mm。

无机防水涂料、有机防水涂料的性能指标应符合《地下工程防水技术规范》(GB 50108—2008)的规定。

6.4.2.3　塑料防水板防水层

塑料防水板可选用乙烯-醋酸乙烯共聚物(EVA)、乙烯-沥青共混聚合物(ECB)、聚氯乙烯(PVC)、高密度聚乙烯(HDPE)、低密度聚乙烯(LDPE)类或其他性能相接近的材料。

防水板应在初期支护基本稳定并经验收合格后进行铺设,铺设防水板的基面应平整,无尖锐物。基面平整度应符合 $D/L=1/10\sim1/6$ 的要求。其中,D 为初期支护基面相邻两凸面间凹进去的深度,L 为初期支护基面相邻两凸面间的距离。

铺设防水板前应先铺缓冲层。缓冲层应用暗钉圈固定在基面上(无钉孔铺设),如图6-17所示。

铺设防水板时,边铺边将其与暗钉圈焊接牢固。两幅防水板的搭接宽宽不应小于

100 mm，搭接缝应为热熔双焊缝，单条焊缝的有效焊接宽度不应小于 10 mm，焊接严密，不得焊焦焊穿。环向铺设时，先拱后墙，下部防水板应压住上部防水板。

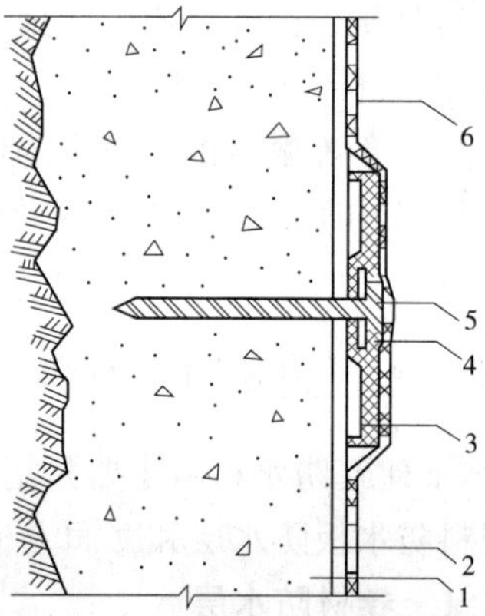

1—初期支护；2—缓冲层；3—热塑性暗钉圈；4—金属垫圈；5—射钉；6—塑料防水板

图 6-17　塑料防水板无钉孔敷设

6.4.2.4　膨润土板（毯）防水层

用膨润土板（毯）做地下工程防水层最多的是美国、加拿大、日本、韩国、新加坡等。韩国几个城市近些年来修建的地铁和垃圾填埋场几乎全用膨润土板防水层。

膨润土的矿物学名称为蒙脱石，是天然的纳米材料。因其具有高度的水密实性和自我修补、自愈合功能，在理论上是最接近于完美的防水材料。

（1）膨润土具有以下四种特征：

①密实性。天然钠基膨润土在水压状态下形成凝胶隔膜，在约 5 mm 的时候，它的透水系数小于 10^{-9}cm/s，几近不透水。

②自保水性。天然钠基膨润土在水反应的时候，因为 13 ~ 16 倍膨胀力的作用，混凝土结构物的 2 mm 以内的裂纹会自我修补填补，从而继续维持其防水能力。

③永久性。因为天然钠基膨润土是天然无机矿物物质，所以不会出现因为时间的增长而经常发生的老化或者腐蚀现象，也不会发生化学性质的变化，所以具有永久的防水性能。

④环保性。膨润土是天然的无机矿物质，不会污染地下水。

（2）使用膨润土防水的基本条件如下：

①只有在密闭的空间（有压力）才能防水。如果密实度（一般 85% 以上）不够，膨润土不能正常发挥自己的作用，密实度可以用填充的方法解决。填充时要求压力一般为 1.4 ~ 2.0 kPa，另外对密实度的要求条件中，在膨润土防水剂和结构物之间不能有影响密实度的其他物质。

②与水接触后发挥防水性能。膨润土只有和水接触才会水化膨胀并形成凝胶体，所以必须有水。有时在施工完膨润土防水层后，将为了防止水化而设的保养膜去掉；有时也会提前让其和水接触，让其提前形成胶体。

③膨润土和结构的结合。膨润土在特性上要求和结构物接触才会在结构物表面上形成胶体隔膜，从而达到防水的目的。

6.4.3　地下工程防水设计施工新技术

依据地下工程施工方法的不同，地下水发育程度差别，不同工程防水等级的高低、采用的防水施工方案不同。山体中用钻爆法施工的地下工程，一般采用离壁式结构、复合式支护防水夹层施工方法。浅埋矩形框架车站多采用外包防水卷材的施工方法。利用连续墙挡土，又兼作车站结构一部分时，既要注意连续墙本身的防水性能，接头的防水，以及充填防水卷材、抹刷防水涂料等防水技术。沉管法隧道管节混凝土自防水，接头防水施工技术水平高。盾构隧道的管片接缝防水,顶管管节接头防水有独特的要求。不管采用何种防水技术,混凝土结构本身的自防水是基础。沉降缝、收缩缝和施工缝是地下工程防水最薄弱的位置,合理设缝并选用有效的接缝嵌固材料是成功的关键。

6.4.3.1　离壁式衬套拱顶与侧墙防水技术

如图 6-18 所示,为位于山体中地下铁道车站主洞室的离壁式支护防水设计图。对于开挖的洞室,可以用喷锚支护或者整体现浇被覆保证围岩结构稳定性,由于地下水较发育,采用复合支护的方式难以达到较高的防水要求,则采用离壁式支护。PVC 卷材粘贴之前,基层应平整、清洁,坚硬的杂物用刀具清除干净。卷材每卷长 20 m,幅宽 2.05 m,厚 1.0 ~ 2.0mm。卷材与卷材的连接可以搭接或对接,长边搭接不少于 5 cm,短边搭接不少于 10 cm,对接面上加焊 PVC 卷材条,宽度不少于 10 cm。卷材搭接热焊时要保证焊接受热均匀,有熔浆。卷材与混凝土面黏结采用聚氨酯黏合剂,涂抹均匀,卷材敷贴平顺。

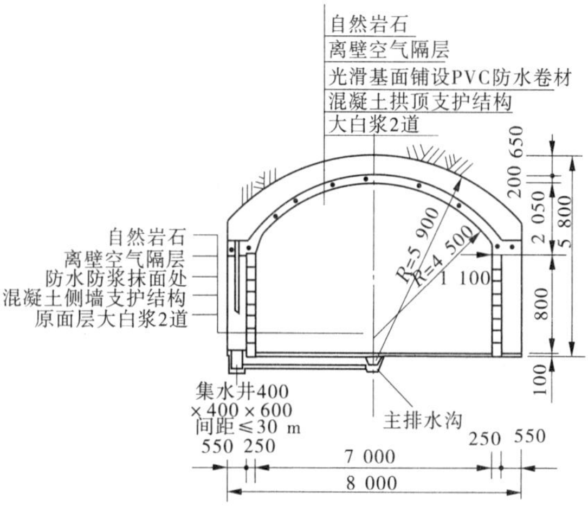

图 6-18　车站主洞室断面防水设计示意图

离壁式衬套支护侧墙可以用轻质混凝土砌块砌筑,为防止上部漏水流经砌缝渗入工程内部,应以膨胀防水水泥砂浆抹面。在水泥砂浆内加入 PVC 膨胀剂、NFC 硫化剂,微晶活性二氧化硅掺合料,采用迎水面 2 ~ 3 层防水砂浆抹面,可以达到良好的防水效果。

离壁式支护拱肩部位是拱部渗漏水汇集处。在拱肩部位的卷材边缘用水泥砂浆压实,一方面防止漏水沿边缘下渗,另一方面在拱肩形成一道排水槽,供拱顶集中的渗漏水有组织的排放至落水口。落水口间距 10 ~ 15 m,落水口入水口四周与 PVC 卷材焊接形成一体,防止集水从管壁外流出。落水管长 2.0 ~ 2.5 m,用以减小自由落水的高度,防止水落地时溅湿墙体,如图 6-19所示。

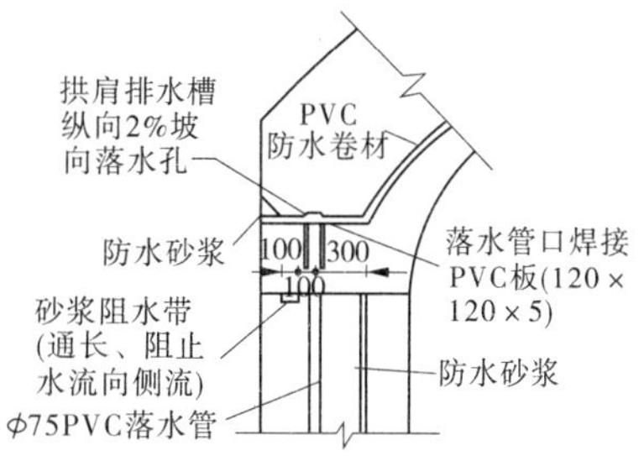

图 6-19　拱肩防排水设计示意图

6.4.3.2　复合式衬砌防水技术

隧道及地下工程当采用复合式衬砌支护时,通常用初期支护、缓冲层、防水卷材、二次衬砌模筑混凝土结构。初期支护为钢筋格栅加钢筋网再加喷射混凝土,厚度为 0.25 ~

0. 30 m。缓冲垫层用较柔软且具有相当强度的片材，以克服喷射混凝土粗糙凹凸不平的基面对防水板(膜)的损伤。防水板(膜)除具有不透水性外，还应具有在二次衬砌灌注混凝土时承受机械作用不致损伤的性能，具有耐久性良好和接缝处严密且操作简单的特点。

6. 4. 3. 3　浅埋暗挖施工地下工程的卷材防水技术

对于浅埋暗挖法施工的单层双跨矩形隧道或者多层多跨箱形地下结构，主体钢筋混凝土结构施工完成后，回填覆土之前，要施作柔性材料防水。混凝土结构自防水厚度和强度等级由结构设计选定，抗渗等级不应小于 P_8。在混凝土中宜掺微膨胀剂、密实剂及减水剂等。因为地下水位高，水头渗透压力大，车站防水等级高，应采用全合成高分子防水卷材，厚度不应小于 2 mm，高聚合物改性沥青防水卷材厚度不小于 5 mm。防水要求较低时，上述卷材厚度可以相应减少。卷材全外包防水宜采用“外墙外贴”法。将卷材直接粘贴在侧墙的结构混凝土外侧，并与混凝土底板下面的卷材防水层连接，以形成整体封闭防水层。

6. 4. 4　地下结构接缝防水

地下结构接缝防水主要指变形缝防水、施工缝防水及后浇带防水，属于刚性防水。

6. 4. 4. 1　变形缝防水

1. 一般规定

(1) 变形缝防水应满足密封防水、适应变形、施工方便、检修容易等要求。

(2) 用于伸缩的变形缝宜少设，可根据不同的工程结构类别及工程地质情况采用诱导缝、加强带、后浇带等替代措施。

(3) 变形缝处混凝土结构的厚度不应小于 300 mm。

2. 变形缝的防水设计

(1) 用于沉降的变形缝其最大允许沉降差值不应大于 30 mm。当计算沉降差大于 30 mm 时，应在设计时采取措施。

(2) 用于沉降的变形缝的宽度宜为 20 ~ 30 mm，用于伸缩的变形缝的宽度宜小于此值。

(3) 变形缝的防水措施可根据工程开挖方法、防水等级按表 6-3、表 6-4 选用，变形缝的几种复合防水构造形式如图 6-20 ~ 图 6-22 所示。

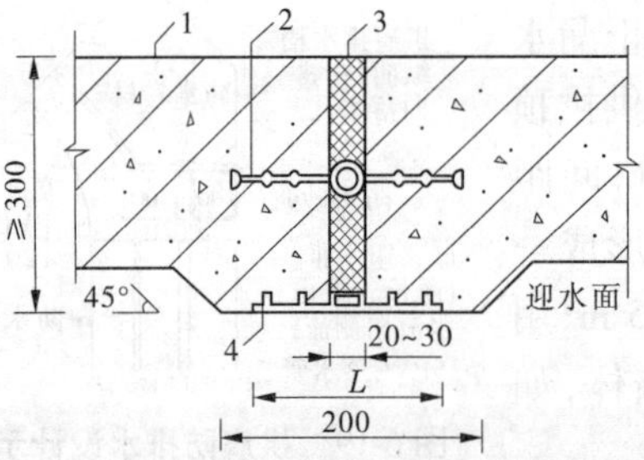

1—混凝土结构；2—中埋式止水带；3—填缝材料；4—外贴止水带，
外贴式止水带 $L \geq 300$；外贴防水卷材 $L \geq 400$；
外涂防水涂层 $L \geq 400$

图 6-20　中埋式止水带与外贴防水层复合使用

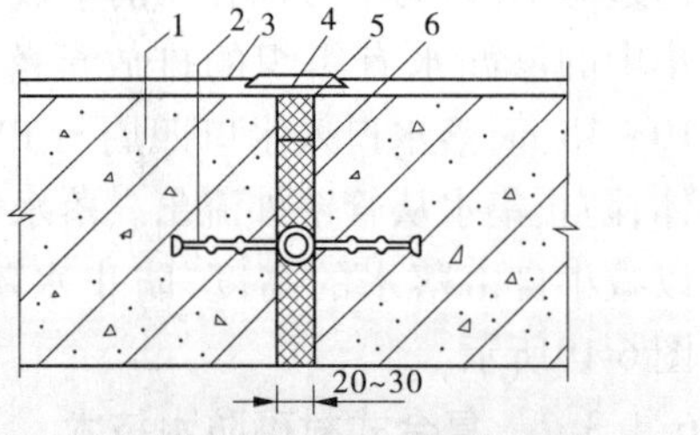

1—混凝土结构；2—中埋式止水带；3—防水层；
4—隔离层；5—密封材料；6—填缝材料

图 6-21　中埋式止水带与嵌缝材料复合使用

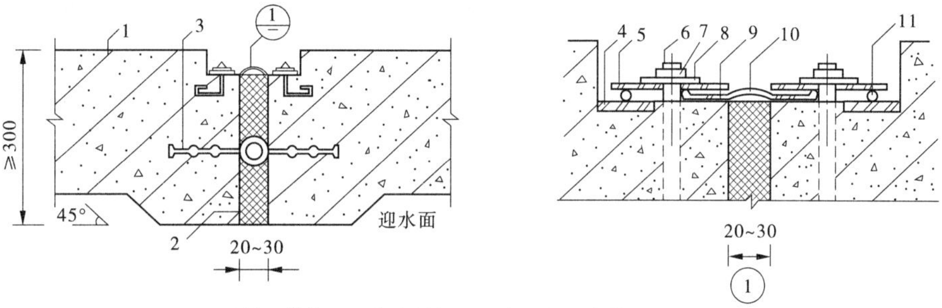

1—混凝土结构;2—填缝材料;3—中埋式止水带;4—预埋钢板;
5—紧固体压板;6—预埋螺栓;7—螺母;8—垫圈;9—紧固件压块;
10—Ω 形止水带;11—紧固件圆钢

图 6-22 中埋式止水带与可卸式止水带复合使用 (单位:mm)

(4)环境温度高于 50 ℃处的变形缝,可采用 2 mm 厚的紫铜片或 3 mm 厚不锈钢等金属止水带,其中间呈圆弧形,如图 6-23 所示。

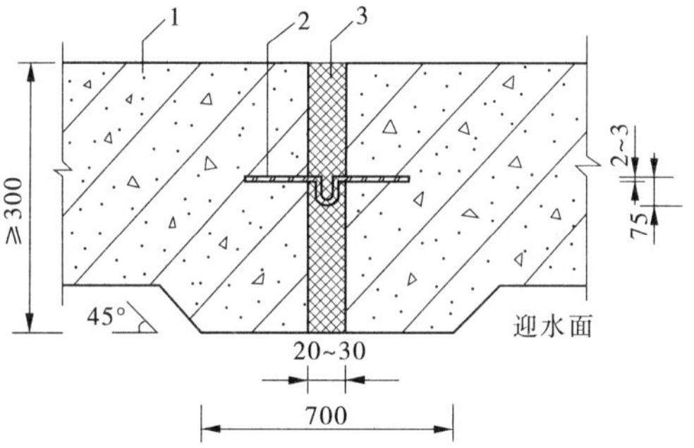

1—混凝土结构;2—金属止水带;3—填缝材料

图 6-23 中埋式金属止水带 (单位:mm)

6.4.4.2 施工缝防水设计

施工缝防水的三种设计形式如图 6-24 ~ 图 6-26 所示。施工缝的施工应符合下列规定。

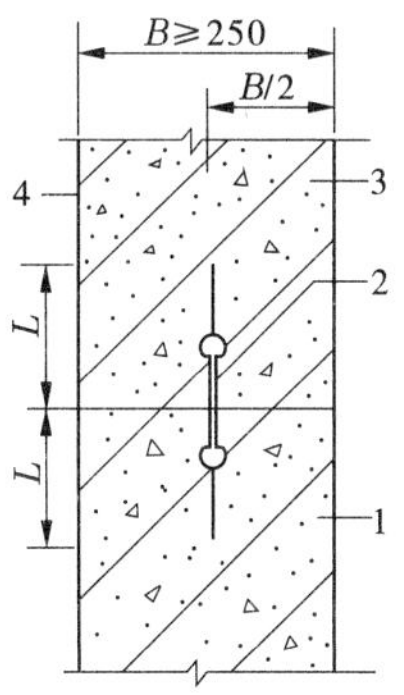

1—先浇混凝土;2—中埋止水条;3—后浇混凝土;
4—结构迎水面,其中钢板止水带 $L \geq 100$,
橡胶止水带 $L \geq 125$,钢边橡胶止水带 $L \geq 120$

图 6-24 施工缝防水基本构造(一) (单位:mm)

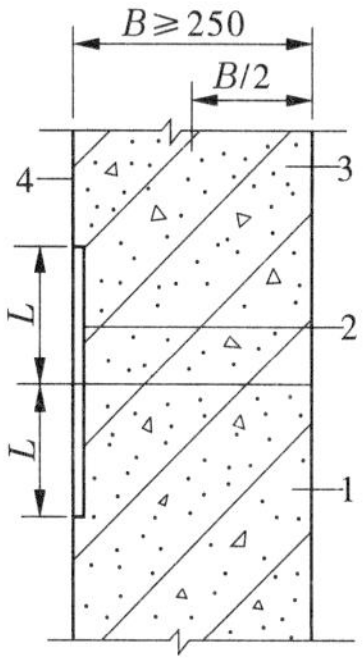

1—先浇混凝土;2—外贴止水带;3—后浇混凝土;
4—结构迎水面,其中外贴止水带 $L \geq 150$,
外涂防水涂料 $L \geq 200$,外抹防水砂浆 $L \geq 200$

图 6-25 施工缝防水基本构造(二) (单位:mm)

(1)水平施工缝浇筑混凝土前应将其表面浮浆和杂物清除,铺水泥砂浆或涂刷混凝土界面处理剂并及时浇筑混凝土。

(2)垂直施工缝浇筑混凝土前应将其表面清理干净,涂刷界面处理剂并及时浇筑混凝土。

(3)施工缝采用遇水膨胀橡胶止水条止水时,应将止水条牢固地安装在缝表面预留凹槽内。

(4)施工缝采用中埋式止水带止水时,应确保止水带位置准确,牢固可靠。

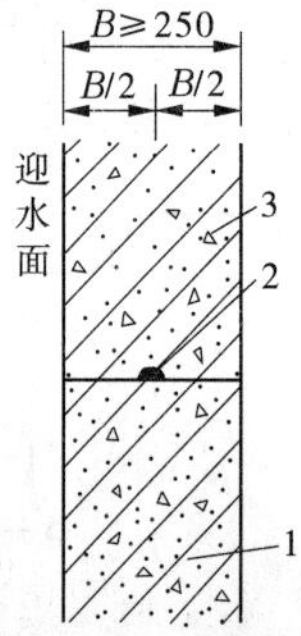

1—先浇混凝土;2—遇水膨胀止水条;3—后浇混凝土

图 6-26　施工缝防水基本构造(三)

6.4.4.3　后浇带防水设计

后浇带应设在受力和变形较小的部位,间距宜为 30 ~ 60 m,宽度宜为 700 ~ 1 000 mm。后浇带可做成平直缝,结构主筋不宜在缝中断开,如必须断开,则主筋搭接长度应不大于 45 倍主筋直径,并应按设计要求加设附加钢筋。后浇带的防水设计如图 6-27 ~ 图 6-29所示。

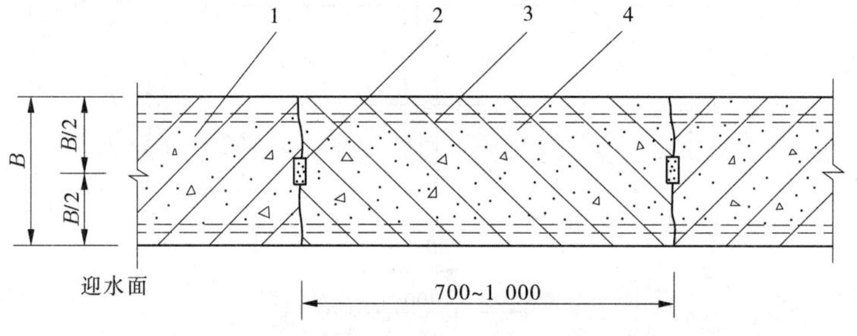

1—先浇混凝土;2—遇水膨胀止水条;3—结构主筋;4—后浇补偿收缩混凝土

图 6-27　后浇带防水构造(一)　(单位:mm)

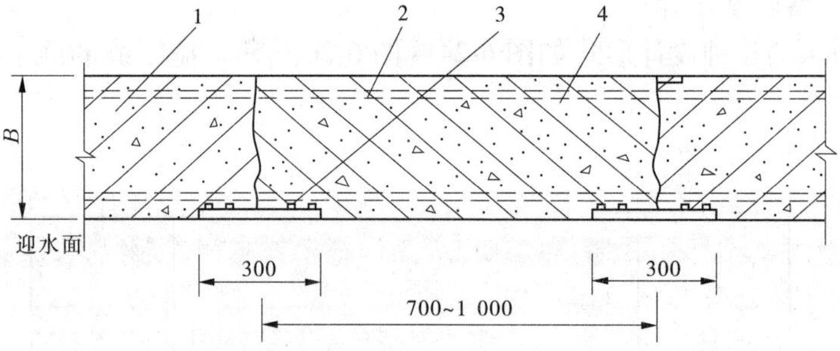

1—先浇混凝土;2—结构主筋;3—外贴式止水带;4—后浇补偿收缩混凝土

图 6-28　后浇带防水构造(二)　(单位:mm)

6.4.5　盾构法圆形隧道衬砌结构防水

目前,国内地铁区间隧道通常采用预制钢筋混凝土管片,用高强螺栓连接拼装而成圆形隧道。防水要求,对内部光滑度要求较高的隧道,在单层装配式衬砌结构内面再浇铸整体式混凝土内衬结构,称为复合式双层衬砌结构。在两层衬砌结构之间,铺设防水卷材,

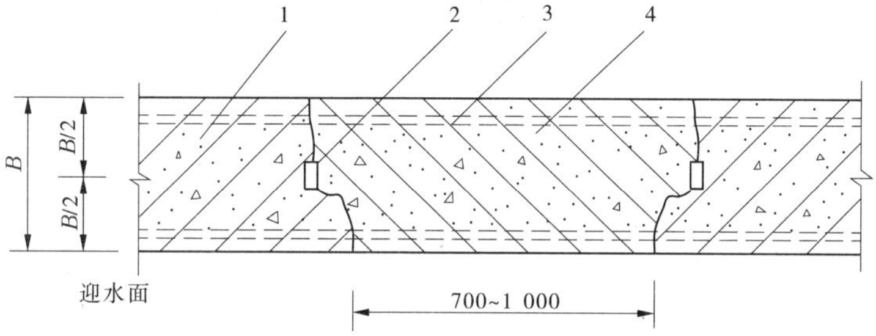

1—先浇混凝土；2—遇水膨胀止水条；3—结构主筋；4—后浇补偿收缩混凝土

图 6-29　后浇带防水构造（三）（单位：mm）

使其防水等级大大提高。国内盾构隧道施工经验表明，单层衬砌，采用一系列防水措施，也能达到防水要求。

6.4.5.1　管片接缝防水

为了加强接缝防水效果，在管片接缝中设置了弹性密封垫和嵌缝材料两道防水措施，并以弹性密封垫为接缝防水主要措施。

1. 弹性密封垫

上海地铁一号线隧道采用了甲、乙、丙三种不同类型的钢筋混凝土管片，其中甲、丙类型管片采用氯丁橡胶加遇水膨胀止水橡胶复合型密封垫，如图 6-30 所示。乙型管片则选用掺聚氨酯类水膨胀树脂的遇水膨胀橡胶。

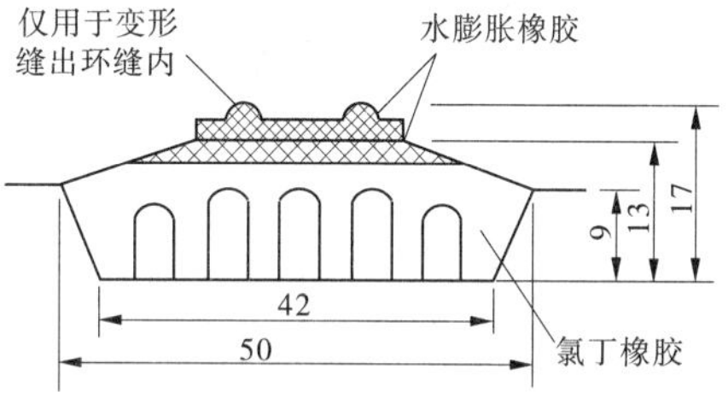

图 6-30　甲、丙型管片弹性密封垫剖面图

2. 嵌缝防水

嵌缝的范围：进出洞 20 ~ 30 环；联络通道两侧 8 ~ 10 环处等变形量大大衬砌环段进行整体环嵌缝，其余区段则在拱底 90°范围内嵌填。甲、乙型管片分别设计了遇水膨胀橡胶腻子、外封氯丁胶乳水泥和特殊齿形橡胶条内插塑料芯材等两种嵌缝材料。实践证明，遇水膨胀橡胶腻子的防水效果较好，它具有能适应接缝缝隙不同宽窄、错位、高差等优点。只是因为：

(1) 在工字形控膨胀材料限制下，膨胀腻子能充分发挥单侧向膨胀应力。

(2) 氯丁胶乳水泥，刚柔相济，能增加抗裂性。

(3) 界面处理剂可加强密封。

3. 楔形管片环面垫片与纵向传力衬垫片

在平曲线和竖曲线地段，根据环、纵面对不同受力特点和压缩要求，分别采用石棉橡胶片和丁腈软木橡胶。环面纠偏时，衬垫片应贴成渐变曲线，避免大阶梯形，以免影响纠偏效果，进而降低防水效果。

纵缝传力衬垫片是用以解决衬砌环面内、外张角所造成的局部应力集中。纵缝传力衬垫虽然也是采用丁腈软木橡胶,但与曲线段环面所用的硬度不同,选用时应注意有针对性。

4. 螺栓密封与螺栓防腐蚀

螺孔防水也是衬砌接缝防水的一项措施。采用螺栓密封垫圈(遇水膨胀橡胶类),利用压密和膨胀双重作用止水。其设计要点是:

(1)密封圈与沟槽外形相应匹配;

(2)要充分考虑密封圈在螺栓偏心位置下的抗水压密封性;

(3)密封圈断面尺寸应与螺栓尺寸相适应。

螺栓采用手孔混凝土填实保护法,或刷涂点防锈水性涂料,外封微膨胀水泥、加盖塑料罩的方法。该方法防腐蚀较简单、实用、有效。

6.4.5.2　竖井与圆隧接头

盾构法施工地铁圆隧与竖井接头主要采用以下方法:

(1)在刚性接头中设置了柔性填缝材料、施工缝止水条,加强防水效果。

(2)在进出洞附近设置较密的隧道变形缝环,自洞口向隧道纵深、由密至疏,靠变形缝环吸收、缓和竖井与圆隧道的不均匀沉降。

(3)在变形缝前、后环的相对环面设置了加厚度弹性密封垫及垫片,确保了环缝较大的张开。

参考文献

[1] 中华人民共和国住房和城乡建设部. GB 50108—2008　地下工程防水技术规范[S]. 北京:中国建筑工业出版社,2008.

[2] 陈建平,吴立. 地下建筑结构[M]. 北京:人民交通出版社,2012.

[3] 曾亚武. 地下结构设计模型[M]. 武汉:武汉大学出版社,2006.

[4] 刘曾荣,罗少锋. 地下结构设计[M]. 北京:中国建筑工业出版社,2011.

[5] 张庆贺,朱合华. 地下工程[M]. 上海:同济大学出版社,2011.

[6] 王树理. 地下建筑结构设计[M]. 北京:清华大学出版社,2009.

第 7 章　岩土与地下工程监测技术

7.1　岩土工程监测的意义

岩土工程监测是指在岩土工程或地下工程施工过程中，采用精密仪器对反映工程安全的各项变形指标进行监测的技术手段，将监测数据与预警值的对比分析结果反馈于建设各方，使各方实时调整和控制工程的质量和安全。它在工程建设中的重要性，就像医疗仪器在医疗诊断中的一样，是建设者评判工程安全，采取措施控制工程质量的重要依据。尤其是在当下地下空间工程高速发展的时代，地上地下建(构)筑物林立，市政管网和交通网密如蛛网的时期，监测和依此所建立的信息化施工管理系统，在工程建设中的重要性越发突出。实时监测、正确分析、快速反馈、准确判断、合理调整、优化控制是这个时代乃至未来地下空间工程建设的灵魂。因为施工，工程可行；因为监测，工程可控；因为信息化，现在和未来地下空间工程才能向更大、更深的方向发展，城市人民的出行才能更加便利，生活空间才能更加广阔。

监测如同建设者的眼睛，施工如同建设者的双脚，双脚走向哪里，眼睛看到哪里，眼睛看的清晰，脚下的路才能走的更远、更宽、更平稳。

7.2　盾构法施工监测

在盾构隧道施工过程中，复杂多变的地质条件和周边环境，工程规划、勘察、设计和施工上的不足，管片拼装质量差，同步注浆不及时，盾构机偏转等因素，都会导致盾构掘进过程中的地层损失、地面沉降、管片开裂和渗漏水，甚至破坏周边环境。为了减小上述因素的影响效果，减少或避免盾构掘进对周边环境的扰动，就需要对盾构法施工全过程进行动态监测和信息化管理。通过精确监控和量测，基于反馈的监测数据信息，施工员可以及时有效地调整盾构机参数，采取保护措施，最大限度地减少地层的损失和对周边环境的影响。因此，工程监测对于建设者而言，在确保盾构施工质量和安全，以及环境保护方面具有重大意义。

广义的盾构施工监测，不仅包括隧道掘进过程中的施工监测、贯穿后的贯穿量测，周边环境监测，还有附属工程施工监测，如工作井、风井、泵站、旁通道等施工监测。这里仅对盾构机掘进施工监测进行探讨。

7.2.1　监测的目的

(1)监测数据信息反馈，使建设各方能实时了解所穿越地质条件和周边环境，以及盾构机的掘进状态，及时调整盾构施工参数，有效减小对周边地层的扰动和环境的影响。

(2)监测数据拟合和预测分析,预测地层变形,预先调整盾构施工参数,采取防控措施,减小穿、跨越周边环境时,对周边建筑物、管线、道路、桥梁等的影响,降低施工赔偿风险。

(3)通过监测数据预报警,使建设、设计、施工、监理各方提高对工程的关注度。建立多方联动机制,确保盾构正常施工的同时,对于突发性情况,可以快速反应、及时采取有效措施,确保工程安全,同时减少对周边环境的影响,进而降低工程成本。

(4)监测数据的统计归纳和整理存档,为类似工程和科学研究提供理论依据和经验参考。

(5)一旦发生民事纠纷,可以作为法律依据。

7.2.2 监测项目

盾构施工监测的对象大体可分为岩土介质、周边环境、隧道结构。

(1)岩土介质监测一般包括地下水位、孔隙水压力、土压力、土层分层沉降、土体回弹。

(2)周边环境监测一般包括地面、建(构)筑物、桥梁、管线、道路、铁路、隧道、防汛墙等水平位移和竖向位移,建(构)筑物、桥梁倾斜和裂缝等。

(3)隧道结构监测一般包括隧道收敛、沉降、轴线等。

除此之外,为了保证盾构机掘进正常,盾构机操作系统实时对施工参数进行监控,如土压平衡盾构施工参数包括千斤顶推力、掘进速度、出土量、切口土压力、同步注浆压力、注浆量、注浆时间、管片拼装时间、螺旋出土机转速、刀盘扭矩、方向角、俯仰角、回转角、埋深等。

实际工程中,当地质、水文、周边环境发生变化时,盾构机施工参数和监测项目根据需要也在不断调整。

7.2.3 监测方案

监测方案规定了监测工作预期目标、拟采用的技术路线和方法、工作内容和开展计划,以及所需的经费投入等,其制订必须建立在对工程地质条件和周边环境,包括建(构)筑物、道路、管线、桥梁、隧道、人防设施等的详细调查基础上,同时还须与工程建设单位、施工单位、监理单位、设计单位、市政及交通主管单位沟通和协商。

监测方案的制订一般须经以下几个步骤:

(1)收集和阅读拟建场地地质条件、周围环境有关材料。

(2)现场踏勘,重点掌握周边建(构)筑物、道路、管线、桥梁、隧道、人防设施等的分布情况。

(3)拟订监测方案初稿,提交建设单位等讨论审定。初步通过后提交由市政道路监察部门召集主持各相关主管单位参加的协调会议。方案通过后,监测工作方能正式实施。

(4)监测方案在实施过程中可根据实际施工情况适当调整与补充,但大的原则一般不能更改,特别是埋设元件的种类和数量、监测频率和报表数量等应严格按商定的方案实施。

监测方案应包括工程概况、场地工程地质条件、基坑周边环境状况、监测目的、监测依据、测点布置及布点图、监测方法及精度、监测频率、监测报警值、监测成果的主要内容、监测人员组成及主要仪器设备、信息反馈制度等，同时要针对项目特点进行重点、难点分析，并提出相应防范措施和应急预案。

实际工程中，一套完整的盾构隧道施工方案，还需包括附属设施施工监测的内容。

7.2.4　监测频率

监测工作布置的基本原则是在确保隧道施工安全的前提下，本着“经济、合理、可靠”的原则安排监测进程，尽可能建立起一个完整的监测预警系统。监测工作从隧道掘进开始到全线贯通后，延长 1 个月为止。

对地表沉降和周边环境的监测，应在盾构掘进施工前精确测定 2 次取平均值作为初始值。各监测项目在前方距盾构切口 20 m，后方离盾尾 30 m 的监测范围内，监测频率通常为 1 ~ 2 次/d；当盾构切口距监测点一倍盾构直径时和盾尾通过监测点 3 d 以内应加密监测，监测频率加密到 2 次/d；盾尾通过 3 d 后，监测频率为 1 次/d，以后每周监测 1 ~ 2 次，直至变形稳定。当监测变化较大时，可增加监测频率。监测频率应根据工程情况适度调整。

7.2.5　监测点的布设原则

监测点的布设原则应在监测方案之上，根据工程实际中盾构穿越的地质条件、周边环境、盾构机类型、盾构施工工艺进行合理化调整和补充，一般遵循的基本布点原则如下：

(1) 按监测方案在现场布设测点，当现场情况发生变化时，应及时调整布点。

(2) 测点应布设在设计要求的关键部位，通过监测数据信息反馈，可以辅助设计及时调整方案，进一步指导施工。

(3) 各项目的监测点既能反映对象的变形特征，又便于仪器监测，且有利于测点保护。

(4) 监测点的位置不能妨碍正常施工，同时不会影响结构的正常受力状态，导致结构损伤。

(5) 各项目布点的空间位置应保持一致，在同一监测断面内的各项目的监测数据可以相互验证。

(6) 应严格按照相关规范埋设测点，采集初始值，并准确记录。

(7) 监测点遭到破坏时，应及时在原位置增补测点。如果原位置无法补点，应在紧邻原位置附近补点，并确保补点数据同样能反映对象的变形特征，确保监测数据的连续性。

7.3　矿山法施工监测

7.3.1　监测的目的及意义

矿山法隧道施工监测的目的和意义在于：

(1) 及时掌握和提供围岩及支护系统变化信息和工作状态。

(2)评价围岩和支护系统的稳定性、安全性。

(3)及时预报围岩险情,以便采取措施,防止事故发生。

(4)指导安全施工,修正施工参数或施工工序。

(5)验证、修改设计参数。

(6)为地下隧洞设计和施工积累资料,为围岩稳定性理论研究提供基础数据。

(7)对地下隧洞未来性态做出预测。依据各类监测曲线的形态特征,可掌握其变化规律,进而对未来性态做出有效的预测。

(8)法律及公证的需要。经过计量认证的监测单位,其所提供的加盖有 CMA 章的监测结果,具有公证效力。对由于工程事故而引起的责任和赔偿问题,监测资料有助于确定其原因和责任。

7.3.2　监测的项目

除周边环境外,矿山法隧道内结构监测内容见表 7-1。

表 7-1　矿山法隧道内结构监测一览表

监测项目	监测内容	监测仪器	适用范围
巡视检查	①开挖掌子面围岩稳定性;②围岩构造情况;③围岩和支护变形及稳定性;④校核围岩类别	目视、地质锤、地质罗盘	隧道内各位置
变形监测	①围岩表面变形监测;②围岩内部变形监测;③支护表面变形监测	收敛计	监测隧道岩壁上两点间的相对位移
		位移计	监测围岩中不同深度处各点之间的相对位移和绝对位移
		测斜仪	监测钻孔内垂直于钻孔方向的位移
应变监测	①围岩内部应变监测;②支护(喷混凝土)内部应变监测;③衬砌内部应变监测	挠度计	监测隧道岩壁上各点或某一点的位移
		应变计、光纤、光栅	监测围岩、支护、衬砌结构的应变,并计算应力
		应变砖	监测支护、衬砌结构应变,并计算应力
		锚杆(钢筋)应变计	测量围岩应变、锚杆(钢筋)应变,并计算应力
应力监测	①围岩初始应力监测;②围岩二次应力监测;③支护、衬砌内部应力监测;④围岩支护间接触应力监测	液压应力计、差动电阻应力计、钢弦应力计、钢筋计、荷载测力计	测量围岩、支护结构的应力及两界面的压力

续表 7-1

监测项目	监测内容	监测仪器	适用范围
地下水位和水压力监测	①地下水位;②地下水渗透压力;③外水压力	测尺、渗压计	测量围岩内部、作用在支护结构上的地下水位压力
温度监测	①围岩温度;②混凝土温度;③气温和水文	电阻温度计、一般温度计	测量围岩内部、支护衬砌混凝土及洞内气温、水温等
松弛圈监测	①围岩爆破松弛范围监测;②围岩二次应力调整松弛范围监测	声波仪、钻孔多点位移计	适用地下隧道开挖后不同时期围岩松弛变化监测
动态监测	①围岩及支护系统动载监测;②围岩结构振动速度监测;③围岩声波速度监测	高频应变仪、多点位移计	测量大型隧洞开挖爆破影响,测量地下隧洞声波波速

7.3.3　监测方案设计

7.3.3.1　监测项目的确定原则

1. 以安全监测项目为主

作为判断地下隧洞围岩稳定的最直观、最可靠的位移监测和应力监测,应成为最主要的监测项目。其中对中小地下隧洞,应以围岩收敛监测为主;对具有高边墙、大跨度的地下厂房,其位移监测项目(仪器),应以钻孔多点位移计为主,钻孔测斜仪配合,前者可测量围岩内部不同深度处位移,后者则具有隐蔽性特点及位移变化连续性特点。无论是哪一个监测项目,其在空间分布和在数量上,都应体现以安全监测为主的原则。

2. 监测项目设计宜体现全面

监测项目不仅要重点突出,还要考虑全面的原则,因为监测目的是多方面的,不仅要考虑围岩安全,还要考虑荷载条件及变化、设计计算等要求,但对于次要监测项目,如围岩温度监测,宜少量布置。

3. 监测项目宜同步设置

对系统监测断面的监测点及重要部位的随机监测点,应同时埋设两类或两类以上监测项目仪器),如围岩内部位移监测、锚杆应力监测、锚索应力监测等。这样可通过成果的互相印证,提高成果的可靠性。

4. 少而精

对长期监测项目(包括施工期和运行期),应在反映地下围岩实际工作状况的前提下,力求做到少而精。

5. 经济性原则

在保证监测仪器质量的前提下,应适当考虑监测仪器的经济性。

7.3.3.2　监测项目分类

《锚杆喷射混凝土支护技术规范》(GB 50086—2001)规定的监测项目如表 7-2 所示，并将其分为必测项目和选测项目。

表 7-2　监测项目分类一览表

项目	必测项目			选测项目							
序号	(1)	(2)	(3)	(4)	(5)	(6)	(7)	(8)	(9)	(10)	(11)
名称	地质和支护状况观察	周边位移	拱顶沉降	地表沉降	围岩内部位移	松动区范围	围岩压力	两层支护间接触应力	钢架结构受力	支护结构内力	锚杆应力

日本《新奥法设计技术指南(草案)》将采用新奥法修建地下工程时所进行的监测项目分为 A 类和 B 类，其中 A 类是必测的项目，B 类是选测的项目，其建议的具体项目见表 7-3。从表 7-2 和表 7-3 可知，选测项目是由于岩土工程条件、工程规模、工程性质等具体条件和设计要求不同而选择的监测项目。

表 7-3　监测项目分类一览表

围岩条件	A 类监测			B 类监测						
	洞内观察	洞内收敛	拱顶沉降	地表沉降	地中沉降	锚杆轴力	衬砌应力	锚杆拉拔试验	围岩试件	洞内弹性波
硬岩地层(断层等破碎带除外)	Δ	Δ	Δ	×	⊙	⊙	×	×	×	×
软岩地层(不产生很大的塑性地压)	Δ	Δ	Δ	×	⊙	⊙	⊙	×	×	×
软岩地层(塑性地压很大)	Δ	Δ	Δ	×	Δ	Δ	√	×	√	×
土砂地层	Δ	Δ	Δ	Δ	⊙	⊙	√	Δ	×	

注："Δ"为必测项目；"√"为应测项目；"×"为选测项目；"⊙"为此类项目监测结果对判断设计是否保守是很有用的。

7.3.3.3　监测布设

监测布设包括监测断面的确定(断面间距)和监测测点的布置。监测断面又可分为系统监测断面和一般监测断面。监测数据互相校验、印证，综合分析监测断面的变化，这种监测断面称为系统监测断面；仅将单项监测内容布置在一个监测断面内(通常指收敛监测断面或称必测项目断面)，了解围岩和支护在这个断面上各部位的变化情况，这种监测断面称为一般监测断面。

通常认为，从围岩稳定性监控出发，应重点监测围岩质量差及局部不稳定块体；从反馈设计、评价支护参数合理性出发，则应在代表性的地段设置监测断面；在特殊的工程部位(如洞口和分叉处)，也应设置监测断面。

1. 监测断面的确定(断面间距)

《锚杆喷射混凝土支护技术规范》(GB 50086—2001)中规定：一般性监测断面(必测项目断面)，监测断面间距为 20 ~ 50 m；对系统监测断面，仅规定选择有代表性的地段测试。该规范同时规定,测点布置的数量与地质和工程有关。在地质条件差和重要工程情况下,应从密布点。

系统监测断面间距,其位置与数量由具体需要而定,对洞径小于 15 m 的长隧洞,在一般围岩条件下,应 200 ~ 500 m 设一个断面。

在一般的铁路和公路隧洞中,根据围岩类别,隧洞收敛位移和拱顶沉降监测断面间距定为:Ⅱ类,5.0 ~ 20 m;Ⅲ类,20 ~ 40 m;Ⅳ类,40 m 以上(注:铁路和公路隧洞围岩类别划分有所不同,详见相关规范)。

具有高边墙、大跨度等特点的水电站地下厂房,其系统监测断面间距一般为(1 ~ 1.5)D(D 为厂房跨度)。

2. 监测点布置形式

监测点的布置形式,主要依据隧洞断面尺寸、形状、围岩地质条件、开挖方式、工序、支护类型等因素而定。在安装埋设和监测过程中,可依据具体情况进行适当的调整。

1)围岩收敛位移

收敛点的布置,应根据监测目的、地质条件、隧洞的形态和大小等确定。比较常见的布置形式如图 7-1 所示。

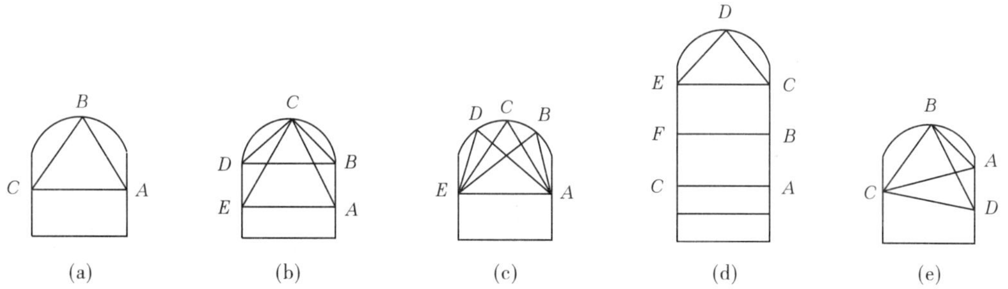

图 7-1　收敛点布置示意图

若收敛监测的目的主要是为围岩稳定监控服务,且隧洞尺寸不大,则选用图 7-1(a)布点(线)方式即可;若收敛监测的目的,是要反算岩体地应力场和围岩力学参数,或计算边墙两侧中部下沉量,则选择图 7-1(b)、(c)的布点(线)方式较好;当地下隧洞边墙很高,如大于 30 m 时,为了监测可行和方便,则选用图 7-1(d)的布点(线)方式较好;若为求一侧边墙下沉量(如边墙中部有断层存在时),则选用图 7-1(e)的布点(线)方式较好。

2)钻孔位移计监测孔布置形式

钻孔位移计监测孔常布置在地下隧洞的拱顶、边墙和拱脚部位,图 7-2 为位移计监测孔布置常采用的几种形式。当地下隧洞高度和宽度差别不大,围岩又存在各向异性时,可选用图 7-2(a)、(b)布置形式;当围岩比较均一时,钻孔位移计则可仅布置在隧洞的一侧,如图 7-2(c)、(d)布置形式;当地下隧洞规模大,且高宽比大于 2.0 时,则宜选用图 7-2(e)布置形式;当拟掌握隧洞围岩位移变化的全过程时,则可选择由地表向下钻孔,通过钻孔向预定开挖的隧洞围岩中预埋钻孔位移计,如图 7-2(f)所示。

3)锚杆应力计监测孔布置形式

锚杆应力计通常布置在地下隧洞的拱顶,及边墙中部、中下部和拱脚部位。图 7-3 为

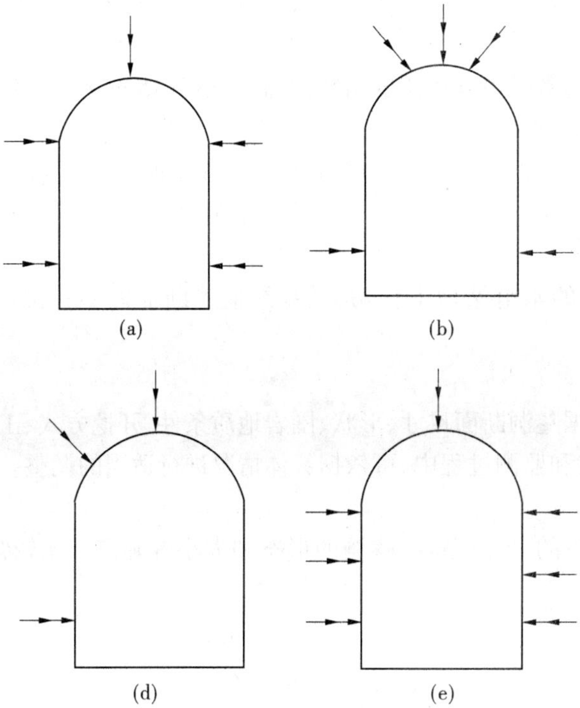

图 7-2　钻孔位移计监测孔布置示意图

钻孔锚杆应力计监测孔布置常用的几种形式。当地下隧洞高度和宽度差别不大,洞径(宽)小于 10 m 时,可选用图 7-3(a)布置形式;当地下隧洞高度和宽度差别不大,洞径(宽)大于 10 m、小于 20 m 时,可选用图 7-3(b)布置形式;当地下隧洞规模大,且高宽比大于 2.0 时,则宜选用图 7-3(c)布置形式;当围岩比较均一时,锚杆应力计也可仅布置在隧洞一侧,如图 7-3(d)所示。

4)钻孔测斜监测孔布置形式

对高边墙、大跨度的地下厂房,钻孔测斜监测孔可布置在边墙两侧中部距边墙 2.0 ~ 2.5 m 的围岩内,当围岩地质条件均一时,可仅在边墙一侧布置,中小地下隧洞边墙两侧可不布置钻孔测斜仪。

5)支护结构应力应变监测点布置形式

混凝土衬砌(喷层)应力应变监测布置,除应与锚杆应力监测孔布置相对应外,还应在有代表性的部位布置监测点,以便掌握混凝土衬砌(喷层)在整个断层上的受力状态和支护作用。此外,在支护结构应力应变监测点布置时,还应考虑特殊地质部位、特殊结构部位及地下隧洞是否有偏压、位移是否对称、有无底鼓可能性等因素。

7.3.3.4　监测频率

各监测项目原则上应根据其变化的大小和距工作面距离来确定监测频率。如隧洞收敛位移和拱顶下沉的监测频率可根据位移速度及离开挖面的距离而定。当不同的测线、测点位移量和速度不同时,应以产生最大位移者来决定量测频率,整个断面内各测线和测点应采用相同的监测频率。

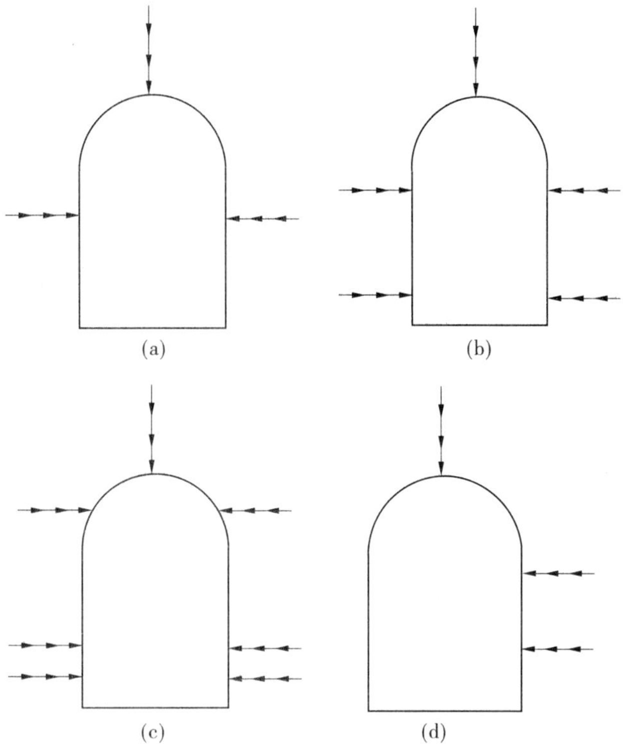

图 7-3　锚杆应力计监测孔布置示意图

《锚杆喷射混凝土支护技术规范》(GB 50086—2001)规定的监测频率为:在隧洞开挖或支护后的半个月内,每天应监测 1 ~ 2 次;半个月后到一个月内,或掌子面推进到距监测断面大于 2 倍洞径的距离后,每 2 d 监测一次;1 ~ 3 个月期间,每周测读 1 ~ 2 次;三个月以后,每月测读 1 ~ 3 次。若设计有特殊要求,则可按设计要求执行。若遇突发事件或原因参量发生异常变化,则应按特殊监测要求执行,即应加强监测,增加监测频率。

日本《测量指南》中规定的监测项目与监测频率见表 7-4。

表 7-4　监测项目及频率表

类型	项目	监测频率		
		0 ~ 15 d	16 ~ 30 d	31 d 以上
A 类监测	洞内观察及调查	1 次/d	1 次/d	1 次/d
	收敛位移、拱顶下沉	1 次/d	1 次/2d	1 次/周
B 类监测	围岩内部位移、锚杆轴力、衬砌应力	1 ~ 2 次/d	1 ~ 2 次/d	1 次/周
	洞内弹性波速度	1 次	1 次	1 次

7.4　边坡工程施工监测

7.4.1　监测目的

边坡工程监测是边坡研究工作中的一项重要内容，随着科学技术的发展，各种先进的监测仪器设备、监测方法和监测手段的不断更新，边坡监测工作的水平正在不断提高。开展边坡工程监测的目的如下：

(1)评价边坡施工及其使用过程中边坡的稳定程度，并做出有关预报，为业主、施工方及监理方提供预报数据，跟踪和控制施工进程，对原有的设计和施工组织的改进提供最直接的依据，对可能出现的险情及时提供报警值，合理采用和调整有关施工工艺和步骤，做到信息化施工，取得最佳经济效益。对于正在滑动的滑坡体掌握其演变过程，及时捕捉崩塌、滑坡等灾害的特征信息，对崩塌、滑坡的预测预报及治理工程等，提供可靠的资料和科学依据。

(2)为防治滑坡及可能的滑动和蠕动变形提供技术依据，预测和预报今后边坡的位移、变形的发展趋势，通过监测可对岩土体的时效特性进行相关的研究。通过监测可掌握崩塌、滑坡的变形特征及规律，预测预报崩滑体的边界条件、规模、滑动方向、失稳方式、发生时间及危害性，并及时采取防灾措施，尽量避免和减轻灾害损失。通过监测可为决策部门提供相应参数依据，为有关方面提供相关的信息，以制订相应的防灾救灾对策。

(3)对已经发生滑动破坏的边坡和加固处理后的滑坡，监测结果也是检验崩塌、滑坡分析评价及滑坡处理工程效果的尺度。因而，监测是崩塌滑坡调查、研究和防治工程的重要组成部分，又是崩滑地质灾害预报信息获取的一种有效手段。通过监测可为决策部门提供相关数据，使有关方面及时做出相应的对策。

(4)为进行有关位移分析及数值模拟计算提供参数。对于岩土体的特征参数，由于通过试验无法直接取得，通过监测工作取得的数据建立相关的计算模型，进行有关分析计算。

7.4.2　监测内容

边坡监测包括施工安全监测、处治效果监测和动态长期监测。一般以施工安全监测和处治效果监测为主。

边坡监测的具体内容应根据边坡的等级、地质及支护结构的特点进行考虑，通常对于一类边坡防治工程，建立地表和深部相结合的综合立体监测网，并与长期监测相结合；对于二类边坡防治工程，在施工期间建立安全监测和防治效果监测点，同时建立以群测为主的长期监测点；对于三类边坡防治工程，建立群测为主的简易长期监测点。边坡监测项目分类及其监测内容见表 7-5。

表7-5　监测项目及监测内容

序号	监测项目	监测内容
①	裂缝监测	①地表裂缝监测;②建(构)筑物裂缝监测
②	位移监测	①地表位移监测;②地下位移监测
③	滑动面监测	滑动面位置测定
④	地表水监测	①自然沟水的监测;②河、湖、水库水位监测;③湿地监测
⑤	地下水监测	①钻孔、井水的监测;②泉水监测;③孔隙水压力监测
⑥	降水量监测	降水量、降雪量监测
⑦	应力监测	滑带应力监测、建筑物内力监测
⑧	宏观变形迹象监测	

7.4.3　监测方法

边坡工程监测主要采用简易监测法、设站监测法、仪表监测法和远程监测法四种方法。

7.4.3.1　简易监测法

简易监测法是通过人工监测边坡工程中地表裂缝、地面鼓胀、沉降、坍塌、建筑物变形特征(发生和发展的位置、规模、形态、时间等)及地下水位变化、地温变化等现象,也可在边坡体关键裂缝处埋设骑缝式简易监测桩;在建(构)筑物(如房屋、挡土墙、浆砌块石沟等)裂缝上设置简易玻璃条、水泥砂浆片、贴纸片;在岩石、陡壁面裂缝处用红油漆画线作监测标记;在陡坎(壁)软弱夹层出露处设置简易监测标桩等,定期用各种长度量具测量裂缝长度、宽度、深度变化及裂缝形态、开裂延伸的方向。简易监测法适合于监测发生病害的边坡,可对崩塌和滑坡的宏观变形迹象及与其有关的各种异常现象进行定期的监测、记录,从宏观上掌握崩塌、滑坡的变形动态和发展趋势。该法也可以结合仪器监测资料综合分析,初步判定崩滑体所处的变形阶段及中短期滑动趋势。

7.4.3.2　设站监测法

设站监测法是指在充分了解工程场区的工程地质背景的基础上,在边坡上设立变形监测点(呈线状、格网状等),在变形区影响范围之外稳定地点设置固定监测站,用测量仪器(经纬仪、水准仪、测距仪、摄影仪及全站型电子速测仪、GPS 接收机等)定期监测变形区内网点的三维(X、Y、Z)位移变化的一种行之有效的监测方法。此法主要指大地测量、近景摄影测量及 GPS 测量与全站式电子速测仪设站监测边坡地表三维位移的方法。

7.4.3.3　仪表监测法

仪表监测法是指用精密仪器仪表对变形斜坡进行地表及深部的位移、倾斜(沉降)动态,裂缝相对张、闭、沉、错变化及地声、应力应变等物理参数与环境影响因素进行监测。目前,监测仪器的类型一般可分为位移监测、地下倾斜监测、地下应力测试和环境监测四大类。按所采用的仪表可分为机械式仪表监测法(简称机测法)和电子仪表监测法(简称电测法）。其共性是监测的内容丰富、精度高（灵敏度高），测程可调，仪器便于携带；可以避免恶劣环境对测试仪表的损害，监测结果直观、可靠度高，适用于斜坡变形的中、长期监测。

电测法是将电子元件制作的传感器（探头）埋设于边坡变形部位，通过电子仪表（频率计等）测读，再将电信号转换成测读数据的方法。该方法技术比较先进，原理和结构比机测仪表复杂，监测内容比机测法丰富。仪表灵敏度高，也可进行遥测，适用于边坡变形的短期或中期监测。

从适用条件考虑，电子仪表对使用环境要求相对较高。电子仪表往往不适于在潮湿、地下水侵湿、酸性及有害气体的恶劣环境条件下工作。因此，选用电测仪表时，一定要具有防风、防雨、防腐蚀、防震、防雷电干扰等措施，并使电测仪表与监测的环境相适应，以保障仪器仪表的长期稳定性及监测结果的可靠度。

一般而言，精度高、测程短的仪表适用于变形量小的边坡变形监测；精度相对低、测程范围大、量测范围可调的仪表适用于边坡变形处于加速变形或临崩、临滑状态时的监测。为增加边坡研究的可靠性和直观性，将机测和电测相结合使用，互相补充和校核，效果最佳。

7.4.3.4 远程监测法

伴随着电子技术及计算机技术的发展，各种先进的自动遥控监测系统相继问世，为边坡工程，特别是边坡崩塌和滑坡的自动化连续遥测创造了有利条件。电子仪表监测的内容，基本上能实现连续监测，自动采集、存储、打印和显示监测数据。远距离无线传输是该方法最基本的特点，由于其自动化程度高，可全天候连续监测，故省时、省力和安全，是当前和今后一个时期滑坡监测发展的方向。

7.4.4 监测项目

监测项目应根据不同工程阶段、地质条件、结构设计需要、工程的重要性、施工和支护方法以及经费的承受能力等选定，见表7-6。大多数边坡的监测系统都以变形为主要监测项目，但具体到实际工程边坡，应全面分析、综合考虑。

以下给出具体的边坡监测项目及其适用范围：

（1）大地测量水平变形、垂直变形监测对边坡和滑坡及其不同阶段都可适用。

（2）正垂线法、倒垂线法一般只适用于重大的人工边坡工程。

（3）表面倾斜监测一般适用于边坡施工期和滑坡整治期监测，它有安装、监测、整理资料简便的优点，但缺点是测量范围小，受局部地质缺陷的影响大。

（4）地表裂缝包括断层、裂缝等。其监测包括裂缝的张开、闭合和剪切、位错等，一般用于施工和整治期。对于重大的裂缝，运行期和整治后也应继续监测。

（5）钻孔深部位移监测，包括测水平位移的钻孔测斜仪法和测孔轴向位移的多点位移计法，对边坡和滑坡及其不同阶段都可适用。对于有条件的大型边坡和重大滑坡，大地测量和钻孔深部位移测量可同时采用，对于一般的边坡和滑坡也可选择两者之一进行监测。深部位移监测常用的钻孔测斜仪法更普遍、更适合于边（滑）坡稳定性监测。视具体工程情况（如重要性和经费条件）可两法同用，也可选择其中之一。

表 7-6　监测项目

序号	监测项目	人工边坡		天然滑坡		
		施工期	运行期	前期	整治期	整治后
1	大地测量水平变形	√	√	√	√	√
2	大地测量垂直变形		√			
3	正垂线、倒垂线	√	√	√	√	√
4	表面倾斜	√	√	√	√	√
5	地表裂缝	√	√	√	√	√
6	钻孔深部位移	√	√	√	√	
7	爆破影响监测	√		√		
8	渗流渗压监测	√	√	√	√	
9	雨量监测	√	√	√	√	
10	水位监测		√	√	√	√
11	松动范围监测	√				
12	加固效果监测	√	√		√	√
13	巡视检查	√	√	√	√	√

(6)爆破影响监测。一般只用于施工期采取爆破开挖的工程,只用于爆破开挖的施工阶段。其目的在于控制爆破规模、检验爆破效果、优化爆破工艺、减小爆破对边(沿)坡的影响,避免超挖和欠挖,确保施工期边(滑)坡的稳定和安全。

(7)渗流渗压监测,是边(滑)坡重要监测项目,因为水的作用是影响边(滑)坡稳定和安全的重要外因。

(8)雨量与江河水位监测。与渗流渗压监测同是水作用的三个不同方面的监测。江河水位的变化对于临滑的测点、测孔的影响较大,降雨是引起江河水位上升的直接原因。

(9)松动范围监测。是指测定由于爆破的动力作用、边坡开挖地应力释放引起的岩体扩容所导致的边坡表层的松动范围,可以作为锚杆、锚索等支护设计和岩体分层计算的科学依据。

(10)加固效果监测。只对采取了加固措施(如锚杆、锚索、阻滑键、抗滑桩等)的工程进行抽样监测。

(11)巡视检查。无论对边坡工程还是天然滑坡,无论是施工(整治)期还是运行(整治后)期都是适用的,它是仪器监测必要和重要的补充。

7.4.5　边坡变形监测

7.4.5.1　地面变形监测

地面变形监测通常采用的仪器有两类,一是大地测量(精度高的)仪器,如红外仪、经纬仪、水准仪、全站仪、GPS 等,这类仪器只能定期地监测地面位移,不能连续监测地面位移变化。当地面明显出现裂隙及地面位移速度加快时,使用大地测量仪器定期测量显然满足不了工程需要，这时应采用能连续监测的设备，如全自动全天候的无线边坡监测系统等。二是专门用于边坡变形监测的设备，如裂缝计、钢带和标桩、地面位移伸长计和全自动无线边坡监测系统、光纤应变监测系统等。

地面变形监测主要采用边坡工程监测方法中的设站监测法和仪表监测法，包括大地测量法、摄影测量法、测量机器人监测系统、自动化监测网及光纤应变监测系统。

1. 大地测量法

大地测量法是在变形边坡地区设置监测桩、站、网，在变形边坡以外的稳定地段设置固定站进行监测。由固定站用经纬仪、水准仪、钢尺等，按时监测边坡变形范围内网点的水平位移和垂直位移。其网形布置主要取决于监测区的范围、地形条件以及监测要求，一般采用十字形监测网、放射形监测网、方格形监测网等，如图 7-4 所示。

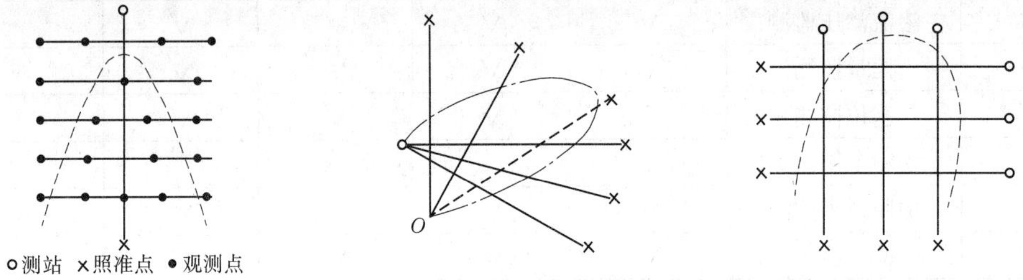

(a)十字形监测网　(b)放射形监测网　(c)方格形监测网

图 7-4　大地测量法网形布置图

各次监测的间隔时间，随边坡岩体移动量大小、变形特征、监测目的以及有滑动危险的建筑物等级而定。降雨后应适当增加监测次数，对于正在变形滑动的边坡，要严加监视，必要时应进行昼夜连续监测。监测方法、精度等均应满足测量要求。

2. 摄影测量法

摄影测量法是用地面摄影经纬仪，在不同的时间内，对边坡进行摄影测量，适用于大面积边坡的移动测量。每次摄影测量，需从两个固定点对边坡进行全面拍摄，再利用所得照片用与之专门配套的测图仪确定边坡上各点的空间位置，其原理是测量学的交会法。摄影测量法的优点是：它测量的不是边坡上个别监测点的移动，而是整个监测视野内边坡上所有点的移动，对人员不能到达的地方也能测量。

摄影测量精度主要取决于 y 距（又称纵距）及摄影经纬仪的焦距。一般来说，纵距越小，精度越高；焦距越长，精度越高。因此，若用摄影测量法作为边坡变形监测，应根据边坡变形量的大小及 y 距长短选用适当的摄影经纬仪。较大的滑坡，y 距一般都较大，因此最好在相邻测次间的变形量大于 0.1 m 时才使用此法。

3. 测量机器人监测系统

测量机器人监测系统，具有自动识别目标的 ATR（Automatic Target Recognition）功能，能自动搜索、照准目标，实现角度、距离的全自动化测量，从而改进传统的变形监测方法、完善传统的变形监测理论、减轻劳动工作强度等。

边坡工程变形自动监测系统的构成，包括监测站、控制机房、基准点、变形点等。该系统采用计算机程序控制 TCA 自动化全站仪，具有数据通信、数据采集、数据处理、数据组织管理等功能,每隔一定时间(如10 min),按极坐标的方式智能化地实时采集所有基准点及变形点的水平角、垂直角和斜距等测量数据与仪器状态信息,与此同时用频率校准仪定时测量全站仪精测调制频率,用数字温度计、气压计、湿度计测定气象元素。控制机房内计算机自动存储各种数据,并计算出考虑气象、尺长、仪器常数、反光镜常数等改正后的精确距离,从而推算出各变形移动点的三维坐标。

4. 自动化监测网(3S技术)

随着3S技术即地理信息系统(Geography Information System,GIS)、全球卫星定位系统(Global Positioning System,GPS)和遥感遥测系统(Remote Sensing,RS)的问世,边坡工程自动化监测技术又有了很大的发展。在GIS支持下,融GPS与RS以及常规监测手段为一体的新型完整的变形监测系统正在形成。

5. 光纤应变监测系统

光纤应变监测系统,按光的载体可分为基于拉曼散射的分布式光纤检测系统、基于瑞利散射的分布式光纤监测系统和基于布里渊散射的分布式光纤检测系统等形式。当前,前两种形式的研究和应用较多,后一种形式是国际上近年来才研发出来的一项尖端技术,国内对此技术的研究才刚刚起步。

与传统的电阻式测试技术相比,光纤应变监测技术具有明显的优点:光纤应变监测技术可以进行分布式监测;它不需要对测点输入电源,只要输入光源,因此其不受电磁等干扰,稳定性好;监测精度高,完全可以满足工程监测的要求;同时,光纤应变监测技术可以进行远程监测,便于与各种管理系统及应急监视处理系统联网。

7.4.5.2 边坡表面裂缝量测

边坡和建筑物(挡土墙、房屋、水沟、路面等)上的裂缝是滑坡变形最明显的标志。对这些裂缝进行监测是最简单易行又最直接的监测,在整个监测系统中是首先要采用的。

1. 简易监测法

简易监测法是最简单的一种方法,即在滑坡周界两侧选择若干个点,在动体和不动体上各打入一根桩(木桩或钢筋),埋入土中的深度不小于1.0 m,桩顶各钉一小钉或作十字标记,定时用钢尺测量两点间的距离,即可求出两柱间距的变化。若在不动体上设两个桩,滑动体上设一个桩,形成一个三角形,从三边长度变化可求出滑动体的移动方向和数值。一般在滑坡主轴断面上的后壁和前缘出口处应设两组桩,以便测出滑坡的绝对位移值和平均位移速度。

2. 垂球法

为了能同时测出滑动体的位移大小和方向,在不动体上水平打入一根桩,测量时在桩上吊一垂球,在垂球下的动体上设一混凝土墩,墩顶面画上方格坐标,即可测出移动的数值和路径。若垂球线长度固定,还可大致测出滑体的沉降量。

3. 建筑物裂缝贴片监测

建筑物上的裂缝监测可以在裂缝两侧设固定点(如涂油漆)用尺量距,也可在缝上贴水泥砂浆片(贴片处必须清洗、凿毛以便粘贴牢固),监测水泥砂浆片被拉裂、错开等情况,如图7-5所示。

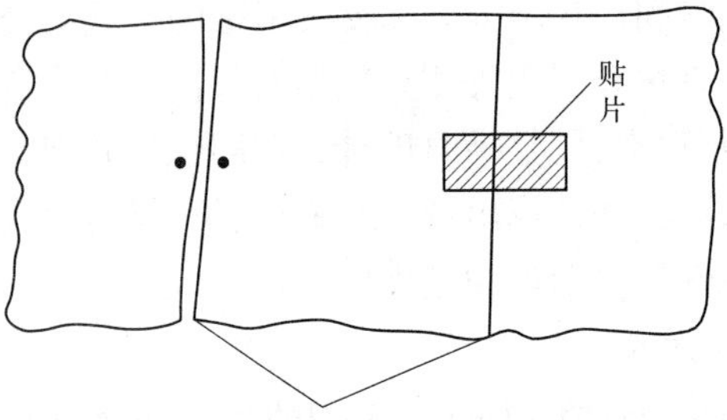

图 7-5　建筑物裂缝贴片监测

4. 滑坡裂缝和位移监测

国外广泛使用滑坡记录仪(也叫伸缩计、滑坡计)监测滑坡裂缝,如图 7-6 所示。它是一个带计时钟的滚筒记录装置,固定在裂缝外的不动体上,滑体上设监测点,监测点与记录仪之间的距离以 15 m 左右为宜。中间拉一铟钢丝(ϕ0.5 mm),铟钢丝外应设塑料管或木槽保护,以防动物碰撞,并将位移随时间的变化记录在记录纸上。一周或一个月换一张记录纸,可连续记录。此记录仪还可带报警器,当位移达到规定数值时,自动报警。

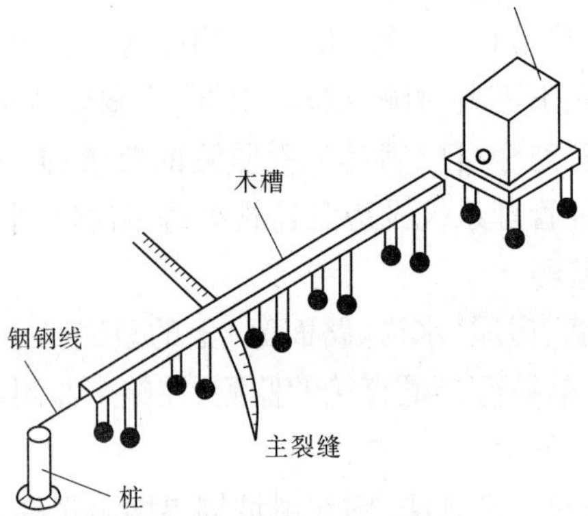

图 7-6　滑坡自动记录仪

近年来,我国研究制造了由单板机控制的自动记录仪。如 KHB－1 型滑坡自动记录和报警器,可带 16 个探头,可测量位移、雨量和水位,还能自动报警,能分出位移是拉伸还是压缩,而且有较强的抗干扰性能。记录仪距测点间距离可达 600～800 m(即电线的长度),可以交、直流电两用。滑坡记录仪既可作裂缝监测,又可作滑坡位移监测。为了掌握整个滑坡各部分的变化,可沿主轴线布设若干台滑坡记录仪,以便连续记录和分析。

7.4.5.3　边坡岩体表面移动的监测

在边坡表面测量岩体移动的装置,其种类和形式较多,各单位、各部门根据其测量的需要,设计制造出多种多样的测量装置,有的可间断地直接读数,有的设有自动记录装置可以连续读数,有的可以远距离读数,有的与报警系统连接,当边坡处于危险状态时也可以发出警报。常用的边坡表面测量岩体移动的装置主要有简易装置、地面伸长计、钢绳伸长计等。

简易装置是指在边坡表面上监测岩体移动的、简单的测量工具,一般不需要特殊的仪器设备,可以在位移地点进行监测,直接找出量测数据或经过简单计算后得出测量的结果。最简单的装置是在岩体表面的裂隙上粘贴石膏片、水泥砂浆片或玻璃片，根据这些贴片的变化，即可观察或测量裂隙的发展情况。另外，可在边坡裂隙两侧岩体中各设一桩，桩的连线平行于滑动方向，定时用钢尺或游标卡尺量出两桩距的变化，即表示裂隙两侧滑坡的相对位移值（如一个桩在不动体上，则所量测的数值就是滑坡体的绝对移动量）；也可在裂隙两端的岩体中埋入标尺，从尺上直接读出滑坡的位移值。

7.4.5.4　边坡深部位移和滑动面监测

边坡滑动的位置，随滑体的结构而异。滑体相对密实、含水较少的滑体多整体滑移，滑动面至地面各点位移基本相同或非常接近。旋转滑动、滑体含水量较高者，滑体内的位移和地面常不一致。因为仅靠钻孔岩芯的鉴定和分析，对位移较小的滑坡，很难判定是哪一层在动，滑动面判定不准，不仅造成浪费，还可能导致工程失败。因此，滑动面位置的测定就变得十分重要。这也使人们对边坡地下位移监测产生了兴趣。

1. 简单地下位移监测

1）塑料管钢棒监测法

在钻孔中埋入塑料管（连接要光滑）到预计滑动面以下 3 ~ 5 m，然后定期用直径略小于管内径的钢棒放入管中测量。当滑坡位移将塑料管挤弯时，钢棒在滑面处被阻就可以测出滑动面的位置。这种方法只能测出上层滑动面的位置。当滑动面多于两层时，可以事先放一棒在孔底，用提升的办法测下层滑带的位置。

2）变形井监测

为了监测地面以下各点的位移，可以利用勘探井，在井中放置一串叠置的井圈（混凝土圈或钢圈），如图 7-7 所示。圈外充填密实，从地面上向井底稳定层吊一垂球作监测基线。当各个圈随滑坡位移而变位时，即可测出不同深度各圈的位移量，并可判定滑动面的位置。

3）剪切带

剪切带的作用是探测滑动面的位置，其构造示意图如图 7-8 所示。剪切带的衬带由柔软的酚质材料制成，衬带的两侧有两条平行的铜质薄膜 2，铜膜之间按一定距离并联若干电阻丝 3。电阻丝间距大小按测量要求而定，可为 10 ~ 100 cm。

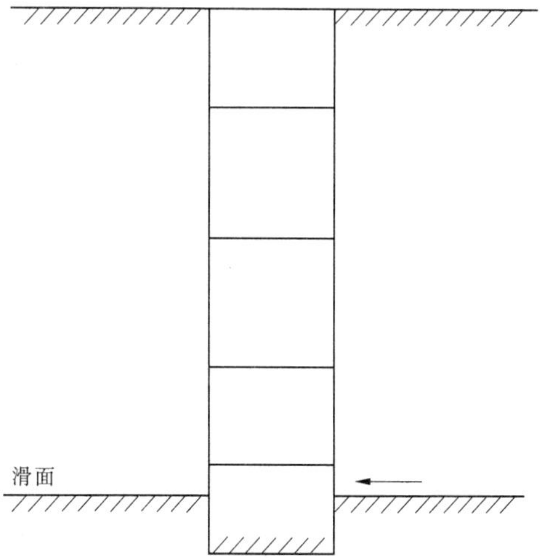

图 7-7　变形井监测

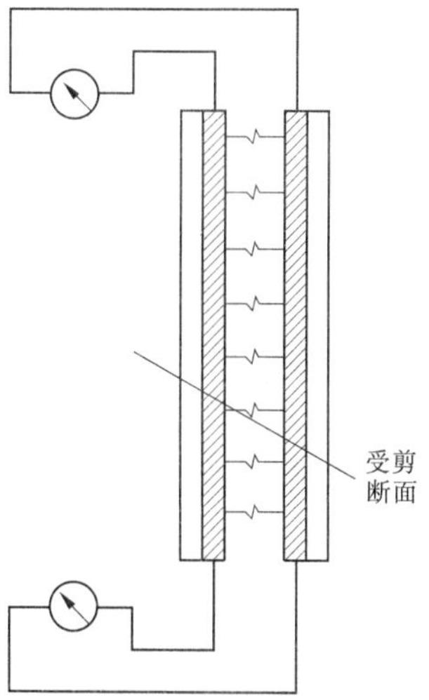

图 7-8　剪切带

剪切带的工作原理是:在需要测定的地方钻孔,深度需穿过可能的滑动面,然后将剪切带放入钻孔内,用水泥砂浆将它和岩体固结成整体。剪切带铜膜的上、下两端各有导线穿过橡胶保护层引出地面,能分别构成闭合电路。当边坡发生滑动时,剪切带将被剪断,铜膜错开后电流不能在断开处通过,电流在上半段和下半段两个铜片之间经电阻丝分别构成单独的闭合回路,通过电表可测出各个回路电阻值。按测定的结果,测量剪切带上、下端至断开处的长度,从而可确定出破坏面的位置。使用这种方法只能确定滑动面的位置,不能测出位移量。

2. 应变管监测

应变管是将电阻应变片粘贴于硬质聚氯乙烯管或金属管上,埋入钻孔中,管外充填密实,管随滑坡位移而变形,电阻应变片的电阻值也跟着变化,由此分析判断出地下位移和滑动面的位置。具体是将塑料管和三节导向管联结为一组,贴电阻应变片,由监测结果判定滑动方向。管上电阻应变片的间距以 20 ~ 25 cm 为宜,应变管长度为 3 ~ 6 m,用定向杆放入可能滑动面的上、下面。

该方法的优点是操作容易,造价低,测定仪器不复杂。用该方法的关键是贴片工艺和防潮,在孔中有水时其使用寿命有限。其缺点是不易直接测出位移值。

3. 钻孔测斜仪监测

钻孔测斜仪应用到边坡工程中的时间不长,它用来测量垂直钻孔内测点相对于孔底的位移(钻孔径向)。监测仪器一般稳定可靠,测量深度可达百米且能连续测出钻孔不同深度的相对位移的大小和方向。因此,这类仪器是监测岩体深部位移、确定潜在滑动面和研究边坡变形规律较理想的手段,目前在边坡深部位移量测中得到广泛应用。

钻孔测斜仪由四大部件组成:测量探头、传输电缆、读数仪及测量导管。其工作原理是:利用仪器探头内的伺服加速度测量埋设于岩土体内的导管沿孔深的斜率变化。由于它是自孔底向上逐点连续测量的,所以任意两点之间斜率变化累积反映了这两点之间的相互水平变化,通过定期重复测量可提供岩土体变形的大小和方向。根据位移—深度关系曲线随时间的变化,可以很容易地找出滑动面的位置,同时对滑移的位移大小及速率进行估计。

4. 钻孔伸长计监测

钻孔内测量岩体移动时,常采用钻孔伸长计测量钻孔轴向的位移量。伸长计既可用来进行岩体浅部的位移量测,也可用来进行岩体深部的位移量测。目前国内使用的类型较多,以简易钻孔伸长计与钻孔多点精密伸长计为主。

7.4.5.5 监测边坡变形量测资料的处理与分析

边坡的变形测量数据的处理与分析,是边坡监测数据管理系统中一个重要的研究内容,可用于对边坡未来的状况进行预报、预警。边坡变形数据的处理可以分为两个阶段,一是对边坡变形监测的原始数据的处理,该项处理主要是对边坡变形测试数据进行干扰消除,以获取真实有效的边坡变形数据,这一阶段可以称作为边坡变形量测数据的预处理。二是运用边坡变形量测数据分析边坡的稳定性现状,并预测可能出现的边坡破坏,建立预测模型。

7.4.6　边坡应力监测

边坡应力监测包括边坡内部应力监测、岩石边坡地应力监测、边坡锚固应力监测。

7.4.6.1　边坡内部应力监测

边坡内部应力监测可通过压力盒量测滑带承重阻滑受力和支挡结构(如抗滑桩等)受力,以了解边坡体传递给支挡工程的压力以及支护结构的可靠性。压力盒根据测试原理可以分为液压式和电测式两类,液压式的优点是结构简单、可靠,现场直接读数,使用比较方便;电测式的优点是测量精度高,可远距离监测和长期监测。目前在边坡工程中多采用电测式压力测力计。电测式压力测力计又可分为应变式、钢弦式、差动变压式、差动电阻式等。在现场进行实测工作时,为了增大钢弦压力盒接触面,避免由于埋设接触不良而使压力盒失效或测值很小,有时采用传压囊增大其接触面。囊内传压介质一般使用机油,因为其传压系数可接近 1,而且油可使负荷以静水压力方式传到压力盒,也不会引起囊内锈蚀,便于密封。

压力盒性能的好坏,直接影响压力测量值的可靠性和精确度。对于具有一定灵敏度的钢弦压力盒,应保证其工作频率,特别是应保证初始频率的稳定压力与频率关系的重复性良好。因此,在使用前应对其进行各项性能试验,包括钢弦抗滑性能试验、密封防潮试验、稳定性试验、重复性试验以及压力盒的标定等。

在埋设压力盒时应根据测试目的、对象、监测设计来布置压力盒。压力盒的埋设要求是接触紧密和平稳,防止滑移,不损伤压力盒及引线。

7.4.6.2　岩石边坡地应力监测

边坡地应力监测主要是针对大型岩石边坡工程,为了了解边坡地应力或在施工过程中地应力变化而进行的一项重要监测工作。地应力监测包括绝对应力测量和地应力变化监测。绝对应力测量在边坡开挖前和边坡开挖中期以及边坡开挖完成后各进行一次,以了解三个不同阶段的地应力场情况,采用的方法一般是深孔应力解除法。地应力变化监测即在开挖前利用原地质勘探平洞埋设应力监测仪器,以了解整个开挖过程中地应力变化的全过程。

1. 绝对应力测量

目前,绝对应力测量使用的方法是在钻孔、地下开挖或露头面上刻槽而引起岩体中应力的扰动,然后用各种探头量测由于应力扰动而产生的各种物理量的变化。总体上可分为直接测量法和间接测量法两大类。

2. 地应力变化监测

由于要在整个施工过程中实施连续量测,因此量测传感器应长期埋设在量测点上。目前,应力变化监测传感器主要有 Yoke 应力计、国产电容式应力计及压磁式应力计等。其中,Yoke 应力计根据读数可以计算测点部位岩体垂直于钻孔平面上的二维应力,压磁式应力计可以量测测点部位岩体的三维应力变化情况。

7.4.6.3　边坡锚固应力监测

在边坡应力监测中,除边坡内部应力、结构应力监测外,对于边坡锚固应力的监测也是一项极其重要的监测内容。边坡锚杆锚索应力的变化是边坡荷载变化的直接反映。

1. 锚杆轴力的量测

锚杆轴力量测的目的在于了解锚杆实际工作状态,结合位移量测,修正锚杆的设计参数。锚杆轴力量测主要使用的是量测锚杆。量测锚杆的杆体用中空的钢材制成,其材质同锚杆一样,主要有机械式和电阻应变片式两类。

机械式量测锚杆是在中空的杆体内布置四根细长杆(见图 7-9),将其头部固定在锚杆内预定的位置上。量测锚杆一般长度在 6 m 以内,测点最多为 4 个,用千分表直接读数。量出各点间的长度变化,计算出应变值,然后乘以钢材的弹性模量,便可得到各测点间的应力。通过长期监测,从而可以得到锚杆不同部位应力随时间的变化关系。

电阻应变片式量测锚杆是在中空锚杆内壁或在实际使用的锚杆上轴对称贴 4 块应变片,以 4 个应变的平均值作为量测应变值,测得的应变再乘以钢材的弹性模量,即得到各点的应力值。

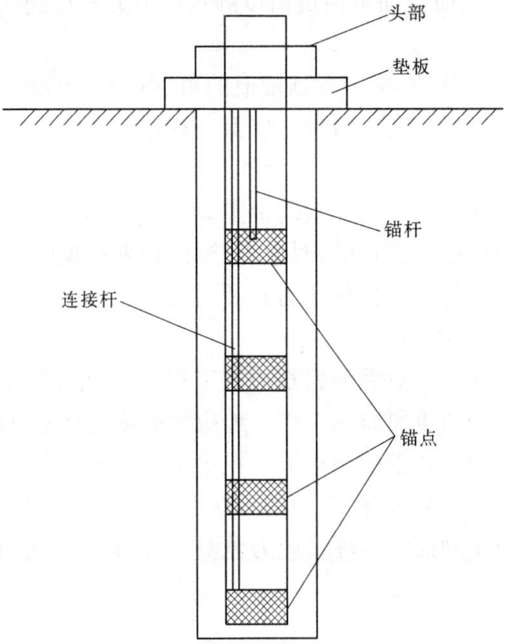

图 7-9　量测锚杆结构与安装示意图

2. 预应力锚索应力监测

其目的是为了分析锚索的受力状态、锚固效果及预应力损失情况,因预应力的变化将受到边坡的变形和内在荷载变化的影响,通过监控锚固体系的预应力变化可以了解被加固边坡的变形与稳定状况。通常一个边坡工程长期监测的锚索数,不少于总数的 5%。监测设备一般采用圆环形测力计(液压式或钢弦式)或电阻应变式压力传感器。

锚索测力计的安装是在锚索施工前期进行的,其安装全过程包括:测力计室内检定、现场安装、锚索张拉、孔口保护和建立监测站等。监测结果为预应力随时间的变化关系,通过这个关系可以预测边坡的稳定性。若边坡预应力监测结果显示,随着时间的增长锚索预应力趋于稳定,说明边坡的锚固效果良好。边坡经过雨季后,预应力值无异常出现,说明边坡经过加固处理后已趋于稳定。

7.4.7　边坡地下水监测

地下水是边坡失稳的主要诱发因素。对边坡工程而言，地下水动态监测是一项重要的监测内容，特别是对于地下水丰富的边坡，更应引起重视。地下水动态监测以了解地下水位为主，根据工程要求，可进行地下水孔隙水压力、动水压力、地下水质监测等。

7.4.7.1　地下水位监测

我国在 20 世纪 90 年代初成功研制了 WLT－1020 地下水位动态监测仪。该仪器能对地下水水位和水温动态变化进行长期自动监测，亦能监测河流和水库的水位变化，并能对各种塔罐内的液位和温度自动监测，广泛应用于水文地质、环境地质、地质灾害预测预报、环境保护、水资源管理、地热开采井监测、水利、矿区水文等领域。

该仪器集进口的压力传感器和国产温度传感器于一体，构成水位—温度复合式探头，采用特制的带导气管的信号电缆，使水位和温度转变为电压信号，传至地面仪器中，经放大和 A/D 变换，由液晶屏显示出水位和水温值，通过译码和接口电路，送至数字打印机打印记录。该仪器的特点是小型轻便、高精度、高稳定性、抗干扰、数字化、全自动、不受孔深孔斜和水位埋深的限制，专业监测孔和抽水井中均可使用。

7.4.7.2　孔隙水压力监测

在边坡工程中的孔隙水压力是评价和预测边坡稳定性的一个重要因素，因此需要在现场埋设仪器进行监测。目前，监测孔隙水压力主要采用孔隙水压力监测仪，根据测试原理可分为以下四类：

(1)液压式孔隙水压力仪：土体中孔隙水压力通过透水测头作用于传压管中液体，液体即将压力变化传递到地面上的测压计，由测压计直接读出压力值。

(2)电气式孔隙水压力仪：包括电阻式、电感式和差动电阻式三种。孔隙水压力通过透水金属板作用于金属薄膜上，薄膜产生变形引起电阻或电磁的变化。查阅率定的电流量—压力关系，即可求得孔隙水压力的变化值。

(3)气压式孔隙水压力仪：孔隙水压力作用于传感器的薄膜，薄膜变形使接触钮接触而自动接通电路，压缩空气立即从进气口进入以增大薄膜内气压，当内气压与外部孔隙水压平衡薄膜恢复原状时，接触钮脱离、电路断开、进气停止，量测系统量出的气压值即为孔隙水压力值。

(4)钢弦式孔隙水压力仪：传感器内的薄膜承受孔隙水压力产生的变形引起钢弦松紧的改变，于是产生不同的振动频率，调节接收器频率使与之和谐，查率定的频率—压力线，求得孔隙水压力值。

孔隙水压力的监测点的布置视边坡工程具体情况而定。一般原则是将多个仪器分别埋于不同监测点的不同深度处，形成一个监测剖面以监测孔隙水压力的空间分布。

埋设仪器可采用钻孔法或压入法，以钻孔法为主，压入法只适用于软土层。用钻孔法时，先在孔底置少量砂，置入测头之后再在其周围和上部填砂，最后用膨胀黏土球将钻孔全部严密封好。由于两种方法都不可避免地会改变土体中的应力和孔隙水压力的平衡条件，需要一定时间才能使这种改变恢复到原来状态，所以应提前埋设仪器。

7.5　软土地基施工监测

7.5.1　监测的目的

在沿海沿江(河)地区,大批港口与码头、桥梁与隧道、地铁与高速公路、超高层建筑与大型储罐等修建在软土地基上,由于软弱复杂的地质条件及软土变形的时效性,导致软土地基往往发生较大的施工后残余沉降或不均匀沉降,造成建(构)筑物基础或结构开裂甚至倒塌,给工程的安全建设及长期使用带来严重危害。因此,在施工过程中以及施工结束后一定时间内,必须开展施工监测工作。软土地基施工监测的主要目的是:

(1)保证地基在施工过程中的安全和稳定。

(2)为准确预测施工后残余沉降提供依据,使施工后沉降控制在设计允许的范围内。

(3)为解决工程设计和施工中的疑难问题提供第一手资料,为新技术、新材料、新工艺、新设备的引进、推广积累经验和资料。

7.5.2　监测的内容

软土地基及路基施工监测的主要内容见表7-7。目前,各类监测方法在软土地基处理工程中得到了较广泛的应用,特别是在预压法地基处理、强夯法地基处理、既有建筑物地基处理的施工监测中更为普遍。

表7-7　软基处理施工监测项目

序号	监测项目	仪器设备	适用范围
1	地表沉降	地表沉降计、水准仪	地表以下土体总沉降量,地基土沉降量变化和施工速率控制及建筑物纠倾与施工对周边环境影响的测量等
2	深层沉降	深层沉降标	地基某一层以下沉降量
3	分层沉降	分层沉降标	地基土在不同深度、不同土层的沉降变化和影响深度的量测及为控制施工速率提供参数等
4	地表水平位移	经纬仪、全站仪	地基表层土侧向位移、控制施工速率、建筑物纠倾与施工对周边环境影响的测量等
5	深层土体侧向位移(测斜)	测斜仪	不同深度、不同土层土体侧向变形的量测,为施工和对周边环境的影响提供参数等
6	孔隙水压力	孔隙水压力计	监测孔隙水压力变化情况,用于控制施工速度和了解土体固结与时间的关系及推算地基土强度的变化等
7	土压力	土压力计	测定土压力的大小及分布
8	地基承载力	载荷试验仪	确定天然地基和复合地基的承载力
9	真空度监测	电阻真空计和真空规管等	真空预压地基处理的真空度量测等
10	地下水位	水位仪	监测地基处理后地下水位的变化,校验孔隙水压力计读数

7.5.3 预压法地基处理施工监测

预压法是在建(构)筑物建造前,利用地基排水固结特性,对建(构)筑物地基进行加荷预压,使土体提前完成固结沉降,增加地基强度,减少地基沉降的一种软土地基处理方法,也称为排水固结法。它常用于处理含水量大、压缩性高、强度低、透水性差的淤泥质土、淤泥和冲壤土等。

预压排水固结包括排水系统和加压系统,其中排水可通过设置水平或竖向排水通道(如水平砂垫层、竖向砂井与塑料排水带等)实现;预压可采用堆(超)载预压、真空预压与降水预压等途径实现。不管哪种预压方法,都应选择有代表性地段进行预压试验,通过试验获得荷载—变形—时间的关系曲线、孔隙水压力—时间的关系曲线,利用这些曲线推算地基土的固结系数并给出在预压荷载下地基的最终变形量、预压不同时间的固结度等参数,为卸荷时间的确定、预压效果的评价及指导整个工程的设计与施工提供主要依据。

在试验与施工过程中,需要依据有关规范,开展试验区的监测工作。

7.5.3.1 预压法试验区监测

1. 地表沉降监测

1)监测点布置

为掌握试验区沉降和周边土体变形情况,堆载预压,宜在堆载中央处、堆载坡顶处、堆载坡脚处布设监测点,真空预压宜均匀布点,场区中央需布点。布点数应根据试验场地情况确定,但一般不得少于5个。在距场地边界1 m到1~1.5倍处理深度影响范围宜布置不少于2条沉降断面,每条断面上不宜少于3个点。场地内、外沉降监测点宜呈断面布设。

2)监测网、点设置

(1)监测网建立。

地表沉降监测网基准水准点应设在施工影响区外,点数一般不少于3个。基准水准点应设在坚实土基上或深埋,要求引测方便。基准水准点高程应与施工采用的高程系统相一致。地表沉降监测网的主要技术要求和水准点的结构与埋设要求,应按《工程测量规范》(GB 50026—2007)的规定执行。

(2)监测点设置方法。

①试验区内:堆载预压区监测点一般采用接杆式监测标。监测标可选用600 mm×600 mm×14 mm钢板作底板(称沉降板),底板中央焊接一根长1.0 m、ϕ(30~40)的钢管(称沉降杆),顶部接监测标,埋设时须将沉降板垂直安放在0.5 m基面下,底面垫砂找平,沉降板安放时需保证水平和沉降标铅直,然后回填土至基面。随着分级加荷的增高,逐步接杆进行监测,接杆直到堆载顶部。真空预压区沉降板监测标,其设置方法同试验区外地表沉降监测点的设置。

②试验区外:一般宜采用沉降板监测标。监测标可选用400 mm×400 mm×10 mm钢板作底板,底板中央焊接一根长60 cm、ϕ(20~30)的钢管或Φ20的钢筋。按设计位置埋入地下0.5 m处,埋设时坑底填砂找平,沉放时需保证沉降板水平和沉降杆铅直,沉放后的沉降杆需露出地表5~10 cm作监测用,最后回填土压实。

3）监测方法

地表沉降监测采用水准测量法，测量时可选用高精度水准仪配水准尺测量，施工期间按《工程测量规范》（GB 50026—2007）二等精度要求施测。根据规范要求并结合工程性质，高程控制网宜一个月进行一次联测，以检验基准点的稳定性，确保监测质量。

在预压前应确定好初始值。

2. 地表水平（侧向）位移监测

1）监测点布置

在预压过程中，为能及时掌握场区外侧不同距离处地表土体水平（侧向）位移量，尤其是严格控制坡脚处的位移量，宜在处理区边界外 1 ~ 1.5 倍处理深度的影响范围内布置不少于 2 条侧向位移断面，每条断面上不宜少于 3 个点，边界 1 m 处需布点，宜与沉降监测点布置在相邻位置。

2）监测网、点设置

（1）监测网建立。

地表侧向位移监测的工作基点，设于监测点直线段两端，位置在施工区影响范围以外，当测线较长时，可间隔 250 m 左右增设工作基点，一般可用三角网监测增设工作基点，每次监测前工作基点应与设于施工影响区外的平面监测控制网联测。地表土体侧向位移监测网的主要技术要求，按《工程测量规范》（GB 50026—2007）的规定执行。

侧向位移监测工作基点一般采用钢筋混凝土结构，设置时应保证监测墩垂直，墩高以监测者操作方便为准，顶面平整，埋设强制对中螺杆或底盘，并使各监测点标志中心位于视准线上，其偏差不宜大于 10 mm；底盘调整水平，倾斜度不得大于 40°。

（2）监测点设置。

地表侧向位移监测标一般可用木桩或预制加筋混凝土桩，桩的尺寸一般为 200 mm × 200 mm × 1 000 mm，监测标点固定于桩顶。埋设方式可采用钻孔击入埋标法，钻孔可选用φ130 钻具，钻深 0.8 m，然后将桩插入孔内，用吊锤将桩击入土中，但地表需留有 10 cm 左右的余量，以便监测。桩设置到位后，需对桩周边土体夯实，确保桩埋设的稳定性。

3）监测方法

经纬仪、水准仪等监测仪器的选用方法和精度要求见有关测量的教材。

3. 土体分层沉降监测

为掌握预压过程中场区内土体在不同深度、不同土层的竖向变形情况，监测点宜在试验场区中央处场区中央至预压边界中间地带、预压边界处布置，一般不宜少于 3 个。垂直向布置，应根据场地地质条件一般每间隔 3 m 左右布一点，当分土层设置时，每层应不少于一个点，布置深度一般宜大于处理深度 3 ~ 6 m。

深层分层沉降标、分层沉降观测仪等仪器的使用方法参见有关专业资料。堆载层可不设点，真空预压法不需接管。

4. 深层土体侧向位移（测斜）监测

1）监测点布置

在顶压过程中，为掌握场区外不同距离、不同深度、不同土层处土体侧向水平位移量，尤其是严格控制边界处水平位移量，宜在距场区边界外 1 ~ 1.5 倍处理深度的影响范围内布置不少于 1 条深层土体侧向位移断面，监测点宜不少于 3 个，宜与其他监测项目监测点布置在相邻位置。边界外 1 m 处需布点。土体侧向位移监测深度应大于地基处理深度 10 m。

2）仪器设备

深层土体水平位移通常选用测斜手段监测。测斜监测装置由测斜仪和测斜管两部分组成。测斜仪一般选用伺服式加速度计，监测精度为 ±1 mm。测斜管一般选用带十字导槽，外径为 ϕ 70 的 ABS 型或 6500 型的测斜管。测斜仪的选用、监测点设置方法、监测方法和精度要求参见有关专业资料。

5. 孔隙水压力监测

1）监测点布置

为掌握预压过程中，在不同深度、不同土层地基中孔隙水压力上升与消散变化规律和负压值的变化规律，宜在试验区场地中央处、场地中央至预压边界中间地带、预压边界处布置监测点。一般不少于 3 个点，并宜与场地其他监测项目的监测点布在相邻位置处。试验区边界外，在距处理深度影响范围内，可根据需要选择布点。对于油罐充水预压地基，其孔距宜为 5 ~ 10 m。对于大面积堆载预压地基，其孔距可放宽至 15 ~ 30 m；在堆载区边缘，测孔宜垂直和沿边坡的走向布置。纵向间距宜为 10 ~ 20 m，在横向应适当加密，并考虑潜在滑动区的范围。孔隙水压力测点的布置深度，可根据加载后的应力分布确定，在加载影响深度范围内的各软弱土层均应布设测点，其垂直间距宜为 3 ~ 5 m，当分土层设置时，每层应设有不少于 1 个孔隙水压力计。

2）仪器设备

孔隙水压力监测，一般宜选用振弦式孔隙水压力传感器和振弦式频率读数仪，监测仪读数精度为 ±1 Hz，量程一般宜选 0. 2 ~ 0. 3 MPa。常用的振弦式孔隙水压力计有 GSY - Z 型、VWP 型及 PWP 型等。

孔隙水压力计导线长度的确定，应根据传感器埋深和堆载高度，或铺设到监测位置的距离来确定，并要留有足够的余量。孔隙水压力计的埋设方法，可采用钻孔埋设法、压入埋设法、填土埋设法及利用旁压试验或静力触探试验同时测定土的孔隙水压力；一般采用一孔多点埋设法，具体埋设步骤和要求，按中国工程建设标准协会标准《孔隙水压力测试规程》（CECS 55—93）等有关规定实施。

3）监测方法

（1）初始值监测。埋设后，即逐日定时监测，以监测孔隙水压力变化的稳定性，当连续三天读数值小于 2 kPa 时均值作为初始值或预压前的监测值，定为初始值。

（2）监测。采取直读法，将孔隙水压力计的导线与读数仪连接直接监测，监测精度为 ±1 kPa。

$$u = S_r(f_0^2 - f^2) \tag{7-1}$$

式中　u——孔隙水压力，kPa；

S_r——弦式孔隙水压力计的灵敏度，kPa/Hz^2；

f_0——孔隙水压力计在零点压力下的频率值，Hz；

f——孔隙水压力计在量测时的频率值，Hz。

绘制孔隙水压力—荷载关系曲线、孔隙水压力—时间关系曲线及孔隙水压力等值线图,对监测结果进行综合评价。

6. 地下水位监测

1)监测点布置

在预压过程中,为掌握试验区内地下水位升降变化,宜在场区中央处、场区中央至预压边界中间地带、预压边界处布置地下水位监测点,一般不少于 3 个。试验区边界外,可根据需要选择性布置。监测孔深度一般宜大于处理深度 1 m 以下。

2)仪器设备

地下水位监测系统由钢尺水位计和外包滤网布的 PVC 水位管组成。钢尺水位计最小读数 1 mm、重复性误差 ±2 mm。

3)监测点设置方法

(1)成孔。

①为保证地下水位监测质量,应根据水位管外径选择钻具,当外径为 53 mm 时,宜选用ϕ108 钻具;当外径 70 mm 时,宜选用ϕ130 钻具。要求成孔垂直。

②上部有淤泥或松散不稳定土层时,应下套管护壁。

③钻进过程应有记录,记录内容包括土层、深度和土的性质描述等。

(2)安装埋设。

①安装:套上配套底盖固定后,将水位管放入孔内,然后逐根连接并放入孔内,直至达到预定深度。

②填砂:钻孔内回填中粗砂,当填砂至离孔口 0.5 m 时,改用黏土封至孔口。

③冲孔:待水位管埋设完毕后,需用清水洗孔,要求清水出管口 5 ~ 10 min。

④接管:为了便于堆载后进行地下水位监测,在每级加载前均应及时做好接管工作,接管长度大于加载区标高 50 cm,真空预压法不需接管。

4)监测方法

(1)初始值监测。

水位管埋设三个晴天后,可进行初始值监测,连续三天监测取均值作为初始值。

(2)量测。

将钢尺水位计测头缓慢放入水位孔内,待蜂鸣器响时,即读钢尺刻画值,该值为本次量测值。量测时应注意潮汐变化,水位变化值可按下式计算:

$$H = h - h_0 \tag{7-2}$$

式中 H——被测水位变化值,mm;

h——被测水位的实时量测值,mm;

h_0——被测水位的初始量测值,mm。

7. 真空度监测

1)监测点布置

膜下真空度监测点,要求均匀布置,一套设备可抽真空面积 1 000 ~ 1 500 mm^2,设 1 ~ 3 个点。

2）仪器设备

真空度监测可选用 MCY 型电阻真空测量仪和 YZ、YZG 真空规管传感器，测量范围为 0. 1 ~ 300 kPa，同时可兼作压力传感器使用。

3）监测点设置方法

安装时可采用插杆绑扎传感器，固定于膜下地表层上，传感器可垂直或水平安放。监测导线可从膜上穿出或埋于膜下土体中引出。

4）监测

（1）初始值监测。在抽真空前，需及时量测膜下与膜上真空度，以此监测值作为初始值。

（2）监测方法。采取直读法，将传感器导线与读数仪连接，开机读值。

8. 监测频率与控制值

1）监测频率

在预压施工期间，宜每天定时进行监测。预压施工卸载后，仍需监测，以便了解卸荷后地基土回弹情况，具体监测时间与频率应参考有关规范或与设计方共同商定。

2）控制值

（1）堆载预压法的控制值。根据行业标准，竖井地基最大竖向变形不超过 15 mm/d，天然地基最大竖向变形不超过 10 mm/d；地表边桩侧向位移不超过 5 mm/d，深层土体侧向位移量可参照该标准。加载间隙时间控制应根据场区地层性质、堆载情况等，一般应满足超孔隙水压力消散率达到 70% 以上。

（2）真空预压法的控制值。根据行业标准及相关规定，膜下真空度应稳定保持在 650 mmHg 以上。根据有关标准，真空度一次抽气应最大，当连续 5 d 实测沉降速率小于等于 2 mm/d 时，可停止抽气。

9. 资料整理

在预压期间及时整理沉降与时间、孔隙水压力与时间、侧向位移与时间等关系曲线，推算地基的最终变形量、不同时间的固结度和相应的变形量，以分析处理效果，并为确定卸载时间提供依据。

10. 地基承载力测试

地基承载力测试，可采用平板载荷试验、静力触探、动力触探、标准贯入试验、十字扳剪切试验、旁压试验等测试方法进行。

7. 5. 3. 2　预压法施工区监测

监测点布置，是在总结试验区取得资料基础上，根据地基处理面积大小、土层性质、地层均匀性和处理深度及设计要求，在施工区内外，以能掌握指导施工、确保处理效果，经济合理地布置堆载预压和真空预压施工区监测网点，一般可按 20 ~ 30 m 或 30 ~ 50 m 网格状布置。

施工区各监测项目的测点布设、监测仪器设备的选择、监测方法、监测精度、监测频率、控制值和有关实施过程中的主要技术要求同试验区。

7. 5. 3. 3　预压法周边环境监测

在堆载预压过程中，周边土体受挤压产生侧向变形，并引起地表沉降变化，当加荷速度过快，荷重接近地基极限承载力时，地基土塑性变形增大，土体侧向位移明显增大。进行真空预压地基处理时，亦将引起周边地基土地表沉降、侧向位移变化，其侧向位移指向处理场地，且周边土体易产生裂缝。根据以上周边地基土产生变形现象，在距施工区周边1～1.5倍处理深度影响范围内，如有地下管线和建（构）筑物存在，应实施监测。

7.5.3.4　预压法地基处理监测中的注意事项

（1）由于大面积地基处理监测点数较多，设点后，需及时做好编号和醒目标志，以及现场保护工作，严禁车辆碾压。

（2）在加卸载过程中需派人配合施工，监测点1.0 m范围内需人工加卸载，确保各类监测点的成活率。

（3）真空预压法各类监测点穿膜后，均要采取密封措施，以保持膜下真空度。

（4）孔隙水压力监测导线，宜选用整根线，如果需接头，应严格密封和接头处的强度处理。罐预压监测时，监测导线应从基础下土体中呈松弛状态铺设。

（5）监测过程中，对出现的异常均应进行复测，并分析原因。

（6）对各监测项目的监测资料应进行综合分析，以判断地基处理效果。

7.6　岩土工程监测案例

7.6.1　新乡医学院第一附属医院门诊综合楼基坑施工监测

7.6.1.1　工程概况

新乡医学院第一附属医院门诊综合楼工程，位于卫辉市新乡医学院第一附属医院院内北端，为6层的全现浇混凝土框架结构，基础采用天然地基上的钢筋混凝土梁板式筏型基础，建筑面积27 600 m^2，总高度23.85 m，长134 m，宽30 m，地下室为局部（直线加速器部分）2层，地下室部分北扩，超出主楼27 m，长度同主楼，基础埋深为 -8.4 m、-5.8 m。

该工程施工场地狭小，场地周围现有建筑物距开挖基坑很近。北侧和西侧为城市干道，距拟建建筑物5 m，南侧为影像楼，距拟建建筑物2 m，东部为5层的住院部及病房楼，距拟建建筑物基坑边坡2 m。

工程采用桩锚加止水帷幕以及土钉墙相结合的支护措施。现场西侧和南侧采用桩锚加止水帷幕的支护方案。灌注桩外设单排高压旋喷桩，外面再做一排无砂混凝土小桩，同时在1—1剖面、2—2剖面设置2排预应力锚索。东侧和北侧采用土钉墙支护，见图7-10。

7.6.1.2　地质条件

第①层：素填土（局部杂填土），褐灰色—灰黄色，湿、稍密，由粉质黏土及粉土组成，含有较多砖块、灰渣等，层厚0.5～2.0 m。

第②层：粉土夹粉质黏土，褐黄色—土黄色，湿、稍密，夹较多薄层粉质黏土，局部含大量钙核，层底埋深4.6～6.5 m，层厚3.7～5.9 m，属中压缩性土。

第③层：粉土夹粉砂，上部为粉土，褐黄色，湿，中密—密实，含少量钙核，局部夹粉质粉土薄层或团块，下部粉土夹多层薄层粉砂，层底埋深7.8～10.5 m，层厚3.1～4.6 m，属

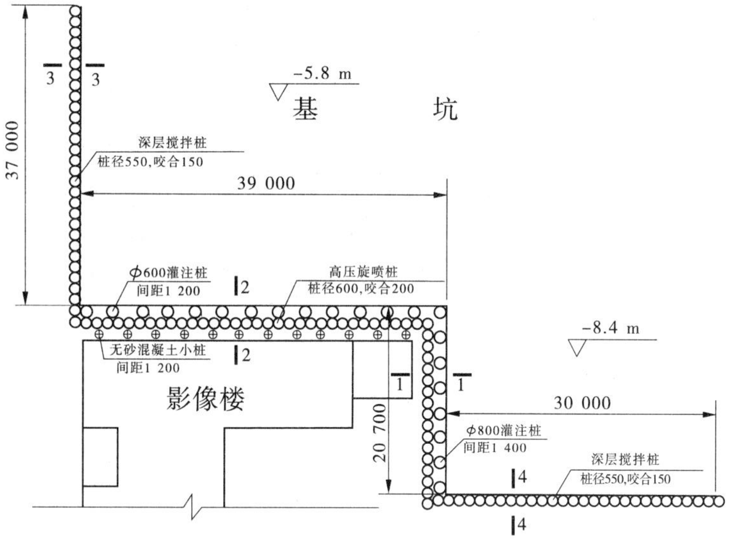

图7-10　基坑支护结构示意图　（单位:mm）

中压缩性土。

第④层:粉细砂,褐黄色—灰黄色,饱水,中密,黏粒含量较高,下部为细砂,较纯净,偶见中砂,层底埋深大于18.45 m,层厚大于8.0 m(未揭穿),属中压缩性土层。

7.6.1.3　降水情况

地下室稳定水位为-3.2~3.3 m。地下水位须降至基坑底板以下1 m(-10.000 m)左右,以保证基础工程施工的顺利进行。该工程采用管井降水方法,在基坑内设6口井,在基坑外设5口备用井和观测井,见图7-11。管井设计均为25 m深,全部伸至第8层粉砂中的微承压水层中。典型降水过程中水位变化趋势如图7-12、图7-13所示。

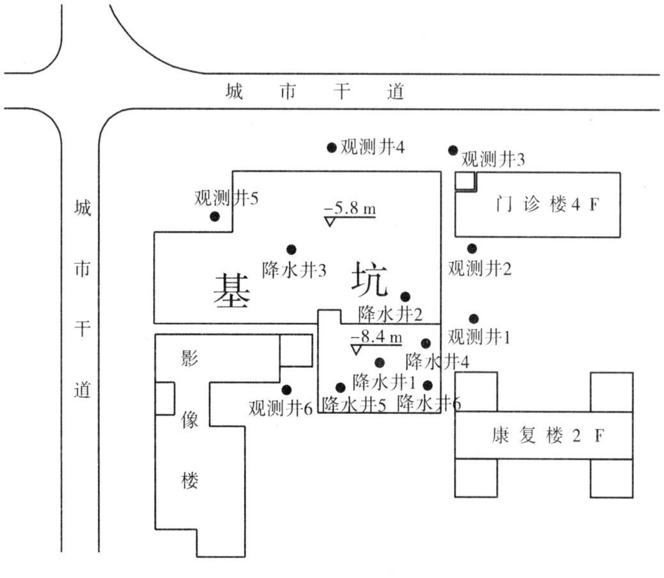

图7-11　基础结构施工阶段降水井平面布置图

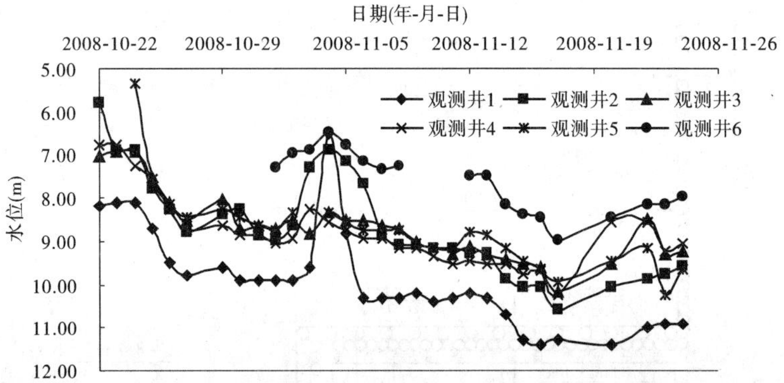

图 7-12　观测井水位变化图

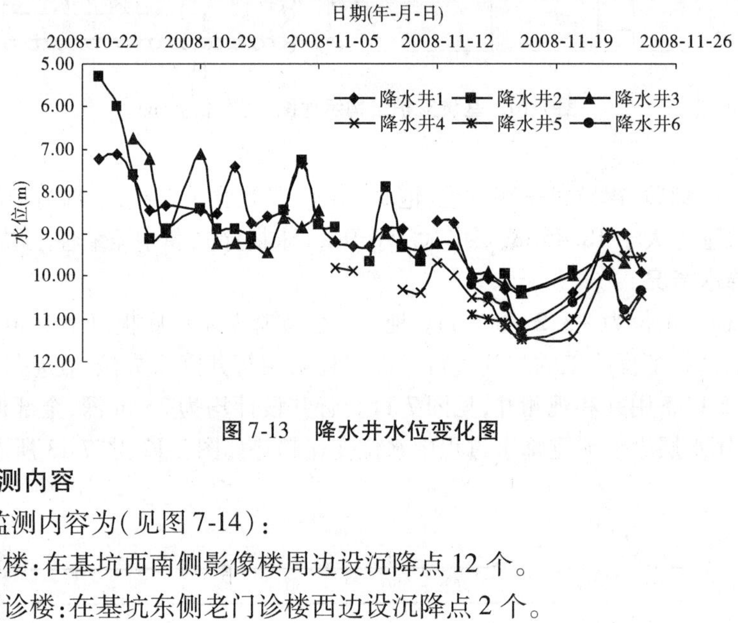

图 7-13　降水井水位变化图

7.6.1.4　监测内容

该工程监测内容为(见图 7-14)：

(1)影像楼：在基坑西南侧影像楼周边设沉降点 12 个。

(2)老门诊楼：在基坑东侧老门诊楼西边设沉降点 2 个。

(3)康复楼：在基坑东南侧康复楼西边设沉降点 2 个。

7.6.1.5　监测数据分析

2008 年 10 月底水位迅速降低，开挖进度加快，建筑物沉降量变化加剧，如图 7-15、图 7-16所示，表明降水开挖带来了周边建筑物沉降，且伴随着地下水位降低，沉降变形也在不断进行。从 2009 年 2 月开始，随着基坑地下室的完成，周边建筑物的沉降变形逐渐减缓，截至 2009 年 3 月 24 日最后一次测量，周边建筑物沉降已趋于稳定。

图 7-15 和图 7-16 数据表明：①基坑周边建筑物主体沉降较小、均匀。实测最小沉降点 S9 沉降值 0.31 mm，最大沉降点 S1 和 S12 沉降值分别是 6.71 mm 和 3.86 mm，最大局部倾斜为 0.048%，小于《建筑地基基础设计规范》(GB 50007—2011)第 5.3.4 条规定。②周边建筑物主体沉降处于国家规范规定的沉降稳定范围内。从 2008 年 8 月 12 日首次监测开始到 2009 年 3 月 24 日末次监测以来，监测点沉降最大值为 6.71 mm(S1)；最近三次沉降监测单点最大沉降量为 0.21 mm，单点最大沉降速率为 0.007 mm/d。

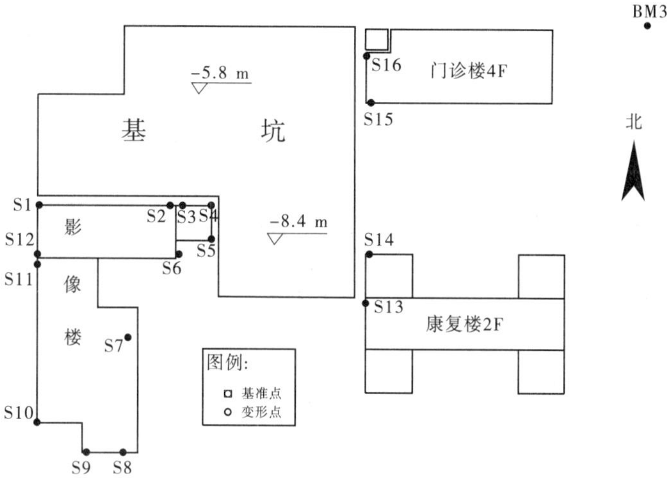

图7-14　监测点位布置图

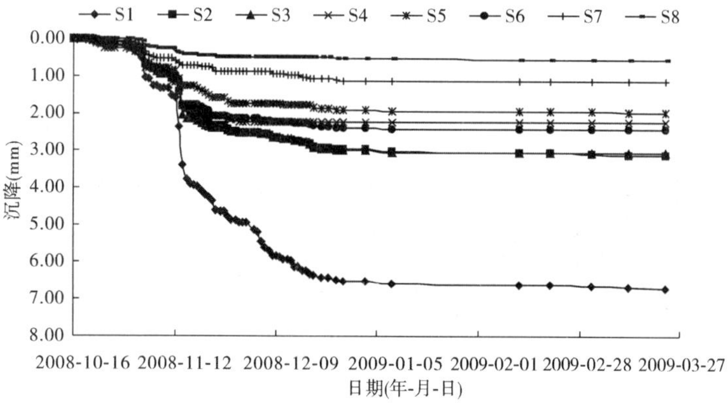

图7-15　S1～S8沉降曲线图

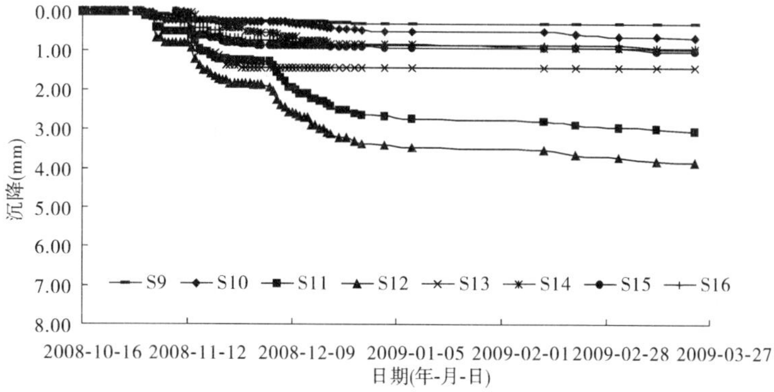

图7-16　S9～S16沉降曲线图

7.6.2 青岛地铁一期工程(3 号线)火车北站 A 区基坑施工监测

7.6.2.1 工程概况

青岛地铁一期工程(3 号线)火车北站,位于铁路青岛北客站下方。地铁 3 号线及 8 号线为东西向平行换乘的地下二层三柱四跨 13 m 双岛四线同台换乘车站,有效站台中心里程 K24 +488. 8,车站规模 479. 75 m×41. 3 m;地铁 1 号线为南北向地下三层双柱三跨 13 m 岛式站台车站,有效站台中心里程 K14 +990. 0,车站规模 335. 4 m×20. 3m。地铁 1 号线与 3 号、8 号线车站形成十字换乘,上述 3 条地铁线与国铁青岛北客站在地下一层换乘大厅进行换乘,形成大型交通枢纽。作为配套工程,在青岛北客站东侧设有 2 层市政地下车库;同时地铁 1 号线车辆出入段线明挖区间(部分),地铁 3 号线出入段线明挖区间(部分),地铁 3 号、8 号线联络线明挖区间(部分)纳入该工程,同步施工。

火车北站 A 区基坑为长条形的封闭深基坑(见图 7-17),宽 44. 5 m,长 320 m(含 C2 区直线段),深 18. 15 m。围护结构采用混凝土灌注桩 + 钢筋混凝土支撑(第一层)、钢支撑(第二、三、四、五层)体系,降水采用高压旋喷桩止水帷幕 + 坑内管井抽水与明沟抽排水方式。

截至 2011 年 9 月 8 日,A 区基坑开挖完毕,9 个结构段主体结构已浇筑完毕,工程分段移交给国铁。

图 7-17 青岛北站 A 区基坑施工现场照片

7.6.2.2 监测工作概况

A 区基坑监测项目包括:围护桩顶竖向位移、立柱隆起、围护桩体深层水平位移、基坑周边地表沉降、围护桩内力、混凝土支撑轴力、钢支撑轴力、侧向土压力、孔隙水压力、地下水位,共计 10 个常规监测项目,各监测项目监测点布设数量见表 7-8。

表 7-8 A 区基坑各监测项目监测点布设数量统计表

名称	数量	备注
围护桩顶竖向位移	31 个	
立柱隆起	40 个	
围护桩体深层水平位移	18 个	
基坑周边地表沉降	77 个	26 组
围护桩内力	8 组	每组 8 个点
混凝土支撑轴力	8 组	每组 4 个点
钢支撑轴力	4 个	随支撑架设安装,随着钢支撑拆除减少
侧向土压力	6 组	每组 4 个点
孔隙水压力	6 组	每组 4 个点
地下水位	16 个	

现场测点保护照片如图 7-18 和图 7-19 所示。

图 7-18　地下水位监测点保护

图 7-19　测斜管监测点保护

7.6.2.3　监测数据分析

1. 围护桩顶竖向位移

图 7-20 围护桩顶竖向位移累计变化曲线显示，桩顶竖向位移总体呈现上升趋势，说明围护桩会发生微小的抬升变形，总体变化量较小，数据稳定。截至 12 月 8 日，最大累计变化量为 9.9 mm（QC17），最小累计变化量为 －2.8 mm（QC23），平均累计变化量 4.6 mm，所有观测点的累计值都小于预警值（16 mm），都在控制范围内，施工过程中没有发生较大围护桩顶沉降。随着中板的浇筑完成后，所有观测点的变化量都在 1 mm/7 d 以内。从开挖至中板浇筑完毕，围护桩顶沉降累计值基本没有变化，数据稳定。

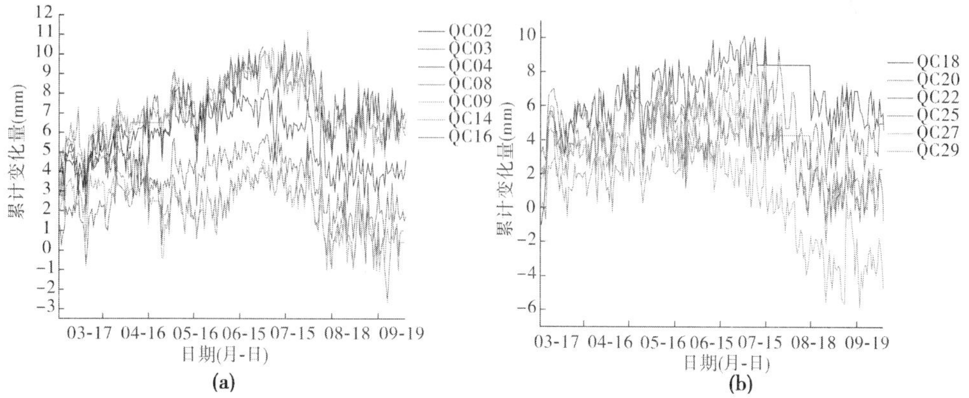

图 7-20　围护桩顶竖向位移累计变化曲线

2. 立柱隆起

图 7-21 立柱隆起累计变化曲线显示，立柱隆起监测数据整体同样呈现上升趋势，随着基坑内立柱周边的土体全部开挖完成，立柱隆起呈缓慢上升变化趋势。截至 12 月 8 日，最大累计变化量为 9.7 mm（LZ03），最小累计变化量为 －0.4 mm（LZ27），平均累计变化量为 5.9 mm，没有超过累计预警值（24 mm）。在土体开挖过程中，立柱隆起没有发生较大的变化，变化很平缓。随着基坑的开挖结束，中板的浇筑完成后，变化量都在 1.5 mm/7 d以内，数据很稳定。

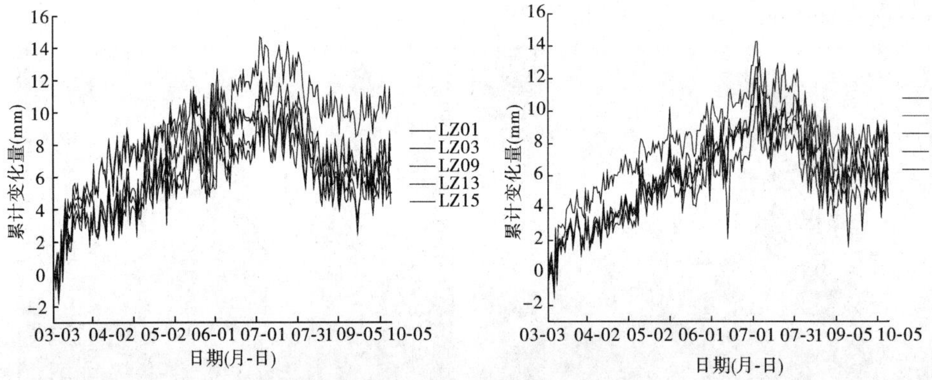

图 7-21　立柱隆起累计变化曲线

3. 水土压力

图 7-22 和图 7-23 水土压力数据分析图显示,水土压力监测数据总体较稳定,总体随基坑的开挖呈缓慢下降趋势。截至 12 月 8 日,最大累计变化量为 - 85. 2 kPa(KY05 - 0167)、- 63. 87 kPa(TY04 - 05133),最大累计变化量没有超过设计值的 60%(预警值)。随着基坑的开挖完毕,底板、中板的浇筑完成,所有监测点的变化量均在 1 kPa/7d 以内,数据稳定。

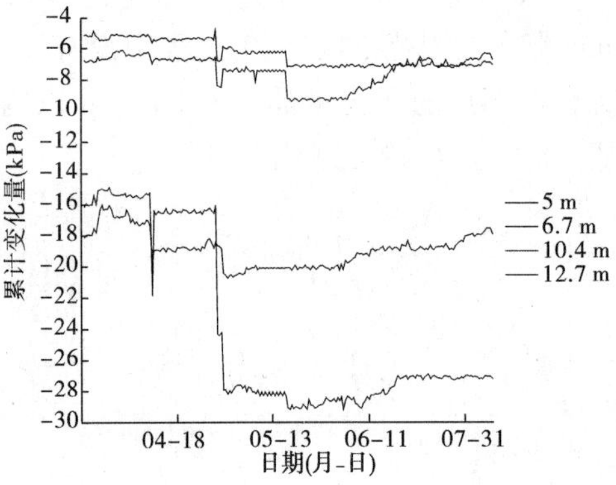

图 7-22　水土压力 KY05 累计变化曲线

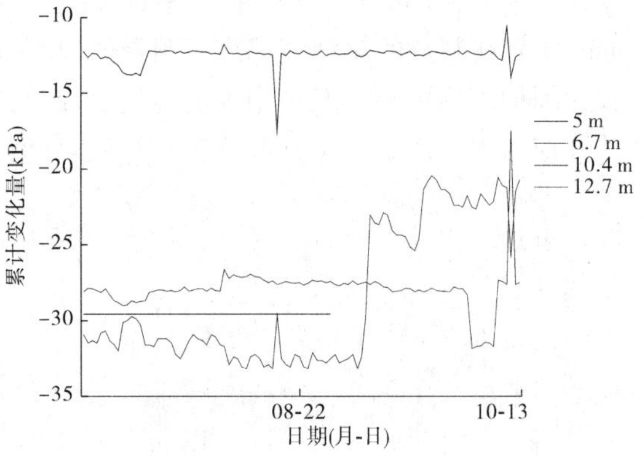

图 7-23　孔隙水压力 TY05 累计变化曲线

4. 地下水位

图 7-24 地下水位变化曲线显示,A 区地下水位整体呈下降趋势,其中 SW02、SW04、SW07、SW09、SW10、SW14 累计变化量超过 1 000 mm 报警值,经过现场巡视发现基坑内部除极少量渗水外,未发现漏水、涌水的现象,可判断水位下降主要诱因为 A 区基坑外西侧工地降水作业及 A 区基坑东段 B2 区坑内降水作业所导致的。以上几处地下水位监测点水位下降均较平稳,同时周边其他各监测项目日变化量、累计变化量均在正常范围内,故可判断基坑处于安全可控状态。地下水位的下降也是坑外降水作业效果的体现。由于基坑外降水,大部分水位的累计变化量都超过了报警值 1 000 mm,这是外界降水导致的,与基坑开挖无关。降水完毕后,所有监测点的日变化量均在正常范围内 50 mm/7 d 以内,数据稳定。

5. 围护桩体深层水平位移

围护桩体深层水平位移典型监测结果见图 7-25。CX11 位于基坑中部南边,曲线呈“鼓肚型”特点,随深度增加,水平位移最大值的位置逐步下移,最大位移出现在 15 m 左右。7 月该部位底板浇筑完毕,变化趋于稳定。4、5 月开挖高峰期,曲线变化很大,主要原因是支护架设不及时导致的。施工单位在采取了钢支撑补力,架设钢支撑等一系列有效措施后,该点数据趋于稳定。所有监测点的最大累计变化量均没超过累计报警值 35 mm。随着中板的浇筑完成,所有监测点的变化量均在 1 mm/7 d 以内,数据稳定。

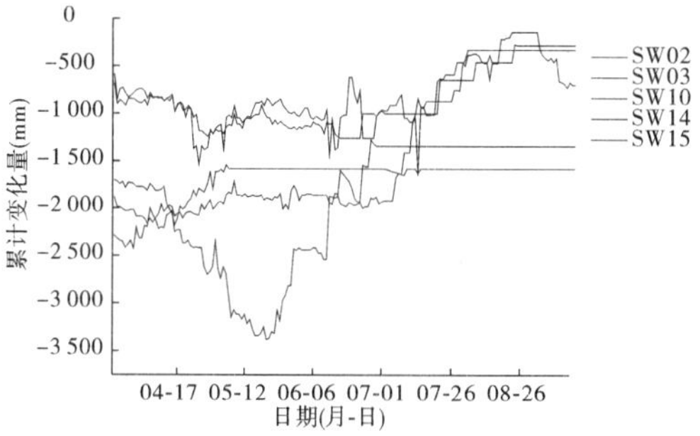

图 7-24　地下水位变化曲线

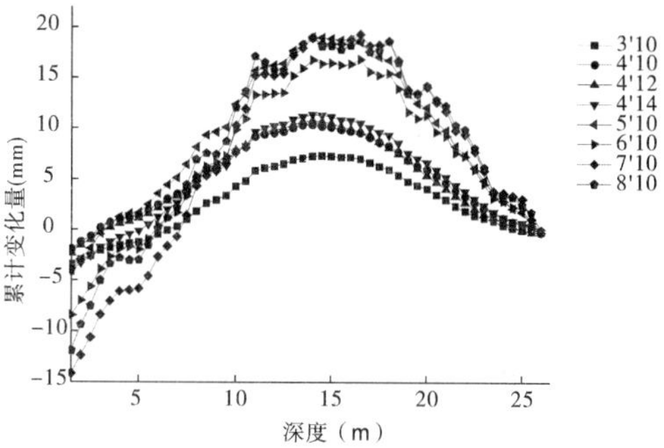

图 7-25　CX11 变化曲线

7.6.2.4　**预报警情况分析**

1. 险情发生后监测工作

2011 年 4 月 10 日上午 9 时青岛地铁一期工程(3 号线)土建 15 标火车北站 A 区基坑围护桩体深层水平位移监测点 CX11(22 号混凝土支撑位置)存在数据异常现象。监测数据显示,该点 6.5 ~ 14.0 m 深度位置向坑内水平位移较大,日变化量均已超过 3 mm 的日变化量报警值,最大日变化量达 3.45 mm(8.5 m 深度处)。施工监测单位第一时间返回现场就施工环境对监测数据的影响进行了评估,并对监测仪器设备进行了复检,基本可判定该测斜监测点数据异常并非以上两点原因所致。

下午 1 时施工监测单位对该测斜监测点进行了加密观测,复测数据显示,该点上午 9 时至下午 1 时 4 h 的变化量最大已达 1.31 mm,于下午 2 时向施工单位工程部口头下达数据报警通知。同时与第三方监测数据进行了对比,下午 3 时正式向施工单位工程部发出了书面报警通知单,并同时将该情况上报现场相关管理单位负责人。

2. 报警原因分析

现场巡视发现,该测点位置附近土体大量开挖,且开挖速度较快,第四层钢支撑架设未及时跟上。推断,支撑架设严重滞后是该段围护结构深层水平位移变化增大的主要原因。

3. 险情发生后紧急处理措施

报警通知单发出后,施工监测单位立即按照监测方案启动应急预案,第一时间进行了加密监测,平均监测频率达 1 次/2 h,并及时将监测数据以短信及书面形式报告各方。

施工单位在 2011 年 4 月 10 日当晚进行了第三层支撑预应力的补加,该措施效果较为明显,CX11 监测点停止了正向(向基坑内侧)的位移,并已开始出现负向(基坑外侧)位移,至 4 月 11 日凌晨负向位移最大为 -2.87 mm。施工单位当晚还同时进行了在两个工作面上进行了钢围檩的安装架设作业,以求在最短时间内做好第四层钢支撑的安装准备工作。

4 月 11 日全天施工单位进行了超挖段第四层钢支撑的架设安装(34 道至 42 道),截至当天 17:00 完成了全部的钢支撑安装及预应力的施加。当日 A 区基坑 CX11 监测点数据整体变化趋势为负向,并趋于稳定,11:30 ~ 18:30 平均变化速率为 -0.22 mm/h,数据趋于稳定,说明基坑围护桩体变形已得到有效控制。

7.6.3 珠海横琴口岸及综合交通枢纽过渡期通关设施地基处理

7.6.3.1 工程概况

工程场地位于珠海市横琴新区环岛东路东侧,滨海路西侧,紧邻十字门海道,为现状横琴口岸范围及周边区域,其南侧为在建澳门大学,北侧为规划滨海大道。场地西侧在建环岛东路过横琴大桥向北与珠海大道、广澳高速相连,场地东侧通过横琴口岸关口过莲花大桥可至澳门,陆路交通便利。

该工程地基处理场地为莲花大桥以南和以北两个区域,总面积为 112 422 m^2,北区处理面积为 71 405 m^2,场地分为四块,西部为澳门—珠海入境通道与查验场;中部为联检大厅;东部为临时车道与停车场,场地现状为零星道路和空地。南区处理面积为 41 017 m^2,场地分为澳门—珠海出境通道、查验场,场地现状为零星道路、边检建筑和空地。

软基处理采用真空联合堆载预压法施工。

7.6.3.2 地形地貌

本场地原始地貌单元属滨海平原地貌。场地内原始地势较低,后经人工吹填、回填土抬高;目前场地内总体地势如下:场地中部横琴口岸管理区内及其西侧的绿化带内地形较平坦,地表标高为 3.0 ~ 4.0 m;场地南侧堆置大量从在建澳门大学开挖转运的土方,地表坑洼,起伏较大,标高介于 2.5 ~ 7.5 m 不等;场地东侧园林绿化带地形较平坦,但地势较横琴口岸管理区内较低,地表标高为 2.0 ~ 3.0 m;场地最北侧园林苗木场地形较平坦,地表约与横琴口岸管理区地表持平,地表标高为 3.0 ~ 4.0 m;场地北侧园林苗木场与横琴口岸管理区间的荒地地势较低洼,地表标高为 1.3 ~ 3.5 m;此外,场地西侧邻近在建环岛东路旁分布两堆环岛东路开挖堆置的土方,自现状地表堆高为 4 ~ 6 m。

7.6.3.3 水文地质条件

施工场地土层条件为:素填土(亚层号$①_1$)、冲填土(亚层号$①_1$②)、海相沉积层(Q^c)(层号②)、海陆交互相沉积层(Q^{mc})(层号③)、残积层(Q^{el})层号④和燕山三期花岗岩(γ_5^{2-3})。

场区软基处理深度范围内土质条件为:粉质黏土/黏土(亚层号$③_1$)、砾砂(亚层号$③_2$)、淤泥质土(亚层号$③_3$)、粉质黏土(亚层号$③_4$)、淤泥质土(亚层号$③_5$)、砾砂层(亚层号$③_6$)。

珠海地区年均日照时数为 1 991.8 h,年平均气温为 22.4 ℃。本地区降雨量丰富,介于 1 700 ~ 2 200 mm,但降雨在年内分配不均,主要集中在雨季的 4 ~ 9 月,占年总降雨量的 84%,10 月到翌年 3 月为旱季,仅占年降雨量的 16%。

7.6.3.4　**真空联合堆载预压施工流程**

真空联合预压法施工流程见图 7-26。

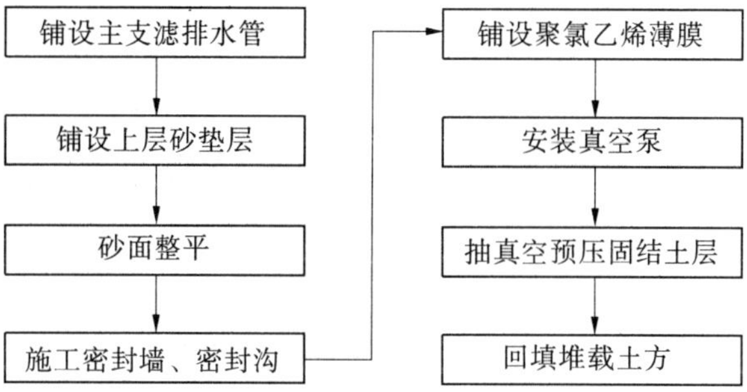

图 7-26　真空联合预压法施工流程

7.6.3.5　**监测项目**

该工程监测的范围包括:有堆载地面沉降监测、堆土地面的沉降监测、孔隙水压力监测、土体分层沉降、土体深层水平位移监测、场地围墙沉降及水平位移、真空度监测。

7.6.3.6　**监测工作流程**

软基处理监测现场工作流程见图 7-27。

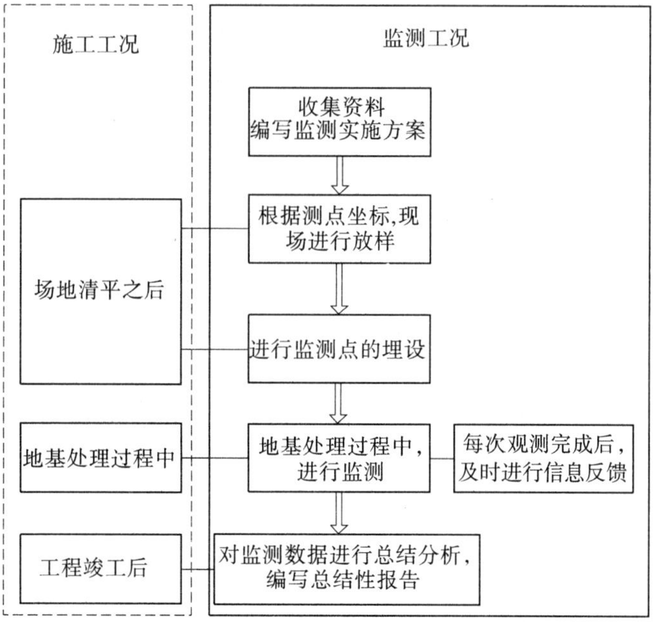

图 7-27　软基处理监测现场工作流程图

7.6.3.7　**监测频率**

表 7-9 给出了各监测项目监测频率表。

表 7-9　监测频率表

序号	监测项目	监测频率	
		时期	监测频率
1	堆载及堆土地面沉降	加载后 30 d	1 次/1 d
		加载后 30 ~ 90 d	1 次/2 d
		加载后 90 ~ 150 d	1 次/3 d
2	孔隙水压力	加载后 30 d	1 次/1 d
		加载后 30 ~ 90 d	1 次/2 d
		加载后 90 ~ 150 d	1 次/3 d
3	土体分层沉降	加载后 30 d	1 次/1 d
		加载后 30 ~ 90 d	1 次/2 d
		加载后 90 ~ 150 d	1 次/3 d
4	土体深层水平位移	加载后 30 d	1 次/1 d
		加载后 30 ~ 90 d	1 次/2 d
		加载后 90 ~ 150 d	1 次/3 d
5	场地围墙水平位移及沉降	加载后 30 d	1 次/2 d
		加载后 30 ~ 90 d	1 次/3 d
		加载后 90 ~ 150 d	1 次/7 d
6	真空度	加载后 30 d	1 次/1 d
		加载后 30 ~ 90 d	1 次/2 d
		加载后 90 ~ 150 d	1 次/3 d

注:加载 90 d 后,若某测点监测项目变化值连续 3 d 小于 0.5 mm,即停止该测点的监测。

当出现下列情况之一时,将提高监测频率:①监测数据达到报警值;②监测数据变化较大或者速率加快;③存在勘察未发现的不良地质;④周边地面突发较大沉降或出现严重开裂;⑤发生事故后重新组织施工;⑥出现其他影响工程及周边环境安全的异常情况;⑦当出现危险事故征兆时,将实时跟踪监测。

7.6.3.8　监测数据分析

监测布点如图 7-28 所示。图 7-29 ~ 图 7-32 分别给出了 B1 区场地分层沉降累计变化曲线、地表沉降累计变化曲线、真空度变化曲线、孔隙水压力累计变化曲线。

7.6.4　汇泉广场—中山公园矿山法隧道施工监测

7.6.4.1　工程概况

青岛地铁汇泉广场—中山公园隧道,长度约 579 m,隧洞宽度约 6.4 m,轨道标高约 -9.50 m。设计采用矿山法施工。该隧道沿文登路向东至香港西路折向南,沿香港西路方向,横跨武昌路至荣成路和韶关路交汇附近,地面为体育场所和商务楼房。

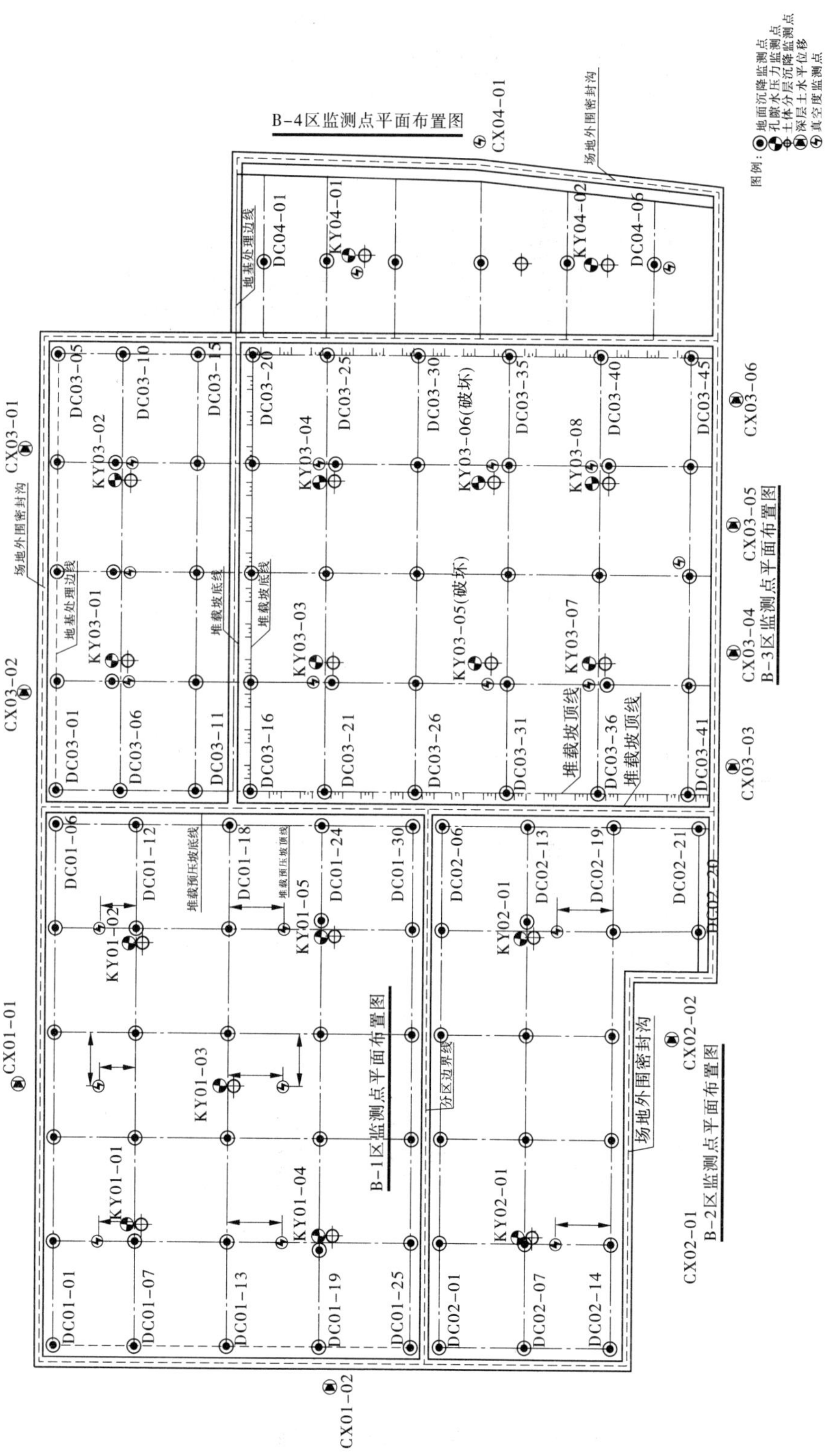
B-4区监测点平面布置图
B-3区监测点平面布置图
B-1区监测点平面布置图
B-2区监测点平面布置图
场地外围密封沟
地基处理边线
堆载坡底线
堆载坡顶线
堆载预压坡底线
堆载预压坡顶线
分区边界线
KY03-06(破坏)
KY03-05(破坏)
图例：
地面沉降监测点
孔隙水压力监测点
土体分层沉降监测点
深层土水平位移
真空度监测点

图 7-28　监测点布置图

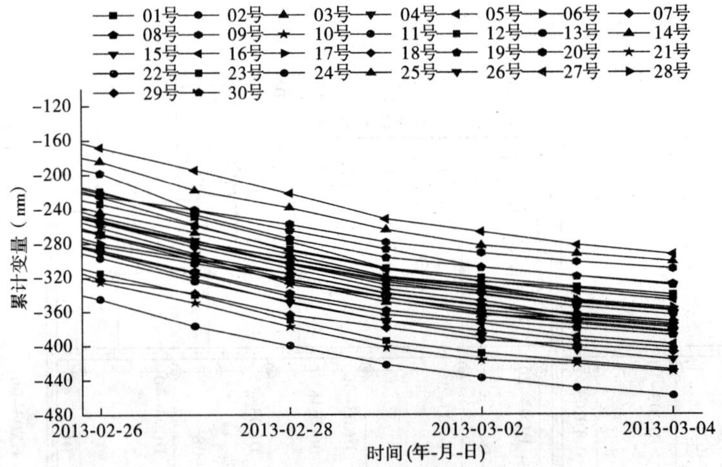

图 7-29　B1 区场地表沉降累计变量曲线图

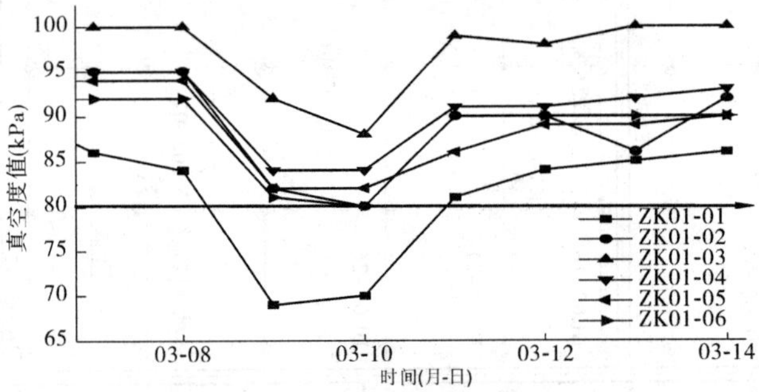

图 7-30　B1 区真空度变化曲线

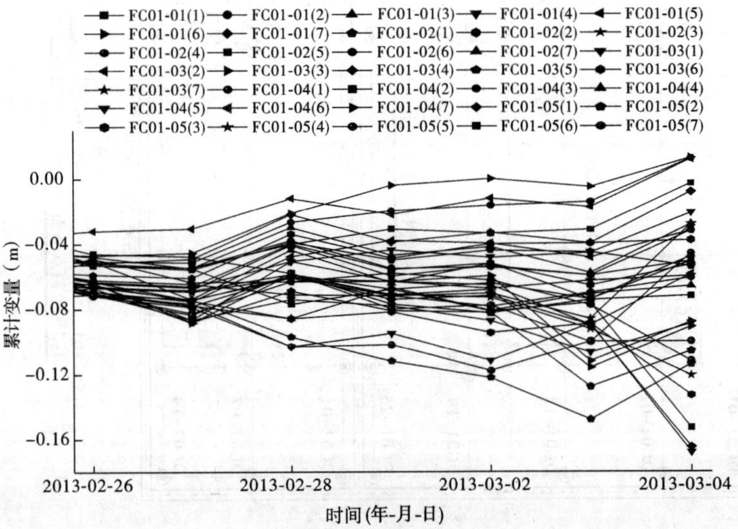

图 7-31　B1 区分层沉降累计变量曲线图

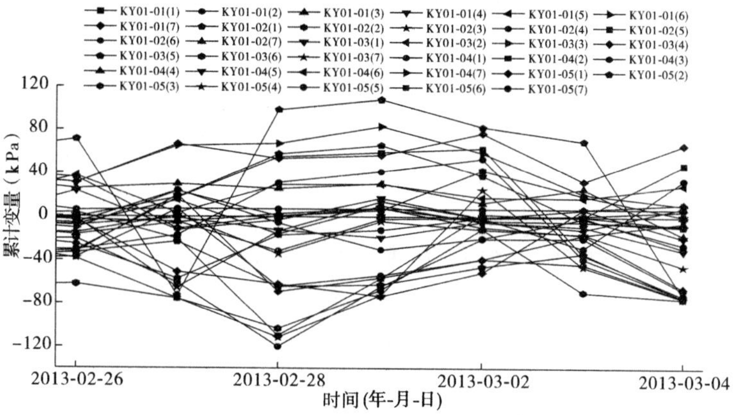

图 7-32　B1 区场孔隙水压力累计变量曲线图

地貌类型跨越剥蚀斜坡（I_2）和山前侵蚀堆积坡地（II_1）两个地质单元，所处地形变化不大，地面高程为 6.84 ~ 15.05 m。区间范围内第四系上部土层为：人工填土、冲洪积土，粉质黏土，中粗砂、粉质黏土、含砂黏性土，下伏基岩为燕山期花岗岩，强风化带风化埋藏较浅，深度较大，中、微风化岩面埋藏深度为 10.41 ~ 15.80 m。区间范围内第四系土层较发育，存在中粗砂，水量较丰富，岩石全风化带和强风化带赋水性较差，地下水不丰富，岩石全风化带为弱透水层，岩石强风化带为中等透水层。

7.6.4.2　监测项目

监测项目见表 7-10。

表 7-10　监测项目

监测项目	方法及工具	测点间距	监测频率			控制值	警戒值
			1 ~ 15 d	16 ~ 30 d	30 ~ 90 d		
地质及支护观察	观察、描述	每个施工周期	开挖及支护后立即进行			—	—
净空收敛	收敛计	10 m 一组	1 次/d	1 次/2d	2 次/周	20 mm	14 mm
拱顶下沉	水准仪，水准尺	10 m 一组	1 次/d	1 次/2d	2 次/周	30 mm	21 mm
地表沉降	水准仪、水准尺	7 m/14 m 一组	1 次/d	1 次/2d	2 次/周	30 mm	21 mm
建筑物、管线沉降	水准仪、水准尺	建筑物四角、管线接头	1 次/d	1 次/2d	2 次/周	20 mm	14 mm
建筑物、管线裂缝	裂缝观测仪	裂缝处	1 次/d	1 次/2d	2 次/周	不出现裂缝	
建筑物、管线倾斜	水准仪、水准尺	建筑物四角、管线接头	1 次/d	1 次/2d	2 次/周	—	—
支护建筑爆破震动	爆破振动仪	建筑物四周	每次爆破			1 cm/s	1 cm/s

7.6.4.3　洞内净空收敛

1. 监测目的

地下工程开挖后，净空收敛是反映围岩与支护结构力学形态变化的最直接、最明显的参数,通过监测可了解围岩和支护结构的稳定状态。

2. 监测方法及原理

洞内净空收敛采用收敛计进行监测。监测前先在设计监测部位埋设收敛预埋件,监测时将收敛计两端分别连接于收敛预埋件上,张紧钢尺读数,即可得到两预埋件之间的距离,与初始距离进行比较即可得到净空变化值。

3. 测点埋设

净空收敛测点应与拱顶沉降测点布置于同一断面。断面内布设若干条收敛基线,收敛预埋件埋设于收敛基线两端,冲击钻成孔,孔中填塞水泥砂浆后插入收敛预埋件,尽量使两预埋件轴线与基线重合,并使销子与孔轴线垂直。

4. 数据分析处理

隧道净空收敛累计变化量变化曲线见图 7-33。

净空变化值可按下式计算:

$$U_n = R_n - R_0 \tag{7-3}$$

式中　U_n——第 n 次测量净空变化值,mm;

R_n——第 n 次测量值,mm;

R_0——初始测量值,mm。

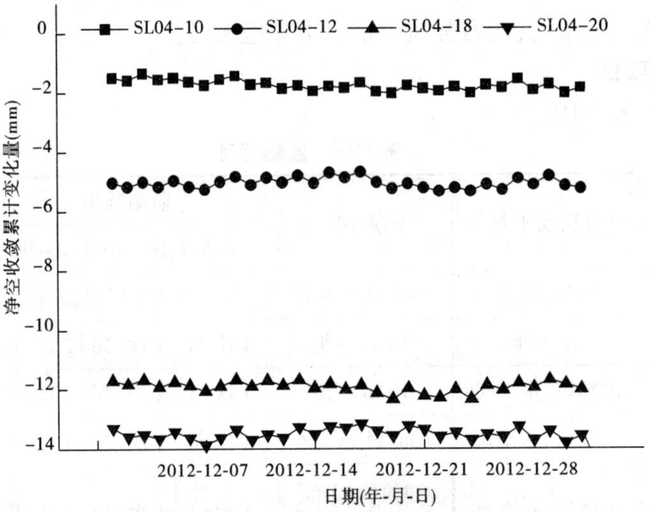

图 7-33　隧道净空收敛累计变化量变化曲线

7.6.4.4　拱顶沉降

1. 监测目的

拱顶沉降监测是反映地下工程结构安全和稳定的重要数据,是围岩与支护系统力学形态变化的最直接、最明显的反映。

2. 监测方法及原理

拱顶沉降采用水准仪进行监测。监测时将长度适宜的钢尺端部挂于预先在拱顶埋设好的挂钩上,通过测量钢尺刻度进行拱顶沉降监测。

3. 测点埋设

测点用电钻成孔，填塞水泥浆后插入弯成三角形的钢筋，埋设时钢筋轴线垂直于拱顶，见图 7-34。

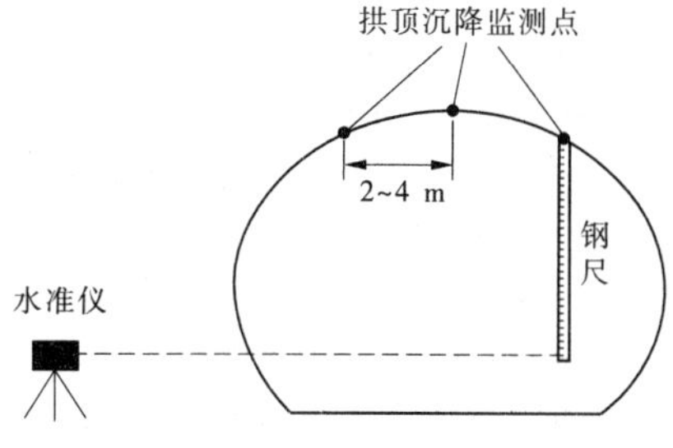

图 7-34　单洞双线区间拱顶沉降测点布置

拱顶沉降点埋设以能反映结构安全为原则，拱顶沉降监测点、净空变化及锚杆内力测点应布置在同一断面上，并尽量与地表沉降监测点相对应。单线单洞的区间隧道中线拱顶布置一个拱顶下沉观测点，单洞双线区间隧道中线拱顶及其两侧 2 ~ 4 m 处的拱顶各布置一个拱顶下沉观测点。

4. 数据分析处理

隧道内拱顶沉降累计变化量变化曲线见图 7-35。

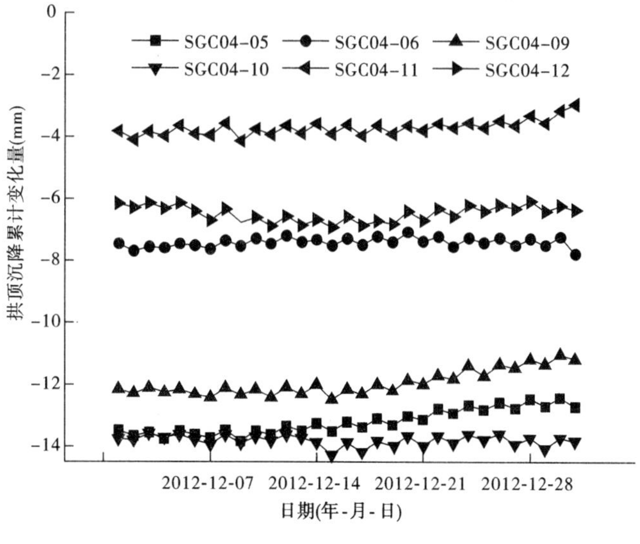

图 7-35　隧道内拱顶沉降累计变化量变化曲线

拱顶沉降量按以下公式进行计算：

$$\Delta H = H_n - H_0 \tag{7-4}$$

式中　ΔH——监测点沉降量，mm；

H_0——监测点初始高程，mm；

H_n——实测高程，mm。

参考文献

[1] 夏才初,潘国荣．土木工程监测技术[M]．北京：中国建筑工业出版社,2001.

[2] 任建喜．岩土工程测试技术[M]．武汉：武汉理工大学出版社,2009.

[3] 韩瑞庚．地下工程新奥法[M]．北京：科学出版社, 1987.

[4] 刘建航, 侯学渊．盾构法隧道[M]．北京：中国铁道出版社, 1991.

[5] 夏明耀, 曾进伦．地下工程设计施工手册[M]．北京：中国铁道出版社, 1999.

[6] 杨林德．软土工程施工技术与环境保护[M]．北京：人民交通出版社, 2000.

[7] 王树理．地下建筑结构设计[M]．北京：清华大学出版社, 2007.

[8] 徐辉, 李向东．地下工程[M]．武汉：武汉理工大学出版社, 2009.

[9] 高俊强,等．工程监测技术及其应用[M]．北京：国防工业出版社, 2005.

第 8 章　地下工程施工对环境的影响与控制

人类活动对环境的影响主要表现在两个方面，一是对环境质量的影响，即环境污染，如大气环境污染、水环境污染、声环境污染和土壤污染等。二是造成资源短缺，即对自然资源的超额利用，如水资源短缺、土地沙化、森林锐减等。因此，所谓环境问题是指由于人类活动作用于人们周围的环境所引起的环境质量变化，以及这种变化反过来对人类的生活、生产和健康的影响问题。地下工程施工对环境的影响主要表现在第一个方面。

8.1　地下工程对环境的影响

8.1.1　地下工程环境保护的内容

所有地下建筑，如地铁的建造、大楼地下室深基坑的开挖、各种隧道的修建以及各种地下管线的施工等，许多都在建筑物、道路和管线等基础设施高度密集的城市，这些地下工程的施工经常会引起地层移动和地表沉降，同时也会造成地下水和孔隙水水压发生变化，对道路、管线和附近建筑物造成一定的影响，严重时将导致道路沉陷、管线破裂、建筑物裂损甚至倒塌，造成重大的经济损失和恶劣的社会影响。

在地下工程施工中，必定要改变围岩地下水的循环系统。这种改变可能引起的环境问题主要表现在水资源浪费和水资源的局部枯竭；加速围岩风化作用和侵蚀性地下水的形成；围岩中重金属元素或有害元素的迁移，使水资源水质下降或污染土壤。

地下工程施工所产生的弃渣搬运到地表，进入与人类生存直接相关的地表环境系统，由此可能引起以下环境问题：造成放射性污染；有害或有毒元素进入地表水循环系统，导致水质下降；弃渣淤塞河道或为泥石流提供物源。同时，由于修建地下工程，也会不同程度的破坏地表植被，影响动植物的生存环境。

总之，与地下工程修建有关的环境病害既有直接的，也有间接的，如表 8-1 所示。能够及时引起人们关注的环境问题一般是直接的，如城市地下工程修建过程中的地表沉降和施工弃渣引起的河道淤塞等，而滞后于施工的间接环境问题则往往被人们忽视。

综上所述，地下工程环境保护主要包括三方面的内容，首先是采取一切必要手段，坚决控制地层移动和地表沉降。为此，在地下工程设计时，要科学地估算周围地层的影响范围、变形大小，从而对地层变形范围内的邻近建筑物及设施的保护作出正确的决策和周密的安排；在地下工程施工时，要合理安排施工方法和施工工艺，采取恰当的防治地层移动和地表沉降的措施。

表 8-1　地下工程修建与环境病害关系

类型	引起的主要环境问题		工程实例或表现形式
直接病害	地表沉降、围岩承载力下降		矿区采空区、隧道所经区段上部建筑结构损毁或沉降
	地下水循环体系改变	水资源浪费	山岭及城市隧道施工期间大量突涌水
		水资源的局部枯竭	越岭隧道围岩中地下水位急剧下降
		围岩地下水位下降	矿区、山岭隧道、城区隧道围岩中地下水位急剧下降
	施工弃渣	淤塞河道	在山谷中修建傍山隧道或采矿
		弃渣有关的泥石流	在降雨季节性强，且雨量集中的地区
		放射性污染	40K、87Rb、147Sm 等引起的污染
		有害元素污染	Cd、Hg、Pb、As 等引起的污染
	围岩中有害气体释放		瓦斯爆炸、缺氧
间接病害	围岩及弃渣中有害元素污染水源和土壤		重金属和有害非金属等引起的污染
	弃渣风化而形成侵蚀性地表水		侵蚀道路结构或地表建筑物
	围岩中侵蚀性地下水的形成		侵蚀地下工程支护体系、污染水源及土壤

其次，妥善处理弃渣对环境的危害，切实做好地下工程对水土资料保护和控制水土污染问题。要根据地下工程的不同用途，深入细致地找出污染水土资源的一切物质和根源，制订切实可行的排污方式、方法和措施。设计、施工过程中要充分考虑这些废水的处理和废渣的倾倒场所，必要时可修建废水、弃渣的处理设施，避免侵占良田、淤塞河道。从环保的角度，可以考虑废物再利用的可能。

再次，最大限度地减少地下工程对自然植被的破坏。要根据地下工程的性质，能够利用的花草树木就一定利用，不破坏或少破坏地表植被，要深入研究地下工程的特点，从勘察、设计和施工诸多角度去减少对自然植被的破坏。目前，我国在隧道选线设计时就遵循“早进晚出”的原则，给我们提出了保护自然植被最好的理念。

8.1.2　地下工程环境保护的方法

8.1.2.1　控制地表沉降

控制地层位移和地表沉降可采用积极保护法和工程本体保护法两种。积极保护法是指在施工前对地质和环境做深入的调查，提出减少地层位移和地表沉降的施工工艺和参数，并根据经验和理论相结合的分析，预测地下工程施工时对周围环境的影响范围和程度。工程本体保护法是根据偏于安全的沉降估计，预先实施防止周围环境灾害破坏的工程措施。工程本体保护法偏于安全和保险，适用于地质条件复杂，保护要求较高的地下工程，故一般应优先考虑较经济的积极保护法，必要时再考虑工程本体保护法。

积极保护法在施工前对地质和环境的调查主要包括：

(1)工程地质条件，如岩土体的性质结构、初始地应力场、地温场、地下水等。对于岩石地下工程，还要调查岩石的风化程度、节理裂隙特征及组合规律等。

(2)岩土体的物理、力学参数,包括密度、孔隙率、强度和变形模量等。

(3)工程结构参数,如埋深、断面形状和尺寸、支护结构型式、支护材料、工程用途、服务年限等。

(4)施工参数,如开挖方式、开挖顺序、支护形式、支护时间、防堵排水、工程监测与信息处理,作业方式与工程进度等。

工程本体保护法有隔断法、基础托换、地基加固、结构补强等,简介如下:

(1)隔断法。是在地下工程施工区与附近建筑物之间设置隔断墙以减少土体的水平位移和沉降量,避免由于工程施工导致建筑物产生破坏的一种工程保护方法。

如上海地铁河南中路站周边施工情况复杂,地下管线多,环境保护等级高,其中基坑南侧东海商都为特殊技术环境保护对象。该车站总长 230. 9 m,标准段宽 22. 64 m,车站结构为双层三跨式矩形框架,基础埋深 17 m。在施工时,为了保证东海商都免受地铁地墙开挖导致的沉降影响,地墙施工前先施工两排按特殊"∽"拱形布置的树根桩隔断墙,桩径 350 mm,桩长 25. 0 m,内放钢筋笼,注入快硬双液浆(309 根);拱脚间配合用砂浆配筋桩土体置换,桩径 110 mm,桩长 12. 0 m,灌注水泥砂浆(63 根),使成槽时坑外主动土压力和地面超载作用于树根桩并传到分幅处树根桩,以最大限度地减少成槽塌方和地表沉降,见图 8-1。

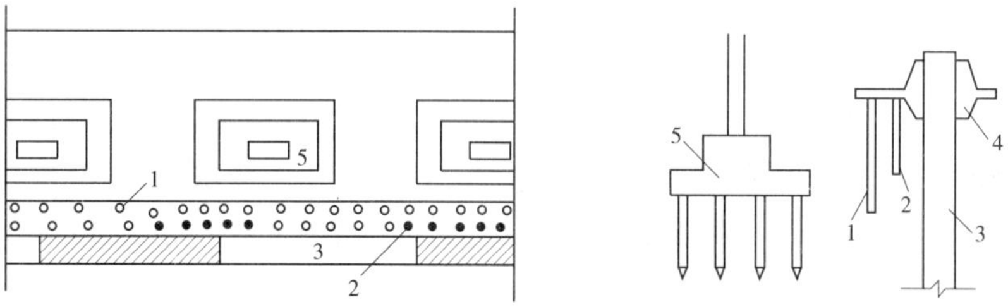

1—树根桩;2—砂浆配筋桩;3—地墙槽段;4—高导墙;5—东海商都独立基础

图 8-1　树根桩隔断墙示意图

(2)基础托换法。是对建筑物基础用钻孔灌注桩或树根桩进行加固,将建筑物荷载传至深部刚度较大的地层,以减少基础沉降幅度的方法。加固施工前,要对加固基础的承载能力、适应不均匀沉降的限度做详细分析,以确定布桩设计。在加固施工过程中,要在严密跟踪、监测的条件下,根据控制地基的要求,采用合理的钻孔制桩程序及制桩材料的配比并考虑是否需要辅助注浆。

(3)地基加固法。特指注浆加固地基,通过对地基注入适当的注浆材料使土体得到加固,从而控制由于地下结构施工引起的土体松散、坍塌及地基变形和不均匀沉降,使地面建筑物免于遭受破坏。地基注浆法适宜于保护独立条形基础的高层建筑,一般先将独立的基础用现浇的钢筋混凝土连接成筏式基础,筏式基础上留有注浆孔,在地下工程开挖中根据建筑物倾斜或沉降的观测值以合适的压力和流量向基础下及时进行双液分层快凝注浆,达到调整不均匀沉降的目的。

沪南变电所为一长 3 m、高 16. 3 m 的三层钢筋混凝土框架结构大楼,是上海市中心的重要供电站,该大楼距离盾构法施工的隧道中心线约 6 m,隧道顶部覆土厚度仅 6 m 左右,为防止隧道施工引起的不均匀沉降对大楼的影响,采用了注浆加固地基处理,在变电所的四周布设了注浆孔(东、南、西、北分别布设4孔、5孔、8孔和4孔,孔深5~11 m,孔间距约2 m),当盾构推进到该区域时,根据监测到的沉降资料选定注浆孔,随时注入浆液。由于注浆工艺恰当,施工过程中变电所发生的最大倾斜位移为50 mm,并经注浆校正实际倾斜仅20 mm,建筑结构始终完好无损,确保了变电所的正常运行。

(4)结构补强法。对建筑物本身进行加固,使其结构刚度加强以适应由于地表沉降引起的变形,也是地下结构施工时实现环境保护的有效方法。对建筑物结构本身进行加固的措施有多种,需要根据不同建筑物的特点加以选择。

8.1.2.2 水土保护

开发地下空间,不可避免地会对地下水造成一定影响。一般来讲,地铁、水底隧道地下综合体、深大基坑工程等大跨度的地下工程对地下水环境的影响可分为两类:一类为地下工程施工期间所产生的影响;另一类为地下工程建成后的潜在影响。相比而言,地下工程施工期间对地下水环境产生的影响是局部范围内的,在一个较长的时间内是能够得到缓解的,而地下工程运营中对地下水环境的影响则是大范围的,在时间上有明显的滞后性,并且这种影响具有累计效应。

地下工程施工中为了保证开挖面的稳定,往往需要人工降水。例如,在地下水较浅的地区进行深基坑开挖、用盾构法在饱和土体中施工隧道都需要进行大面积的人工降水。大面积的人工降水将导致地下水的“漏斗式”下降,使地下水的动力场和化学场发生变化,引起地下水中某些物理化学组分和微生物含量的变化,可能导致地下水的污染逐步加剧,水质恶化进而影响土质。地下工程施工中为提高土体的防渗性能和增强土体的强度所进行的化学注浆,可能引起地下水的化学污染;施工产生的废水(洞内漏水、洗刷水、排水)、废浆以及施工机械漏油等也将影响到地下水质和导致土壤污染。除此之外,地下工程施工时还应解决好如下三个环保问题。

1. 水资源浪费和水资源局部枯竭问题

在地下工程的不良地质地段施工过程中,主要的注意力往往集中在开挖和支护环节上。在不少山岭隧道施工中遇到涌水问题时,往往首先考虑如何减小涌水量,使开挖与支护顺利进行,而忽视了因大量涌水产生的水资源浪费和由此引发的围岩地下水位急剧降低,使地下工程周围的地表水源枯竭,从而影响当地居民的生活和生产。这样的工程实例在采矿工程和交通隧道施工中并不少见。如在我国著名的大瑶山隧道的修筑过程中,F9断层大量涌水并最终导致断层带附近一个村民组生产及生活用水严重短缺。

除地下水位较高的砂、砂石土体中的水下地下工程外,在地下工程的修筑过程中容易引发施工涌水和水资源局部枯竭的地质条件主要为:断层或围岩裂隙密集带;岩溶发育地区。这些区段预测的涌水量往往与开挖过程中的实际涌水量存在较大的差异,这可能是因为在施工期间,开挖作用往往改变了围岩中地下水的循环系统。此时,仍用勘测阶段的水文地质参数来确定涌水量一般会出现较大的偏差。因此,施工期间的超前地质预报很重要。

2. 围岩风化作用和侵蚀性地下水的形成问题

地质体的风化作用受地球外动力地质作用的控制,作用的深度一般是有限的。在地下工程修筑之前,完整性较好的岩体内部的风化作用一般是微弱的。地下工程施工在一定程度上相当于使岩体的风化作用向内部延伸。在岩体的化学及生物化学风化过程中，地下水的参与是必然的。岩体表面含氧量的增加和地下水循环系统的改变，使围岩中部分矿物不能稳定存在，如矿物相由还原态向氧化态转变，加速围岩的风化作用。如果地下水比较丰富的围岩中存在能够引起形成侵蚀性地下水的矿物及组合，则可能形成于地下工程施工之前岩体内部地下水性质差异很大侵蚀性地下水。

侵蚀性地下水的类型与其产出的地质体的地球化学特性有关，以便于在勘测设计阶段应用的角度，划分为硫化物型、硫酸盐型、氯化物型、碳酸型、组合型等五种类型。至于各种类型的侵蚀性地下水的特点，以及产出的地质环境，请参考相关文献。

3. 与弃渣有关的环境问题

地下工程施工时把岩土体内部的物质搬运到了地表，进入与人类生存直接接触的地表环境系统，形成弃渣，由此可能引发以下三方面的环境问题。

首先是放射性物质的危害。主要表现在放射元素衰变产生的 α 射线和 β 射线具有很强的直接或间接引起人体内水分子电离的作用，产生的 OH 和 H 自由基能够破坏人体细胞组织。地下工程的弃渣中，含有 40K、87Rb、235U 等放射元素，被搬运到地表无疑是一种污染源的扩大途径，必须引起高度重视。

其次是引起地表水水质下降。地下工程施工弃渣被人工搬运到地表，极易遭受风化。在风化过程中，弃渣中的有害或有毒元素较地下工程围岩更容易进入地表水循环系统，导致水质下降。同样也可能使地表水具有侵蚀性。

再次是弃渣对土壤的污染。地下工程的弃渣在地表水的侵蚀下，将有毒、有害物质和元素带到土壤中，造成土壤污染。此外，弃渣还会造成泥石流等其他地质灾害。

根据地下工程自身的特点和目前普遍采用动态设计原则，在勘测和施工期间对硫化物含量较高和放射性元素含量较高的施工弃渣，可采用固体废物处理的方法进行妥善处置，如深层掩埋、高温焚烧或冶炼等。

8.1.2.3 减少对自然植被的破坏

地下工程建设总会或多或少的造成对自然植被的破坏，除在勘察、设计和施工过程中时刻注意减少对自然植被的破坏外，还应采取适当的补救方法，及时恢复自然植被，如在弃渣场地种树种草等。

8.2 地下水控制技术

8.2.1 地下工程降水的方法

在地下工程施工中，地下水中控制方法有两种：一种是降水；另一种是截水。

降水的方法有集水井降水和井点降水两类。集水井降水是在沿坑底周围开挖排水沟，将地下水引入坑底的集水井后用水泵抽出坑外。该方法在基坑开挖大，地面水位高而土质又不好时，容易引起流砂、管涌和边坡失稳情况下使用。

井点降水法有轻型井点、喷射井点、电渗井点、管井井点等。各种井点降水法的选择视含水地层、土的渗透系数、降水深度、施工条件和经济分析结果而定，见表8-2。

表 8-2　降水技术方法适用范围

降水技术方法	适合地层	渗透系数(m/d)	降水深度(m)
明排井	黏性土、砂土	<0.5	<2
真空井点	黏性土、粉质黏土、砂土	0.1~20.0	单级<6,多级<20
喷射井点	黏性土、粉质黏土、砂土	0.1~20.0	<20
电渗井点	黏性土	<0.1	按井类型确定
引渗井	黏性土、砂土	0.1~20.0	由下伏含水层的埋藏和水头条件确定
管井	砂土、碎石土	1.0~200.0	>5
大口井	砂土、碎石土	1.0~200.0	<20
辐射井	黏性土、砂土、砾砂	0.1~20.0	<20
潜埋井	黏性土、砂土、砾砂	0.1~20.0	<2

轻型井点系统由井点管、连接管、集水总管及抽水设备等组成,如图 8-2 所示。钻孔孔径常用 250~300 mm,间距 1.2~2.0 m,冲孔深度应超过过滤管管底 0.5 m。井点管采用 38~55 mm 直径的钢管,长度一般为 5~7 m,井点管下部过滤管长度为 1.0~1.7 m。集水总管每节长 4 m,一般每隔 0.8~1.6 m 设一个连接井点管的接头。轻型井点的降水井深度可按式(8-1)计算:

$$\begin{cases} H \geqslant H_{1w} + H_{2w} + H_{3w} + H_{4w} + H_{5w} + H_{6w} \\ H_{3w} = ir_0 \end{cases} \tag{8-1}$$

式中　H_{1w}——基坑深度,m;

H_{2w}——降水水位距离基坑底要求的深度,m;

i——水力坡度,在降水井分布范围内宜为 1/15~1/10,降水开始时取 1;

r_0——降水井分布范围内的等效半径或降水井排间距的 1/2,m;

H_{4w}——降水期间的地下水位变幅,m;

H_{5w}——降水井过滤管工作长度,m;

H_{6w}——沉砂管长度,m。

喷射井点系统由喷射井点、高压水泵和管路组成,以压力水为工作源,如图 8-3 所示。当基坑宽度小于 10 m 时,井点可作单排布置;当基坑宽度大于 10 m 时,可作双排布置;当基坑面积较大时,宜采用环形布置。喷射井点间距为 2~3 m,成孔的孔径常用 400~600 mm,间距 3.0~6.0 m,冲孔深度应超过滤管管底 1.0 m。

管井井点系统由井壁管、过滤器、水泵组成,如图 8-4 所示。在坑外每隔一定距离设置一个管井,每个管井单独用一台水泵不断地抽水来降低地下水位。其井点间距为 14~18 m,泵吸水口宜高于井底 1.0 m 以上。

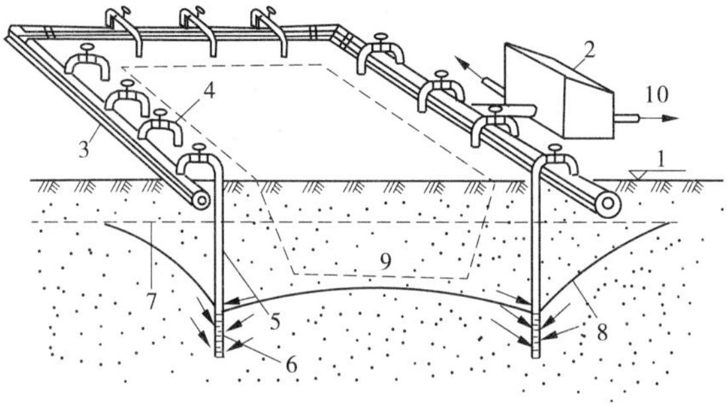

1—地面;2—泵房;3—总管;4—弯联管;5—井点管;
6—油管;7—原有地下水位;8—降低后地下水位线;
9—基坑;10—排水口

图 8-2　轻型井点降低地下水位全貌

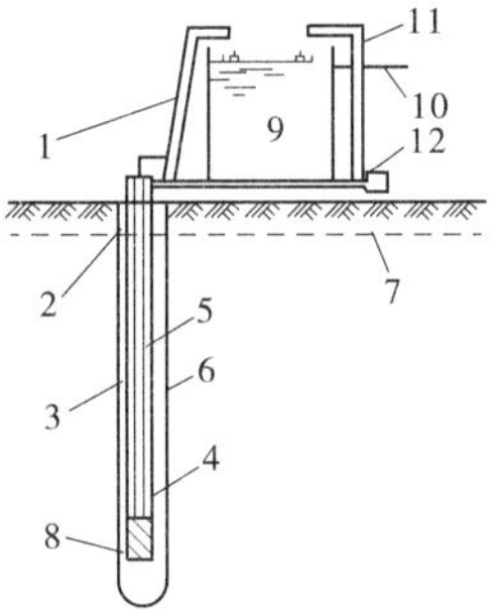

1—排水总管;2—黏土封口;3—填砂;
4—喷射器;5—给水总管;6—井点管;
7—地下水位线;8—过滤器;9—冰箱;
10—溢流管;11—调压管;12—水泵

图 8-3　喷射井点工作示意图

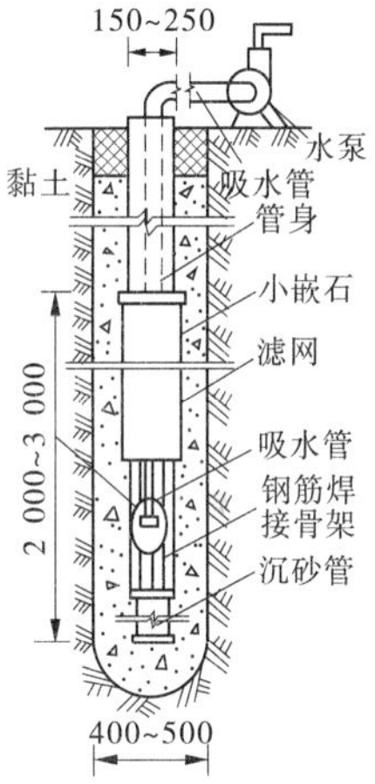

图 8-4　管井井点构造图

电渗井点是将井点管井身作阴极,以钢管做阳极,阴阳极用电线连接成通路,使孔隙水向阴极方向集中产生电渗现象,如图 8-5 所示。

阴、阳极两者距离:当采用轻型井点系统时,宜为 0.8 ~ 1.0 m;当采用喷射井点系统时,宜为 1.2 ~ 1.5 m。电压梯度可采用 0.5 V/cm,工作电压不宜大于 60 V,土中通电时电流密度宜为 0.5 ~ 1.0 A/m^2。

8.2.2　降水工程的平面布置

8.2.2.1　坑外降水井布置

如果环境要求不高,无止水帷幕,用坑外降水井点布置,见表 8-3。

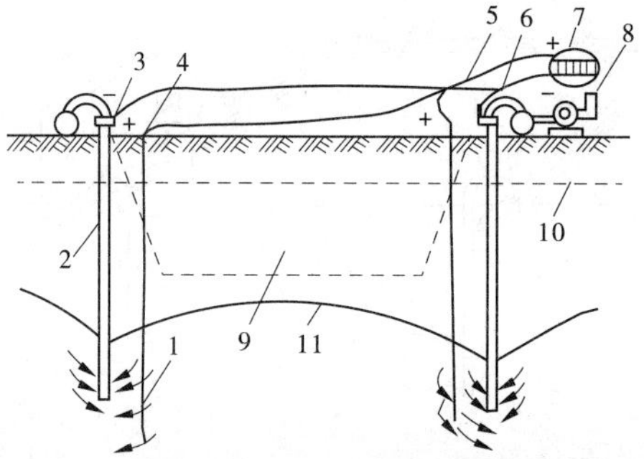

1—阳极；2—阴极；3—用扁钢或电线将阴极连接；4—用钢筋或电线将阳极连通；
5—阳极与电机连接电线；6—阴极与发电机连接电线；7—直流发电机；
8—水泵；9—基坑；10—原有地下水位；11—降水后的水位线

图 8-5　电渗井点布置示意图

表 8-3　由基坑形状及宽度确定的布井方式

类型	布置简图	适用条件
单排线状加密	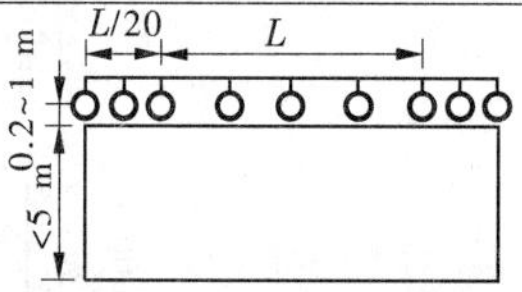	坑宽 <6 m，降深不超过 6 m，一般可用单排井点；沟壕两端部宜使井点间距加密，以利降水
双排线状井点	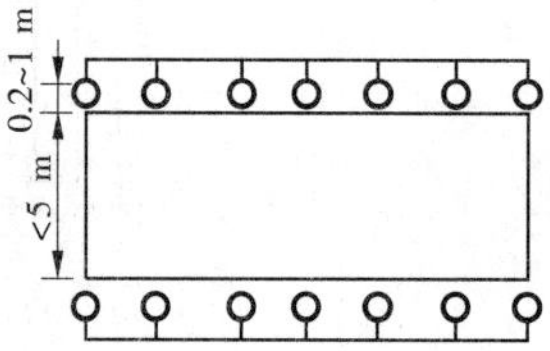	对宽度 >6 m 基坑沟壕，宜采用双排井点降水；对淤泥质粉质黏土，有时坑宽 <6 m 亦采用双排井点降水
环形井点系统	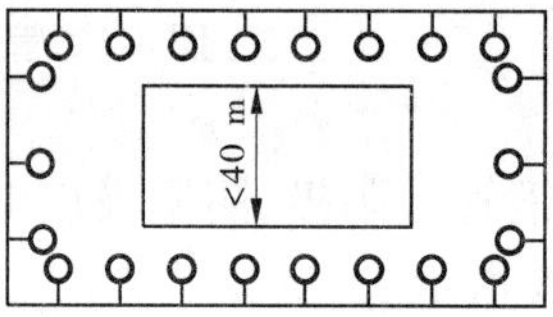	当基坑宽度 <40 m 时，可采用单环形井点系统；对环形井点应在泵的对面安置一阀，使集水管内水流入泵设备，避免紊流；或将总管在泵面断开；或在环形总长的 1/5 距离，将井点在四角附近加密，以加强降水
多环形井点系统	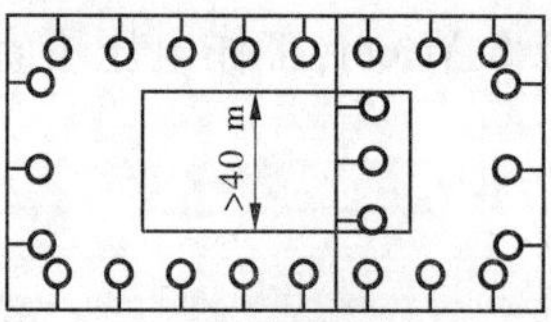	当基坑宽度 >40 m 时，应考虑地质条件，可用多环形井点系统，在中央加一排或多排井点，并布置相应的水流总管和井点泵系统
八角形环圈井点系统	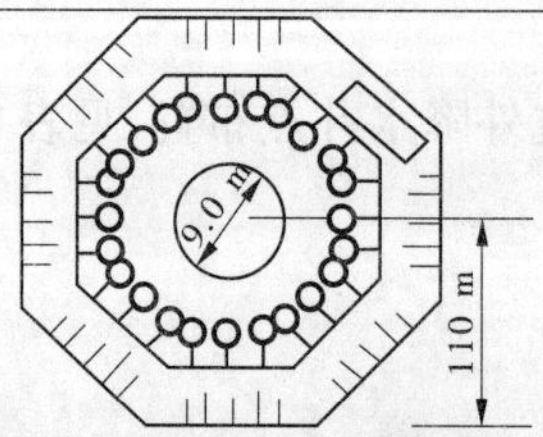	适用于圆形沉井施工，可布设八角形集水管，由 45°弯管接头连接井点。图示表面配合上部开挖，在明挖降低地面高程后，安装井点泵和总管，从而加深降水深度

8.2.2.2　坑内降水井布置

当环境要求高,有止水帷幕(或连续墙),采用坑内降水,一般用管井(深井)井点效果好。管井(深井)按棋盘点状布置,井距可以通过计算得到,一般为 10 ~ 20 m。

8.2.2.3　降水井深度

降水井深度一般按式(8-1)进行计算。

参考文献

[1] 中国土木工程学会. JGJ 120—2012 建筑基坑支护技术规范[S]. 北京:中国建筑工业出版社,2012.

[2] 马建秦,王小明. 与地下工程修筑有关的几个环境问题[J]. 现代隧道技术,2012,39(8):27-31.

[3] 史佩栋. 城市地下工程与环境保护[M]. 北京:人民交通出版社,2002.

[4] 黄显智. 环境保护实用教程[M]. 北京:化学工业出版社,2004.

[5] 王树理. 地下建筑结构设计[M]. 北京:清华大学出版社,2009.

第 9 章 城市地下空间规划导论

地下空间概念有两个基本含义:从开发和利用的角度看,地下空间是指地球表面以下的土层或岩层中天然形成或人工开发的空间场所;从广义的角度看,地表以下一定范围内的岩土体包括岩土体的密实部分和无岩土体的空间部分,不论其中是否形成可容纳人或物的空间场所,都占据了一定的空间体积。因此,地表下一定平面和竖向深度范围内,岩土体占用和包围的空间体范围是广义的地下空间。

由于地下岩土体具有为人类开掘和提供可用空间的巨大潜力,因此地下空间被人类视为迄今为止尚未被充分开发利用的宝贵自然资源之一。自然资源在被人类开发利用后,到社会发展的一定阶段才成为人类生存所需要的特定原料和场所,地下空间开发利用的历程与自然资源的这一特点非常相似,即人类地下空间利用也经历了从原始社会的穴居到以后的长期的简单利用,和从自然的被动利用到近现代作为自然资源主动开发的过程。经世界许多国家和国际组织的申请,1981 年 5 月,联合国自然资源委员会正式把地下空间确定为重要的自然资源;1991 年的《东京宣言》明确提出:地下空间资源是城市建设的新型国土资源。因此,目前所称的地下空间资源,实际上是指在广义上可利用的已开发和未开发的地层空间范围内,实在的和潜在的空间场所的总称。

地下空间资源具有自然资源学的基本属性,具备自然资源的基本属性:

(1) 自然资源的稀缺性和有限性;

(2) 自然资源的整体性;

(3) 自然资源的地域性;

(4) 自然资源的多用性;

(5) 自然资源的变动性;

(6) 自然资源的价值属性;

(7) 自然资源的社会性;

(8) 自然资源的再生性与非再生性。

9.1 开发利用城市地下空间的战略意义

在现代生产力和科学技术的推动作用下,人类正以前所未有的速度实现自身的巨大发展和进步,城市化水平的不断提高,城市数量和城市人口的不断增加,是这种进步的重要标志之一,而这种发展的前提,就是必须有足够的土地资源、水资源和能源的支持。在世界自然条件日益恶化和自然资源渐趋枯竭的形势下,地下空间被视为人类迄今所拥有的尚未被开发的自然资源之一。在城市建设和发展领域,开发利用地下空间也显示出重要的战略意义,主要表现在以下三个方面。

9.1.1　地下空间与缓解生存空间危机

世界人口无节制的增加和生活需求无止境的增长与自然条件的日益恶化和自然资源的渐趋枯竭之间的矛盾反映在生存空间问题上，表现为日益增多的人口与地球陆地表面空间容纳能力不足的矛盾；在城市发展问题上，则表现为扩大城市空间容量的需求与城市土地资源紧缺的矛盾，这种现象称为生存空间危机。

从世界范围来看，在现有的15亿 hm^2 耕地不再减少的情况下，如果2150年人口达到150亿人，土地供养人口的能力将达到极限。我国人口占世界人口的22%，而人均耕地面积仅为世界平均水平的30%，即使按较低的粮食消费标准计，在现有1亿 hm^2 耕地不再减少的前提下，每公顷可耕地年产粮能力必须达到9 600 kg（合亩产640 kg），才能供养16亿人口（2050年）。也就是说，我国的生态空间将在2050年前后达到饱和，比世界平均水平提前100年。

从生活空间来看，如果到21世纪中叶我国国民经济总体上达到当时中等发达国家的水平，则城市化水平必须提高到65%左右，即城市人口要增加到10.4亿人。以城市人均用地120 m^2 计，需要土地10万 km^2。因此，必须寻求在不占或少占土地的情况下拓展生活空间的途径。

第三种是开发陆地地下空间，这成为目前人类拓展生存空间唯一可实现的途径。在地下2 km以内可供合理开发的地下空间资源总量为 $4.12\times10^{17}\ m^3$。人类的生存与活动主要集中在占陆地面积20%左右的可耕地及城市和村镇用地范围内。因此，可供有效利用的地下空间资源应为 $0.24\times10^{17}\ m^3$。在我国，可耕地、城市和乡村居民点用地的面积约占国土总面积的15%，按照上面的计算方法，我国可供有效利用的地下空间资源总量接近 $11.5\times10^{14}\ m^3$。

把开发深度限定在2 km以内，再考虑到地下建筑之间必要的距离，开发范围限定在城市总用地面积的40%以内较为适当。按照这样的开发深度和范围，一个总用地面积为100 km^2 的城市，可供合理开发的地下空间资源量有 $8\times10^{10}\ m^3$。以建筑层高平均为3 m计，可提供建筑面积 $2.7\times10^{10}\ m^2$，即270亿 m^2，相当于一个容积率平均为5的城市地面空间所容纳建筑面积的540倍。但是地下空间开发深度达到2 km在技术上是很困难的，在可预见的一个时期，例如在21世纪的100年内，合理开发深度达到100~150 m，对于多数大城市是比较现实的。

由此可见，可供有效利用的地下空间资源的绝对数量仍十分巨大，从开拓人类生存空间的意义上看，无疑是一种具有很大潜力的自然资源。

9.1.2　地下空间与应对城市发展中的困难和挑战

在城市发展过程中，必然要遇到种种困难和挑战，在我国具体条件下，主要存在以下五个方面：

（1）人口增长的挑战。在人类生存的400万年中的大部分时期，人口数量的增长是缓慢的，20世纪后半叶开始迅速增长，1960年达到30亿人，1987年50亿人，1999年增加到60亿人。联合国预测到2030年，全球人口将达85亿人，届时中国人口数量将达到16

亿人。人口增长形成的最直接压力是对粮食的需求,但城市发展用地主要来自对可耕地的占用,对保持足够耕地的要求仍然是一个很大的威胁。也就是说,中国的城市发展以至建设未来城市,只能以不占或少占耕地为总前提。

(2)淡水资源短缺的挑战。人类及多数生物赖以生存和城市赖以发展的淡水,只占地球总水量的0.64%。目前,世界上大约有90个国家,40%的人口面临供水紧张,足以引起社会动荡和导致地区冲突,并制约城市的发畏。中国的水资源情况在世界上处于很不利的地位,不但现在已严重影响到城市的发展,在建设未来城市中必将构成一个难以应对的挑战。

(3)能源枯竭危机。现在,全世界每年燃烧煤40亿t,消耗石油25亿t,并以每年3%的速度增长。21世纪中叶,人类将面临传统能源的危机。中国的情况更差,石油和天然气的探明储量都比较少,安全期预计为30~50年,只能越来越多地依赖进口。这也是在建设未来城市中必须应对和解决的问题。

(4)环境危机。宏观上的生态环境恶化主要表现为沙漠化(或称荒漠化)、全球性气候变暖、臭氧层流失、自然灾害频繁等。对于城市来说,主要表现在工业生产和居民生活排出的大量废弃物造成的城市大气污染、水污染、土壤污染。此外,城市环境噪声污染和建筑物玻璃外表面的光污染,也属于城市环境问题。严重的城市环境污染,对今后城市的发展确实是一个危机。

(5)灾害威胁。我国是地震多发国,且国土的70%处于季候风的影响范围,水、旱、风等灾害频繁;同时,我国仍处于复杂动荡的世界局势之中,战争的根源并没有消除。因此,城市面临战争及多种自然和人为灾害的威胁,城市安全还没有充分的保障。地下空间天然具有的防护能力,可以为城市的综合防灾提供大量有效的安全空间。

9.1.3 地下空间与城市现代化发展

城市现代化是指城市的经济、社会、文化、生活方式等由传统社会向现代社会发展的历史转变过程,在科学技术和社会生产力高度发展的基础上,为城市居民提供越来越好的生活、工作、学习条件和环境,城市经济、社会、生态和谐地运行并协调发展。

2003年,我国人均GDP水平刚达到1 000美元,开始进入中等偏低收人国家行列。到21世纪中叶,中国城市现代化发展大约可经历三个阶段:第一阶段为2001~2010年,是实现城市现代化的基础阶段,即城市人均GDP达到4 000美元左右,经济进入有序的平稳增长期。城市居民生活质量有较明显的提高,少数发达城市可率先基本实现城市现代化。第二阶段为2011~2030年,多数城市普遍实现城市现代化,城市人均GDP超过1万美元。第三阶段为2031~2050年,是中国城市达到发达国家城市水平的重要发展阶段。城市人均GDP将达到2万美元以上,城市的经济、科学技术、文化教育、基础设施等将全面达到或接近国际先进水平,居民生活水平达到当时发达国家的中上等水平。届时,城市现代化的主要标志,按现在的认识水平,应当是:高度发达的生产力和科学技术,完善和高效的城市基础设施,清洁优美的城市环境,丰富的城市文化,高水平的城市管理,高素质的城市人口和高度的精神文明,有效的防灾减灾能力,以及土地资源、水资源和能源的高效利用。此外,一些有条件的城市还应包括充分的国际合作与区域合作,以及某些重点城市功能的国际化。

在实现城市现代化过程中,地下空间的开发利用,起到了重要推动作用,主要表现在:

(1)在不扩大或少扩大城市用地的前提下,实现城市空间的三维式拓展,从而提高土地的利用效率,节约土地资源。

(2)在同样前提下,缓解城市发展中的各种矛盾。

(3)在同样前提下,保护和改善城市生态环境。

(4)建立水资源、能源的地下贮存和循环使用的综合系统,促进循环经济的发展和构建资源节约型社会。

(5)建立完善的城市地下防灾空间体系,保障城市在发生自然和人为灾害时的安全。

(6)实现城市的集约化发展和可持续发展,最终大幅度提高整个城市的生活质量,达到高度的现代化。

9.2　中国城市地下空间利用的发展道路

中国的城市地下空间利用,是在 20 世纪 60 年代末特殊的国内外形势下起步的,是以人民防空工程建设为主体的,这种状况一直持续到 80 年代中期。其中一部分工程实现了平战结合,在平时发挥了一定的城市功能。这一时期应当看作是城市地下空间利用的初期阶段。进入 21 世纪后,城市地下空间利用不论是数量还是质量,都有了相当规模的发展和提高。

在今后的 50 年里,我国将实现国民经济发展的第三步战略目标,完成全面的现代化。与之相适应,城市化水平将达到 65% 以上。在这一历史进程中,城市地下空间将发挥越来越重要的作用。预计到 20 世纪 20 年代,城市地下空间利用可能出现高潮,进入大规模发展的更高阶段。

2005 年,我国城市总数有 661 座,其中约 200 座是近些年升格的县级市,100 万以上人口的特大城市有 40 座。在今后的几十年中,还将新增几百座城市。当前,从总体上看,大部分城市仍处于发展的初级阶段,而且发展很不平衡,所处的自然条件和地理环境也存在很大差异。但是,不论现在处于哪种发展阶段,所有城市或迟或早都要走现代化道路,在这一进程中,不可避免地需要开发利用地下空间,并不断向更高的水平发展。因此,在这样的背景下,研究一下不同类型城市地下空间的发展阶段、发展目标和发展道路,使中国城市地下空间能够科学、合理、有序地发展,对于不同类型城市制订自己的地下空间发展规划,应当是有益的。

9.2.1　中国城市发展状况

中国城市由于历史和自然环境的不同,在经济、社会、文化等多方面的发展很不平衡,大体上可分为东部沿海发达地区城市、东中部较发达地区城市和中西部欠发达地区城市三大类。表 9-1 对这三类城市各选排序前十名的主要经济、社会、文化指标做一比较,可以看出城市之间发展程度的差异。

第一类城市和部分第二类城市,城市发展的矛盾多集中在这类城市的旧市区和中心区，那里人口和建筑密度高，车辆拥堵，环境质量差，但城市效率并不高，GDP 较低，因而成为城市更新改造的重点地区，需要开发利用地下空间，实行立体化再开发，提高土地的利用效率，加强中心区的聚集作用，改善城市环境，恢复旧市区或中心区的生机与活力。应当注意的是，即使在这些相对较发达的城市中，其经济、社会状况和城市矛盾的严重程度也并不相同，因此对开发利用地下空间的需求程度和需求规模，必须根据各自的实际情况进行科学的预测，防止主观臆断和盲目攀比。

表 9-1　中国东部、中部、西部主要城市经济、社会、文化状况比较（2005 年）

分类	城市	非农业人口（万人）	建成区面积（km^2）	人均 GDP		地均 GDP		千人汽车拥有量（辆/千人）	千人固定及移动电话保有量（台/千人）	万人在校大学生数（人/万人）	城市综合竞争力排名
				（美元/人）	排序	（万美元/km^2）	排序				
东部沿海发达地区城市（一类）	广州	462	734	9 564	1	7 962	5		3 877	1 149	6
	深圳	181	71	7 414	2	8 468	4		9 707	250	5
	杭州	245	314	7 042	3	9 095	3		3 625	1 281	11
	大连	240	248	6 973	4	7 836	6		1 983	758	17
	青岛	265	179	6 764	5	10 031	2		1 600	1 011	20
	上海	1 128	820	6 449	6	13 471	1	84	2 168	392	3
	北京	855	1 182	5 716	7	6 980	9	245	2 745	562	4
	厦门	96	170	5 455	8	7 220	8		2 708	483	16
	南京	410	513	5 372	9	5 313	10		1 758	1 307	25
	天津	532	530	4 840	10	7 830	7	127	1 763	614	10
东中部较发达地区城市（二类）	济南	272	238	5 018	1	7 265	4		1 536	1 069	26
	合肥	150	225	4 852	2	3 653	9		2 170	1 613	
	长沙	173	148	4 671	3	7 534	3		1 895	1 632	29
	长春	245	230	4 489	4	6 363	6		1 844	1 187	28
	沈阳	410	310	4 485	5	7 160	5		1 371	889	19
	南昌	166	109	4 060	6	7 750	2		1 819	2 373	
	石家庄	224	166	4 032	7	5 349	7		4 540	1 196	
	哈尔滨	307	302	3 734	8	4 905	8		2 209	783	30
	郑州	188	262	3 575	9	3 487	10		3 728	1 984	
	武汉	503	220	3 199	10	12 405	1		1 856	614	22

续表 9-1

分类	城市	非农业人口（万人）	建成区面积（km^2）	人均 GDP（美元/人）	排序	地均 GDP（万美元/km^2）	排序	千人汽车拥有量（辆/千人）	千人固定及移动电话保有量（台/千人）	万人在校大学生数（人/万人）	城市综合竞争力排名
中西部欠发达地区城市（三类）	西安	309	230	4 526	1	5 379	1		2 155	1 718	
	成都	368	395	3 918	2	4 685	3		1 742	780	27
	兰州	170	161	3 594	3	3 810	7		1 588	1 052	
	银川	66	95	3 367	4	2 740	10		1 606	440	
	乌鲁木齐	150	176	3 187	5	3 843	6		2 026	632	
	昆明	170	192	3 033	6	5 114	2		1 505	1 105	
	西宁	127	170	2 551	7	3 704	8		2 007	1 259	
	贵阳	147	129	2 544	8	3 922	5		1 544	1 387	
	重庆	477	492	2 038	9	4 312	4	98	2 421	620	
	西宁	91	63	1 955	10	3 186	9		1 285	362	

注：1. 资料主要来源为中国统计出版社编辑的《中国城市年鉴》和《中国经济年鉴》，2006 年。

2. 各类城市均按其人均 GDP 排序，因篇幅所限，每类均取其前十名。

3. 表中第 5、6、7、8、9 栏数字均经著者换算，人民币对美元汇率按 8.2∶1（2005 年）。

4. 表中第 10 栏关于城市竞争力的排名，取自《中国城市年鉴》2006 年，是根据增长、规模、效率、效益、结构、质量、就业等 7 项指数综合得出的。

以对开发地下交通空间的需求为例，从我国情况看，现在城市矛盾较为严重的，主要集中在 200 万人口以上的 13 座特大城市，即使在这十几座特大城市，其城市矛盾的严重程度也是不同的，真正到了不修建地下铁道就无法解决城市交通问题的仍然是少数，如北京、天津、上海、广州、深圳；其他有些城市，虽然人口有 100 多万，但机动车只有二三十万辆，其城市交通状况是无法与拥有几百万辆机动车的特大城市的紧张情况相比的。这些城市在地面上改善和发展公共交通的潜力是否已用尽，道路的改造是否已无法满足交通量的增长，这些都是值得认真研究的。近些年准备和计划修建地铁的城市不下 30 座，而国家有关部门同意修建或准予立项的只有少数几座城市，说明对于这样一类耗资巨大的地下空间开发项目，必须持十分慎重的态度。

值得注意的是：许多没有进入表 9-1 的小城市，虽然经济发展水平较低，但城市用地中的浪费问题相当突出，人均用地大都在 150 m^2 以上，然而产出效益却非常低，特别是有些县级市，在“升级”的刺激作用下，盲目追求“大发展”，滥用土地的现象就更为严重。因此，对于这些中小城市，包括特大城市周围发展的一些“新城”，从发展的初期起，就应当走集约型发展道路，严格控制城市用地，提高土地利用效率，在城市发展中适度开发一定规模地下空间，应当是有益的。从这个意义上看，可以把这些城市列为第四类。

尽管中国城市的发展很不平衡，但是或迟或早都要实现现代化的。在这一历史进程中，在不同程度和规模上开发利用城市地下空间也是必然的。因此，地下空间的发展道路，都应当遵循以下几个共同的方向，即推动城市发展从粗放型向集约型的转变，推动城市空间拓展从二维式向三维式的转变，以及提高城市效率和城市的聚集能力。

9.2.2　地下空间与城市的集约化发展

集约化是表示事物从分散到集中，从少到多，从低级到高级的发展过程。对于城市来说，主要表现为在城市发展过程中，充分发挥出城市的聚集作用，以尽可能少的资源，创造出尽可能多的社会财富和综合效益。

当前，在我国城市建设和发展中，正在实行"两个根本转变"，即从粗放型向集约型转变和从计划经济向市场经济转变。也可以说，城市的集约型发展是在社会主义市场经济条件下城市发展的必由之路。

衡量一个城市的集约化水平，除人均 GDP（国内生产总值）等项目外，单位城市用地的 GDP 应当是一个重要指标，可直接显示出土地的利用效率和空间容纳效率。以北京市为例，1989 年，城市建成区的面积为 395.4 km^2，单位城市用地的 GDP 为 0.31 亿美元/ km^2；到 2000 年，这一指标增长到 0.63 亿美元/ km^2，城市用地增加到 488 km^2，单位用地的经济效益虽有所提高，但其绝对值与发达国家和地区相比仍存在很大差距。香港以弹丸之地，竟创造出年 GDP1 583.6 亿美元（2000 年）的巨额财富，单位城市用地的 GDP 达 12.5 亿美元/ km^2，高出北京 20 倍。足以说明城市土地和空间具有多么大的聚集作用和经济潜力。

城市土地价格也是反映城市集约化程度的一项重要指标。据近年资料，日本东京土地的最高价格已达每平方米 50 万美元。我国尚无土地市场价格，仅以土地使用费征收值做比较，北京的最高地价与东京相差 150 ~ 200 倍。

土地是城市空间的载体，不论是地上还是地下不存在脱离土地的城市空间。因此，城市集约化程度的提高，就是不断发掘城市土地潜力，提高土地使用价值的过程。一般情况下，城市中土地越昂贵的地区，土地的开发价格就越高，投资开发后就可获得比其他地区更高的经济效益，因而起到将城市功能向这一地区吸引的聚集作用，也是城市的立体化改造往往从城市中心区开始然后逐步向外扩展的主要原因，既符合市场经济的规律，又取得集约化的成果。因此，不论是新城市的建设还是旧城市的改造，使城市空间实现三维式的拓展，是世界上许多发达国家大城市的普遍做法，在我国地少人多的特殊条件下就更为必要。

城市地下空间具有很大的容量，可为城市提供充足的后备空间资源。北京市旧城区 62.5 km^2 范围内的浅层地下空间资源，可提供的空间折合成建筑面积达 0.55 亿 m^2，比旧城区现有建筑面积 0.24 m^2 还多 0.13 亿 m^2，由此可见城市地下空间资源的巨大潜力，如果得到合理开发，必将产生难以估量的经济和社会效益，并在很大程度上加强城市的聚集效应。

9.2.3　地下空间与城市空间的合理拓展

城市的集约化发展达到一定高度时，就会使原有的城市空间难以容纳迅速增加的城市人口和城市功能,引发种种城市矛盾,必须通过城市再开发加以缓解。

城市再开发的最终目的是为缓解由于城市人口增长和经济发展所造成的城市空间容量严重不足的问题,因此再开发就是要通过拓展城市空间以扩大城市空间的容量。通常,拓展城市空间的方式,借用逻辑学的概念做比喻,有内涵式和外延式两种。

内涵式拓展是在不改变城市用地空间范围的情况下,通过改变城市的内部结构(土地结构、空间结构、产业结构等),更新城市的内部机能(如基础设施),开发城市现有的潜在空间资源,从密度、效率、质量等几方面达到提高城市空间容量的一种方式。外延式是对城市容量的外部限制条件加以人为的干预,以获得城市建设的用地,一般来说,在城市发展初期,或土地资源比较充裕的城市,城市容量的外延式提高有利于城市的发展;但是对于已经发展到相当大规模的城市,特别是土地资源短缺的城市,盲目采用外延式提高容量会造成许多不良后果,在这种情况下应采取内涵式提高方式。

内涵式和外延式的空间扩展在城市发展形态和空间构成上表现为集约和分散。分散是使城市在水平方向四周延伸,集约就是使城市主要在垂直方向上下扩展,在中国和日本称为城市空间的立体化扩展,其他国家则称为城市空间的三维式发展。不论用哪一种方式,最终目的都是为了使城市功能与空间容量取得协调发展,以达到较高的城市效率和效益水平。

日本一些大城市在二战后经济高速发展时期,都进行了立体式的再开发,如东京的银座地区、车站附近,三个副都心(新宿、池袋、涩谷地区),名古屋车站附近和市中心"荣"地区,大阪的梅田和难波两车站地区,横滨站东西两侧地区,神户和京都的车站附近等。

北美洲和欧洲,在20世纪60~70年代,有不少大城市进行了立体化再开发。如美国的费城,加拿大的蒙特利尔、多伦多,法国的巴黎,德国的汉堡、法兰克福、慕尼黑、斯图加特,以及北欧的斯德哥尔摩、奥斯陆、赫尔辛基等,虽然再开发的主要目的并不完全相同,但是充分利用地下空间,在扩大空间容量的同时改善城市环境这一点都是一致的。

近年来,我国一些大城市在许多重要地段的城市改造中,较普遍地实行了立体化再开发,对扩大城市空间容量,改善城市环境,改变城市面貌等方面,都起到良好的作用。与国际上的差距正在缩小,展现了城市空间三维式拓展的广阔前景。

9.2.4 地下空间与城市效率和聚集能力的提高

城市空间一般是指城市建成区空间,是一定数量的人口,一定规模的城市设施和各种城市活动在特定的自然环境中所形成的人工空间,作为一定地域范围内的政治、经济、社会和文化中心。城市空间有开敞空间(如街道、广场、绿地等)和封闭空间(又称建筑空间),地下空间是一种封闭的建筑空间。

城市空间的扩展和城市聚集程度的提高,受各种自然、经济、社会因素的影响,故城市空间容量实际上有两个含义,即理论容量和实际容量。理论容量是指一个城市在一定发展阶段,在各种制约因素影响范围内可能达到的最大容量值。从理论上看,任何一个时期的城市容量都有一个合理的极限值,实现这一极限值,城市就能发挥机能的最佳状态,空间得到充分利用,并具有良好的发展活力。实际容量是指一个城市在形成和发展的某一阶段,以及在特定的自然、社会、经济条件下所形成的城市容量,即实际存在的现有城市空间容量。

北京市从1949年到1990年，全市人口从209万人增加到1 160万人，增长5.55倍；城市建成区面积从62.5 km^2扩展到488 km^2，增长7.81倍；建筑总量从0.17亿m^2增加到2.6亿m^2，增长15倍。这一情况表明，北京市城市用地的增长速度大于人口增长速度，人口容量是不合理的；同时，建筑总量的增长速度仅为用地增长速度的2倍，建筑实际容量与理论容量仍存在很大差距。

城市效率是指城市在运转和发展过程中所表现出来的能力、速度和所达到的水平，也是衡量城市集约化和现代化程度的一种指标体系。城市效率包括四个方面，即：经济效率，如人均国内生产总值（GDP），单位面积城市用地的GDP值，单位面积城市用地的社会商品零售额，城市资金的投入产出比率等；空间容纳效率，如人口密度、建筑密度、城市容积率、单位面积城市用地容纳的建筑量、交通量等；城市运行效率，主要表现为城市基础设施的各种指标，如人均道路用地面积、每千人机动车拥有量、日人均供水量和耗电量、每百人电话拥有量、城市废弃物处理率等；城市管理效率，表现为管理的数字化水平、民主化程度、社会保障的完善程度、应急指挥和组织能力等。

城市的发展，实际上就是人流、物流、能流、信息流和资金流不断从低水平向高水平集中的过程，说明城市本身自出现时起，就表现出一种聚集的能力，主要表现在人口的聚集、经济的聚集、和科学、教育、文化的聚集。

城市的经济社会越是发展，城市规模越大，其聚集作用就越强，形成良性循环，这也是世界上大城市和特大城市数量不断增多的一种经济动因。2000年，中国200万人口以上的特大城市有21个，人口共约9 000万人，占总人口的7.4%，但其GDP总和却占全国GDP的22%。

城市聚集作用，归根结底，是对社会物质和精神财富的聚集。在节省土地资源和保护环境的前提下，开发利用地下空间，扩大城市容量，提高城市效率，充分发挥城市的聚集作用，对城市的现代化和可持续发展，对整个国民经济的增长，都是十分重要的。

综上所述，关于中国城市地下空间的发展道路，可以归纳为以下几个要点：

（1）在中国城市化进程中，不论是原有城市的改造还是新城市的建设，适时开发利用地下空间，对于城市的现代化发展和聚集效应的增强，都可起到重要作用。

（2）中国城市在经济、社会、文化的发展上很不平衡，只有当城市发展到对地下空间产生需求，又具备一定的开发条件时，适度开发利用地下空间才是合理的。

（3）中国城市化水平和城市现代化水平还比较低，地下空间的开发利用，必须有助于城市的集约化发展和可持续发展，有助于城市效率的提高和聚集作用的加强，最终实现城市的高度现代化。

（4）开发利用城市地下空间的规模、强度、时机，必须与整个国民经济和城市的发展水平相适应。在中国条件下，少数发达的特大城市，用50年左右的时间，大体分两个阶段实现城市现代化，完成地下空间应负的使命，是有可能的；其他多数城市则需要更长的时间，但或迟或早都会走这样的发展道路。

（5）为了使城市地下空间利用科学、合理、有序地进行，应结合城市具体条件制订一项既有前瞻性，又有可操作性的地下空间发展规划，作为城市总体规划的组成部分。

9.3　国内外城市地下空间规划概况

按照我国《城市规划法》❶，每一个城市都应制订一个关于本城市在一定时期内的发展方向，发展目标和发展规模的指导性和控制性文件，称为城市总体规划。

我国的城市规划工作，在计划经济体制下，已有50年左右的历史。这期间，城市比新中国成立前虽然有了很大的发展，但是，在长期的粗放型发展过程中，在人口增多的压力下，城市空间不断向四周呈同心圆式水平扩展，造成规划经常被未曾预料到的情况所突破，难以对城市发展起到指导和控制的作用，成为长期使城市规划工作者感到困惑和棘手的难题。现在看来，要改变这种被动局面，必须从根本上改变制订城市规划的指导思想，摒弃粗放型的传统发展方式，走集约化和可持续发展的道路。当然，这种转变不是一朝一夕可以完成的，需要有一个认识和调整过程，但是应抓住机遇，努力实现。地下空间的开发利用，正是城市集约化发展的重要内容，对可持续发展也有直接作用，因此应当在制订地下空间发展规划的有利时机，力求使之符合城市发展的客观规律，把规划建立在科学的基础上。这样，才有可能避免以往规划的弊端，真正成为总体规划的重要组成部分，指导城市的现代化发展。

城市地下空间在我国虽然在人民防空建设推动下有一定程度的开发利用，但规模小，质量低，多在无规划和无序状态下进行。在过去的城市总体规划中，不能把地下空间作为城市三维空间的一个组成部分，统一考虑空间结构和形态的变化与发展。到目前为止，在我国经过批准实施的城市总体规划中，还没有一例包括了城市地下空间的发展规划，更缺少地面、地上、地下三种空间协调发展的规划。这种状况对今后城市的集约化发展和可持续发展很不利，是亟需改进的。

1997年，建设部发布了关于《城市地下空间开发利用管理规定》，2001年经修改后又重新发布。这一重要文件，要求各城市根据各自情况和条件，制订城市地下空间开发利用规划。这个规划应纳入城市总体规划，统一规划、综合开发、合理利用、依法管理，使市区，特别是中心地区地下空间的开发利用与城市的社会、经济、环境保持协调发展，促进城市发展总体战略目标的实现。

城市地下空间资源的开发利用，应当科学、合理、有序地进行，这就要求在城市总体规划中，包括一项地下空间开发利用规划，使城市上部空间、地面空间和下部空间得到协调发展。长期以来，在我国的城市总体规划中，并没有这部分内容，到近几年，这个问题才开始受到重视。迄今为止，我国已有10余座特大和大城市已经或正在准备制订城市地下空间规划，包括北京、青岛、厦门、重庆、深圳、南京、杭州、无锡等，其中有几个城市的地下空间规划已经完成，通过了立法程序。与此同时，一些城市的新开发区，也都进行或正在进行地下空间规划，如大连经济技术开发区、杭州钱江新城、杭州萧山世纪城、宁波东部新区、郑州郑东新区、武汉中央商务区等，像这样的在整个中心城市范围内或大型新开发区范围内制订地下空间规划，在国外也是少见的，使我国的这一领域在国际上处于领先地

❶ 《城市规划法》已于2007年修订为《城乡规划法》，但对城市总体规划的要求未变。

位。

国外许多大城市在过去几十年中，虽然地下空间的开发利用取得很大成效，积累不少有益经验，但除加拿大外多数是在没有整个城市地下空间发展规划的情况下进行的。通常的做法是，当城市某一个区域需要进行再开发时，经过较长时间的准备和论证，在此基础上制订详尽的再开发规划。这些规划的特点是同时考虑地面、地上、地下空间的协调发展，即实行立体化的再开发，综合解决交通、市政、商业、服务、居住等问题，整体上实行现代化的改造。

像加拿大城市蒙特利尔、多伦多等大规模开发利用地下空间的情况，没有一个统一的规划作为指导，是不可能实现的。事实上，从 1954 年起，就由国际著名建筑师贝聿铭主持，开始对市中心地区的维力—玛丽广场（Place Ville - Marie）地区进行立体化再开发规划，到 1962 年完成再开发，对公众开放，共开发地下空间 50 万 m^2。1984 年，制订了地下城市总体规划；1992 年，制订了整个蒙特利尔市的总体规划，包括了地下城的发展规划。最近一次地下城总体规划制订于 2002 年，特点是要进一步发展地下步行通道网，使之逐步取代地面上的私人汽车。同时，一系列的有关规范、标准也正在制定中。与此同时，加拿大的一些城市工作者和高等院校的学者，仍不断地对地下城市的建设进行调查研究。例如，对于离开地下城后人们所走的路线，要经过什么地方等；又如，人们在地下空间中的方向感，通道拥堵和安全问题等，都需要研究，一些学者已经为此连续 12 年进行调查研究工作，他们的目的是要进一步提高地下空间的吸引力，使地下道路网络化，使人们在其中行走更便捷，使人们在地下空间中感到愉快。

近些年，西方的专家、学者相当广泛地讨论城市地下空间规划问题，有的国际学术会议甚至以此为主题，但迄今只有日本、法国、荷兰、加拿大等国有一些进展，而且除加拿大外规划范围多限于城市的局部地区。这种情况不一定是技术原因造成的，可能与社会制度（例如土地的私有制）和管理体制有关。这对我国也是一种机遇，发挥自己的优势，使城市地下空间开发利用尽快在统一规划指导下，科学、健康、有序地发展。

9.4　城市地下空间规划的指导思想、任务与主要内容

城市地下空间规划是城市总体规划的组成部分，对指导城市当前的建设和未来的发展都至关重要，具有法律效力，因此其编制过程必须有严密的组织和严格的程序，并遵循正确的指导思想，承担指导、监督地下空间发展的主要任务，并涵盖所有有关地下空间开发利用的主要内容。

9.4.1　编制城市地下空间规划的指导思想

（1）编制城市地下空间规划，应当以科学发展观为指导，以实现城市现代化和构建和谐社会为总目标。以建设资源节约型、环境友好型城市，不断提高城市生活质量为总目的。

（2）编制城市地下空间规划，应当以经过批准实施的城市总体规划、分区规划和详细规划为依据，遵守有关的国家法律、法规、标准和技术规范。

(3)编制城市地下空间规划,必须从本城市的实际情况出发,突出城市特色,适时适度地开发利用地下空间,既不滞后于城市发展的需要,也不应盲目攀比,超前开发。所有的发展目标、指标、规模、数量等,均须经过专题研究和科学论证。

(4)应当坚持城市地面、地上、地下三维空间的统筹规划,协调发展,综合利用,分步实施。在节约城市用地的前提下扩大城市空间容量,在节约水资源、能源的前提下改善城市生态环境,提高城市生活质量。同时,应充分发挥地下空间在防护上的优势,提高城市的安全保障水平。

(5)应当注重保护城市的人文资源和历史文化,重视地下空间使用者的生理需求和心理感受,创造人性化的,方便、宜人、安全的地下空间环境,提升地下空间的吸引力和竞争力。

(6)对城市已有的地下空间,应针对不同情况,分别采取保留、改造、整合等措施,使之融合在新的规划之中,少数无保留价值的应加以废弃。

(7)近期规划应明确、具体、操作性强,时序安排合理;远期规划应注重方向性、预见性和前瞻性。同时,为本规划期以后的发展创造条件,对发展远景加以考虑和构想,指明发展方向。

(8)在编制城市地下空间规划的同时,应完成相关的法规体系建设,从法制、机制、体制、权属、使用、管理等方面加以把握,以保障规划的实施与管理。

9.4.2　城市地下空间规划的任务

城市地下空间规划与城市总体规划相适应,分为总体规划、控制性详细规划和修建性详细规划等三个阶段。

(1)城市地下空间总体规划。除包括城市总体规划的通常内容,如规划依据、原则、范围、期限等外,应提出城市地下空间资源开发利用的基本原则,发展战略和发展目标,确定城市地下空间利用的功能、规模、总体平面布局和竖向布局,统筹安排近、远期地下空间开发利用项目,确定各时期城市地下空间开发利用的指标体系、保障措施和管理机制。

(2)城市地下空间控制性详细规划。以对城市重要规划建设地区地下空间的开发利用加以控制为重点,详细规定各项控制指标,对规划范围内以开发地块为单元提出指导性或强制性要求,为城市地下空间建设项目的设计和规划的实施与管理,提出科学的依据和监督的标准。

(3)城市地下空间修建性详细规划。依据控制性详细规划所确定的各项控制指标和要求,对规划区内地下空间的平面布局、空间整合、公共活动、交通组织、空间连通、景观环境、安全防灾等提出具体的要求,协调道路广场绿地等公共地下空间与各开发地块地下空间在交通、市政、民防等方面的关系,为进一步的城市设计和建设项目的设计提供指导和依据。

9.4.3　城市地下空间总体规划的主要内容

9.4.3.1　总体内容

(1)城市地下空间利用现状调查及问题分析。

(2)城市地下空间资源调查与评估。

(3)城市地下空间利用的发展目标与发展规模。

(4)城市地下空间结构与总体布局。

9.4.3.2　区域型地下空间总体规划

(1)城市各级中心区。

(2)城市重点再开发地区及重要交通枢纽地区。

(3)大型居住区及危旧房改造区。

(4)大型城市广场及公共绿地。

(5)历史文化保护区及文物古迹保护区。

(6)大型文化、体育、商贸等设施所在地区。

(7)新城区及各类新开发区。

9.4.3.3　系统型地下空间总体规划

(1)轨道交通系统、道路交通系统、步行道系统及静态交通系统。

(2)物流系统。

(3)市政公用设施系统。

(4)城市安全保障系统。

(5)水资源、能源及各类物资储备系统。

9.4.3.4　总体规划应包括的其他规划

(1)近期建设规划。

(2)发展远景规划(或构想)。

(3)中心城以外的市、县、镇、地下空间利用的指导性概念规划。

9.4.3.5　管理性内容

(1)城市地下空间规划所涉及重要内容的专题研究。

(2)城市地下空间开发的经济、技术、环境、安全等综合效益评估。

(3)城市地下空间规划的相关法律、法规与政策。

(4)城市地下空间规划的管理机制与体制。

参考文献

[1] 蔡运龙. 自然资源学原理[M]. 北京:科学出版社,2000.

[2] 刘湘,祝文君. 城市地下空间的自然资源学基础及其评估[J]. 地下空间. 2004,24(4):543-547.

[3] Wu FG, Lee YJ, Lin MC. Using the fuzzy analytic hierarchy on optimum spatial allocation[J]. International Journal of Industrial Ergonomices, 2004, 33(6):553-569.

[4] 李晓静,朱维申,陈卫忠,等. 层次分析法确定影响地下洞室围岩稳定性各因素的权值[J]. 岩石力学与工程学报,2004,23(增2):4731-4734.

[5] 赵萱,张权,樊治平. 多属性决策中权重确定的主客观赋权法[J]. 沈阳:沈阳工业大学学报,1997,19(4):95-98.

[6] 许劼,王国权,李晓昭. 城市地下空间开发对地下水环境影响的初步研究[J]. 工程地质学报,1999,7(1):15-19.

[7] Carmody J, Sterling R. Underground Building Design[M]. UNB, New York, 1983.

[8] 格兰尼,尾岛俊雄. 城市地下空间规划设计[M]. 北京:中国建筑工业出版社,2005.